TensorFlow

深|度|学|习

实战大全

李明军◎编著

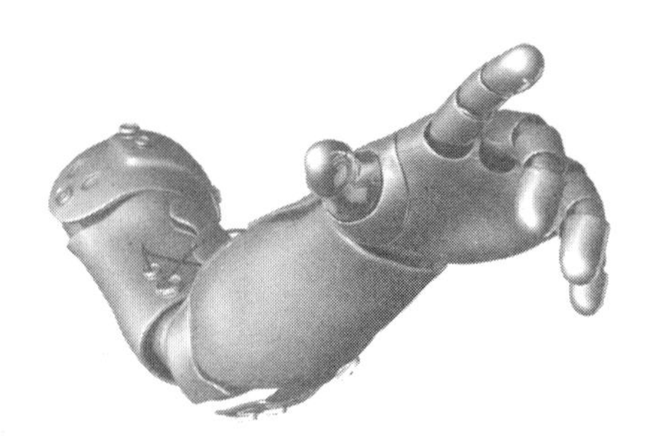

北京大学出版社
PEKING UNIVERSITY PRESS

内 容 提 要

不知不觉，人工智能已经走入我们的生活，尤其是图像识别、文本识别、语音识别、自然语言等技术。这些应用的核心技术就是深度学习，也正是本书的核心内容。

本书以 TensorFlow 为核心，分为 3 篇，共计 15 章节。第 1 篇是基础篇（第 1~5 章），主要介绍什么是深度学习、深度学习的本质是什么、深度学习所使用的教材和方法，以及深度学习在图像识别（MNIST）领域的应用。第 2 篇是发展演变篇（第 6~14 章），主要介绍在图像识别领域深度学习技术的发展与演变。主要是以 ImageNet 挑战赛为线索、以 ImageNet 挑战赛中的冠军模型为主干，介绍了卷积神经网络的发展历程、遇到的主要挑战、思路和对策，以及各种冠军模型的模型架构与模型训练。第 3 篇是前沿篇（第 15 章），介绍了生成对抗神经网络（GAN），它是一种能够自动生成图像的神经网络，这是与之前介绍的各种用于图像识别的卷积神经网络最显著的区别。

本书讲解细致、深入浅出，即使没有机器学习的基础，也能快速学会，同时适合任何对深度学习技术或人工智能相关领域感兴趣的从业人员学习使用。

图书在版编目（CIP）数据

TensorFlow 深度学习实战大全 / 李明军编著 . — 北京：北京大学出版社，2019.11
ISBN 978-7-301-30848-6

Ⅰ．① T… Ⅱ．①李… Ⅲ．①机器学习 Ⅳ．① TP181

中国版本图书馆 CIP 数据核字 (2019) 第 225115 号

书　　名	TensorFlow 深度学习实战大全 TENSORFLOW SHENDU XUEXI SHIZHAN DAQUAN
著作责任者	李明军 编著
责 任 编 辑	吴晓月 王蒙蒙
标 准 书 号	ISBN 978-7-301-30848-6
出 版 发 行	北京大学出版社
地　　址	北京市海淀区成府路 205 号 100871
网　　址	http://www.pup.cn　　新浪微博：@ 北京大学出版社
电 子 信 箱	pup7@pup.cn
电　　话	邮购部 010-62752015 发行部 010-62750672 编辑部 010-62570390
印 刷 者	山东百润本色印刷有限公司
经 销 者	新华书店
	787 毫米 × 1092 毫米 16 开本 24.25 印张 461 千字
	2019 年 11 月第 1 版 2019 年 11 月第 1 次印刷
印　　数	1—4000 册
定　　价	89.00 元

前 言

为什么要学习深度学习？这是因为我们生活在一个智能的时代，人工智能必然会给整个社会带来巨大的冲击，改变我们的生产与生活。在人工智能时代，我们要么成为少数的运用人工智能技术掌控未来的人，要么成为被掌控的人。本书重点讲述的深度学习，是人工智能最重要的基石之一。

我们该如何学习深度学习技术呢？关键在于简明扼要。所谓简明是指通俗易懂，所谓扼要是指抓住深度学习的关键。深度学习的学习难度大，它的特点是"又广又深"。所谓的广，是指深度学习涉及多个领域，如图像、语音、自然语言、知识图谱等众多领域；所谓的深，是指在每个领域都有数量众多、非常复杂的算法和模型。现在需要一本简明扼要、通俗易懂的介绍深度学习的书，让广大有志于掌握深度学习技术的人们，快速掌握深度学习的全景，并且对主流的、重要的神经网络能有较深的了解。以上就是本书的初衷。

◈ 本书特色

- **从零开始**

对整个深度学习领域进行提纲挈领的阐述，让读者能够鸟瞰人工智能与深度学习的全景，做到了然于胸，能够"拎得清"。

- **主线清晰**

深度学习由于发展迅速、一日千里，相关的内容可以说是千头万绪、良莠不齐，因此，需要我们去芜存菁，抓住深度学习的重点。本书力求透过现象看本质，以 ImageNet 挑战赛为线索，以是否夺冠为准绳，讲述了历年 ImageNet 挑战赛冠军模型的理论、思路和创新，让读者能够聚焦重点，不做无用之功。

- **通俗易懂**

使用通俗易懂、浅显明了的语言，让深度学习的初学者，甚至是对人工智能毫无了解的人，能够理解深度学习的大致原理和算法关键，对深度学习的脉络有清晰的了解。

- **案例丰富**

本书以 ImageNet 挑战赛为脉络，讲述近几年的冠军网络模型，包括奠定卷积神经网络王者地位的 AlexNet，层数更深却参数更少的 VGGNet，"我们需要走向更深"的 Inception v1、 Inception v2、Inception v3 和 Inception v4，引入快捷连接对抗退化问题的残差神经网络 (ResNet)，以及将快捷连接发挥到极致的 DenseNet。除此之外，还介绍了能够自动生成图片的生成对抗神经网络的案例。

■ **代码翔实**

除了构建各种模型的代码外，本书还对源数据的加工和预处理的方法和代码也进行了详细的阐述，让读者不仅能够知其然，还能知其所以然。

■ **注释详尽**

本书除了写入源代码外，还花费了大量的精力，为代码增加注释，阐述作者的编程思路、方法、关键点及注意事项，让读者能轻松读懂代码，快速学习和掌握所学内容。

◈ 本书内容及体系结构

本书共 15 章，内容如下。

第 1 章 深度学习基础

本章介绍了深度学习的基础，包括人工智能和机器学习的概念。人工智能的目标就是让机器像我们人类一样思考、行动。机器学习是实现人工智能的一个途径。机器学习的教材是样本数据。机器学习大致可以分为有监督学习、无监督学习、半监督学习、强化学习等。

第 2 章 深度学习原理

重点介绍了什么是深度学习，深度学习与机器学习的区别与联系，以及深层神经网络的学习原理、训练方法和常用技巧，例如，信号的前向传播机制和原理、误差反向传播的机制和原理、参数调整的方式和技巧、如何利用验证数据来选择最优模型等。

第 3 章 TensorFlow 安装

TensorFlow 是最流行的深度学习引擎之一，它是由 Google 公司推出的。本章首先介绍了 TensorFlow 的两个版本，分别是仅支持 CPU 的版本和支持 GPU 的版本。支持 CPU 版本的 TensorFlow 安装过程简单容易，支持所有的操作系统，缺点是不如 GPU 版本的 TensorFlow 性能好。本章介绍了各种安装方式，读者可以选择一个适合自己的安装方式。

第 4 章 TensorFlow 入门

本书中所有的案例都是基于 TensorFlow 开发的，所以，本章介绍如何基于 TensorFlow 开发深度学习程序。TensorFlow 是一个包含多层 API 的开发堆栈，从下向上，可以分成四层，分别是引擎层、语言层、神经网络层、预置模型层。越高层的 API 功能越强大，对计算过程的控制能力也会越小。

第 5 章 手写数字识别

本章介绍了一个手写数字识别的案例，介绍了如何基于 MNIST 数据集，完成对手写数字图像的识别，如何根据各种超参及超参的组合对模型进行优化，如何通过对调优的结果进行分析，制订模型优化的思路。

第 6 章 图像识别

本章介绍了图像数据集 CIFAR，这是一种包含色彩的图像数据集，它比 MNIST 数据集（黑白）更复杂。本章还介绍了卷积神经网络的特点、原理、实现，以及一个实际卷积神经网络的实战的例子，包括如何读取样本数据、如何构建卷积神经网络，以及如何完成模型训练。

第 7 章 卷积神经网络起源及原理

本章介绍了卷积神经网络的起源及原理。主要有以下几个问题，第一个问题，卷积神经网络到底学习了什么，如各个卷积核学到什么样的特征？第二个问题，从卷积神经网络架构设计角度来说，卷积神经网络应该如何设计（应该有几层，每层有几个过滤器，池化策略、激活函数等该如何选择）才能取得最好的性能，这样选择的理论依据是什么？对以上问题的理解，能够让我们从理论的高度，而不是仅仅依靠经验来设计卷积神经网络。

第 8 章 AlexNet

本章介绍奠定卷积神经网络在图像识别领域王者地位的 AlexNet，这是一个具有重要历史意义的卷积神经网络，在 AlexNet 之前，神经网络已经沉寂了相当长的一段时间，自 AlexNet 之后，ImageNet 每年比赛的冠军都是采用卷积神经网络算法，并且由此带动了深度学习的大发展。AlexNet 的核心思想是更深的网络带来更高的准确率。

第 9 章 VGGNet

VGGNet 继承了 AlexNet 的思想，通过不断地堆叠卷积层最终使得卷积神经网络的层深度更大，同时采用较小的 3×3 过滤器（卷积核）防止参数规模膨胀太快。VGGNet 侧重于研究神经网络的“深度”对准确率的影响，所以，VGGNet 总共提出了五种架构，涵盖了从 11 层到 19 层的几种情况。

第 10 章 Inception

本章介绍了 Inception 网络模型。Inception 对卷积神经网络存在的问题进行了深入的分析，并且针对几个主要问题提出了针对性的解决办法。首先是如何在增加网络深度的同时，尽可能地减少参数数量。其次是如何充分利用 GPU 的密集计算能力，特别是在参数减少，网络变得稀疏之后。最后是如何减少卷积神经网络训练过程中容易出现的梯度消失的问题，尤其是浅层的神经元容易出现的梯度消失。

第 11 章 Inception v2 和 Inception v3

Inception v2 和 Inception v3 都是在 Inception 网络模型的基础上，基于实验进行改进的版本。它们的主要区别在于集成的改进项目（排列组合）的多寡。主要的改进包括批量标准化、卷积分解，以及旁路分类器的应用等。

第 12 章 ResNet

本章介绍了 ResNet 模型。网络的深度不断增加，当增加到一定程度时，模型的准确率将不再提高，反而下降，这与网络越深准确率越高的信念并不一致。ResNet 团队将这一现象称为“退化”，并且针对这个问题提出了一种解决方案——残差神经网络（ResNet）。

第 13 章 Inception v4

本章介绍了 Inception v4。如果将 Inception 网络与 ResNet 网络中的快捷连接结合起来，是否能够提高模型的性能呢？为此 GoogLeNet 团队设计出带有快捷连接通道的 Inception 模块，并且对 Inception v3 中的 Inception 模型进行了一些改进，分别设计出 Inception v4、Inception-ResNet-v1 和 Inception-ResNet-v2 等网络模型。

第 14 章 DenseNet

DenseNet 将“快捷连接”这一思路发挥到了极致。在 DenseNet 网络中，每一层都与前向传播过程中后面的所有层连接，因此，一个含有 L 个网络层的 DenseNet 网络，会包含 $L(L+1)/2$ 个直接连接。这正是 DenseNet 网络名称中包含“Dense（密集）”的缘故，指出了该网络“密集”连接的特点。

第 15 章 生成对抗神经网络

从某种程度上来说，生成对抗神经网络可以让计算机学会“创作”，例如，可以自动生成图像。一个典型的生成对抗神经网络往往由两个部分组成：一个是生成模型（Generative Model，G），也称为生成网络（Generative Network，G）；另一个是辨别模型 （Discriminative Model，D），也称为辨别网络（Discriminative Network，D）。它们相互对抗最终实现计算机自动创作。

◈ 本书读者对象

本书适合任何对深度学习技术感兴趣的或人工智能相关领域的从业人员，主要介绍深度学习的原理、卷积神经网络在图像识别领域的发展与演变，以及主流的卷积神经网络的实用代码等。

尤其推荐以下人群阅读本书：

- 图像识别工程师；
- 深度学习从业人员；
- 人工智能工程师；
- 算法工程师；
- TensorFlow 爱好者及从业人员。

◈ 资源下载

本书中所有源代码都将上传到开源社区 GitHub 中，欢迎交流。如有错漏，敬请指正。欢迎大家通过 GitHub（https://github.com/leemingjun）、微信（搜索微信账号 deep-learn）或 QQ（QQ 号为 3081963846）与我交流。读者也可扫描封底二维码，关注“博雅读书社”微信公众账号，找到“资源下载”栏目，根据提示下载资源。谨以此书献给我的家人！

目录

第1篇　基础篇

第1章　深度学习基础

第2章　深度学习原理

第3章 TensorFlow安装

第4章 TensorFlow入门

第5章 手写数字识别

第 2 篇　发展演变篇

第 6 章　图像识别

第 7 章　卷积神经网络起源及原理

第 8 章 AlexNet

第 9 章 VGGNet

第 10 章 Inception

第 11 章 Inception v2 和 Inception v3

第 12 章 ResNet

第 13 章 Inception v4

第 14 章 DenseNet

第 3 篇 前沿篇

第 15 章 生成对抗神经网络

基础篇

PIECE

本篇首先介绍了深度学习的基础，包括人工智能与机器学习的概念，机器学习的本质；其次介绍了深度学习的原理，包括深度学习克服了机器学习的哪些不足、深度学习使用的教材（样本数据）、深度学习有哪几种类型，以及深度学习模型的训练和优化；再次介绍了深度学习的开发工具——TensorFlow 的安装，以及如何使用 TensorFlow 开发深度学习程序；最后介绍了使用 TensorFlow 开发一个深度学习程序，实现手写数字识别（MNIST）。

第 1 章 CHAPTER 深度学习基础

随着 AlphaGo 战胜围棋世界冠军李世石，人工智能一词就走进了千家万户。与此同时，图像识别、文本识别、语音识别、自然语言等技术已经在我们日常生活中广泛应用，这些应用的核心技术就是深度学习，这也正是本书的核心内容。

1.1 人工智能与机器学习

深度学习是机器学习的一种形式，而机器学习只是人工智能的实现途径之一。所以，在开始学习“深度学习”之前，我们先简要了解什么是人工智能，以及什么是机器学习。

1.1.1 人工智能简介

人工智能（Artificial Intelligence, AI）是机器，特别是计算机系统对人类智能过程的模拟。这些过程包括学习（获取信息和使用信息的规则）、推理（使用规则得出近似或明确的结论）和自我纠正。

人工智能大致可以分为四个应用场景：第一个场景以增强人类脑力为目标，用于代替人类工作的，如机器视觉、机器听觉、机器博弈可以代替人类的眼睛看、耳朵听、舌头说；第二个场景以增强人类脑力为目标，用于辅助人类工作的，如基于用户个性化定制产生的页面（千人千面）和基于客户的偏好特征产生的超细分的个性化精准推荐等；第三个场景以增强人类体力为目标，用来取代人类工作的，如自动驾驶、各种机器人、机械臂等应用；第四个场景以增强人类体力为目标，用来辅助人类工作的，如可穿戴设备等。

可以说，人工智能是一个目标、一个愿景，它研究的范围非常广，包括演绎，推理和解决问题，知识表示，学习，运动和控制，数据挖掘等众多领域。其中，知识表示是人工智能领域的核心研究问题之一，它的目标是让机器存储相应的知识，并且能够按照某种规则推理演绎得到新的知识。许多问题的解决都需要先验知识。举个例子，当我们说“林黛玉”，我们会联想到“弱不禁风”“楚楚可怜”的形象，与此同时，我们还会联想到林黛玉的扮演者“陈晓旭”。在这里，“林黛玉”“陈晓旭”都是实体（也称为本体），实体与实体之间通过某种关系连接起来，实体与实体之间的关系该如何存储，如何表示，如何方便地应用到生产和生活中，这些都是知识表示要研究的课题。

1.1.2 机器学习简介

机器学习（Machine Learning，ML）是机器从经验中自动学习和改进的过程，不需要人工编写程序指定规则和逻辑。

换句话说，如果一个程序可以在任务 T 上，随着经验 E 的增加，效果 P 也可以随之增加，那么我们就可以说这个程序能从经验中学习。

“学习”的目的是获得知识，机器学习的目的是让机器从用户和输入数据处获得知识，以便在生产、生活的实际环境中，能够自动作出判断和响应，从而帮助我们解决更多问题、减少错误、提高效率。

机器学习早期试图模仿人的大脑学习。大脑的生物神经元包含树突和轴突。树突负责感知自然界信息，接受信号输入；轴突负责加工和传送信号，轴突末端负责输出信号。

人工神经元与生物神经元类似，人工神经元将信号（x_1，x_2，…，x_n）作为输入，类似于树突接收信号；然后分别与权重（w_1，w_2，…，w_n）相乘，求和再加上偏置项，得到一个加权结果 v，功能类似于轴突；将结果 v 输入阈值函数中，阈值函数返回最终的结果，类似于轴突末端。人工神经元如图 1-1 所示。

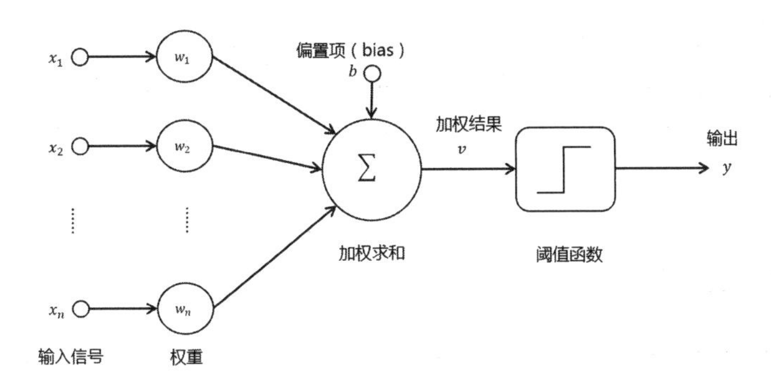

图 1-1　人工神经元示例

举个图片识别的例子，用来说明人工神经元是如何工作的。假如我们有两类图片，一类是猫，另一类是狗。我们将图片的每个像素作为一个输入变量 x，如果这个神经元对于任何一张猫的照片，计算得到的加权结果 v 都是小于 0 的；对于任何一张狗的照片，计算得到的加权结果 v 都是大于 0 的。那么，我们只要让阈值函数在加权结果 v 小于 0 时，输出“猫”，在加权结果 v 大于 0 时，输出“狗”，就实现了“猫”和“狗”的图片识别。

1.2　机器是怎样学习的

说到机器学习，读者难免要问，机器到底是怎么学习的？机器学习的本质到底是什么？本节将以一个机器学习的实际场景为例，介绍机器学习的本质，以及机器学习的大致流程，然后总结机器学习方法的关键步骤。

1.2.1　机器学习的本质

机器学习的本质是找到一个功能函数，这个函数能够实现当我们输入一张猫的图片时，它返回的结果是“猫”；当我们输入一段语音时，它能返回语音的内容，如“你好”；当我们输入一个手写的数字 5 的图片时，它能返回一个数字 5; 当我们输入一盘围棋的当前状态时，它能返回一个结果，告诉我们下一步棋应该落在哪里。找到这个功能函数就是机器学习的根本目标，如图 1-2 所示。

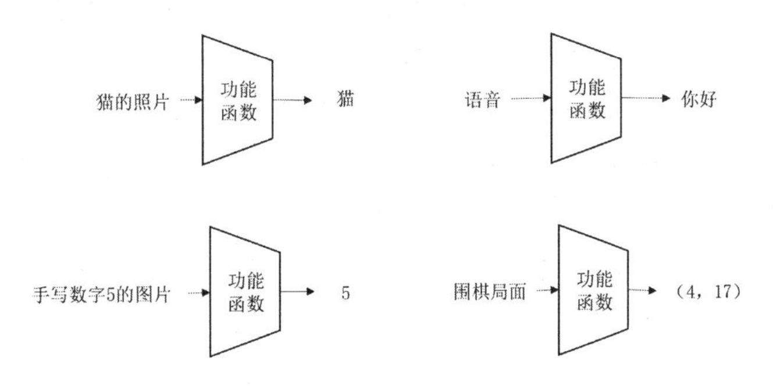

图 1-2　机器学习的本质是找到一个函数

所谓的函数，就是输入一个或几个变量（x），通过数学转换之后输出一个数据（y）。所以，只要确定了数学转换所使用的算法，以及算法中所需要的参数，就能确定一个函数。

归根结底，机器学习的核心任务有两个：第一，找到合适的算法；第二，计算该算法所需的参数。

1.2.2 机器学习的步骤

既然机器学习的本质是找到功能函数，那么我们马上就能想到一个最简单的函数 $y=ax+b$，这个函数只有两个参数，参数 a 和参数 b。如果通过学习知道了 a 和 b，那么，这个函数也就确定了，机器学习的过程也就完成了，这其实就是经典的线性回归算法。

为了与后文统一和便于理解，上述参数 a 和参数 b，我们统一命名为 w、b。w 是变量的系数，其含义是权重（weight）。参数 b 是常量，其含义是偏置项 (bias)。

让我们用一个例子来展示一下，机器人小白是如何通过学习计算两个参数 w 和 b 的。如图 1-3 所示，机器人小白拿过数据一看，只有一个变量 x 和一个结果数据 y，那就从这里开始学习，分析如下所示。

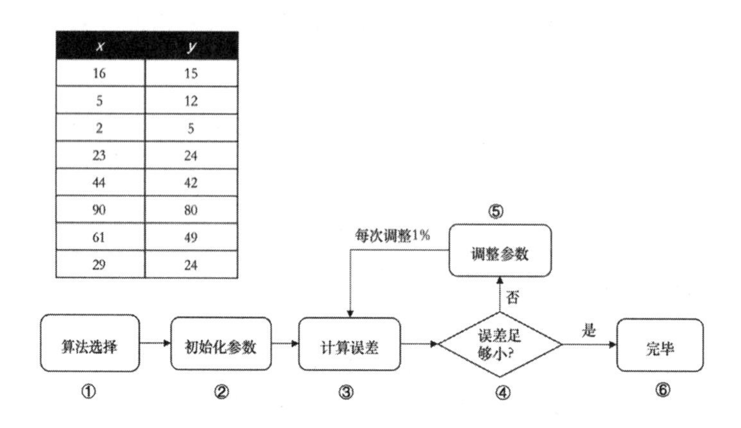

图 1-3 机器人小白的学习过程

（1）算法选择：就用最简单的 $y=wx+b$。

（2）初始化参数：小白知道，这是要给 w、b 设置一个初始值，那就设置两个随机数，于是 w 和 b 就分别被设置成了随机数（为了后续计算方便，假设 w、b 的初始值都是 1）。

（3）计算误差：w 和 b 的值已经知道了，把样本数据中所有的 x 代入该函数中，计算一下预测的 y 值。然后用预测的 y 值减去样本中 y 值，再求和，并将求和值作为最终的误差数。为了避免混淆，机器人小白把预测的 y 值记作 $\hat{y}$，读作 y hat。小白还考虑到 $\hat{y}$ 减去 y 得到的数值有正有负，容易导致正负相抵，这样一来误差函数就不能正确评估误差了。同时也为了计算方便，采用 $(\hat{y}-y)^2$ 作为误差计算依据，然后，把所有的 $(\hat{y}-y)^2$ 结果相加作为总的误差，如表 1-1 所示。

表 1-1 误差计算过程示例

x	y	$\hat{y}$	$\hat{y}-y$	$(\hat{y}-y)^2$
16	15	17	2	4

续表

x	y	$\hat{y}$	$\hat{y}-y$	$(\hat{y}-y)^2$
5	12	6	-6	36
2	5	3	-2	4
23	24	24	0	0
44	42	45	3	9
90	80	91	11	121
61	49	62	13	169
29	24	30	6	36
误差求和			27	379

于是，机器人小白用下面这个公式来计算误差函数。

$$J(w,b)=\sum_{i=1}^{n}\left[(wx+b)-y\right]^2 \tag{1}$$

注 意

关于常用的误差计算函数已经被设置在 TensorFlow 中，无须自己开发，直接调用就行。

（4）判断是否学习完成：小白用本次计算出来的误差与上一次的误差对比，如果总的误差变动不超过 0.0001，那小白就认为学习完成了。

（5）调整参数：怎么根据计算出来的误差来调整参数 w 和参数 b 呢？小白想，学习就是为了把误差降到最低，沿着误差函数的导数方向调整参数，误差函数不就变小了吗？现在用误差公式求对参数 w 的偏导数，以及对参数 b 的偏导数，就能得到了 Δw、Δb，再用原来的参数 w、b 减去 Δw、Δb，就实现了对参数的调整。谨慎起见，机器人小白每次只调整 1%，这里的 1% 就是学习率 η。于是，机器人小白采用公式（2）、公式（3）分别对参数 w、b 进行调整：

$$w=w-\eta\,\Delta w \tag{2}$$

$$b=b-\eta\,\Delta b \tag{3}$$

其中，Δw 是误差函数对参数 w 的偏导数，Δb 是误差函数对参数 b 的偏导数。利用复合函数求导数公式 $f(g(x))'=f'(x)g'(x)$，令 $g(x)=wx+(b-y)$，$f(g(x))=\sum_{i=1}^{n}[wx+(b-y)]^2$，上述误差函数的偏导数分别为：

$$\Delta w=\frac{\partial}{\partial w}J(w,b)=\sum_{i=1}^{n}2(wx+b-y)x \tag{4}$$

$$\Delta b=\frac{\partial}{\partial b}J(w,b)=\sum_{i=1}^{n}2(wx+b-y) \tag{5}$$

注 意

关于偏导数的计算功能已经被设置在 TensorFlow 中，我们直接调用即可。

（6）反复迭代：小白重新回到步骤（3）去计算误差，再依次进行步骤（4）（5），经过多轮循环，直到小白发现误差已经足够小了。此时小白记录的 w 和 b 的值就是机器学习要找的参数。将来可以用这两个参数去计算任何一个新的 x 对应的 y 值。

1.2.3 机器学习的关键点

我们把机器学习过程中的关键点分步骤总结如下。

（1）选择算法：不同的应用场景适合使用不同的算法。比如图像识别多采用卷积神经网络（Convolutional Neural Network，CNN），语音识别多采用双循环神经网络（Recurrent Neural Network，RNN）等。其实，卷积神经网络和双循环神经网络是大师们在深度神经网络（Deep Neural Network，DNN）的基础上，针对图像识别和语音识别场景的特点进行优化，从而推出的新算法。

（2）初始化参数：为所有参数指定一个随机数。在算法确定的情况下，参数的个数也是确定的。生成随机数的功能，在绝大多数的开发语言中已经内置了，可直接调用。

（3）计算误差：在给定参数情况下，计算当前模型与最优状态的模型之间有多大的差距。机器学习的目标就是尽可能地降低这个差距，误差等于零是机器学习的极致追求。一般来说，在给定算法的前提下，误差函数也就确定了（当然，可以自定义误差函数）。并且，TensorFlow 已经内置了常用的误差函数，如针对图像识别、语音识别等场景的误差函数，我们直接调用即可。

（4）判断学习是否完成：一般根据误差函数变动大小，或者参数变动大小来判断。如果误差函数变动足够小，说明模型的调优空间已经很小了，此时就可以输出模型了，此处可根据业务或经验进行设置 。

（5）调整参数：这是关键步骤，涉及两个关键因素，第一个是误差函数的偏导数，第二个是学习率。误差函数的偏导数已经被设置在TensorFlow中，我们直接调用即可。如何设置学习率是关键，学习率设置过大有可能导致误差函数变动大，发生震荡，模型无法收敛，找不到最优解，也就是说模型训练不出来；学习率设置过小，会导致训练所需要的迭代次数过多、训练时间过长（如几年），在生产环境中无法应用。针对学习率的设置，我们后面会在 2.4.7 小节讲解。

（6）反复迭代：就是不断地重复步骤（3）（4）（5）的过程，不断地调整参数，尽可能地减小误差和损失。

1.3 机器学习实战

本节以单变量线性回归为例子，用实际代码展示如何开发一个机器学习的程序。请注意，本例中样本数据是采用随机数生成的，与读者在计算机上实际执行结果可能有一些不同。

1.3.1 机器学习问题的泛化

上个例子中，线性函数采用的是 $y=wx+b$。为了让这个机器学习功能适用于所有的线性算法的场景，现在，我们将这个问题一般化，令 $x_0=1$，同时，采用 θ 作为权重，则线性函数可以表示为公式（6）：

$$h(\theta)=\theta_0 x_0+\theta_1 x_1+\cdots+\theta_n x_n=\sum_{i=1}^{n}\theta_i x_i \tag{6}$$

其中，n 是变量个数。$J(\theta)$ 是损失函数（loss function），也称为代价函数（cost function），可以表示为：

$$J(\theta)=\sum_{i=1}^{m}\left(h_\theta(x^{(i)})-y^{(i)}\right)^2 \tag{7}$$

其中，m 是样本数据的个数。我们知道机器学习的目标是让损失函数足够小，算法计算出来的期望值与样本数据尽可能地一致。为了让 $J(\theta)$ 尽可能小，我们需要不断调整 θ，调整的办法就是对 $J(\theta)$ 求偏导数：

$$\begin{aligned}\frac{\partial J(\theta)}{\partial\theta_j}&=\frac{\partial}{\partial\theta_j}\left(h_\theta(x)-y\right)^2\\&=2\left(h_\theta(x)-y\right)\frac{\partial}{\partial\theta_j}\left(h_\theta(x)-y\right)\\&=2\left(h_\theta(x)-y\right)\frac{\partial}{\partial\theta_j}\left(\theta_0 x_0+\theta_1 x_1+\cdots+\theta_n x_n-y\right)\\&=2\left(h_\theta(x)-y\right)x_j\end{aligned} \tag{8}$$

所以，参数调整的公式就是：

$$\theta_{\text{new}}=\theta_{\text{old}}-\eta\times 2\left(h_\theta(x)-y\right)x_j \tag{9}$$

如果代入训练集的样本数据，那么参数调整的公式就是：

$$\theta_{\text{new}}=\theta_{\text{old}}-\eta\times\sum_{i=1}^{m}\left(h_\theta\left(x^{(i)}\right)-y^{(i)}\right)x_j^{(i)} \tag{10}$$

1.3.2 第一次机器学习之旅

以机器人小白的学习过程为例，来讲解如何开发一个机器学习的程序。代码如下：

```
#!/usr/local/bin/python3
# -*- coding: UTF-8 -*-

# 这个机器学习的例子虽然简单，但是，麻雀虽小，五脏俱全。包含了参数调整、学习率设置等
# 之后的深度学习的图像识别、语音识别等基本上也是类似于这个程序的模板，只不过每个函数
# 都更加复杂而已
```

```
import numpy as np

# 生成样本数据。使之符合 y = weight * x + bias * x0 ，其中 x0 永远等于 1
# numPoints : 样本数据的个数，默认是 100 个
# bias ：  偏置项
# weight : 权重
def generate_sample_data(numPoints = 100 , bias = 26, weight =10):
  x = np.zeros(shape=(numPoints,  2))  # 矩阵 100 * 2
  y = np.zeros(shape=(numPoints))      # 矩阵 100 * 1，numpy 也可以当作 1 * 100 的矩阵
  # 基本的直线函数  y = x0 * b + x1 * w，  其中 x0 永远等于 1
  for i in range(0, numPoints):
    x[i][0] = 1  # x0 永远等于 1
    x[i][1] =  i  # x1 序列增长，1，2，3，4……
    # 根据直线函数，同时增加随机数，生成样本数据的目标标量，随机波动幅度为 bias 的一半
    y[i] = weight * x[i][1] + bias + np.random.randint(1, bias * 0.5 )

  return x, y

# 通过梯度下降法，来对参数进行调整
# x : 样本数据中的（ x0, x1 ）
# y ：  样本数据中的目标标量
# m ：  样本数据的个数，本例子中是 100 个
# theta ：  参数 θ ，是个 1 * 2 的矩阵，元素分别是参数 b、w
def caculate_loss(x, y, m, theta):
  #  np.dot(x,  theta) 是矩阵乘法。x 是 100 * 2 矩阵， theta 是一维的，可以看成 1 * 2 的矩阵
  #  np.dot(x,  theta) 的矩阵乘积是 100 * 1 的矩阵，y 也是 100 * 1 的矩阵，所以，直接相减
  loss = np.dot(x,  theta) － y

  # 代入损失函数，求出平均损失。这里开头的系数 2 无所谓，因为要乘以学习率，只要把学习率设置
  # 成原来的 0.5 倍，就相当于消除了这里的系数 2
  return loss


# 通过梯度下降法，来对参数进行调整
# x : 样本数据中的（ x0, x1 ）
# y ：  样本数据中的目标标量
```

```
# theta： 参数 θ，是个 1 * 2 的矩阵，元素分别是参数 b、w
# learn_rate： 学习率。学习率设置也很关键。为简单起见，这里依然采用常数
# m： 样本数据的个数，本例子中是 100 个
# num_Iterations : 最大迭代次数，一般来说，我们判断模型是否可以输出，是根据误差函数是否足够小
# 但是，为了防止因为误差函数无法收敛导致的死循环。所以，我们会设置最大迭代次数
def gradient_descent(x, y, theta, learn_rate, m, num_Iterations):

  for i in range(0, num_Iterations):
    # 计算损失函数，
    loss = caculate_loss (x, y, m, theta )

    # loss 是一个 1 * 100 的矩阵， x 是个 100 * 2 的矩阵
    gradient = np.dot(loss, x) / m

    # 更新参数
    theta = theta - learn_rate * gradient
    if i % 100 == 0:
      print ("θ： {0}， cost: {1} ".format( theta, np.sum(loss ** 2) / (2 * m) ) )
  return theta


# 线性回归函数，入口函数
def linear_regression():
  # 随机生成 100 个样本数据，总体上服从权重为 10、偏置项为 25
  x, y = generate_sample_data(100, 25, 10)
  m, n = np.shape(x)
  numIterations = 100000
  learn_rate = 0.0005
  theta = np.ones(n)
  theta = gradient_descent(x, y, theta, learn_rate, m, numIterations)

  print ("y = {0} x + {1} ".format( round( theta[1], 2), round( theta[0] , 2) ))
# 第一个机器学习的例子
linear_regression()
```

执行以上程序，读取最后 5 行，可以发现机器完美地学习到了这个直线函数，程序的日志如下（由于样本数据是通过随机数生成的，本书中的执行结果与你计算机上的结果无法完全一致）。

```
θ： [30.10505428 10.01727115]， cost： 5.024944315558448
θ： [30.10505547 10.01727113]， cost： 5.024944315530207
θ： [30.10505664 10.01727111]， cost： 5.024944315502687
θ： [30.1050578  10.01727109]， cost： 5.024944315475847
y = 10.02 x + 30.11
```

从日志中可以看到损失函数不断变小，但是，变动幅度已经很小了，最终输出的函数权重与样本数据设置一致，这说明学习效果是很不错的。

1.4 机器学习的教材

从上一节的例子中可以看出，机器学习的教材就是样本数据。机器人小白完成第一次学习之后，忽然想到一个问题：上次我用了一个最简单的算法实现了机器学习，但这里还有很多算法函数，我该怎么选择呢？比如以下的函数，其中 n 可以任意取值，每取一个值，就对应一个函数，理论上可以对应无穷多的函数。

$$h(\theta)=\theta_0x_0+\theta_1x_1+\cdots+\theta_nx_n \tag{11}$$

机器人小白转念一想，为什么要选择呢，哪个算法的效果好，就用哪个。于是小白把样本数据分成三份，分别是训练数据、验证数据、测试数据，三份数据按照 80% ： 10% ： 10% 的比例分配。

然后，机器人小白挑选了 10 个算法函数，用训练数据分别对它们进行训练，然后采用验证数据对它们进行摸底测试，选择效果最好的那个算法作为最终的算法输出。

最终的模型预测效果到底好不好，还需要进行测试。于是小白拿出测试数据，对最终的模型进行测试，以便检验模型面对未知世界的时候，是否足够“智能”。

综上所述，机器学习的教材，就是样本数据。通常会将样本数据划分成三个部分，分别是训练数据、验证数据、测试数据，这三个部分一般按照 80% ： 10% ： 10% 的比例均匀分配。

训练数据：用来对一个或多个模型进行训练，尽可能地提升每个模型的准确率。

验证数据：对训练数据训练出来的多个模型进行交叉验证，选择误差最小的模型，作为最终输出的模型，这就是模型选择（model selection）。

测试数据：用测试数据来验证最终模型的准确性。

测试数据另一个更重要的功能是防止“过拟合（overfitting）”。所谓过拟合就是模型在训练数据和验证数据上准确率非常高，但是，在测试数据和实际生产环境中效果却很差。导致过拟合的根源在于模型通过“死记硬背”记住了样本数据的特征，但却没有学习到隐藏在训练数据中间的“内在规律”，导致学习到的模型适应性很差。在 2.5.2 小节中我们会介绍如何避免出现过拟合的问题。

注意，样本数据的划分，必须保证样本数据在三份数据集中均匀分布。也就是说，如果模型的目标是预测客户购买能力，那么，我们在划分训练数据、验证数据和测试数据的时候，必须保证购买力高、中、低的客户均匀地分散在三份数据集中。否则，最终模型在生产应用中的效果和在测试数据集上的效果，会有巨大差距，导致模型无法应用于生产环境。

打个比方，训练数据就相当于上课学习和课堂测验，用于学习提高；验证数据就相当于选拔考试，选出成绩最好的同学去参加高考；而测试数据就是最终的高考，就像通过高考的同学最终将走上自己的工作岗位，通过测试数据集测试的模型最终也将部署在生产环境中，运用智能去创造价值。

思考一下，为什么不能用测试数据来选择模型？

1.5 机器学习的分类

机器学习根据所学习的样本数据中是否包含目标特征变量（target feature），可以分成有监督学习、无监督学习和半监督学习。有监督学习是指学习的所有样本中包含目标特征变量的学习类型；无监督学习是指学习的样本中不包含目标特征变量的学习类型；从严格意义上来说，不存在半监督学习类型，它只是将无监督学习和有监督学习组合起来的一种学习模式而已。常见的有监督学习的场景包括手写数字识别、图像识别、语音识别、自然语音处理等。常见的无监督学习的例子有聚类等。半监督学习多用于样本数据获取代价高昂的情况下，通过组合应用有监督学习和无监督学习，来产生更多的样本数据，以便于能够以既准确又经济的方式来完成学习。

还有一种比较特殊的学习类型，那就是强化学习。它的学习方式是智能体（agent）与环境不断交互，智能体根据当前环境的状态做出决策行动，并且从环境获得激励（正激励、负激励），智能体的学习目标是从环境中获得最大化的激励。常见的强化学习场景有自动驾驶、计算机博弈(AlphaGo、AlphaZero) 等。

1.5.1 有监督学习

有监督学习是指学习的样本中同时包含输入变量和目标特征变量的学习方式。有监督学习也称为有指导学习。

举个例子，假设我们收集到某地区房屋销售数据，包含了房屋面积和房屋价格两个变量。现在，如果我们希望通过对上述数据的学习，能够对该地区其他待售房源的价格进行预测，那么房屋价格这个变量就是目标特征变量（target feature），也就是输出变量（output variable）。房屋的面积就是自变量，也就是输入变量（input variable）。样本数据中带有目标变量的，也称为有标记训练样本数据（labeled training data），简称有标记数据，利用有标记数据进行学习的过程就是有监督学习，如表 1-2 所示。

表 1–2 某地区房屋面积和房屋价格数据示例

房屋面积 /m^2	房屋价格 / 元
110	1144194
97	934363
115	1116054
103	1012933
109	1014630

续表

房屋面积 /m²	房屋价格 / 元
113	1213288
90	852847
104	961453
86	896349
95	867399
92	901510

再以手写数字识别为例，图 1-4 是 MNIST 手写数字识别数据集的一个样本。单独看这个图片，它本身是不包含目标变量的，也就是说，图片上每个小方格中的数字，应该识别成数字几，是没有包含在样本数据中的。我们可以人工识别图片上每个小方格中的数字并放在对应的表格中，将图片和表格组合起来，构成有标记的样本数据，进行机器学习，这也是有监督学习，如图 1-4 所示。

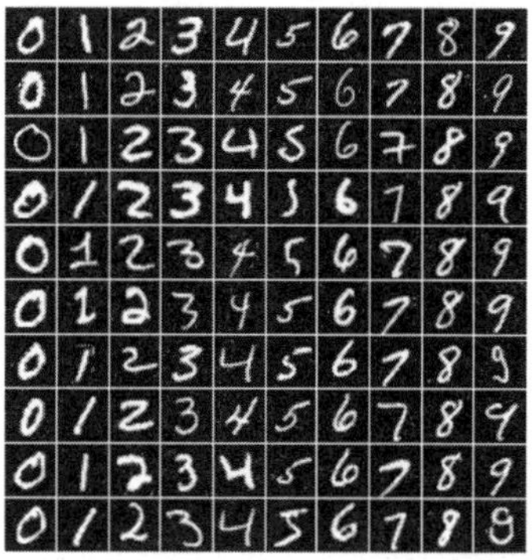

0	1	2	3	4	5	6	7	8	9
0	1	2	3	4	5	6	7	8	9
0	1	2	3	4	5	6	7	8	9
0	1	2	3	4	5	6	7	8	9
0	1	2	3	4	5	6	7	8	9
0	1	2	3	4	5	6	7	8	9
0	1	2	3	4	5	6	7	8	9
0	1	2	3	4	5	6	7	8	9
0	1	2	3	4	5	6	7	8	9
0	1	2	3	4	5	6	7	8	9

图 1-4　手写数字识别样本数据示例

1.5.2　无监督学习

无监督学习是指样本数据中不包含目标变量和分类标记的学习方式。无监督学习也称为无指导学习。限于篇幅，对无监督学习，本书只简要介绍原理，不做过多阐述。

无监督学习，从根本上来说是我们有一些问题，但不知道答案。我们按照数据的性质将它们自动地分成很多小组，目标是让每个小组内的数据尽可能地具有相似性，而小组之间尽可能不相似。可以说，无监督学习的核心是找到一个相似度（similarity）计算函数。最常见的相似度计算函数，就是距离函数（距离越大，相似度越低），如欧氏距离函数：

$$d(X,Y)=\sqrt{(x_1-y_1)^2+(x_2-y_2)^2+\cdots+(x_n-y_n)^2} \tag{12}$$

其中，$X=(x_1, x_2, \cdots, x_n)$，　$Y=(y_1, y_2, \cdots, y_n)$。

例如，Google 新闻每天会搜集大量的新闻内容，然后，对新闻内容进行分析，将内容相近的新闻放在一个组内，比如娱乐、财经、体育等，每个读者根据自己的喜好阅读不同新闻小组即可。

无监督学习中最常见的算法是 K-Means 聚类算法，下面用一个图来展示 K-Means 聚类算法的计算过程。图 1-5 展示了 K—Means 算法将样本数据分成两个小组的过程。

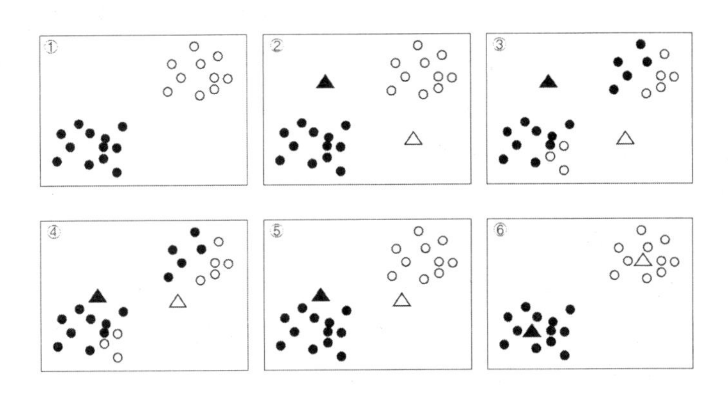

图 1-5　K—Means 算法过程示例

步骤①，展现的是原始的样本数据，从图中我们可以直观地看到数据可以分成两个小组。

步骤②，随机生成两个质心（centroid），用作每个小组的中心点，对应图中的三角形。

步骤③，找到一个相似度计算函数，最常见的相似度计算函数就是距离函数，计算所有的数据点与两个质心的相似度，将数据点归属到最相似的质心。这一步实际上是完成了一次分组，只是目前的分组还不够精准，需要对参数进行优化而已，这个步骤与有监督学习中的计算误差相似。

步骤④，分别对两个小组中的数据点进行加权平均（如算术平均），计算出新的质心，让所有数据点到新的质心的相似度更高，这个步骤完成了质心的移动。这个步骤与有监督学习中的参数调整步骤类似。

步骤⑤，根据新的质心，重新计算所有的样本点与新质心的相似度，将数据点归属到与自己相似度最高的质心，完成了数据重新分组。然后，反复执行步骤④、步骤⑤，不断调整质心的位置，根据新的质心重新分组，直到质心不再移动。

步骤⑥，质心不再移动，数据分组完成。

1.5.3　半监督学习

半监督学习与有监督学习的不同之处是，半监督学习还同时使用无标记数据进行训练。典型的应用场景是少量的有标记数据，伴随着大量的无标记数据。半监督学习是介于无监督学习（完全没有有标记的数据）和有监督学习（全都是有标记的数据）之间的学习方式。

所以，半监督学习只不过是把有监督学习和无监督学习结合起来使用而已。不过，半监督学习在我们实际生产生活中却有着广泛的应用，特别是在获取样本数据代价高昂的场景下。

举个运营商的例子，假设某个运营商为了推广国际漫游套餐，希望在用户中找到那些最有可能使用国际漫游套餐的用户。假设根据以往的国际漫游记录，已经找到 5 万人是国际漫游套餐的用户，这个运营商全部的客户数量大概有几千万，假如其中有 5% 的用户是国际漫游的潜在客户，就是 100 万 ~200 万的潜在用户，那么，我们该怎么找到这些潜在的客户呢?

最简单的方法就是直接采用有监督学习。以已经找到的 5 万人为样本，训练机器学习模型，然后使用训练出来的模型对其余所有的用户进行预测，判断是否为国际漫游的潜在客户。这样做的确简单，但是误差会很大，因为样本只有 5 万人，而全部用户数有几千万人。对于几千万人来说，这 5 万人的样本不具备足够的多样性和普适性，训练出来的模型准确率不会很高，以这样的模型去指导市场营销，会导致营销资源的投入产出比很低，效率低下。

针对上述情况，往往会将无监督学习和有监督学习结合起来使用，首先使用无监督学习的聚类算法，对所有的用户数据（包括 5 万已经识别出来的国际漫游客户）进行聚类分析，将全体用户分成几个小组。由于各个小组中已经包含了 5 万个已经标记为国际漫游的用户，所以我们可以以他们为样本，利用有监督学习算法生成模型，对本小组的用户进行预测，判断是否为国际漫游用户。这样就达到了提高模型准确度的目的。当然，还可以根据业务的优先级，判断哪个小组更有价值，针对价值高的小组，优先使用有监督学习预测，或者采用客户调研等方法进一步补足该小组中样本数据的数量，提高模型预测的准确性，让市场营销更加精准，让企业实现高效低成本的运营。

1.5.4 强化学习

强化学习强调基于环境而行动，以取得最大化的预期收益为目标，如图 1-6 所示。

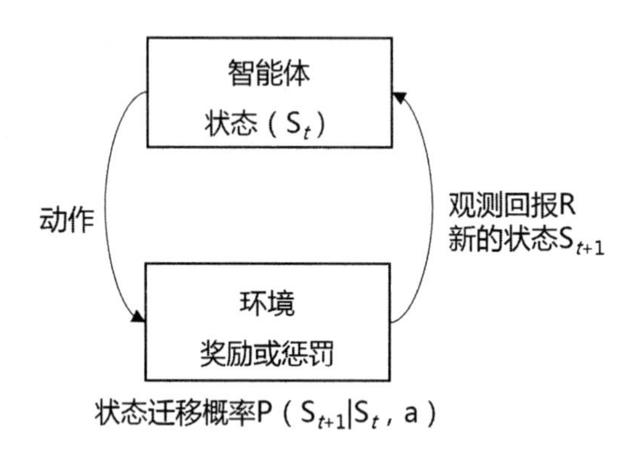

图 1-6　强化学习的原理

强化学习就是智能体生活在给定的环境中，智能体可以拥有多个状态（state），针对当前状态（S_t），智能体可以采取特定的动作（action），环境立即可以给一个奖励或惩罚（就是负奖励），智能体获得一个观测回报 R，并且按照状态迁移概率迁移到下一个状态 (S_{t+1})。根据回报大小，智能体不断调整当前状态下的最佳行动策略，以实现获得奖励最大化的目标。

举个小朋友学习的例子。小朋友就是一个智能体，他 / 她有两种状态，一种是很愉悦的状态，另一种是很累的状态。小朋友有两个动作，一个是学习，另一个是玩游戏。家长就是这个智能体的环境，家长对小朋友学习和玩游戏两个动作给予奖励或惩罚。小朋友在很愉悦的状态下学习，家长给予分值为 5 的奖励，如果玩游戏，家长给予分值为 0 的奖励；小朋友在很累的状态下学习，家长给予分值为 1 的奖励，如果小朋友为了更好地学习而玩游戏放松，家长给予分值为 3 的奖励。这样一来，小朋友在很愉悦的情况下，会立即开始学习，因为获得的奖励（分值 5）更大；在很累的情况下，会玩游戏放松自己，因为在此状态下，相对学习来说，玩游戏获得的奖励（分值 3）更大。这样一来，这个小朋友就会在该玩的时候尽快玩，该学习的时候立即学习，这样获得的奖励才是最大的，如图 1-7 所示。

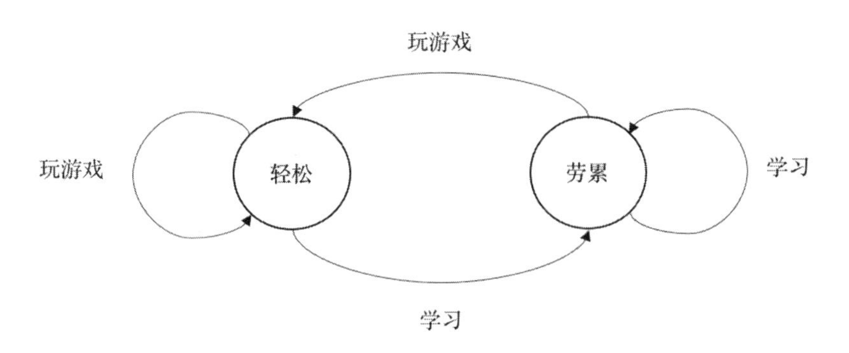

图 1-7　强化学习的示例

实际上，AlphaGo Zero 就是典型的强化学习的例子。AlphaGo Zero 是智能体，围棋的局面就是状态，当前状态下所有可以落子的地方，就是候选的动作。基于历史数据的统计，当前局面下，在不同的地方落子有不同的胜率，根据胜率对不同落子位置进行奖励或惩罚，最终找到当前局面下的最佳策略，AlphaGo Zero 就学会了下围棋。当然，实际上 AlphaGo Zero 的实现远远比上面所描述的要复杂得多。

1.6　本章小结

本章首先介绍了深度学习的基础，包括人工智能和机器学习的概念，人工智能的目标就是让机器像人类一样思考、行动。机器学习是实现人工智能的一个途径。

接着介绍了机器是怎么学习的，包括机器学习的本质就是找到一个功能函数，即算法和参数。针对特定应用场景的算法是明确的，那么归根究底，机器学习最终的目标就是计算出合适的参数。实现的办法是根据损失函数，不断调整参数，直到损失函数足够小为止。关键点在于如何调整参数，使调整后的参数既能快速地完成模型的构建，又能实现较高的精确性。

机器学习的教材就是样本数据。根据用途往往会将样本数据划分成三部分，分别是训练数据、验证数据、测试数据。训练数据是每个模型都必须具备的，验证数据不一定是必需的，在机器学习模型的参数有多种选择时，验证数据能够帮我们挑选出最好的模型，也就是说帮我们进行模型选择。测试数据应用得更多，一般用来评估机器学习的模型的效果是否能够达到业务应用的需求。

机器学习可以分为两大类：第一大类包括有监督学习、无监督学习、半监督学习，特征是基于大量的样本学习，关键点都是找到一个损失函数，目标是让损失函数取值尽可能小，为零时最好；第二大类就是强化学习，智能体与环境进行交互，根据自己当前的状态判断应该采取何种行动，才能使奖励最大化。强化学习的优点是与人类学习方式相似，它在需要序列化决策的场景方面有很大优势，如自动驾驶、下围棋等。

那么，为什么需要深度学习呢？深度学习又解决了机器学习存在的哪些不足呢？这正是本书下一章要介绍的内容。

第2章 CHAPTER 深度学习原理

本章首先介绍什么是深度学习，深度学习本质还是机器学习，只不过针对机器学习的局限性进行了优化，主要强调了模型结构的重要性（深度）、非线性处理（激活函数）、特征提取和特征转换的重要性；然后介绍了深度学习常用的模型结构——深层神经网络，包括深层神经网络的结构、节点、参数、输出值计算等深层神经网络的特征；之后介绍了深层神经网络的训练过程，包括关键步骤、信号如何前向传播、误差如何反向传播等内容；最后介绍了深层神经网络的优化办法，包括针对梯度下降法的局限性如何进行优化、过拟合与欠拟合问题如何避免、模型如何选择，等等。

2.1 什么是深度学习

深度学习是一类机器学习算法，主要特点是使用多层非线性处理单元进行特征提取和转换。每个连续的图层使用前一层的输出作为输入。

从深度学习的定义中，我们可以得知深度学习是机器学习的一种，是机器学习的子集。同时，与一般的机器学习不同，深度学习强调以下几点。

（1）强调了模型结构的重要性：深度学习所使用的深层神经网络（Deep Neural Network，DNN）算法中，隐藏层往往会有多层，是具有多个隐藏层的深层神经网络，而不是传统“浅层神经网络”，这也正是“深度学习”的名称由来。

（2）强调非线性处理：线性函数的特点是具备齐次性和可加性，因此线性函数的叠加仍然是线性函数，如果不采用非线性转换，多层的线性神经网络就会退化成单层的神经网络，最终导致学习能力低下。深度学习引入激活函数，实现对计算结果的非线性转换，避免多层神经网络退化成单层神经网络，极大地提高了学习能力。

（3）特征提取和特征转换：深层神经网络可以自动提取特征，将简单的特征组合成复杂的特征，也就是说，通过逐层特征转换，将样本在原空间的特征转换为更高维度空间的特征，从而使分类或预测更加容易。与人工提取复杂特征的方法相比，利用大数据来学习特征，能够更快速、方便地刻画数据丰富的内在信息。

2.2 为什么需要深度学习

既然深度学习只是机器学习的一种类型，那么为什么还需要深度学习呢？与传统的机器学习相比，深度学习的多层、非线性、特征提取和特征转换等特点的作用和意义是什么呢？

2.2.1 模型结构

深度学习之所以需要强调模型的结构，是因为在同样表达能力的前提下，深层神经网络所需要的神经元的个数更少，或者说在同样多神经元的前提下，深层神经网络所能表达的情况更多。如图 2-1 所展示的是两种不同结构的神经网络，第一种是宽度神经网络，第二种是深层神经网络。同样 8 个神经元，在宽度神经网络的情况下，只能产生 8 个输出；在深层神经网络的情况下，总共能产生 16 个（4×4）输出。如果只需要产生 8 个输出，那么深层神经网络只需要 6 个神经元，如第一层 3 个神经元，第二层 3 个神经元，就可以产生 9 个（3×3）输出，超出所需要的 8 个输出。

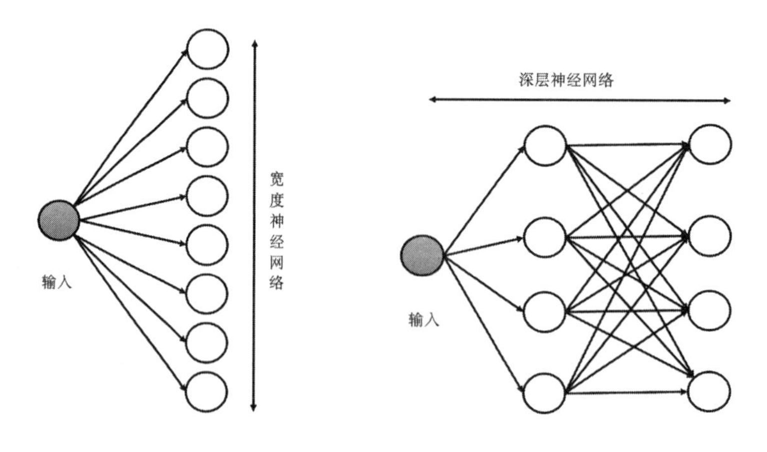

图 2-1　深层神经网络的表达能力更强

由此可见，在同样的表达能力的情况下，深层神经网络所需要的神经元更少，这就意味着需要使用的参数和样本数量也更少，也意味着能进行更快的模型训练、获取更少的样本成本，这在实际生产环境中非常重要。所以，在工程实践中，深度学习逐步取得压倒性优势，应用越来越广泛。

2.2.2 非线性处理

线性模型的最大特点是其组合仍然是线性模型，这是由线性模型的齐次性和可加性决定的，所以线性模型能够解决的问题是有限的，这就是线性模型的局限性。通过非线性处理，可以让模型的表达能力得到极大的提升。

非线性处理能力是通过激活函数来实现的，为了让大家能直观感受线性不可分，以及了解非线性激活函数的作用，这里利用 TensorFlow 游乐场（网址：https://playground.tensorflow.org）为大家展示一下。如图 2-2 所示，在没有采用非线性激活函数的情况下，经过 1222 轮的运算，数据集依然无法完成分类，在训练数据上的误差为 0.496，在测试数据上的误差为 0.500，也就是说数据根本无法完成分类。

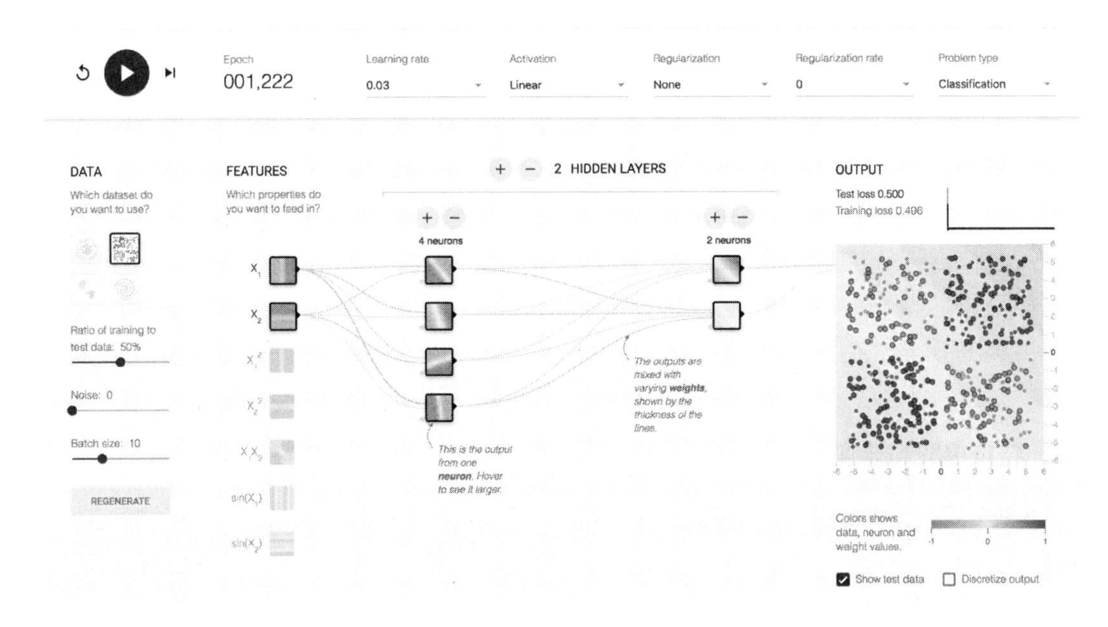

图 2-2　不采用非线性激活函数导致数据无法分类

采用非线性激活函数 sigmoid，使用完全一样的神经网络模型，经过 1021 轮的训练后，数据已经可以明显地分类，训练数据和样本数据上的误差都已经降低到了 0.003，如图 2-3 所示。从图片上可以直观看出数据已经完全分开了。

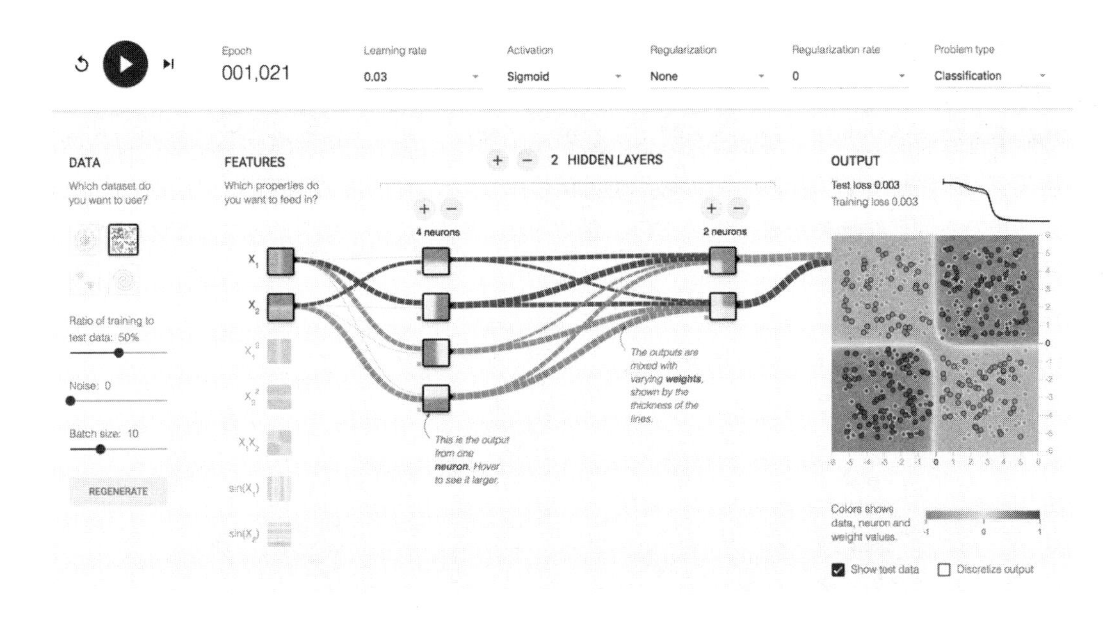

图 2-3　采用非线性激活函数完成数据分类

由此可见，非线性处理的能力是非常关键的。所以，在深度学习的神经元中，都会增加一个激活函数，用来对加权求和之后的数据进行非线性转换。增加激活函数之后的神经元，如图 2-4 所示。

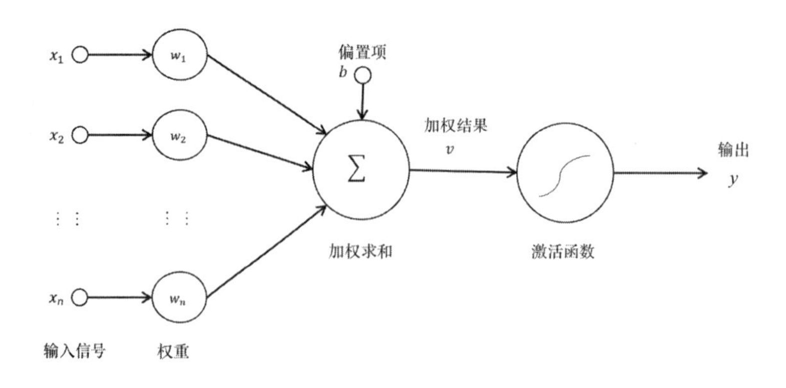

图 2-4　带有激活函数的神经元

2.2.3　特征提取和转换

很多业务问题，简单的原始特征无法作出判断，但是将简单的特征组合之后，却能很容易地作出判断。以身高体重指数（Body Mass Index，BMI）为例，依靠单独的身高或体重数据，我们无法判断一个人的胖瘦程度及健康状态。但是，当我们把身高和体重组合成身高体重指数以后，这个指数就很容易得出一个人的胖瘦程度及健康状态。身高体重指数如公式（1）所示：

$$\text{身高体重指数(BMI)}=\frac{\text{体重（kg）}}{\text{身高}^2\text{(m)}} \tag{1}$$

这个例子很好地展示了特征提取的作用。简单的、本身没有太大意义的原始特征，通过特征提取、特征组合形成复杂特征之后，就变得非常有价值了，这对业务部门和业务人员意义重大，这就是进行特征提取和特征转换的重要原因。

再举个特征转换的例子。如图 2-5 所示，图中左半部分，是一个直角坐标系中同时存在两类数据的情况，分别用实心圆点和空心圆点表示，显而易见的是无法用一条线将它们分开(线性不可分)。但是，当我们把它们转换到极坐标系（半径、角度）中，就可以用一条竖线将它们分成两类，变成线性可分了。

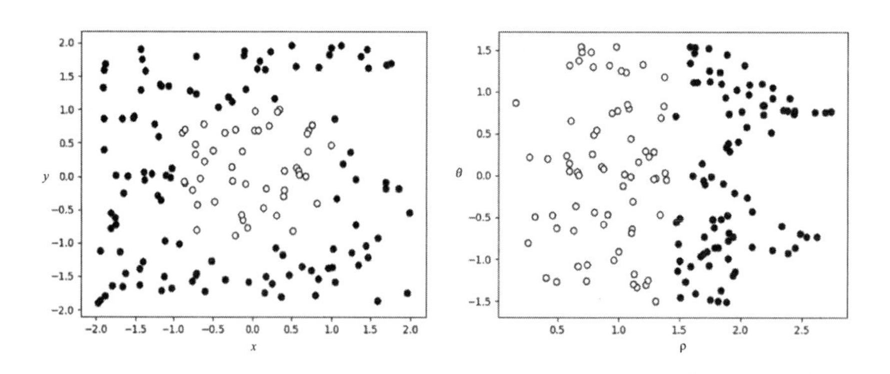

图 2-5　经过特征转换后数据变得线性可分

上述身高体重指数展示了特征提取对数据分类的重要性，坐标转换的例子展示了特征转换对数据分类的重要性。这两个例子中都需要人工对特征进行提取和转换，但在图像识别、语音识别等场景中，难以做到人工提取特征，而深层神经网络通过对特征加权求和及层层向后传递，实现了自动对特征进行提取和转换，极大地增强了深度学习的数据分类能力，这是深度学习最为重要的特点之一。

2.3 深层神经网络

深层神经网络是人工神经网络的一种，特点是在输入层和输出层之间有多个隐藏层。正是因为存在多个隐藏层将简单的特征组合成为复杂特征，才使深层神经网络能够对复杂数据进行分类。深层神经网络的另一个特点是每层中的每个节点都与前一层中的所有节点连接。所以，一般情况下，深层神经网络也称为全连接神经网络。

深层神经网络是深度学习的基础，目前流行的图像识别所使用的卷积神经网络、自然语言处理所使用的双循环神经网络都是全连接神经网络的变种，理解了全连接神经网络就能够轻松地理解卷积神经网络和双循环神经网络。

2.3.1 深层神经网络结构

深层神经网络的结构，从左向右以输入层开始，中间是多个隐藏层，最后是输出层。每一层中包含多个神经元，这些神经元称为节点。除了输入层外，每一层都以前一层的输出作为自己的输入。最典型的深层神经网络是全连接神经网络，特点是每个节点都以前面一层全部节点的输出作为自己的输入。图 2-6 展示了一个典型的深层神经网络，它也是一个全连接神经网络。

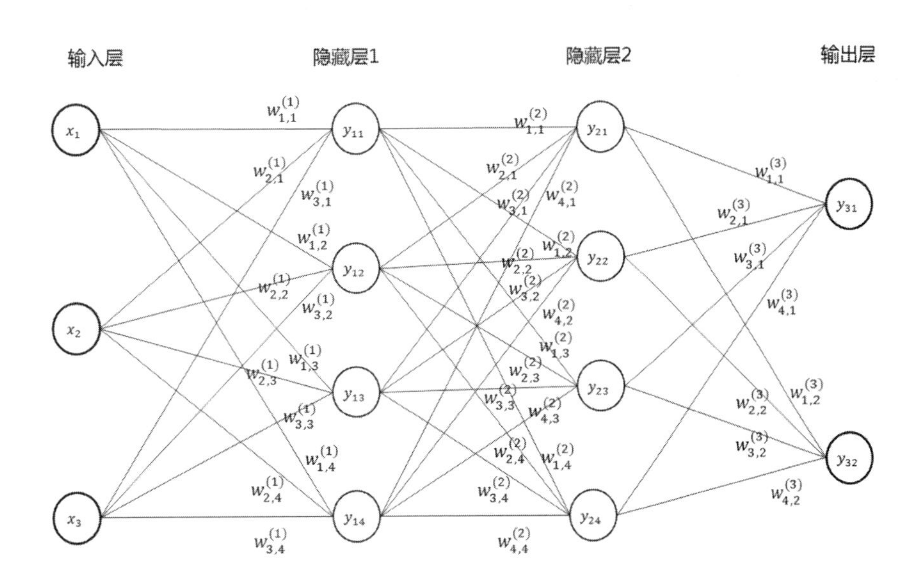

图 2-6 深层神经网络示例

2.3.2 深层神经网络节点

图 2-6 展示的深层神经网络中包含一个输入层、两个隐藏层、一个输出层。输入层有 3 个节点、两个隐藏层各有 4 个节点，输出层有 2 个节点。

输入层代表的是输入的自变量，输出层代表的是目标变量，所以输入层的节点数是与样本数据中自变量的个数相关的，输出层的节点数是与目标变量所有可能的类别数相关的。举个手写数字识别的例子，输入的是包含手写数字的图片，每张图片由 28×28 个像素组成。假如一个像素用一个变量表示，共需要 784 个（28×28）变量，那么这个神经网络的输入层就应该有 784 个节点。我们的识别结果总共有 10 种可能，分别是数字 0~9，那么，我们的输出层就应该有 10 个节点。

中间的隐藏层需要多少层？每层需要多少个神经元？这是根据具体的应用场景来设定的，一般来说隐藏层为 7~9 层比较好，一方面是模型的精准度会有保证，另一方面是训练所需要的时间会比较合理。

隐藏层总共应该有多少个神经元呢？隐藏层神经元数量可以根据样本数据的数量和输入层输出层神经元数量之和来考虑，根据一般经验，隐藏层神经元数量的上限应该是样本数据量除以输入输出层神经元之和的 2~10 倍。这样能够保证不会因为神经元过多，导致参数过多，进而导致过拟合，同时也不至于因为神经元过少而导致模型无法收敛（通俗地说，就是模型训练不出来）。至于是 2 倍好，还是 10 倍好，这个不用纠结，可以从 2 倍到 10 倍分别建立模型。然后使用验证数据对它们进行评价，选择最好的模型作为最终的模型。

2.3.3 深层神经网络参数

为了方便描述，对图 2-6 中的节点和权重进行编号，编号方法如下。

（1）输入层节点：采用 $x_i\,(1<i<n)$ 来表示，图 2-6 中输入层的节点分别用 x_1，x_2，x_3 来表示。

（2）隐藏层和输出层节点：采用 $y_{ij}\,(1<i<n，1<j<m)$ 来表示，其中 i 表示节点所在层数，j 表示本节点是本层中第几个节点。如图 2-6 所示，隐藏层 1 的节点分别用 y_{11}，y_{12}，y_{13}，y_{14} 来表示。同理，隐藏层 2 的节点分别用 y_{21}，y_{22}，y_{23}，y_{24} 来表示。输出层的节点分别用 y_{31}，y_{32} 来表示。

（3）权重编号：深层神经网络中，每一层的神经元都只能与前一层神经元相连，所以可以采用 $w_{previous\_j,j}^{(i)}\,(1<i<n,1<j<m)$ 来表示从第 $i-1$ 层第 *previous_j* 个节点到第 i 层第 j 个节点的权重，其中 i 表示目标节点所在层数，j 表示该目标节点是本层中第几个节点。*previous_j* 表示来源节点是前一层中第几个节点。

如图 2-6 所示，节点 y_{11} 的输入节点有三个，分别是 x_1，x_2，x_3，权重分别是这三个节点到 y_{11} 的边，分别是 $w_{1,1}^{(1)}$，$w_{2,1}^{(1)}$，$w_{3,1}^{(1)}$。节点 y_{32} 的输入节点有 4 个，分别是 y_{21}，y_{22}，y_{23}，y_{24}，权重分别是这四个节点到节点 y_{32} 的边，分别是 $w_{1,2}^{(3)}$，$w_{2,2}^{(3)}$，$w_{3,2}^{(3)}$，$w_{4,2}^{(3)}$。

2.3.4 节点输出值计算

输出值的计算过程分成两个步骤，第一步是完成加权求和，第二步是使用激活函数对加权求和的结果进行非线性转换，非线性转换的结果作为节点的最终输出。

如图 2-7 所示，节点输出的计算过程如下。

（1）加权求和:

$$z = w_{1,1}^{(1)} \times x_1 + w_{2,1}^{(1)} \times x_2 + w_{3,1}^{(1)} \times x_3 + b_1 \tag{2}$$

（2）非线性激活:

$$y_{11} = f(z) = f\left(w_{1,1}^{(1)} \times x_1 + w_{2,1}^{(1)} \times x_2 + w_{3,1}^{(1)} \times x_3 + b_1\right) \tag{3}$$

其中函数 f 是激活函数。

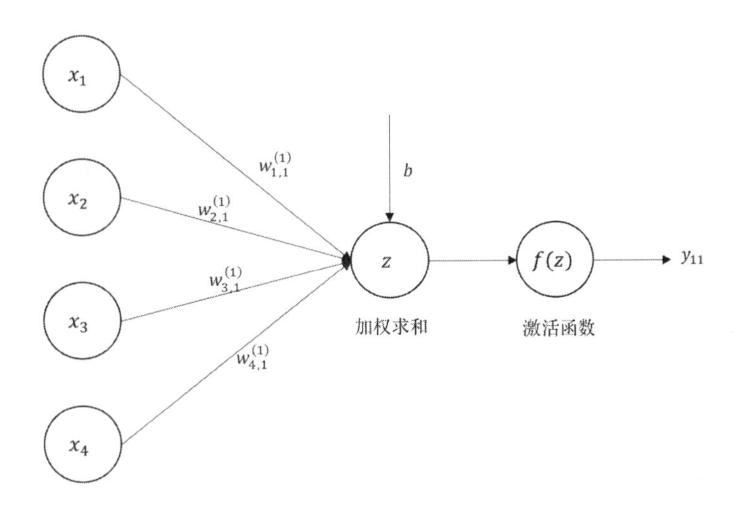

图 2–7 输出值的计算过程

以此类推，分别计算 y_{12}，y_{13}，y_{14}，结果如下:

$$y_{12} = f\left(w_{1,2}^{(1)} \times x_1 + w_{2,2}^{(1)} \times x_2 + w_{3,2}^{(1)} \times x_3 + b_2\right) \tag{4}$$

$$y_{13} = f\left(w_{1,3}^{(1)} \times x_1 + w_{2,3}^{(1)} \times x_2 + w_{3,3}^{(1)} \times x_3 + b_3\right) \tag{5}$$

$$y_{14} = f\left(w_{1,4}^{(1)} \times x_1 + w_{2,4}^{(1)} \times x_2 + w_{3,4}^{(1)} \times x_3 + b_4\right) \tag{6}$$

利用上述原理，可以计算出隐藏层 2 的输出值 y_{21}，y_{22}，y_{23}，y_{24} 和输出层节点 y_{31}，y_{32} 的输出值。

2.4 深层神经网络训练

深层神经网络的训练过程与机器学习的过程十分类似，也是包含算法选择、初始化参数、计算误差、判断训练是否完成、调整参数、反复迭代六个步骤。其中，关键步骤是算法选择、计算误差、调整参数等几个步骤。与机器学习的过程相比，算法选择的步骤中多了选择激活函数的过程；计算误差的过程不再是简单地使用 $(\hat{y}-y)^2$，而是在当前参数的条件下，计算出期望的分类概率分布与样本中的概率分布之间的差异，这个过程是使用交叉熵 (cross entropy) 来计算的。由此可见，计算误差的前提是通过信号的前向传播完成预期结果的计算，然后通过计算预期结果的分布与样本分布的差距来计算误差；调整参数涉及两个方面，一个是调整方向，另一个是调整幅度。调整方向是通过偏导数计算得到，调整幅度是靠设置学习率来实现的。这是深层神经网络训练过程的关键步骤，是需要我们重点关注的问题。

2.4.1 关键训练步骤

我们把深度学习的关键步骤与机器学习过程中的关键步骤对比一下，梳理一下深度学习步骤中的关键点。

（1）算法选择：对于深度神经网络来说，模型架构本身就是算法，这个步骤不需要选择，然而深层神经网络中的神经元，需要对加权求和的结果进行非线性转换，这个过程是用激活函数来实现的，所以深层神经网络的选择算法步骤中多了一个选择激活函数的过程。

（2）初始化参数：与机器学习过程完全类似，这个步骤是为所有参数指定一个随机数，考虑到激活函数的约束，有时需要把初始化参数的取值限制在一定范围之内，如 [0,1]。

（3）计算误差：这个步骤可以分成两个环节。第一个环节，根据当前参数，完成所有神经元输出值的计算，本质是计算出当前参数的条件下，期望的分类概率分布；第二环节，根据输出值计算当前的期望概率分布与样本的概率分布之间的差距。第一个环节是通过信号的前向传播、逐层推导完成的；第二个环节是通过交叉熵实现的，它的理论依据来源于信息论。

（4）判断学习是否完成：与机器学习过程类似，一般根据误差函数变动大小来判断学习是否完成。

（5）调整参数：与机器学习类似，这依然是个关键步骤，涉及两个关键因素。第一个是调整的方向，这是通过计算误差函数的偏导数实现的；第二个是调整的幅度，这是通过设置学习率来实现的。

（6）反复迭代：与机器学习类似，就是通过不断地调整参数，尽可能地减小误差和损失。

2.4.2 选择激活函数

选择激活函数需要考虑以下几个问题。

（1）非线性：当激活函数是非线性函数时，可以证明，两层的神经网络就是一个通用函数逼近器，即从理论上来说两层的神经网络就可以解决任何分类问题。如果激活函数是线性的，不满足于上述特征，那么多层神经网络实际上等效于单层神经网络模型。所以，对于激活函数来说，非线性很重要。

（2）连续可微：这个特征很重要，这是我们使用梯度下降法来调整参数的必要条件。TensorFlow 中内置了常用的激活函数，包括连续随处可导的激活函数（sigmoid、tanh、ELU、softplus 和 softsign），连续但不能随处可导的激活函数（ReLU、ReLU6、CReLU）和随机正则化函数（dropout）。

（3）取值范围：当激活函数输出的取值范围是有限集时，基于梯度下降法训练的输出结果会比较稳定。这是因为原来取值范围很大的输入，如（$-\infty,\infty$），经过激活函数之后，输出结果的取值范围变得有限（通常取值范围为 [0,1] 或 [−1,1]），也就是说模型结果波动不大，模型比较稳定。在极端情况下，这可能导致出现所谓的神经元坏死，如输入值是 100 或 10000 对输出结果已经没有影响了，因为激活函数的输出值都是 1。如果激活函数的取值范围是无限集，模型的训练更有效率，通俗地说，模型的输出结果波动更大，这是因为原来输入的取值范围很大，如（$-\infty,\infty$），经过激活函数之后，输出值的取值范围依然很大，如（$-\infty,\infty$）。

（4）单调：如果激活函数是单调的，那么与单层神经网络相关联的误差函数能够保证是凸函数。凸函数能够保证取到极值，也就是说模型能找到最优解。否则，模型可能存在局部最优解的情况，最终导致无法找到全局最优解。

（5）在原点处接近线性函数：如果激活函数具备这个特征，那么，权重在初始化参数被赋予很小的随机数时，训练效率会比较高（调整参数的幅度比较大）。

TensorFlow 常用的激活函数有 tanh、sigmoid、ReLU、ELU 等，它们的图形如图 2-8 所示。

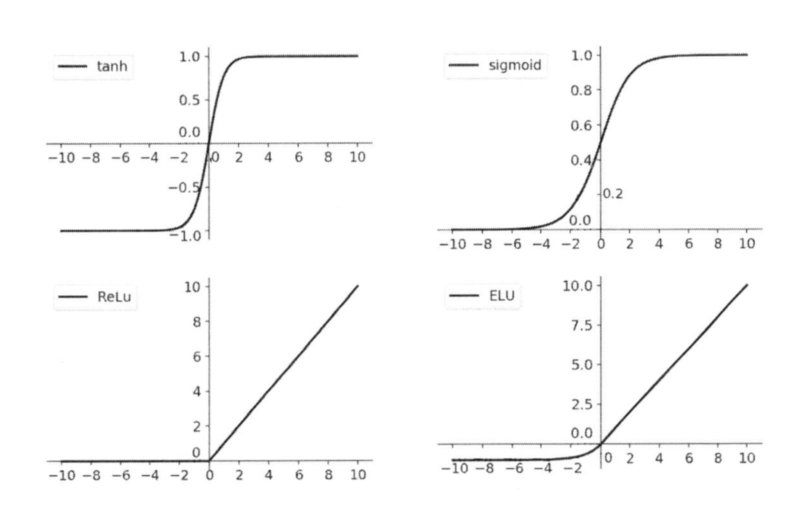

图 2–8　常用激活函数图形

激活函数 tanh 的公式：$f(x)=\frac{1-e^{-2x}}{1+e^{-2x}}$，取值范围（ −1,1)，导数 $f'(x)=1-f(x)^2$。

函数 sigmoid 公式为 $f(x)=\frac{1}{1+\mathrm{e}^{-x}}$，取值范围（0，1），导数 $f'(x)=f(x)(1-f(x))$。

函数 ReLU 公式 $f(x)=\begin{cases}0(x<0)\\x(x\geqslant0)\end{cases}$，取值范围 [0，+ ∞)，导数 $f'(x)=\begin{cases}0(x<0)\\1(x\geqslant0)\end{cases}$。

函数 ELU 公式为 $f(a,x)=\begin{cases}a(\mathrm{e}^{x}-1)(x<0)\\x\ (x\geqslant0)\end{cases}$，取值范围 (− a,+∞)，导数 $f^{'(a,x)}=\begin{cases}f(a,x)+a(x<0)\\1(x\geqslant0)\end{cases}$。

2.4.3 信号前向传播

对于图 2-6 中深层神经网络来说，可以通过从左向右逐层计算节点输出值的方式计算当前参数条件下，输出值的期望概率分布。但是，这样的方式不够简便，我们可以通过矩阵乘法的方式来实现快速计算最终的输出值，这个过程称为信号前向传播。

设 $\boldsymbol{x}$ 是一个 1×3 的矩阵，令 $\boldsymbol{x}=[x_1，x_2，x_3]$，用来代表输入的变量列表。设 $\boldsymbol{w}^{(1)}$ 为一个 3×4 的矩阵，代表输入变量层到第一个隐藏层神经元节点之间的所有权重参数。

$$^{(1)}\begin{bmatrix} w_{(1,1)}^{(1)} & w_{(1,2)}^{(1)} & w_{(1,3)}^{(1)} & w_{(1,4)}^{(1)} \\ w_{(2,1)}^{(1)} & w_{(2,2)}^{(1)} & w_{(2,3)}^{(1)} & w_{(2,4)}^{(1)} \\ w_{(3,1)}^{(1)} & w_{(3,2)}^{(1)} & w_{(3,3)}^{(1)} & w_{(3,4)}^{(1)} \end{bmatrix}$$

设 $\boldsymbol{y}^{(1)}$ 为 1×4 的矩阵，令 $\boldsymbol{y}^{(1)}=[y_{11}，y_{12}，y_{13}，y_{14}]$，代表第一个隐藏层的输出值。设 $\boldsymbol{b}^{(1)}$ 为 1×4 的矩阵，令 $\boldsymbol{b}^{(1)}=[b_1^{(1)}，b_2^{(1)}，b_3^{(1)}，b_4^{(1)}]$，代表第一个隐藏层神经元上的偏置项。那么，第一个隐藏层的输出值可以用矩阵乘法表示如下：

$$\boldsymbol{y}^{(1)}=f(xw^{(1)}+b^{(1)}) \tag{7}$$

以此类推，设 $\boldsymbol{w}^{(2)}$ 为一个 4×4 的矩阵，代表从第一个隐藏层到第二个隐藏层的神经元之间的权重参数，令：

$$\boldsymbol{w}^{(2)}=\begin{bmatrix} w_{(1,1)}^{(2)} & w_{(1,2)}^{(2)} & w_{(1,3)}^{(2)} & w_{(1,4)}^{(2)} \\ w_{(2,1)}^{(2)} & w_{(2,2)}^{(2)} & w_{(2,3)}^{(2)} & w_{(2,4)}^{(2)} \\ w_{(3,1)}^{(2)} & w_{(3,2)}^{(2)} & w_{(3,3)}^{(2)} & w_{(3,4)}^{(2)} \\ w_{(4,1)}^{(2)} & w_{(4,2)}^{(2)} & w_{(4,3)}^{(2)} & w_{(4,4)}^{(2)} \end{bmatrix}$$

设 $\boldsymbol{y}^{(2)}$ 为 1×4 的矩阵，令 $\boldsymbol{y}^{(2)}=[y_{21}，y_{22}，y_{23}，y_{24}]$，代表第二个隐藏层的输出值。设 $\boldsymbol{b}^{(2)}$ 为 1×4 的矩阵，令 $\boldsymbol{b}^{(2)}=[b_1^{(2)}，b_2^{(2)}，b_3^{(2)}，b_4^{(2)}]$，代表第二个隐藏层神经元上的偏置项。那么，第二个隐藏

层的输出值可以用矩阵乘法表示如下：

$$\boldsymbol{y}^{(2)}=f(y^{(1)}w^{(2)}+b^{(2)}) \tag{8}$$

同理，设 $\boldsymbol{w}^{(3)}$ 为一个 4×2 的矩阵，代表从第二个隐藏层到输出层的神经元之间的权重参数，令：

$$\boldsymbol{w}^{(3)}=\begin{bmatrix} w_{(1,1)}^{(3)} & w_{(1,2)}^{(3)} \\ w_{(2,1)}^{(3)} & w_{(2,2)}^{(3)} \\ w_{(3,1)}^{(3)} & w_{(3,2)}^{(3)} \\ w_{(4,1)}^{(3)} & w_{(4,2)}^{(3)} \end{bmatrix}$$

设 $\boldsymbol{y}^{(3)}$ 为 1×2 的矩阵，令 $\boldsymbol{y}^{(3)}=[y_{31}, y_{32}]$，代表输出层的输出值。设 $\boldsymbol{b}^{(3)}$ 为 1×2 的矩阵，令 $\boldsymbol{b}^{(3)}=[b_1^{(3)}, b_2^{(3)}]$，代表输出层神经元上的偏置项。那么，输出层的输出值可以用矩阵乘法表示：

$$\boldsymbol{y}^{(3)}=f(y^{(2)}w^{(3)}+b^{(3)}) \tag{9}$$

通过以上步骤，我们将信号前向传播过程与矩阵乘法关联起来了，只要将输入变量、神经元之间的参数、偏置项等用矩阵表示，信号前向传播就可以利用矩阵乘法实现。矩阵乘法是 Python 语言内置在 NumPy 安装包里的，TensorFlow 通过它来实现矩阵乘法。矩阵乘法也是我们后面介绍 TensorFlow 开发时需要重点关注的。

2.4.4 计算当前误差

通过信号前向传播，我们已经可以计算出输出层的输出值了，但得到的输出值与我们的图像识别或手写数字识别是不一样的。对于手写数字识别来说，我们需要明确地给出结论，从输出层的输出值到图片到底是几的转换是通过 Softmax 层来实现的。Softmax 层是输出层的一部分，我们把之前的输出层叫作原始输出层，原始输出层与 Softmax 层共同组成了输出层。这里的 Softmax 层与图 1-2 中的阈值函数作用是一致的。

图 2-9 展示了一个手写数字识别的神经网络例子。原始输出层 10 个输出值经过 Softmax 函数转换，输出了一个概率分布，用向量 [0,0,0,0,1,0,0,0,0,0] 来表示，向量中的每个取值代表手写数字图片对应数字 0~9 的概率。图 2-9 中展示的例子，表示识别结果是 0 的概率为 0，是 4 的概率为 100%。

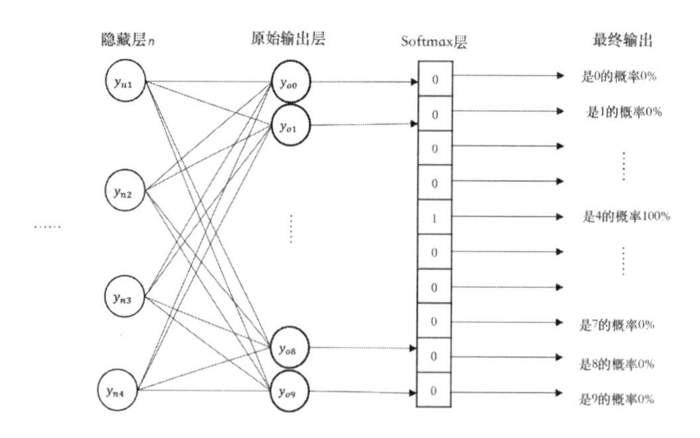

图 2-9　包含了 Softmax 层输出层示意图

Softmax 函数的计算公式如下：

$$\delta(z_j)=\frac{e^{z_j}}{\sum_{k=1}^{K}e^{zk}} \tag{10}$$

其中，z 是输入变量（向量），K 是 z 的元素个数（向量的长度）。从公式（10）可以看出，Softmax 输出的向量中所有元素之和等于 1，代表识别结果是 0~9 这 10 个数字的总概率是 100%，也就是说，必然是 0~9 这 10 个数字中的一个。

图 2-9 中的例子，输出层输出值经过 Softmax 转换之后，输出的分类概率是非常明确的，即手写数字是 4 的概率是 100%（[0,0,0,0,1,0,0,0,0,0]）。但是，输出层的输出结果经过 Softmax 转换之后，有可能无法给出肯定的答案，如给出结果是 4 的概率为 80%，结果是 9 的概率为 20%，对应的向量是 [0,0,0,0,0.8,0,0,0,0,0.2]。那么，这两个概率分布之间的误差有多大，该如何计算呢？这就要用到信息论了。

在信息论中，两个概率分布之间的距离可以用交叉熵来计算。在样本数据中，对于每个图片上的手写数字，样本数据都能明确指出这是数字几。样本概率分布我们用 y 来表示，经过 Softmax 转换得到的预期概率分布用 $\hat{y}$ 来表示。预期概率分布 $\hat{y}$ 与样本概率分布 y 之间的差距可以用公式（11）来计算：

$$H(y,\hat{y})=-\sum_{y} y\log(\hat{y}) \tag{11}$$

我们举个例子，假设对于某张手写数字图片，样本数据给出结果为数字 4 的概率是 100%，结果为其他数字的概率是 0，也就是说 $\boldsymbol{y}$=[0,0,0,0,1,0,0,0,0,0]。模型识别的效果分成两种情况：第一种情况，输出结果是数字 4 的概率是 80%，输出结果是数字 9 的概率是 20%，是 4 和 9 以外其他数字的概率是 0，对应 $\hat{\boldsymbol{y}}_1$=[0,0,0,0,0.8,0,0,0,0,0.2]；第二种情况，输出结果是数字 4 的概率是 60%，输出结果是数字 9 的概率 20%，是数字 0 的概率是 20%，是除 4、9、0 以外的其他数字的概率是 0，对应 $\hat{\boldsymbol{y}}_2$=[0.2,0,0,0,0.6,0,0,0,0,0.2]。这两个情况哪个更好呢？我们写一段小脚本来计算一下：

```
#!/usr/local/bin/python3
# -*- coding: UTF-8 -*-

import numpy as np

# 样本数据给出的分布概率，等于 4 的概率是 100%，等于其他数字的概率是 0
p = [0,0,0,0,1,0,0,0,0,0]

# 第一种情况，识别结果是 4 的概率是 80%，识别结果是 9 的概率是 20%
q1 = [0,0,0,0,0.8,0,0,0,0,0.2]
# 第二种情况，识别结果是 4 的概率是 60%，是 9 的概率是 20%，是 0 的概率是 20%
q2 = [0.2,0,0,0,0.6,0,0,0,0,0.2]

loss_q1 = 0.0
loss_q2 = 0.0

for i in range(1, 10):
  # 如果 p(x)=0，那么 p(x)*log q1(x) 肯定等于 0。如果 q1(x) 等于 0，那么 log q1(x) 不存在
  if p[i] != 0 and q1[i] != 0:
    loss_q1 += -p[i]*np.log(q1[i])

  # 如果 p(x)=0 那么 p(x)*log q2(x) 肯定等于 0。如果 q2(x) 等于 0，那么 log q2(x) 不存在
  if p[i] != 0 and q2[i] != 0:
    loss_q2 += -p[i]*np.log(q2[i])

print (" 第一种情况，误差是：{}".format( round(loss_q1, 4)))
print (" 第二种情况，误差是：{}".format(round(loss_q2, 4)))
```

执行上述脚本，得到运行结果如下：

```
第一种情况，误差是：0.2231
第二种情况，误差是：0.5108
```

可以看出，第一种情况误差明显比第二种情况误差小，这与我们的感觉是一致的。第一种情况的模型的识别结果是 4 的概率是 80%，而第二种情况的识别结果是 4 的概率只有 60%。与样本数据的结论相比较，第一种的结论误差更小。

总结一下，计算误差的过程分成两个环节。第一个环节是计算出输出值，并使用 Softmax 对输出值进行转换得到分类概率分布。第二个环节是采用交叉熵计算期望的分布概率与样本分布概率之

间的差距，即与样本比较当前模型的损失，如果模型给出的期望分布与样本数据完全一致，那么误差就是 0，也就达到了最小。

2.4.5 参数调整的原理

计算误差的目的是对参数进行优化和调整，通过调整参数，使误差达到最小，最终使模型的输出结果与样本数据的结果尽可能一致。常用的调整参数的办法叫作“梯度下降法”。

利用梯度下降法来调整参数时需要考虑两个问题：第一个问题是调整的方向，即梯度把参数向哪个方向调整才能降低误差，这是基于误差计算对参数的偏导数来实现的，是一个链式求导的过程；第二个问题是调整的幅度，这是通过设置学习率来实现的。学习率的设置是深度学习的关键点之一，是需要我们重点关注的。

图 2-10 展示了利用梯度下降法来调整参数的思路。假设，当前参数取值为 θ_1，我们沿着损失函数的切线（导数）方向将参数调整为 θ_2，对应的损失函数的取值从 $J(\theta_1)$ 下降到 $J(\theta_2)$，从图 2-10 中看起来就像下降了一个“阶梯”。同理，把参数调整到 θ_3，对应的损失函数从 $J(\theta_2)$ 下降到 $J(\theta_3)$，又下降了一个“阶梯”。通过反复多次执行上述调整参数的过程，误差函数的值就会不断降低，模型精度则会不断提高。

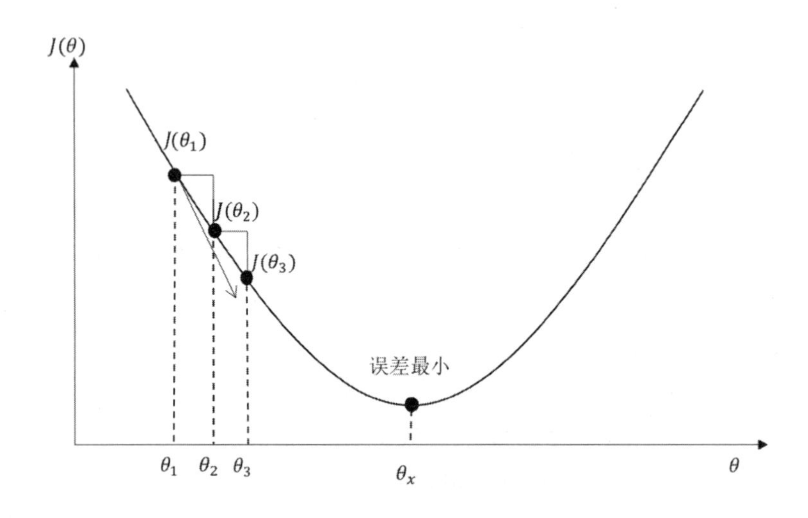

图 2-10 利用梯度下降法来调整参数思路

2.4.6 梯度计算的原理

与机器学习类似，计算梯度的过程依然是通过偏导数来实现的。误差计算对各个参数（权重）的偏导数就是参数的梯度，这个梯度表示参数的调整方向，向该方向调整参数，就能够降低误差。通过反复执行信号前向传播、计算误差、调整参数，就能逐步地降低误差，提高模型的精度。

如图 2-11 所示，首先通过 Softmax 层计算得到期望的分布概率向量，利用交叉熵函数计算出期望的分类概率与样本的分类概率之间的差异，即误差；然后通过偏导数将总误差传递到 Softmax 层的输出值 s，再从 s 传递到原始输出层的输出值 O；最后从 O 传递到原始输出层的参数 $w^{(o)}$。

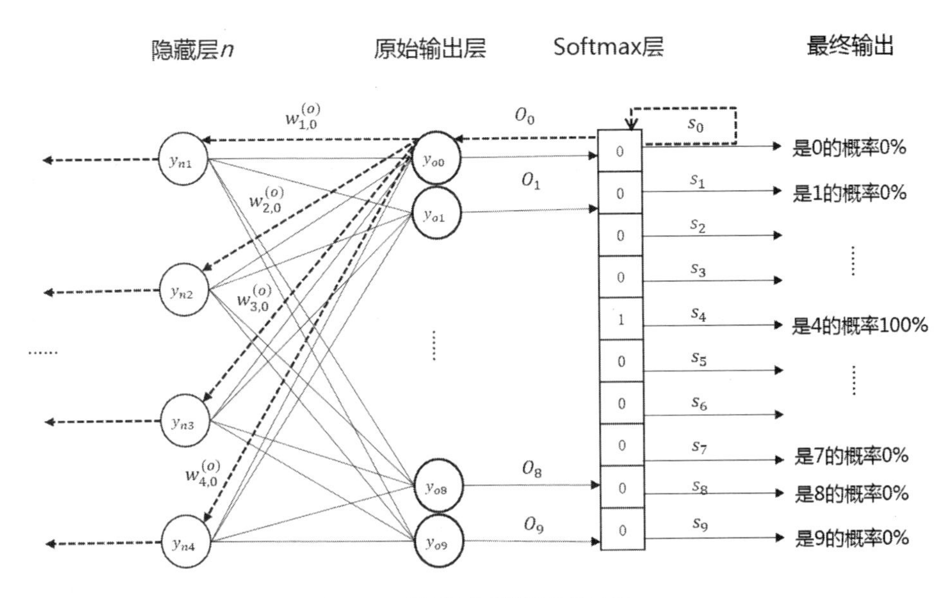

图 2-11　基于误差调整参数的过程

我们用 y 代表样本数据的分类概率，用 $\hat{y}$ 代表当前参数条件下的期望分类概率，损失函数可以表示为：

$$\text{Loss} = H(y,\hat{y}) = -y * \log(\hat{y}) \tag{12}$$

其中，y 代表样本的分类概率，$\hat{y}$ 代表预期的分类概率。

我们以计算梯度为例，说明如何利用链式求导实现误差计算对权重的偏导数：

$$\frac{\partial \text{Loss}}{\partial w^{(o)}} = \frac{\partial \text{Loss}}{\partial \hat{y}} \times \frac{\partial \hat{y}}{\partial O} \times \frac{\partial O}{\partial w^{(o)}} \tag{13}$$

可以看出上述的链式求导分成三个部分，我们分别计算三个部分的导数。

（1）第一部分的偏导数计算：

$$\frac{\partial \text{Loss}}{\partial \hat{y}} = \frac{\partial}{\partial \hat{y}}(-y\log(\hat{y})) \tag{14}$$

套用导数计算公式（uv）$'=u'v+uv'$ 和（$\log x$）$'=1/x$，公式（14）推导可得：

$$\begin{aligned}\frac{\partial \text{Loss}}{\partial \hat{y}} &= \frac{\partial}{\partial \hat{y}}(-y\ \log\ (\hat{y})) \\ &= (-y)'\log(\hat{y}) + (-y)\big(\log(\hat{y})\big)' \\ &= 0\log(\hat{y}) + (-y)\big(\log(\hat{y})\big)' \\ &= -\frac{y}{\hat{y}}\end{aligned}$$

在这里，样本的分类概率和当前参数下期望的分类概率都是已知的，所以上述部分的计算结果是已知的。

（2）第二部分的偏导数计算。

我们来计算第二部分$\frac{\partial \hat{y}}{\partial O}$的偏导数，$\hat{y}$是预期的分类概率，是通过 Softmax 公式计算得到的，套用 Softmax 公式，可以表示为：

$$S(\hat{y}_j)\frac{\quad}{\sum} \tag{15}$$

其中，$\hat{y}$是输入向量，所以，上述公式的偏导数计算公式可以表示为：

$$\frac{\partial S(O_j)}{\partial O_i} = \frac{\partial}{\partial O_i}\frac{e^{O_j}}{\sum_{k=0}^{K} e^{O_k}} \tag{16}$$

我们分两种情况来计算，当$j=i$时，$O_j = O_i$，这个时候O_j是变量，套用求导公式：$\left(\frac{u}{v}\right)' = \frac{u'v - uv'}{v^2}$和（$e^x$）$'=e^x$，上述公式可以转化为：

$$\begin{aligned}\frac{\partial S(O_j)}{\partial O_i} &= \frac{\left(e^{O_j}\right)'\sum_{k=0}^{K} e^{O_k} - e^{O_j}\left(\sum_{k=0}^{K} e^{O_k}\right)'}{\left(\sum_{k=0}^{K} e^{O_k}\right)^2} \\ &= \frac{e^{O_j}\sum_{k=0}^{K} e^{O_k}}{\left(\sum_{k=0}^{K} e^{O_k}\right)^2} - \frac{e^{O_j}\left(e^{O_0} + \cdots + e^{O_j} + \cdots + e^{O_k}\right)'}{\left(\sum_{k=0}^{K} e^{O_k}\right)^2} \\ &= \frac{e^{O_j}}{\sum_{k=0}^{K} e^{O_k}} - \frac{\left(e^{O_j}\right)^2}{\left(\sum_{k=0}^{K} e^{O_k}\right)^2} \\ &= S_j - S_j^2\end{aligned} \tag{17}$$

第二种情况，当 $j \neq i$ 时，O_j 不是变量而是常数，计算基于 S_0 的误差对 $O_1 \sim O_9$ 的偏导数，因为它们也参与了 S_0 的计算。公式（17）可以转化为：

$$\frac{\partial S(O_j)}{\partial O_i} = \frac{\left(\mathrm{e}^{O_j}\right)' \sum_{k=0}^{K} \mathrm{e}^{O_k} - \mathrm{e}^{O_j}\left(\sum_{k=0}^{K} \mathrm{e}^{O_k}\right)'}{\left(\sum_{k=0}^{K} \mathrm{e}^{O_k}\right)^2}$$

$$= \frac{\mathrm{e}^{O_j} \sum_{k=0}^{K} \mathrm{e}^{O_k}}{\left(\sum_{k=0}^{K} \mathrm{e}^{O_k}\right)^2} - \frac{\mathrm{e}^{O_j}\left(\mathrm{e}^{O_0} + \cdots + \mathrm{e}^{O_j} + \cdots + \mathrm{e}^{O_k}\right)'}{\left(\sum_{k=0}^{K} \mathrm{e}^{O_k}\right)^2}$$

$$= \frac{\mathrm{e}^{O_j}}{\sum_{k=0}^{K} \mathrm{e}^{O_k}} - \frac{\mathrm{e}^{O_j}}{\sum_{k=0}^{K} \mathrm{e}^{O_k}}$$

$$= -S_j S_i$$

（3）第三部分的偏导数计算。

我们来计算第三部分偏导数 $\frac{\partial O}{\partial w^{(o)}}$。原始输出层的输出值 $O = f\left(w^{(o)} y^{(o)} + b^{(o)}\right)$，其中，$f$ 是激活函数，令 $g = (w^{(o)} y^{(o)} + b^{(o)})$。我们套用求导数公式 $\left(f\left(g(x)\right)\right)' = f'\left(g(x)\right) g'(x)$ 和（uv）$'=u'v+uv'$，上述偏导数计算过程如下：

$$\frac{\partial O}{\partial w^{(o)}} = \frac{\partial}{\partial w^{(o)}} f\left(w^{(o)} y^{(o)} + b^{(o)}\right) \tag{18}$$

$$= \left(w^{(o)}\right)' y^{(o)} + w^{(o)}\left(y^{(o)}\right)' + \left(b^{(o)}\right)'$$

$$= f'\left(w^{(o)} y^{(o)} + b^{(o)}\right) y^{(o)}$$

其中，$f'\left(w^{(o)} y^{(o)} + b^{(o)}\right)$ 是激活函数对 $w^{(o)}$ 的导数；$y^{(o)}$ 为常量，是原始输出层的输出值。常用激活函数的导数可以参考 2.4.2 小节，将 $w^{(o)} y^{(o)} + b^{(o)}$ 的结果代入上述激活函数导数即可。

2.4.7 设置学习率

如果学习率设置过小，会使误差收敛过慢，导致出现经过很长时间的训练误差依然很大，模型无法收敛的局面；如果学习率设置过大，有可能出现误差直接越过最优解，在反方向上出现较大误差，来回震荡，同样无法达到最优解。

图 2-12 是误差函数 $J(\theta)$ 随着参数 θ 变化而波动的示意图，$J(\theta)$ 的最小值对应图中曲线的最低点，是误差函数取值最小的点，也就是对应模型的最优参数，我们训练模型的目标就是把参数调整到最接近这个点的状态。

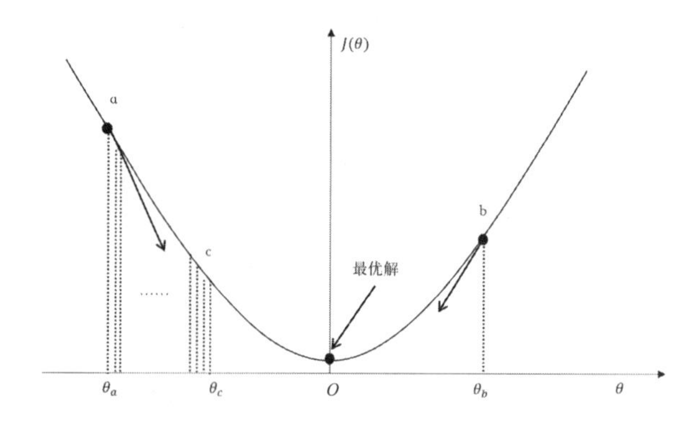

图 2-12　学习率设置的关键挑战

假如当前误差函数 $J(\theta)$ 的取值是曲线上的 a 点，θ 的取值对应为 a 点在横坐标的值。图 2-12 曲线上 a 点的切线（带箭头的射线），代表了当前参数的梯度，也就是参数的调整方向。假设现在的学习率很大，对应参数调整的幅度也很大，能把参数从 a 点对应的横坐标直接调整到 b 点对应的横坐标位置，这个过程直接越过了最优解。到了 b 点之后，由于误差还比较大，根据 b 点梯度，参数依然会向最优解方向调整，此时参数调整的幅度依然很大，会再次回到 a 点的位置。参数会反复向反方向调整，这样就可能导致参数来回震荡，始终无法接近最优解，模型最终无法收敛。

再举个学习率设置过小的例子。依然假设当前误差函数取值位于曲线上的 a 点，根据 a 点的梯度来调整参数。由于学习率设置过小，假设经过 100 万次的参数调整，才达到 c 点，距离最优解依然遥遥无期。我们知道每一次调整参数都需要大量的计算，过程非常耗时，这在实际的项目实施中是无法被接受的。

该如何设置学习率呢？设置学习率的关键在于综合采用“粗调和精调”的办法，在训练初期设置较大的学习率，而在训练后期设置较小的学习率。这样在训练初期阶段，模型能够被大幅度调整，而在训练快要结束的时候模型能够被精密调整，同时达到训练过程快速和训练结果精准的目的。

目前，最常用的设置学习率的方法是“指数衰减法”。在模型训练刚开始时设置一个比较大的学习率，在随后的模型训练过程中，根据当前训练迭代次数对学习率不断地进行衰减。这样就实现了在模型训练初期学习率的调整幅度比较大，而在模型训练的后期学习率的调整幅度比较小，模型的精度较高的目标，可以用公式表示为：

$$\eta = \eta_s * \text{decay\_rate}^{\frac{\text{step\_count}}{\text{decay\_count}}} \tag{19}$$

其中，η 是当前要计算的学习率；

η_s 是初始时候的学习率，一般设置比较大，如 1，对应粗调；

decay_rate 是学习率的衰减率（如 0.95）；

step_count 代表模型训练的当前迭代次数；

decay_count 代表经过多次迭代对学习率进行一次衰减，如每 100 次迭代对学习率进行一次衰减。

如图 2-13 所示，图中横坐标是训练的迭代次数，纵坐标是学习率。初始学习率设置为 1，然后随着模型的训练过程不断地对学习率进行衰减，学习率不断降低。图中细线条是指数衰减法，每经过 10 次迭代，学习率衰减一次，衰减为上一次学习率的 0.95。图中粗线条是梯度衰减法，每经过 100 次迭代，学习率衰减一次，学习率衰减为上一次学习率的 0.95^{10}。从图中可以看出来，在刚开始训练的时候，学习率衰减的幅度很大，随着训练的进行，学习率逐渐接近于 0，同时学习率的衰减也接近于 0，这恰好实现了我们对学习率进行“粗调和精调”相结合的目标。

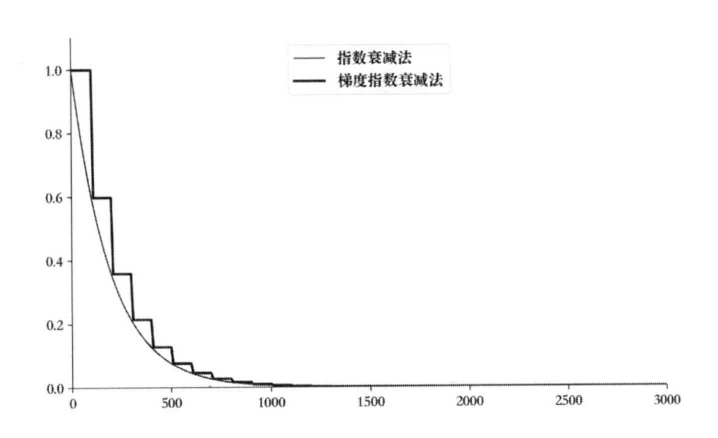

图 2-13　通过指数衰减法对学习率进行调整

2.4.8　调整参数取值

计算出梯度和学习率之后，调整参数就非常简单了，采用如下公式对当前参数进行调整：

$$w_{\text{new}} = w_{\text{old}} - \eta \frac{\partial_{\text{Loss}}}{\partial w} \tag{20}$$

其中，η 是学习率，$\frac{\partial_{\text{Loss}}}{\partial w}$ 是梯度。

2.4.9　反复迭代

通过信号的前向传播、计算误差、调整参数，误差就会降低，通过反复多次执行以上过程，就能够不断降低误差，提高模型的预测准确率。当误差足够小或模型的预测准确率足够高时，就可以把当前的模型作为最终的输出模型，也就完成了模型训练。

2.5　深层神经网络优化

上一节介绍了深层神经网络训练的方法，整个过程看起来十分简单，然而在工程实战中，深层神经网络的训练面临各种挑战，包括有可能无法找到最优解、容易出现过拟合的问题，以及超参过多模型无法选择等诸多问题。

2.5.1 梯度下降法的局限

梯度下降法的局限性在于不一定能够找到全局最优解，而只能找到局部最优解。如果损失函数 $J(\theta)$ 不是凸函数，那么有可能存在多个局部最优解。利用梯度下降法，通过调整参数，将损失降低到局部最优解之后，由于损失函数无法进一步降低，导致参数只能调整到局部最优解。

如图 2-14 所示，如果参数随机初始化时，落在区间二或区间三内，通过梯度下降法，参数只能达到该区间内局部最优解一或局部最优解二，而无法达到全局最优解。只有当参数随机初始化时恰好落在了区间一内，如 θ_1 点，才能达到全局最优解。

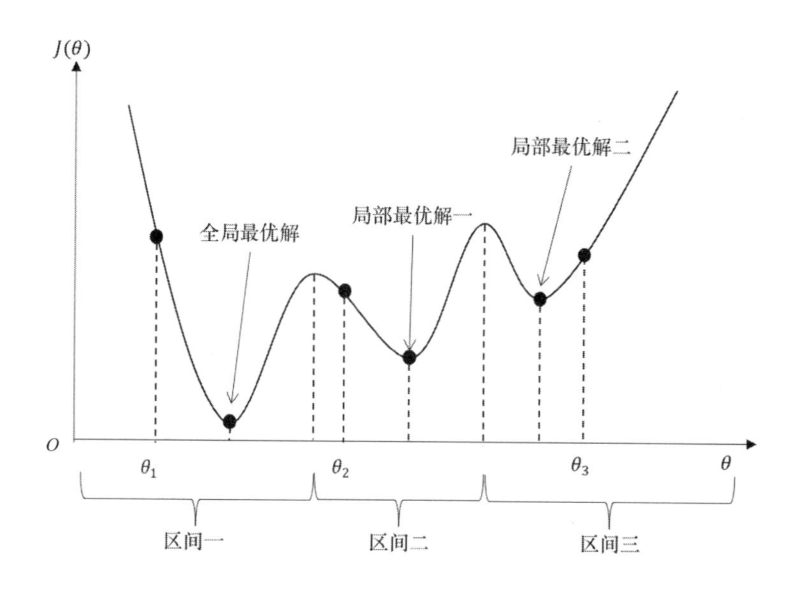

图 2-14 梯度下降法存在只能找到局部最优解的可能

针对上述问题，解决方法是在参数随机初始化时，反复进行多次参数随机初始化，获得多个初始化参数。如果这些初始化参数的数量足够多，那么它们的取值有很大概率同时分别出现在区间一、区间二、区间三，这样就能够找到各个区间内的最优解，之后将各个区间内的最优解进行比较，找到它们中的最优解，这个最优解就有很大概率是全局最优解。这个过程就是模型选择的过程，即同时训练出多个模型，选择最好的一个作为最终的模型输出。

这种方法的优点是有很大概率找到全局最优解，缺点有两个：一是无法保证百分之百找到全局最优解，只能是“很大概率”找到，当然，只要随机初始化的参数数量足够多，找到全局最优解的概率就有可能接近百分之百；二是随机初始化参数的数量增多，虽然会使找到全局最优解的可能性增大，但所需要的训练时间也会变长。所以，在实际生产环境中，要在优点和缺点之间做好平衡。

2.5.2 过拟合与欠拟合问题

过拟合与欠拟合是模型训练过程中常见的两类问题。过拟合是指模型在训练数据集上的误差很小，但是在测试数据集上的误差很大；欠拟合是指模型在训练数据集和测试数据集上的误差都很大。在实际的工程中，更常见的是过拟合问题，本书将重点阐述如何避免过拟合。

1. 过拟合与欠拟合简介

过拟合与欠拟合是模型训练过程中常见的两个类型的问题。过拟合是指模型在训练数据集上的误差很小，但在实际生产数据集上的误差很大。很多时候，为了避免在实际生产环境中才发现过拟合问题，往往会用测试数据来代表实际生产数据集。通常情况下，如果模型在训练数据集上的误差很小，但是在测试数据集上的误差很大，我们就可以说这个模型过拟合了。

过拟合的本质是模型过于复杂，或者参数过多，记住了训练数据中的噪声。也就是说通过“死记硬背”记住了训练数据的“某些特征”，然而这些特征不是训练数据中隐藏的“内在规律”，“死记硬背”记住的这些特征往往是不会重复出现的。所以，当模型应用于生产环境或测试数据集时，就会出现在测试数据集上误差很大的情况。

欠拟合是指模型在训练数据集和测试数据集上的误差都很大，这是因为模型过于简单粗暴或训练不足，参数调整的幅度不够，参数可调整的空间依然很大，所以模型在训练数据集和测试数据集上的误差都很大。解决欠拟合最常用的手段就是加强模型训练，最大限度地优化模型的参数，让误差尽可能减小。

如图 2-15 所示，其中 θ_{overfit} 就是典型的过拟合，θ_{underfit} 就是典型的欠拟合，θ' 是理想的模型。

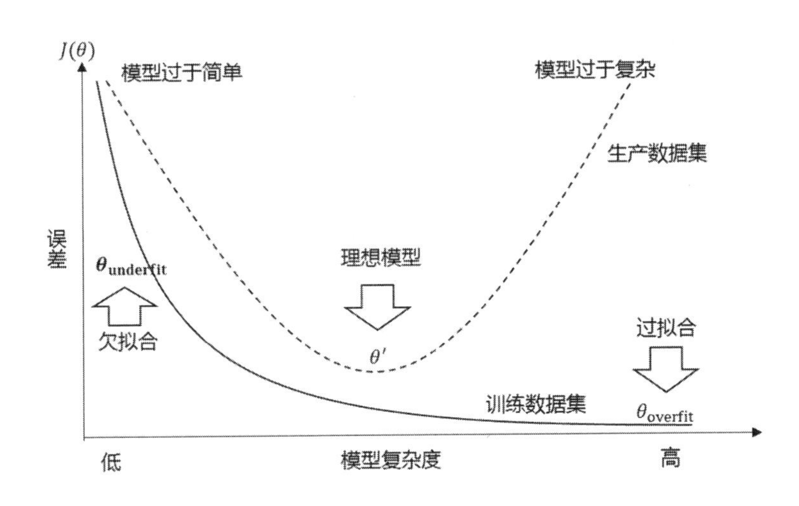

图 2-15 过拟合与欠拟合

2. 过拟合与欠拟合示例

图 2-16 展示了回归和分类两种场景下的过拟合与欠拟合的情况。图 2-16 上半部分是线性回归的欠拟合、理想拟合、过拟合的三种情况示例，下半部分是分类场景的欠拟合、理想拟合、过拟合

的三种情况示例。从图中可以直观地看出，欠拟合对应的情况是模型过于简单粗暴，不论是在训练数据集还是在测试数据集上，误差都很大。在过拟合的情况下，模型过于复杂、灵活，针对训练数据集进行过度优化，对训练数据集拟合得非常好，但由于模型过于复杂，测试数据集与实际生产数据集会产生很大的误差。

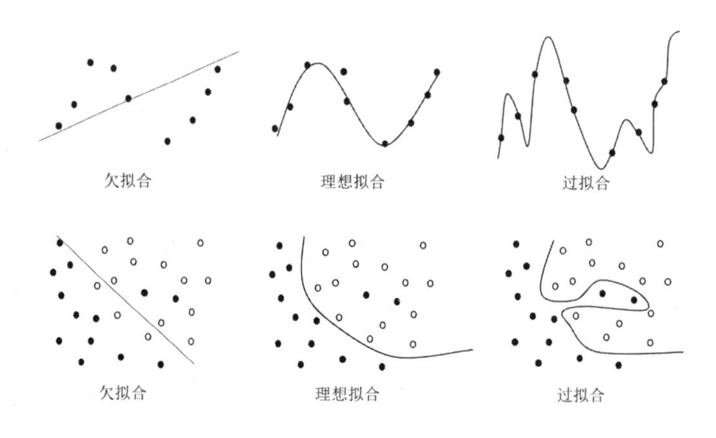

图 2-16　过拟合与欠拟合示例

3. 过拟合与欠拟合问题泛化

如果存在一个参数 θ'，使得当前模型参数 θ 在训练数据集上的误差 $E_{\text{train}}(\theta)$ 小于参数 θ' 在训练数据集上的误差 $E_{\text{train}}(\theta')$，并且当前参数 θ 在测试数据集上的误差 $E_{\text{test}}(\theta)$ 大于参数 θ' 在测试数据集上的误差 $E_{\text{test}}(\theta')$，那么，我们可以说当前的模型是过拟合的。记作，对于当前模型参数 θ，存在一个参数 θ' 使得公式（21）成立：

$$E_{\text{train}}(\theta) < E_{\text{train}}(\theta') \text{并且} E_{\text{test}}(\theta) > E_{\text{test}}(\theta') \tag{21}$$

如果存在一个参数 θ'，使得当前模型参数 θ 在训练数据集上的误差 $E_{\text{train}}(\theta)$ 和在测试数据集上的误差 $E_{\text{test}}(\theta)$ 都大于参数 θ' 在训练数据集上的误差 $E_{\text{train}}(\theta')$ 和在测试数据集上的误差 $E_{\text{test}}(\theta')$，那么，我们可以说当前的模型是欠拟合的。记作，对于当前模型参数 θ，存在一个参数 θ' 使得公式（22）成立：

$$E_{\text{train}}(\theta) > E_{\text{train}}(\theta') \text{并且} E_{\text{test}}(\theta) > E_{\text{test}}(\theta') \tag{22}$$

很显然，对于欠拟合的情况来说，当前模型的参数 θ 不是最优解，参数 θ' 是比 θ 更优的解。

4. 如何避免过拟合与欠拟合

欠拟合处理起来比较简单。产生欠拟合的原因一般有两个：第一个是模型过于简单，在实际生产中这个问题很少产生，因为针对图像识别、语音识别、自然语音处理等应用场景，最好的模型都是已知的，这些场景已经研究得很透彻了，一般不会出现模型过于简单的问题；第二个是模型训练不足，导致参数的优化程度不够，这个问题在实际生产中有可能出现，解决起来很简单，就是加大模型的训练量。实际生产环境中遇到的难以解决的问题，往往不是欠拟合，而是过拟合。

过拟合的解决办法有两个。第一个办法是在误差函数中，增加描述模型参数复杂程度的内容，这样可以避免参数过于复杂导致的过拟合，因为参数过大会导致误差函数大，无法收敛。第二个办法是采用 Dropout 的正则化技术。它的原理是丢弃一些全连接的边，核心本质是减少了参数的数量，防止模型参数对训练数据进行复杂的协同，避免出现参数过多而导致的过拟合现象。

第一个解决办法是在误差函数中增加模型参数复杂程度的内容，可以用公式（23）来表示：

$$J'(\theta)=J(\theta)+\frac{\lambda}{2m}\sum_{j=0}^{n}\theta_j \tag{23}$$

其中，λ 是正则化系数，m 是样本数据的数量，n 是参数的个数。

从公式(23)中可知，当参数过大时，λ 越大，误差函数的取值越大，因为 $\frac{\lambda}{2m}\sum_{j=0}^{n}\theta_j$ 部分取值变大后，$J'(\theta)$ 的取值必然会变大，这样模型无法收敛于当前的参数 θ。λ 越小，即使此时参数仍然很大，误差函数的取值有可能不会太大，这是因为 $\frac{\lambda}{2m}\sum_{j=0}^{n}\theta_j$ 取值会很小，如当 $\lambda=0$ 时，$J'(\theta)=J(\theta)$。综上所述，λ 越大，模型过拟合的可能性越小，模型欠拟合的可能性越大；λ 越小，模型过拟合的可能性越大，模型欠拟合的可能性越小。也就是说，我们可以通过设置较大的 λ 来避免过拟合。当然，不能设置得太大，太大就有可能导致欠拟合。

第二个解决办法是采用 Dropout 的正则化技术。原理是丢弃一些参数，减少参数的数量，防止模型因为参数过多而导致过拟合现象。图 2-17 展现的是通过 Dropout 正则化技术避免过拟合问题的例子。从图片中可以看出，这里的 Dropout 本质是让一部分神经元及其参数不参与最终的输出结果的计算，而不是真正地丢弃某些神经元。

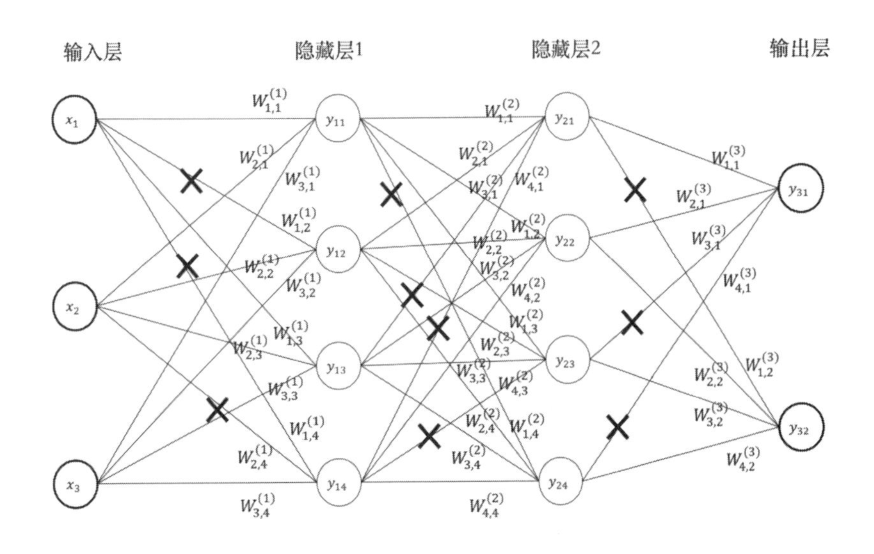

图 2–17　通过 Dropout 正则化技术避免过拟合

2.5.3 模型选择

针对一个业务问题，我们构建模型的时候，往往会有多个选择，如深层神经网络的层数、每层神经元的个数、初始化参数的取值、初始的学习率设置等。由于梯度下降法的局限性，我们可能需要进行多次随机初始化，使初始的参数取值尽可能包含全局最优解的区间（图 2-12 的例子中，全局最优解在区间一）。这就导致了一个业务问题往往会存在多个模型。那么哪个模型才是最好的模型呢？我们该如何选择呢？

对于模型的选择，常见的解决办法是利用验证数据来验证，选择在验证数据上效果最好的模型，作为最优的模型输出。输出最优的模型之后，利用测试数据，可以检测模型是否达到生产应用的要求。

2.6 本章小结

本章首先重点介绍了什么是深度学习、为什么要深度学习；然后介绍了深层神经网络的结构、节点、参数和输出值的计算办法，阐述了信号前向传播的机制和原理；再者介绍了深层神经网络的训练方法，包括关键的训练步骤、激活函数的选择、参数调整的办法等常见方法和技巧；最后介绍了全连接神经网络优化的技巧，包括针对梯度下降的局限性、找到全局的最优解避免过拟合、欠拟合的问题等。

本章是深度学习的原理介绍，是深度学习的核心技术，所有常见的图像识别、语音识别、自然语言处理等技术都是基于深层神经网络，在深层神经网络的基础上进行了一定的调整和优化。本章的内容，读者可以反复看，不理解的地方，可以结合后面章节中的实际案例，加深对于本章的理解。只要理解了本章的核心思路，实际工作中遇到的深度学习相关的问题就可以沿着这些思路找到相应的解决办法。

第3章 CHAPTER TensorFlow 安装

本章主要介绍如何在 macOS、 Windows、Ubuntu 上安装 TensorFlow。每种操作系统安装 TensorFlow 都有好几种方式，常见的安装方式有 pip、Virtualenv、Docker 等。其中 pip 是原生的安装方式，优点是安装过程相对简单、容易操作，缺点是与计算机上原有的 Python 环境无法隔离，容易因为相互影响导致冲突。Virtualenv、Docker 都是在虚拟环境或容器中安装，优点是与计算机上原有的 Python 环境是隔离的，缺点是安装包比较大，对网络带宽要求比较高。

本书推荐通过 pip 的方式来安装，因为只要你熟悉 pip 和 Python 的环境，这种安装方式执行起来相对容易一些，并且能够从系统上的任何目录中运行 TensorFlow。用这种方式安装虽然有可能会与计算机中现有的 Python 版本或组件发生冲突，但对于有志于真正学习深度学习的人来说，遇到问题解决问题本身就是一个很好的学习过程，这是正常的，也是必须要经历的步骤。

3.1 在 macOS 上安装 TensorFlow

本节介绍如何在 macOS 上安装 TensorFlow，介绍的安装方式只适用于 macOS 10.12.6 (Sierra) 或更高版本。在其他版本上，这些指令是否适用，未经测试，如果需要在其他 macOS 版本上安装 TensorFlow，请参考相关版本的 TensorFlow 安装手册。

注 意

GitHub#15933 中介绍了在低于 macOS 10.12.6 (Sierra) 的版本上安装，已知的影响数值准确性的问题。详细内容请参见以下链接：https://github.com/tensorflow/tensorflow/issues/15933#issuecomment-366331383。

从 1.2 版开始，TensorFlow 在 macOS 上不再支持 GPU。

在 macOS 上安装 TensorFlow 总共有以下四种方式：

（1）原生 pip 的方式；

（2）基于 Virtualenv 的方式；

（3）基于 Docker 的方式；

（4）从源代码安装的方式。

本书的重点是介绍深度学习的原理和应用，TensorFlow 的安装不是重点，所以本书不介绍通过源代码来安装 TensorFlow 的方式。

3.1.1 使用原生 pip 进行安装

二进制的 TensorFlow 已经上传到 PyPI（Python Package Index）了，因此，你可以通过 pip 安装 TensorFlow。

1. 前提条件 Python

要想安装 TensorFlow，你的系统必须包含以下 Python 版本中的一种：

（1）Python 2.7；

（2）Python 3.3 或更高版本。

如果你的系统中还没有安装上述任何一种 Python 版本，请先安装 Python，推荐安装 Python 3.7 或以上版本。

2. 前提条件 pip

Python 用来安装和管理软件包的程序是 pip，在使用原生 pip 进行 TensorFlow 安装之前，必须确保我们的计算机系统上已经安装了以下类型的 pip 之一：

（1）pip（对于 Python 2.7）；

（2）pip3（对于 Python 3.n）。

执行以下命令确认自己的计算机系统上是否已经安装了相应版本的 Python：

```
$ pip -V  # for Python 2.7
$ pip3 -V # for Python 3.n
```

强烈建议使用 pip 或 pip3 8.1 或以上版本来安装 TensorFlow。执行以下命令确保 pip 或 pip3 版本升级到 8.1 或以上：

```
$ sudo easy_install --upgrade pip
$ sudo easy_install --upgrade six
```

3. 安装 TensorFlow

如果你的 Mac 上已经具备了 Python 和 pip 软件，那么请执行以下步骤来完成 TensorFlow 的安装。

通过执行以下两条命令中的一条来安装 TensorFlow，根据你计算机上的 Python 版本，选择所需要执行的命令：

```
$ pip install tensorflow     # Python 2.7; CPU support
$ pip3 install tensorflow    # Python 3.n; CPU support
```

如果上一个步骤执行失败，我们将通过以下命令来执行 TensorFlow 的安装：

```
$ sudo pip  install --upgrade tfBinaryURL  # Python 2.7
$ sudo pip3 install --upgrade tfBinaryURL  # Python 3.n
```

不同版本的 Python 对应的 TensorFlow 软件包的地址如下：

```
# Python 2.7 的 TensorFlow 软件包的地址
https://download.tensorflow.google.cn/mac/cpu/tensorflow-1.8.0-py2-none-any.whl
```

```
# Python 3.4、3.5 或 3.6 的 TensorFlow 软件包的地址
https://download.tensorflow.google.cn/mac/cpu/tensorflow-1.8.0-py3-none-any.whl
```

4. 验证 TensorFlow

可以用一个简短的 TensorFlow 小程序，验证 TensorFlow 的安装是否正确。启动一个新的终端（Shell），通过下列命令列表中的一个来调用 Python：

```
$ python    # Python 2.7
$ python3   # Python 3.4、3.5 或 3.6
```

在 Python 的交互式终端中，输入以下几行代码：

```
# Python3
import tensorflow as tf
hello = tf.constant('Hello, TensorFlow!')
sess = tf.Session()
print(sess.run(hello))
```

如果系统输出了以下内容，就说明你的 TensorFlow 已经完全安装好了，可以开始编写 TensorFlow 程序了：

```
Hello, TensorFlow!
```

5. 卸载 TensorFlow

要卸载 TensorFlow，请执行下列其中一条命令：

```
$ pip uninstall tensorflow  # Python 2.7 版本 TensorFlow 的卸载命令
$ pip3 uninstall tensorflow  # Python 3.4、3.5 或 3.6 版本 TensorFlow 的卸载命令
```

3.1.2 使用 Virtualenv 进行安装

Virtualenv 是一种虚拟的、相互隔离的 Python 环境，它不会干扰同一台计算机上的其他 Python 程序。同理，一个 Virtualenv 中的 Python 也不会受到其他 Python 程序或组件包的影响。换句话说，Virtualenv 提供了一种安全的、可靠的机制来安装和运行 TensorFlow。

1. 在 Virtualenv 中安装 TensorFlow

通过 Virtualenv 来安装 TensorFlow 时，会同时安装 TensorFlow 及其所需要的所有软件包，当然，这一过程其实很简单。对于通过 Virtualenv 安装的 TensorFlow 来说，在开始使用 TensorFlow 之前，你需要先“激活”虚拟环境。

使用 Virtualenv 来安装 TensorFlow 的步骤如下。

（1）启动终端（Shell）。通过“启动台”→“其他”→“终端”启动，或者在 Finder 中，选择“应用程序”→“实用工具”→“终端”启动终端。以下的安装步骤都是在 Shell 中进行的。

（2）安装 pip 和 Virtualenv：执行以下命令安装 pip 和 Virtualenv。

```
$ sudo easy_install pip
$ pip install --upgrade virtualenv
```

（3）创建 Virtualenv 环境：通过执行以下命令在“~/TensorFlow”文件夹下面创建 Virtualenv 环境，其中，~/TensorFlow 是假定的目录，你可以选择其他任何目录。

```
$ virtualenv --system-site-packages ~/TensorFlow # for Python 2.7
$ virtualenv --system-site-packages -p python3 ~/TensorFlow# for Python 3.n
```

（4）激活 Virtualenv 环境：执行以下命令。

```
$ cd ~/TensorFlow
$ source ./bin/activate      # If using bash, sh, ksh, or zsh
$ source ./bin/activate.csh  # If using csh or tcsh
```

执行 source 命令之后，终端的提示符应该变成如下内容：

```
~/TensorFlow$
```

（5）升级 pip 到 8.1 版本以上：确保 pip 的版本在 8.1 以上。

```
~/TensorFlow$ easy_install -U pip
```

（6）安装 TensorFlow 及其所需的软件包：执行以下命令中的一个，在 Virtualenv 环境中安装 TensorFlow 及其所需要的软件包。

```
~/TensorFlow$ pip install --upgrade tensorflow      # for Python 2.7
~/TensorFlow$ pip3 install --upgrade tensorflow     # for Python 3.n
```

（7）可选。如果上一个步骤执行失败了（往往是因为 pip 的版本低于 8.1），那么，可以通过以下命令在 Virtualenv 环境中安装 TensorFlow 及其所需要的软件包。

```
$ pip install --upgrade tfBinaryURL   # Python 2.7
$ pip3 install --upgrade tfBinaryURL  # Python 3.n
```

不同版本的 Python 对应的 TensorFlow 软件包的地址如下：

```
# Python 2.7 的 TensorFlow 软件包的地址
https://download.tensorflow.google.cn/mac/cpu/tensorflow-1.8.0-py2-none-any.whl

# Python 3.4、3.5 或 3.6 的 TensorFlow 软件包的地址
https://download.tensorflow.google.cn/mac/cpu/tensorflow-1.8.0-py3-none-any.whl
```

2. 在 Virtualenv 中使用 TensorFlow

请注意，每次在新终端中使用 TensorFlow 时，都必须先激活 Virtualenv 环境。如果当前 Virtualenv 环境处于未激活状态，那么请调用以下某个命令来激活 Virtualenv 环境：

```
# 在使用 TensorFlow 之前，需要激活 Virtualenv 环境
$ cd ~/TensorFlow
$ source ./bin/activate      # If using bash, sh, ksh, or zsh
$ source ./bin/activate.csh  # If using csh or tcsh
```

如果提示符变成如下所示，那么表示你的 TensorFlow 环境已经处于活动状态，能够在该终端中运行 TensorFlow 程序了：

```
~/TensorFlow$
```

可以执行一个简短的 TensorFlow 小程序，验证 TensorFlow 的安装是否正确。启动一个新的终端，通过如下命令列表中的一个来调用 Python：

```
$ python    # Python 2.7
$ python3   # Python 3.4、3.5 或 3.6
```

在 Python 的交互式终端中，输入以下几行代码：

```
# Python3
import tensorflow as tf
hello = tf.constant('Hello, TensorFlow!')
sess = tf.Session()
print(sess.run(hello))
```

如果系统输出了以下内容，就说明 TensorFlow 已经完全安装好了，可以开始编写 TensorFlow 程序了：

```
Hello, TensorFlow!
```

当我们使用完 TensorFlow 之后，可以通过以下命令来停用 Virtualenv 环境：

```
# 停用 Virtualenv 环境
~/TensorFlow$ deactivate
```

提示符将恢复为你的默认提示符。

3. 从 Virtualenv 中卸载 TensorFlow

如果想要卸载 TensorFlow，只需要删除 Virtualenv 环境中之前创建的文件夹即可：

```
# 直接删除 Virtualenv 环境中创建的文件夹即可
$ rm -r ~/tensorflow
```

3.1.3　使用 Docker 进行安装

Docker 是一个容器，使用 Docker 安装的 TensorFlow 就是运行在这个容器中。所以，使用 Docker 安装的 TensorFlow 与你计算机上之前的软件包是完全隔离的，不会发生冲突，并且 Docker 包含了 TensorFlow 及其所有依赖的软件包，部署起来会非常方便。需要注意的是，Docker 的映像文件非常大，如果你的网络带宽有限，使用 Docker 进行安装就比较麻烦。

1. 安装步骤

使用 Docker 来安装 TensorFlow 需要执行以下两个步骤。

（1）安装 Docker：按照 Docker 的安装说明文档在计算机上安装 Docker，Docker 的安装不是本书的重点，不做介绍。Docker 的安装详细过程参见 Docker 安装说明文档，详见：https://docs.

docker.com/install/。

（2）启动包含 TensorFlow 的 Docker 容器：启动包含某个 TensorFlow 二进制映像的 Docker 容器即可，Docker 会在第一次运行时自动下载 TensorFlow 及其依赖的软件包。通过以下命令来启动一个包含 TensorFlow 二进制映像的 Docker 容器：

```
# 通过终端（Shell）来执行 TensorFlow
$ docker run -it tensorflow/tensorflow bash

# 通过 Jupyter Notebook 在浏览器中使用 TensorFlow，执行以下命令
# 请注意，使用 Jupyter Notebook 之前需要先安装 Jupyter 才行
$ docker run -it -p 8888:8888 tensorflow/tensorflow bash ./run_jupyter.sh

# 如果之前没有安装 Jupyter，可以通过以下命令来安装和运行 Jupyter
#python3 版本下的 Jupyter 安装
$ python3 -m pip install --upgrade pip
$ python3 -m pip install jupyter

#python2 版本下的 Jupyter 安装
$ python -m pip install --upgrade pip
$ python -m pip install jupyter

# 启动 Jupyter
$ jupyter notebook

# 通过 Jupyter Notebook 在浏览器中使用 TensorFlow
# 在 Docker 容器内，同时运行了 TensorBoard（TensorFlow 可视化工具）
$ docker run -it -p 8888:8888 -p 6006:6006 tensorflow/tensorflow bash ./run_jupyter.sh
```

① -p hostPort:containerPort 是可选项。如果是通过终端（Shell）来运行 TensorFlow 程序，那么，无须设置 hostPort 和 containerPort。如果想通过 Jupyter Notebook 在浏览器中运行 TensorFlow，那么，需要先把 hostPort 和 containerPort 设置为 8888，然后打开浏览器，输入网址 http://127.0.0.1:8888/，即可在 Jupyter Notebook 中使用 TensorFlow。注意，如果想在容器内部同时运行 TensorBoard，那么需要再添加一个 -p 标记，并将 hostPort 和 containerPort 设置为 6006。

② TensorFlowImage 是必填项。表示包含 TensorFlow 二进制映像的 Docker 容器，可以设置为以下字符串中的一个：

tensorflow/tensorflow：TensorFlow 二进制映像；

tensorflow/tensorflow:latest-devel：TensorFlow 二进制映像及源代码。

2. 验证 TensorFlow 安装正确

通过启动一个运行 bash 的 Docker 容器来启动 TensorFlow。

```
# 启动 TensorFlow
$ docker run -it tensorflow/tensorflow bash
```

在终端（Shell）中，输入以下几行代码：

```
# python3
import tensorflow as tf
hello = tf.constant('Hello, TensorFlow!')
sess = tf.Session()
print(sess.run(hello))
```

如果系统输出了以下内容，就说明你的 TensorFlow 已经完全安装好了，可以开始编写 TensorFlow 程序了：

```
Hello, TensorFlow!
```

3. 从 Docker 中卸载 TensorFlow

使用 Docker 方式安装的 TensorFlow 是运行在 Docker 容器内的，Docker 会自动管理 TensorFlow 机器安装包，无须卸载 TensorFlow。如果想要卸载 Docker，请执行以下命令：

```
# 卸载所有的 Docker
$ sudo rm /usr/local/bin/docker-compose
```

3.1.4 使用 Anaconda 进行安装

Anaconda 是一个开源社区的 Python 发行版本，其包含了 Conda、Python 等 180 多个科学包及其依赖项。Conda 是一个开源的软件包管理器，用于在同一个机器上安装不同版本的软件包及其依赖项，并能在不同的环境之间切换。

1. 使用 Anaconda 安装 TensorFlow

使用 Anaconda 安装 TensorFlow 需要以下两个步骤。

（1）安装 Anaconda：从 Anaconda 网站上下载并安装 Anaconda。Anaconda 的安装说明请参见：https://www.anaconda.com/download/#macOS。

（2）安装 TensorFlow：通过执行以下命令来完成 TensorFlow 的安装。

```
# 创建 tensorflow 的 conda 环境，根据 Python 的实际版本选择合适的版本号
$ conda create -n tensorflow pip python=2.7 # or python=3.3, etc.

# 激活 conda 环境
$ source activate tensorflow
# 激活成功之后提示符变成
```

```
~/TensorFlow$  # 你的文件夹、提示符可能与这里的不同

# 在 conda 环境中安装 TensorFlow，针对 Python 2.7
~/TensorFlow$ pip install --ignore-installed --upgrade \
https://download.tensorflow.google.cn/mac/cpu/tensorflow-1.8.0-py2-none-any.whl
# 在 conda 环境中安装 TensorFlow，针对 Python 3.4、3.5 或 3.6
~/TensorFlow$ pip install --ignore-installed --upgrade \
https://download.tensorflow.google.cn/mac/cpu/tensorflow-1.8.0-py3-none-any.whl
```

2. 验证 TensorFlow 安装正确

运行如下命令来验证使用 Anaconda 来安装 TensorFlow 是否正确:

```
# 激活 conda 环境
$ source activate tensorflow
# 激活成功之后提示符变成
~/TensorFlow$  # 你的文件夹、提示符可能与这里的不同
# 然后在这里输入一个简短的 TensorFlow 程序
# python3
import tensorflow as tf
hello = tf.constant('Hello, TensorFlow!')
sess = tf.Session()
print(sess.run(hello))
```

如果系统输出了以下内容，就说明你的 TensorFlow 已经完全安装好了，可以开始编写 TensorFlow 程序了:

```
Hello, TensorFlow!
```

3. 从 Anaconda 中卸载 TensorFlow

执行以下命令从 Anaconda 中卸载 TensorFlow:

```
# 激活 conda 环境
$ source activate tensorflow
# 激活成功之后提示符变成
~/TensorFlow$  # 你的文件夹、提示符可能与这里的不同

# 从 conda 环境中卸载 TensorFlow
~/TensorFlow$ pip uninstall tensorflow
```

3.2 在 Windows 上安装 TensorFlow

本节介绍如何在 Windows 上安装 TensorFlow，本节的安装方法适用于以下计算机和操作系统（其他计算机和操作系统未测试）：

（1）64 位、x86 台式机或笔记本电脑；

（2）Windows 7 或更高版本。

3.2.1 确定安装哪种 TensorFlow

在 Windows 环境中，支持两种 TensorFlow，第一种是仅支持 CPU 的 TensorFlow，第二种是支持 GPU 的 TensorFlow。我们需要从这两种 TensorFlow 中选择一种来安装。

（1）仅支持 CPU 的 TensorFlow：此版本的 TensorFlow 更容易安装，一般来说 5~10 分钟就能安装完成。如果你的系统没有 NVIDIA® GPU，或者你不知道有没有 NVIDIA® GPU，那么请安装这个版本的 TensorFlow。如果你是初学者，即使你的计算机有 NVIDIA® GPU，依然建议你安装这个版本的 TensorFlow。

（2）支持 GPU 的 TensorFlow 版本：TensorFlow 在 GPU 上运行的速度比在 CPU 上运行时快得多。如果你的计算机系统已经配置了以下版本的 NVIDIA® GPU，并且你的应用需要利用 GPU 的高性能优势，还愿意克服 GPU 版本安装过程中的难题，那么你应该安装 GPU 版本的 TensorFlow。

如果你想要安装支持 GPU 的 TensorFlow 版本，那么，计算机上必须具备以下 NVIDIA 的软件。

① CUDA® 工具包 9.0。CUDA（Compute Unified Device Architecture）是一种由 NVIDIA 推出的通用并行计算架构，该架构能够利用 GPU 执行并行数值计算，特别适合于矩阵乘法、矩阵转置等深度学习经常使用的场景。CUDA® 工具包 9.0 的安装说明请参考 NVIDIA 的安装文档，网址：https://docs.nvidia.com/cuda/cuda-installation-guide-microsoft-windows/#install-cuda-software。另外，请务必按照 NVIDIA 文档中的说明，将相关的 CUDA 路径名附加到 %PATH% 环境变量上。

② 安装相关的驱动程序。安装与 CUDA® 工具包 9.0 相关联的 NVIDIA 驱动程序。

③ cuDNN v7.0。cuDNN(CUDA® Deep Neural Network library) 是一个基于 CUDA 架构、利用 GPU 硬件加速的，主要针对深度神经网络应用场景的软件包。cuDNN 提供了高度优化的实现方案，包括前向传播、反向传播、卷积、池化、正则化、激活函数层等场景。cuDNN 是 NVIDIA 深度学习软件开发工具包的一部分。详细安装说明请参考 NVIDIA 的安装文档，网址：https://developer.nvidia.com/cudnn。请注意，cuDNN 的安装目录通常与其他 CUDA DL 的安装目录位置不同。请务必将 cuDNN DLL 的安装目录添加到 %PATH% 环境变量上。

④ CUDA 计算能力为 3.0 或更高的 GPU 卡（需要从源代码编译），以及 CUDA 计算能力为 3.5 或更高的 GPU 卡（可以使用我们的二进制文件安装）。如需了解支持的 GPU 卡的列表，请参阅 NVIDIA 文档。

如果你的某个软件包不同于以上的软件版本，请使用特定的版本号。需要特别注意的是，cuDNN 的版本必须完全匹配，如果无法找到 cuDNN64_7.dll，TensorFlow 就不会加载，因此，如果需要使用 7.0 版本以外的 cuDNN 版本，必须从源代码编译并安装。详细的安装过程请参考 NVIDIA 官网相关的安装文档。

3.2.2 使用原生 pip 进行安装

通过原生 pip 安装的方式，优点是安装过程相对简单、容易操作。对于初学者，本书推荐使用 pip 的方式安装。因为只要你熟悉 pip 和 Python 的环境，这种安装方式执行起来相对容易一些，并且能够从系统上的任何目录中运行 TensorFlow。

1. 安装 TensorFlow

要保证你的计算机上已经安装了 3.5 或更高版本的 Python 软件，请从以下网址下载并安装适合你计算机的 Python 软件（建议安装最新的稳定版本）：https://www.python.org/downloads/windows/。

在 Windows 上，TensorFlow 支持 Python 3.5.x 和 3.6.x。请注意，Python 3 附带有 pip3 软件包管理器，我们需使用 pip3 来安装 TensorFlow。

要在 Windows 上安装 TensorFlow，首先启动一个终端（“开始”→“运行”→输入“cmd”，然后按回车键），其次在终端中输入以下命令来安装 TensorFlow：

```
# 要安装 CPU 版本的 TensorFlow，请运行以下命令
C:\> pip3 install --upgrade tensorflow

# 要安装 GPU 版本的 TensorFlow，请运行以下命令：
C:\> pip3 install --upgrade tensorflow-gpu
```

2. 验证 TensorFlow

可以执行一个简短的 TensorFlow 小程序，验证 TensorFlow 的安装是否正确。启动一个终端（“开始”→“运行”→输入“cmd”，然后按回车键），在交互式终端中，输入并执行以下几行代码，来验证 TensorFlow 安装是否正确：

```
# Python3
import tensorflow as tf
hello = tf.constant('Hello, TensorFlow!')
sess = tf.Session()
print(sess.run(hello))
```

如果系统输出了以下内容，就说明你的 TensorFlow 已经完全安装好了，可以开始编写 TensorFlow 程序了：

```
Hello, TensorFlow!
```

3. 卸载 TensorFlow

要卸载 TensorFlow，请执行下列命令中的一条：

```
# 要卸载 CPU 版本的 TensorFlow，请执行以下命令
C:\> pip3 uninstall tensorflow

# 要卸载 GPU 版本的 TensorFlow，请执行以下命令：
C:\> pip3 uninstall tensorflow-gpu
```

3.2.3 使用 Anaconda 进行安装

Anaconda 是一个开源社区的 Python 发行版本，用于在同一个机器上安装不同版本的软件包及其依赖项，并能够在不同的环境中切换。

1. 安装 TensorFlow

使用 Anaconda 安装 TensorFlow 需要以下两个步骤。

（1）安装 Anaconda：从 Anaconda 网站上下载并安装 Anaconda。Anaconda 的安装说明请参见：https://www.anaconda.com/download/#windows

（2）安装 TensorFlow：通过执行以下命令来完成 TensorFlow 的安装。

```
# 创建 tensorflow 的 conda 环境，根据 Python 的实际版本选择合适的版本号
C:> conda create -n tensorflow pip python=3.6  #Python 3.6

# 激活 conda 环境
C:> activate tensorflow
(tensorflow)C:>  # 你的提示符可能与此不同

# 要安装仅支持 CPU 的 TensorFlow 版本，请执行以下命令：
(tensorflow)C:> pip install --ignore-installed --upgrade tensorflow

# 要安装执行 GPU 版本的 TensorFlow，请输入以下命令：
(tensorflow)C:> pip install --ignore-installed --upgrade tensorflow-gpu
```

2. 验证 TensorFlow

启动终端（“开始”→“运行”→输入“cmd”，然后按回车键）。在终端中执行以下命令：

```
# 从终端中调用 Python3
C:> python3

# 激活 conda 环境
C:> activate tensorflow
(tensorflow)C:>  # 你的提示符可能与此不同
>>> import tensorflow as tf
```

```
>>> hello = tf.constant('Hello, TensorFlow!')
>>> sess = tf.Session()
>>> print(sess.run(hello))
```

如果系统输出了以下内容，就说明你的 TensorFlow 已经安装好了，可以开始编写 TensorFlow 程序了：

```
Hello, TensorFlow!
```

3. 卸载 TensorFlow

执行以下命令从 Anaconda 中卸载 TensorFlow：

```
# 激活 conda 环境
C:> activate tensorflow
(tensorflow)C:>  # 你的提示符可能与此不同

# 要卸载仅支持 CPU 的 TensorFlow 版本，请执行以下命令：
(tensorflow)C:> pip uninstall tensorflow

# 要卸载支持 GPU 版本的 TensorFlow，请执行以下命令：
(tensorflow)C:> pip uninstall tensorflow-gpu
```

3.3 在 Ubuntu 上安装 TensorFlow

本节介绍如何在 Ubuntu 上安装 TensorFlow。本节介绍的方法适用以下计算机：

（1）64 位台式机或笔记本电脑；

（2）Ubuntu 16.04 或更高版本。

3.3.1 确定安装哪种 TensorFlow

Ubuntu 操作系统环境的计算机，支持两种 TensorFlow，一种是仅支持 CPU 的 TensorFlow，另一种是支持 GPU 的 TensorFlow。我们需要从这两种 TensorFlow 中选择一种来安装。

（1）仅支持 CPU 的 TensorFlow：此版本的 TensorFlow 更容易安装，一般来说 5~10 分钟就能完成安装。如果你的计算机的系统中没有 NVIDIA® GPU，或者你不知道有没有 NVIDIA® GPU，那么请安装这个版本的 TensorFlow。如果你是初学者，即使你的计算机中有 NVIDIA® GPU，依然建议你安装这个版本的 TensorFlow。

（2）支持 GPU 的 TensorFlow 版本：TensorFlow 在 GPU 上运行的速度比在 CPU 上运行时快得多。如果你的计算机系统已经配置了以下版本的 NVIDIA® GPU，并且你的应用需要利用 GPU 的高性能优势，那么你应该安装 GPU 版本的 TensorFlow。

如果你想要安装支持 GPU 的 TensorFlow 版本，那么你的计算机上必须具备以下 NVIDIA 的软件。

① CUDA® 工具包 9.0。请务必按照 NVIDIA 文档中的说明将相关 CUDA 路径名附加到 LD_LIBRARY_PATH 环境变量上。

② cuDNN SDK v7。需要特别注意的是，务必按照 NVIDIA 文档中的说明创建 CUDA_HOME 环境变量。

③ CUDA 计算能力为 3.0 或更高的 GPU 卡（用于从源代码编译），以及 CUDA 计算能力为 3.5 或更高的 GPU 卡（用于安装我们的二进制文件）。如需了解支持的 GPU 卡的列表，请参阅 NVIDIA 文档，网址：https://developer.nvidia.com/cuda-gpus。

④ GPU 的驱动程序。支持 CUDA 工具包版本的 GPU 驱动程序。

⑤ 安装 libcupti-dev 库。libcupti-dev 是 NVIDIA CUDA 分析工具接口。此库提供高级分析支持。要安装此库，请针对 CUDA 工具包 9.0 或更高版本发出以下命令：

```
# 对于 CUDA 工具包 9.0 版本，请执行以下命令来完成 libcupti-dev 的安装
$ sudo apt-get install cuda-command-line-tools

# 对于 CUDA 工具包 7.5 或更低版本，请执行以下命令来完成 libcupti-dev 的安装
$ sudo apt-get install libcupti-dev

# 将 libcupti-dev 的路径添加到您的 LD_LIBRARY_PATH 环境变量上：
$export LD_LIBRARY_PATH=\
${LD_LIBRARY_PATH:+${LD_LIBRARY_PATH}:}/usr/local/cuda/extras/CUPTI/lib64
```

⑥ 可选安装 NVIDIA TensorRT 3.0。NVIDIA TensorRT 是一种高性能深度学习推理优化器，它能够缩短深度学习训练过程的时长，同时提高深度学习训练的速度。通过 TensorRT，你可以优化神经网络模型的训练，以更高的精度来完成模型训练，最终完成模型在超大规模数据中心、嵌入式、汽车产品平台中的部署。在主流深度学习框架上，基于 TensorRT 的模型在 GPU 上的训练速度比在 CPU 上的速度快 100 倍。为了兼容预编译的 tensorflow-gpu 软件包，不管你的操作系统是 Ubuntu 14.04 还是 Ubuntu 16.04，都请安装 TensorRT 的 Ubuntu 14.04 软件包。请执行以下命令完成 TensorRT 的安装：

```
# 对于 CUDA 工具包 9.0 版本，请执行以下命令来完成 libcupti-dev 的安装
$ wget https://developer.download.nvidia.com/compute/machine-learning/repos\
/ubuntu1404/x86_64/nvinfer-runtime-trt-repo-ubuntu1404-3.0.4-ga-cuda9.0_1.0-1_amd64.deb
$ sudo dpkg -i nvinfer-runtime-trt-repo-ubuntu1404-3.0.4-ga-cuda9.0_1.0-1_amd64.deb
$ sudo apt-get update
$ sudo apt-get install -y --allow-downgrades libnvinfer-dev libcudnn7-dev=7.0.5.15-1+cuda9.0
libcudnn7=7.0.5.15-1+cuda9.0
```

为避免在以后的系统升级过程中出现 cuDNN 版本冲突，可以将 cuDNN 版本锁定为 7.0.5。要把 cuDNN 版本锁定为 7.0.5，执行以下命令：

```
# 将 cuDNN 版本锁定为 7.0.5
$ sudo apt-mark hold libcudnn7 libcudnn7-dev
# 解除锁定
$ sudo apt-mark unhold libcudnn7 libcudnn7-dev
```

3.3.2 使用 Virtualenv 进行安装

Virtualenv 是一种虚拟的、相互隔离的 Python 环境，不同 Python 环境之间不会相互干扰。

1. 安装 TensorFlow

请按照以下步骤使用 Virtualenv 在 Ubuntu 上安装 TensorFlow。

（1）安装 pip 和 Virtualenv：根据你的 Python 版本，选择以下命令中的一条来安装 pip 和 Virtualenv。

```
# 针对 Python 2.7，安装 pip 和 Virtualenv
$ sudo apt-get install python-pip python-dev python-virtualenv

# 针对 Python 3.n，安装 pip 和 Virtualenv
$ sudo apt-get install python3-pip python3-dev python-virtualenv # for Python 3.n
```

（2）创建 Virtualenv 环境：根据你计算机中 Python 的版本，从以下命令中选择一条来创建 Virtualenv 环境。

```
# 创建 virtualenv 环境，针对 Python 2.7
$ virtualenv --system-site-packages targetDirectory
# 创建 virtualenv 环境，针对 Python 3.5、3.6、3.7 等
$ virtualenv --system-site-packages -p python3 targetDirectory
```

（3）激活 Virtualenv 环境：根据你的 Shell 环境，从以下命令中选择一条合适的命令来激活 Virtualenv 环境。

```
# bash, sh, ksh, or zsh
$ source ~/tensorflow/bin/activate

# csh or tcsh
$ source ~/tensorflow/bin/activate.csh

# fish
$ . ~/tensorflow/bin/activate.fish
```

```
# 执行上述 source 命令后，你的提示符应该会变成如下内容：
(tensorflow)$
```

（4）升级 pip 到 8.1 或更高版本：确保安装了 pip 8.1 或更高版本。

```
# 确保 pip 升级到 8.1 或更高版本
(tensorflow)$ easy_install -U pip
```

（5）在 Virtualenv 环境中安装 TensorFlow：根据你安装的是 CPU 版本还是 GPU 版本，从以下命令中选择一条命令来执行。

```
# 安装 CPU 版本的 TensorFlow，分别是针对 Python 2.7 和 Python 3.n 版本
(tensorflow)$ pip install --upgrade tensorflow      # for Python 2.7
(tensorflow)$ pip3 install --upgrade tensorflow     # for Python 3.n

# 安装 GPU 版本的 TensorFlow，分别是针对 Python 2.7 和 Python 3.n 版本
(tensorflow)$ pip install --upgrade tensorflow-gpu  # for Python 2.7 and GPU
(tensorflow)$ pip3 install --upgrade tensorflow-gpu  # for Python 3.n and GPU
```

如果上述命令执行成功，请跳过第（6）步，直接完成 TensorFlow 的安装。如果上述命令执行失败，请执行第（6）步。

（6）这个步骤是可选的，如果第（5）步执行失败（通常是因为你的 pip 版本低于 8.1），请执行以下命令在当前的 Virtualenv 环境中安装 TensorFlow：

```
# 针对 Python 2.7 版本，在当前 virtualenv 环境中安装 TensorFlow
(tensorflow)$ pip install --upgrade tfBinaryURL   # Python 2.7

# 针对 Python 3.n 版本，在当前 virtualenv 环境中安装 TensorFlow
(tensorflow)$ pip3 install --upgrade tfBinaryURL  # Python 3.n
```

其中 tfBinaryURL 表示 TensorFlow Python 软件包的网址。

2. 验证 TensorFlow

请注意，每次在新终端中使用 TensorFlow 时，都必须先激活 Virtualenv 环境。如果 Virtualenv 环境当前处于未激活状态，那么请调用以下某个命令来激活 Virtualenv 环境：

```
# 在使用 TensorFlow 之前，需要首先激活 Virtualenv 环境
$ source ~/tensorflow/bin/activate      # bash, sh, ksh, or zsh
$ source ~/tensorflow/bin/activate.csh  # csh or tcsh
```

如果提示符变成如下所示，那就表示你的 TensorFlow 环境已经处于活动状态，能够在该终端（Shell）中运行 TensorFlow 程序了：

```
(tensorflow)$
```

可以执行一个简短的 TensorFlow 小程序，验证 TensorFlow 的安装是否正确。启动一个新的终端（Shell），通过如下命令列表中的一个来调用 Python：

```
$ python    # Python 2.7
$ python3   # Python 3.4、3.5 或 3.6
```

在 Python 的交互式终端中，输入以下几行代码：

```
# Python3
import tensorflow as tf
hello = tf.constant('Hello, TensorFlow!')
sess = tf.Session()
print(sess.run(hello))
```

如果系统输出了以下内容，就说明你的 TensorFlow 已经完全安装好了，可以开始编写 TensorFlow 程序了：

```
Hello, TensorFlow!
```

当我们使用完 TensorFlow 之后，可以通过以下命令停用 Virtualenv 环境：

```
# 停用 Virtualenv 环境
(tensorflow)$ deactivate
```

提示符将恢复为你默认的提示符。

3. 卸载 TensorFlow

如果想要卸载 TensorFlow，只需要删除在 Virtualenv 环境中创建的文件夹即可：

```
# 直接删除 Virtualenv 环境中创建的文件夹即可
$ rm -r ~/tensorflow
```

3.3.3 使用原生 pip 进行安装

首先，在使用原生 pip 进行安装之前，请先检查 Ubuntu 是否已经安装了 Python，请使用以下命令检查系统是否已经安装了 Python 2.7 或 Python 3.n：

```
# 检查当前系统是否已经安装了 Python 2.7
python -V

# 检查当前系统是否已经安装了 Python 3.n
python3 -V
```

通常情况下，Ubuntu 上已经安装了 Python 软件管理包 pip 或 pip3，执行以下命令来确认是否已经正确安装了 pip 或 pip3：

```
# 确认是否正确安装了 pip
pip -V

# 确认是否正确安装了 pip3
```

```
pip3 -V
```

强烈建议使用 8.1 或更高版本的 pip 或 pip3，如果没有安装 8.1 版本或更高版本，请执行以下命令来安装 pip 或将 pip 升级到最新版本：

```
# 针对 Python 2.7 的情况，安装或者升级 pip、pip3 到最新版本
$ sudo apt-get install python-pip python-dev   # for Python 2.7

# 针对 Python 3.n 的情况，安装或者升级 pip、pip3 到最新版本
$ sudo apt-get install python3-pip python3-dev # for Python 3.n
```

1. 安装 TensorFlow

如果 Ubuntu 系统上已经安装了相应的 Python 及 pip 软件，那么请使用以下命令来安装对应版本的 TensorFlow：

```
# 针对 Python 2.7 版本，安装 CPU 版本的 TensorFlow
$ pip install tensorflow     # Python 2.7; CPU support (no GPU support)
# 针对 Python 2.7 版本，安装 GPU 版本的 TensorFlow
$ pip install tensorflow-gpu  # Python 2.7;  GPU support


# 针对 Python 3.n 版本，安装 CPU 版本的 TensorFlow
$ pip3 install tensorflow     # Python 3.n; CPU support (no GPU support)
# 针对 Python 3.7 版本，安装 GPU 版本的 TensorFlow
$ pip3 install tensorflow-gpu  # Python 3.n; GPU support
```

如果上一个步骤执行失败，我们将通过以下命令来执行 TensorFlow 的安装：

```
# 针对 Python 2.7 版本
$ sudo pip  install --upgrade tfBinaryURL   # Python 2.7

# 针对 Python 3.n 版本
$ sudo pip3 install --upgrade tfBinaryURL   # Python 3.n
```

不同版本的 Python 对应的 TensorFlow 软件包的地址如下：

```
# Python 2.7 的 TensorFlow 软件包的地址
# 仅支持 CPU 版本：
https://download.tensorflow.google.cn/linux/cpu/tensorflow-1.8.0-cp27-none-linux_x86_64.whl

# 支持 GPU 版本：
https://download.tensorflow.google.cn/linux/gpu/tensorflow_gpu-1.8.0-cp27-none-linux_x86_64.whl
```

```
# Python 3.4 版本的 TensorFlow 软件包的地址
# 仅支持 CPU 版本:
https://download.tensorflow.google.cn/linux/cpu/tensorflow-1.8.0-cp34-cp34m-linux_x86_64.whl

# 支持 GPU 版本:
https://download.tensorflow.google.cn/linux/gpu/tensorflow_gpu-1.8.0-cp34-cp34m-linux_x86_64.whl

# Python 3.5 版本的 TensorFlow 软件包的地址
# 仅支持 CPU 版本
https://download.tensorflow.google.cn/linux/cpu/tensorflow-1.8.0-cp35-cp35m-linux_x86_64.whl

# 支持 GPU 版本
https://download.tensorflow.google.cn/linux/gpu/tensorflow_gpu-1.8.0-cp35-cp35m-linux_x86_64.whl

# Python 3.6 版本的 TensorFlow 软件包的地址
# 仅支持 CPU 版本
https://download.tensorflow.google.cn/linux/cpu/tensorflow-1.8.0-cp36-cp36m-linux_x86_64.whl

# 支持 GPU 版本
https://download.tensorflow.google.cn/linux/gpu/tensorflow_gpu-1.8.0-cp36-cp36m-linux_x86_64.whl
```

2. 验证 TensorFlow

可以执行一个简短的 TensorFlow 小程序，验证 TensorFlow 的安装是否正确。启动一个新的终端（Shell），通过以下命令调用 Python:

```
$ python    # Python 2.7
$ python3   # Python 3.4、3.5 或 3.6
```

在 Python 的交互式终端中，输入以下几行代码:

```
# Python3
import tensorflow as tf
hello = tf.constant('Hello, TensorFlow!')
sess = tf.Session()
print(sess.run(hello))
```

如果系统输出了以下内容，就说明你的 TensorFlow 已经完全安装好了，可以开始编写 TensorFlow 程序了:

```
Hello, TensorFlow!
```

3. 卸载 TensorFlow

卸载 TensorFlow，请执行下列其中一条命令：

```
# Python 2.7 版本 TensorFlow 卸载命令
$ sudo pip uninstall tensorflow

# Python 3.4、3.5 或 3.6 等版本 TensorFlow 的卸载命令
$ sudo pip3 uninstall tensorflow
```

3.3.4 使用 Docker 进行安装

Docker 是一个容器，使用 Docker 安装的 TensorFlow 与你计算机之前安装的软件包是完全隔离的，不会发生冲突。Docker 包含了 TensorFlow 及其所有依赖的软件包，部署起来非常方便。Docker 的缺点是映像非常大，往往有数百兆。

1. 安装 CPU 版的 TensorFlow

使用 Docker 来安装 TensorFlow 需要执行以下几个步骤。

（1）安装 Docker：按照 Docker 的安装说明文档在计算机上安装 Docker，Docker 的安装不是本书的重点，不做介绍。Docker 的安装详细过程参见 Docker 安装说明文档，详见：https://docs.docker.com/install/。

（2）（可选）创建一个名为 Docker 的 Linux 组：默认情况下，Docker 守护进程是运行在 root 账户下，每次执行命令都需要执行 sodu。如果不想每个命令都执行 sodu，那么需要创建名为 Docker 的 Linux 组，并向 Docker 组中添加用户。当 Docker 守护程序启动时，可以将对 socket 的读 / 写权限赋予 Docker 小组。创建 Docker 的 Linux 小组的详细说明，请参考：https://docs.docker.com/install/linux/linux-postinstall/。

（3）（可选）安装 GPU 版本的 TensorFlow：如果要安装支持 GPU 的 TensorFlow 版本，那么必须先安装支持 GPU 版本 TensorFlow 的 nvidia-docker。详细的安装说明，请参考：https://github.com/NVIDIA/nvidia-docker。

（4）运行包含 TensorFlow 映像的 Docker：启动包含某个 TensorFlow 二进制映像的 Docker 容器。Docker 会在首次运行时，自动下载 TensorFlow 映像。执行以下命令来运行包含 TensorFlow 映像的 Docker：

```
# 运行包含 TensorFlow 映像的 Docker
$ docker run -it -p hostPort:containerPort TensorFlowCPUImage
```

下面对以上命令进行分析。

（1）-p hostPort:containerPort 是可选项。如果是通过终端（Shell）来运行 TensorFlow 程序，那么无须设置 hostPort 和 containerPort。如果想通过 Jupyter Notebook 在浏览器中运行 TensorFlow，那么需要先把 hostPort 和 containerPort 设置为 8888，然后打开浏览器输入网址：http://127.0.0.1:8888/，即可在

Jupyter Notebook 中使用 TensorFlow。注意，如果想在容器内部同时运行 TensorBoard，那么需要再添加一个 -p 标记，并将 hostPort 和 containerPort 设置为 6006。

（2）TensorFlowImage 是必填项。表示包含 TensorFlow 二进制映像的 Docker 容器，可以设置为以下字符串中的一个。

tensorflow/tensorflow：TensorFlow CPU 二进制映像。

tensorflow/tensorflow:latest-devel：最新的 TensorFlow CPU 二进制映像及源代码。

tensorflow/tensorflow:version：指定的 TensorFlow CPU 二进制映像版本（如 1.1.0rc1）。

tensorflow/tensorflow:version-devel：指定的 TensorFlow GPU 二进制映像版本（如 1.1.0rc1）及源代码。

更多 TensorFlow 二进制映像的详细列表，请参考：https://hub.docker.com/r/tensorflow/tensorflow/tags/。

例如，想要在终端（Shell）中运行 TensorFlow 程序，可以通过以下命令在 Docker 容器中运行最新的 TensorFlow CPU 二进制映像：

```
# 在 Docker 容器中运行最新的 CPU 版本 TensorFlow
# Docker 会在第一次运行 TensorFlow 二进制映像的时候自动下载该映像
$ docker run -it tensorflow/tensorflow bash
```

再举个例子，想要通过 Jupyter Notebook 运行 TensorFlow 程序，可以通过以下命令在 Docker 容器中运行最新的 CPU 版 TensorFlow 二进制映像：

```
# 在 Docker 容器中，通过 Jupyter Notebook 运行 TensorFlow 程序
$ docker run -it -p 8888:8888 tensorflow/tensorflow
```

2. 安装 GPU 版的 TensorFlow

要安装 GPU 版的 TensorFlow，请确保计算机系统满足所有 NVIDIA 软件要求，并且安装支持 NVidia GPU 的 Docker 容器，详细的安装过程请参考：https://github.com/NVIDIA/nvidia-docker。

通过执行以下命令来运行支持 NVidia GPU 的 Docker：

```
# 运行支持 Vidia GPU 的 Docker
$ nvidia-docker run -it -p hostPort:containerPort TensorFlowGPUImage
```

下面对上述命令进行分析。

（1）-p hostPort:containerPort 是可选项。如果是通过终端（Shell）来运行 TensorFlow 程序，那么无须设置 hostPort 和 containerPort。如果想通过 Jupyter Notebook 在浏览器中运行 TensorFlow，那么需要先把 hostPort 和 containerPort 设置为 8888，然后打开浏览器输入网址 http://127.0.0.1:8888/，即可在 Jupyter Notebook 中使用 TensorFlow。注意，如果想在容器内部同时运行 TensorBoard，那么需要再添加一个 -p 标记，并将 hostPort 和 containerPort 设置为 6006。

（2）TensorFlowImage 是必填项。表示包含 TensorFlow 二进制映像的 Docker 容器，可以设置为以下字符串中的一个。

tensorflow/tensorflow:latest-gpu：最新的 TensorFlow GPU 二进制映像。

tensorflow/tensorflow:latest-devel-gpu： 最新的 TensorFlow GPU 二进制映像及源代码。

tensorflow/tensorflow:version-gpu：指定的 TensorFlow GPU 二进制映像版本（如 0.12.1）。

tensorflow/tensorflow:version-devel-gpu：指定的 TensorFlow GPU 二进制映像版本（如 0.12.1）及源代码。

建议安装最新版本的 TensorFlow，例如，如果想在终端（Shell）中，通过 Docker 容器执行 TensorFlow，那么可以执行以下命令：

```
# 在终端（Shell）中，通过 Docker 容器执行 TensorFlow
$ nvidia-docker run -it tensorflow/tensorflow:latest-gpu bash
```

如果想在 Jupyter Notebook 中运行 TensorFlow 程序，可以通过以下命令，在 Docker 容器中启动最新的 CPU 版本的 TensorFlow 二进制映像：

```
# Jupyter Notebook 来运行最新的 CPU 版 TensorFlow
$ nvidia-docker run -it -p 8888:8888 tensorflow/tensorflow:latest-gpu
```

如果想要在 Jupyter Notebook 中运行 TensorFlow 程序，可以通过以下命令，在 Docker 容器中启动旧版 TensorFlow (0.12.1) 二进制映像：

```
# Jupyter Notebook 来运行旧版 TensorFlow (0.12.1) 的 TensorFlow
$ nvidia-docker run -it -p 8888:8888 tensorflow/tensorflow:0.12.1-gpu
```

3. 验证 TensorFlow

启动 TensorFlow，通过启动一个运行 bash 的 Docker 容器来操作。

```
# 启动 CPU 版本 TensorFlow
$ docker run -it tensorflow/tensorflow bash

# 启动 GPU 版本 TensorFlow
$ nvidia-docker run -it tensorflow/tensorflow bash
```

在终端（Shell）输入以下几行代码：

```
# python3
import tensorflow as tf
hello = tf.constant('Hello, TensorFlow!')
sess = tf.Session()
print(sess.run(hello))
```

如果系统输出了以下内容，就说明你的 TensorFlow 已经完全安装好了，可以开始编写 TensorFlow 程序了：

```
Hello, TensorFlow!
```

4. 卸载 TensorFlow

使用 Docker 方式安装的 TensorFlow 是运行在 Docker 容器内的，Docker 会自动管理

TensorFlow 机器安装包，无须卸载 TensorFlow。如果想要卸载 Docker，请执行以下命令：

```
# 卸载所有的 Docker
$ sudo apt-get remove docker docker-engine docker-ce docker.io
```

3.3.5 使用 Anaconda 进行安装

Anaconda 是一个开源社区的 Python 发行版本，可以用在同一个机器上安装不同版本 Python 的软件包及其依赖项，并能够在不同的环境之间切换。

1. 安装 TensorFlow

通过 Anaconda 安装 TensorFlow 需要执行以下几个步骤。

（1）安装 Anaconda：按照 Anaconda 网站上的说明下载并安装 Anaconda，Anaconda 的下载与安装的详细说明，请参考网址：https://www.anaconda.com/downloads。

（2）创建 Conda 的环境：通过执行以下命令中的一个，来创建名为 TensorFlow 的 Conda 环境。

```
# 在 Python 2.7 的环境中，创建名为 TensorFlow 的 conda 环境
$ conda create -n tensorflow pip python=2.7

# 在 Python 3.3、3.4、3.5、3.6 环境中，创建名为 TensorFlow 的 conda 环境
$ conda create -n tensorflow pip python=3.3
```

（3）激活 Anaconda 环境：通过执行以下命令来激活 Conda 环境。

```
# 激活名为 TensorFlow 的 conda 环境
$ source activate tensorflow
(tensorflow)$ # 你的提示符，可能与这里的提示符不一样
```

（4）安装 TensorFlow：执行以下命令，在 Conda 环境中安装 TensorFlow。

```
# 在 conda 环境中安装 TensorFlow
(tensorflow)$ pip install --ignore-installed --upgrade tfBinaryURL
```

不同版本的 Python 对应的 TensorFlow 软件包的地址如下：

```
# Python 2.7 的 TensorFlow 软件包的地址
# 仅支持 CPU 版本：
https://download.tensorflow.google.cn/linux/cpu/tensorflow-1.8.0-cp27-none-linux_x86_64.whl

# 支持 GPU 版本：
https://download.tensorflow.google.cn/linux/gpu/tensorflow_gpu-1.8.0-cp27-none-linux_x86_64.whl

# Python 3.4 版本的 TensorFlow 软件包的地址
# 仅支持 CPU 版本：
```

```
https://download.tensorflow.google.cn/linux/cpu/tensorflow-1.8.0-cp34-cp34m-linux_x86_64.whl

# 支持 GPU 版本:
https://download.tensorflow.google.cn/linux/gpu/tensorflow_gpu-1.8.0-cp34-cp34m-linux_x86_64.whl

# Python 3.5 版本的 TensorFlow 软件包的地址
# 仅支持 CPU 版本:
https://download.tensorflow.google.cn/linux/cpu/tensorflow-1.8.0-cp35-cp35m-linux_x86_64.whl

# 支持 GPU 版本:
https://download.tensorflow.google.cn/linux/gpu/tensorflow_gpu-1.8.0-cp35-cp35m-linux_x86_64.whl

# Python 3.6 版本的 TensorFlow 软件包的地址
# 仅支持 CPU 版本:
https://download.tensorflow.google.cn/linux/cpu/tensorflow-1.8.0-cp36-cp36m-linux_x86_64.whl

# 支持 GPU 版本:
https://download.tensorflow.google.cn/linux/gpu/tensorflow_gpu-1.8.0-cp36-cp36m-linux_x86_64.whl
```

例如，如果要在 Python 3.4 环境中，安装 CPU 版的 TensorFlow，那么执行如下命令来完成 TensorFlow 的安装:

```
# 在 Python 3.4 中，安装 CPU 版本的 TensorFlow
(tensorflow)$ pip install --ignore-installed --upgrade \
https://download.tensorflow.google.cn/linux/cpu/tensorflow-1.8.0-cp34-cp34m-linux_x86_64.whl
```

2. 验证 TensorFlow

请通过以下步骤来验证 TensorFlow 安装是否正确。

（1）启动终端（Shell）。

（2）激活 Anaconda 环境。

（3）执行 TensorFlow 小程序。

```
# 激活 conda 环境
$ source activate tensorflow
# 激活成功之后提示符变成
(tensorflow)$  # 你的文件夹、提示符可能与这里的不同
# 然后在这里输入一个简短的 TensorFlow 程序
# python3
import tensorflow as tf
```

```
hello = tf.constant('Hello, TensorFlow!')
sess = tf.Session()
print(sess.run(hello))
```

如果系统输出了以下内容，就说明你的 TensorFlow 已经完全安装好了，可以开始编写 TensorFlow 程序了：

```
Hello, TensorFlow!
```

3. 卸载 TensorFlow

执行以下命令从 Anaconda 中卸载 TensorFlow：

```
# 激活 conda 环境
$ source activate tensorflow
# 激活成功之后提示符变成
(tensorflow)$  # 你的文件夹、提示符可能与这里的不同

# 从 conda 环境中卸载 TensorFlow
(tensorflow)$ pip uninstall tensorflow
```

3.4 本章小结

本章介绍了 TensorFlow 的两个版本，分别是支持 CPU 的版本和支持 GPU 的版本。CPU 的版本安装过程简单容易，支持所有的操作系统，但不如 GPU 版本的 TensorFlow 性能好。GPU 版本由于具备支持数值并行计算的能力，特别适合需要矩阵乘法的深度学习场景，它能够大幅度地提高深度学习的训练速度。GPU 版本要求运行计算机必须具备 NVIDIA® GPU 卡及相关的驱动程序、cuDNN v7.0 或以上软件包支持。对于操作系统 GPU 版本也有相关要求，只能支持 Windows 或 Ubuntu 的操作系统，并且安装过程也比较复杂，可以根据自己的实际情况来选择安装哪个版本的 TensorFlow。

第4章 CHAPTER TensorFlow入门

TensorFlow是由Google公司推出的、最流行的深度学习开发工具之一。TensorFlow的市场占有率远远超过其他深度学习工具，这是我们学习TensorFlow的原因。

TensorFlow由Tensor（张量）和Flow（流）组成。Tensor（张量）是深度学习中的数据类型，类似于其他编程语言中的整型、浮点型、字符串等数据类型。Flow（流）表明了TensorFlow的程序开发方式：首先设计好模型架构，模型架构规定了张量在模型中的流动方式；然后将张量（样本数据）注入上述模型，完成模型训练。

本章将介绍TensorFlow的编程环境、运行机制，以及如何利用TensorFlow完成一个深度学习模型的开发。

4.1 TensorFlow编程环境

在开始TensorFlow编程之前，我们先了解一下TensorFlow的编程环境。图4-1展示了TensorFlow的架构，TensorFlow是一个包含多层API的开发堆栈。从下向上，可以分成四层，分别是引擎层、语言层、神经网络层、预置模型层。

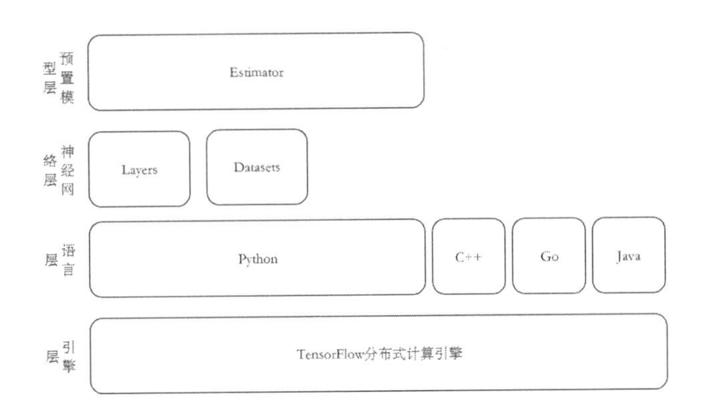

图4-1 TensorFlow编程环境

（1）引擎层：是指TensorFlow为分布式计算引擎层，这是TensorFlow的核心，解决了TensorFlow在多个节点上的分布式计算、多个节点之间协同的问题。

（2）语言层：语言层的目的是提供开发语言的接口，我们是通过各种开发语言去调用TensorFlow的引擎的。语言层对下调用TensorFlow分布式计算引擎，将开发语言的各种运算逻辑映射成分布式计算引擎的运算逻辑。

（3）神经网络层：神经网络层是对深层神经网络的模型构建、模型训练、结果评估等环节封装形成各种对象。例如，针对深层神经网络模型的层（Layers）、训练数据集（Datasets）、模型评价指标（Metrics）等封装成对象，方便我们构建和训练深层神经网络模型。

（4）预置模型层：对应 Estimator，是对完整的 TensorFlow 模型的封装。借助 Estimator，只需要定义输入函数、特征列，以及 Estimator 的初始化，就能够轻松地完成一个深度学习模型的开发。TensorFlow 内置了预创建的 Estimator（如线性回归）等常见的机器学习算法。除此之外，也可以针对具体运算场景，创建自己的 Estimator。

4.2 TensorFlow 运行机制

TensorFlow 的名字包含两个部分，分别是 Tensor 和 Flow。其中 Tensor 就是 TensorFlow 最基础的数据类型——张量，Flow 就是数据流，通过操作符对一个或多个 Tensor 进行操作，将结果输出到新的变量，就构成了数据流。实际上，TensorFlow 模型就是构成一个大的数据流，也就是计算图。

TensorFlow 的编程通过两个步骤来完成：第一个步骤，构建计算图；第二个步骤，将数据注入模型，通过会话完成计算的过程。

4.2.1 计算图

模型构建是在计算图中完成的，模型构建的几个主要对象如下。

（1）张量：一维或多维数组，数据中的元素是 Python 的基础数据类型，如 int、float 等。

（2）变量：一般用来保存模型中的参数，在模型训练过程中，可以不断地调整和 变化。

（3）占位符：一般用来表示模型的输入参数，是变量的载体，也是变量的另外一种形式。

（4）操作符：就是运算符，如加减乘除、坍缩、索引等操作，对张量、变量、占位符等进行操作，通过操作符的输入、输出将上述对象连接起来构成计算图（数据流）。

以下代码展示了两个二维张量 a_2d 和 b_2d 通过矩阵乘法（操作符）得到二维张量 c_2d 的数据流，也展示了两个三维张量 a_3d 和 b_3d 通过矩阵乘法得到一个三维张量 c_3d 的过程。

```
#!/usr/local/bin/python3
# -*- coding: UTF-8 -*-

import tensorflow as tf
import numpy as np

# 2 维 张量 'a_2d'
# [[1, 2, 3],
#  [4, 5, 6]]
a_2d = tf.constant([1, 2, 3, 4, 5, 6], shape=[2, 3], name="a_2d")

# 2 维 张量 'b_2d'
```

```
# [[ 7,  8],
#  [ 9, 10],
#  [11, 12]]
b_2d = tf.constant([7, 8, 9, 10, 11, 12], shape=[3, 2], name="b_2d")

# 矩阵乘法，张量 'a_2d' 乘以张量 'b_2d'，输出张量 'c_2d'
# [[ 58,  64],
#  [139, 154]]
c_2d = tf.matmul(a_2d, b_2d, name="c_2d")


# 3 维 张量 'a_3d'
# [[[ 1,  2,  3],
#   [ 4,  5,  6]],
#  [[ 7,  8,  9],
#   [10, 11, 12]]]
a_3d = tf.constant(np.arange(1, 13, dtype=np.int32),
          shape=[2, 2, 3], name="a_3d")

# 3 维 张量 'b_3d'
# [[[13, 14],
#   [15, 16],
#   [17, 18]],
#  [[19, 20],
#   [21, 22],
#   [23, 24]]]
b_3d = tf.constant(np.arange(13, 25, dtype=np.int32),
          shape=[2, 3, 2], name="b_3d")

# 矩阵乘法，张量 'a_3d' 乘以张量 'b_3d'，输出张量 'c_3d'
# [[[ 94, 100],
#   [229, 244]],
#  [[508, 532],
#   [697, 730]]]
c_3d = tf.matmul(a_3d, b_3d, name="c_3d")
```

```
# with 的作用在于，确保在 with 语句之外，with 语句内打开的对象关闭
# 本例中是确保 sess 对象在 with 语句之外关闭
with tf.Session() as sess:
  print ("Tensor c_2d is : \n")
  print (sess.run(c_2d))
  print ("Tensor c_3d is : \n")
  print (sess.run(c_3d))
  # 将数据图保存在到日志中，之后可以通过 Tensorboard 查看
  writer = tf.summary.FileWriter('./graph2', sess.graph)
  writer.flush()
  writer.close()
```

运行 tensorboard --logdir=graph2 命令，然后通过浏览器访问 http://127.0.0.1:6006，即可展示该计算图，如图 4-2 所示。

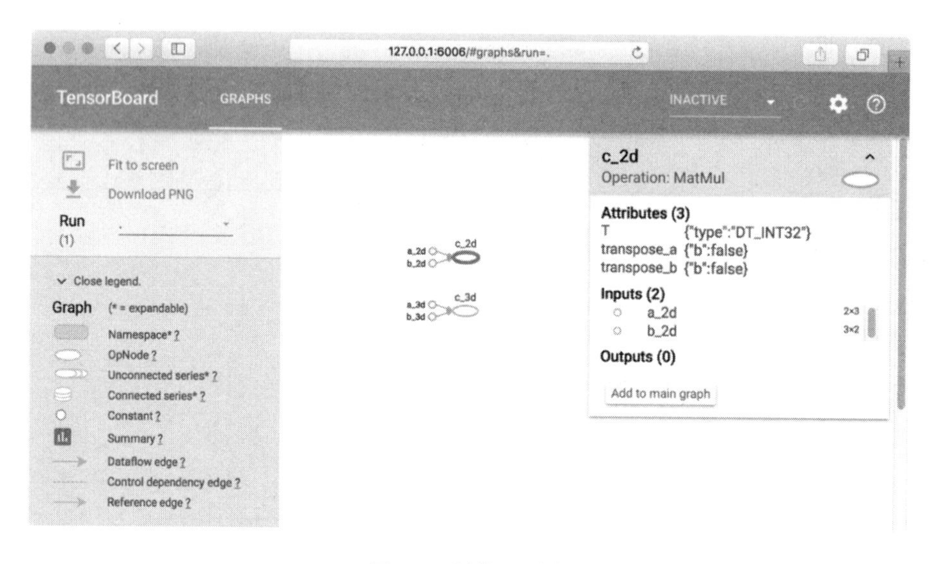

图 4-2　计算图示例

图 4-2 中间位置展示了二维张量 c_2d 的输入（二维张量 a_2d、二维张量 b_2d），c_2d 的 Operation 是 MatMul，正是通过 MatMul 将 a_2d、b_2d、c_2d 三个张量连接起来构成了计算图。左侧展示了该图中各个元素的图例，右侧展示了被选中的对象信息，包括类型、名称、属性、输入、输出，等等。

4.2.2　会话 (Session)

TensorFlow 程序的运行是通过会话来进行的。会话对所有的变量进行初始化，并将数据“喂”

给通过计算图构建好的模型，完成模型的训练。

1. 会话创建

创建会话有两个方法，分别是创建常规会话、创建交互式会话。交互式会话与常规会话的区别是，交互式会话在构造时会把自身设置成为默认会话，在执行方法 tf.Tensor.eval 和 tf.Operation.run 时将使用该会话来运行操作符。

举个例子来说明。以下两段代码执行结果是一致的，第一段创建了交互式会话，无须显示调用会话即可运行会话。第二段创建了常规会话，通过显示的会话执行运算。

以下展示的是交互式会话调用的例子：

```
#!/usr/local/bin/python3
# -*- coding: UTF-8 -*-

import tensorflow as tf

v = tf.constant ([1.0, 2.0, 3.0])

sess = tf.InteractiveSession()

# 无须显示传递 session，在交互式情况下使用更方便（代码量更小）
print(tf.log(v).eval())
sess.close()
```

以下展示的是常规会话调用的例子：

```
#!/usr/local/bin/python3
# -*- coding: UTF-8 -*-

import tensorflow as tf

v = tf.constant ([1.0,2.0,3.0])

# 普通 session 需要显示创建，并执行
sess = tf.Session()
print(sess.run(tf.log(v)))
sess.close()
```

2. 会话运行

会话运行也有两种方式，一种是调用会话的 run 函数，另一种是调用张量的 eval 函数。调用 eval 函数实际上是相当于调用了默认会话来执行张量的运算，二者区别在于，run 函数可以一次执行多个张量的运算，而 eval 函数一次只能计算一个张量。

```
#!/usr/local/bin/python3
# -*- coding: UTF-8 -*-

import tensorflow as tf

# 分别创建三个张量占位符，运行时通过数据注入为占位符注入数据（如样本数据）
tensor1 = tf.placeholder(tf.int32, shape=[2, 3], name="tensor1")
tensor2 = tf.placeholder(tf.int32, shape=[2, 3], name="tensor2")
tensor3 = tf.placeholder(tf.int32, shape=[3, 1], name="tensor3")


# 构建计算图，采用 add 作为操作符
add = tf.add(tensor1, tensor2)

# 构建计算图，采用 matmul 作为操作符
mul = tf.matmul(tensor1, tensor3,)

# 演示通过数据注入的方式运行 Session
with tf.Session() as sess:
  # 为 tensor1、tensor2 注入实际数据，计算 add 张量
  # add.eval 等价于 tf.get_default_session().run(add, feed_dict=……)
  print (add.eval(feed_dict={tensor1:[[1, 2, 3], [4, 5, 6]], tensor2:[[10, 20, 30], [40, 50, 60]]}))
  # 为 tensor1、tensor2、tensor3 注入数据，同时计算 add、mul 张量
  print( sess.run([add, mul], feed_dict={tensor1:[[1, 2, 3], [4, 5, 6]],
           tensor2:[[10, 20, 30], [40, 50, 60]], tensor3:[[ 20], [ 50], [80]]}))
```

4.2.3 模型操作

为什么需要保存和恢复模型呢？常见的有以下两种情况。

（1）模型分析：有时候，我们需要分析模型在训练过程中的参数和准确率的变化情况。在这种情况下，一般会在模型训练过程中每经过几个小时就保存一次模型，然后对保存的模型进行分析。

（2）迁移学习：需要进行迁移学习。例如，将第一个项目中的模型保存起来，然后在第二个

项目中将模型恢复继续训练，这样可以节省样本数据。

当然，在实际生产环境中，也有为了避免训练过程意外中断（如死机、断电等）也会进行模型保存。

1. 保存模型

保存模型是通过 tf.train.Saver 类来实现的。创建 Saver 对象，通过指定以下一个或多个参数构造一个 Saver 对象。以下参数是常用且重要的参数。

（1）var_list: 一个列表或字典对象，指定要保存的张量。如果是列表，那么列表中的每个元素都是一个张量；如果是字典，那么字典的键是张量名称、字典的值是张量的对象。如果 var_list 是 None，那么，就会自动保存所有的张量。

（2）max_to_keep: 最大保留几个文件，默认是 5 个。这是为了防止出现保存文件过多占用太多磁盘空间，以至于磁盘空间用满的情况。

（3）keep_checkpoint_every_n_hours: 多长时间保存检查点一次，默认是 10000 小时。如果需要对模型训练过程进行分析，可以考虑每 2 小时保存一次模型，把模型训练过程中的变化保存起来。

调用 Saver 对象的 save 方法来保存模型，save 方法中常用且重要的参数有以下几个。

（1）sess: 包含计算图的 Session。只有在会话中，张量才有数值，并且要保存的张量必须经过初始化。

（2）save_path: 字符串。保存的检查点文件名的前缀。

（3）global_step: 可选参数。如果提供，会追加在 save_path 的后面，成为保存的检查点文件的一部分。

以下程序片段展示了如何创建 Saver 并且保存模型：

```
#!/usr/local/bin/python3
# -*- coding: UTF-8 -*-
import tensorflow as tf

tensor_constant = tf.constant([[1, 2, 3, 4], [5, 6, 7, 8]], name="tensor_constant")
tensor1 = tf.Variable([[1, 2, 3], [4, 5, 6]] , name="tensor1")
tensor2 = tf.Variable([[10, 20, ] , [30, 40], [50, 60]] , name="tensor2")
tensor3 = tf.matmul(tensor1, tensor2)

# 必须执行变量初始化，否则保存会出现错误
init = tf.global_variables_initializer()

# 在 with 语句中打开 sess，确保在 with 语句之外 sess 会关闭
with tf.Session() as sess:
  # 运行会话
```

```
sess.run(init)

# 如果不执行变量初始化操作，会出现错误 :Attempting to use uninitialized value
# sess.run(tensor3)
# 保存所有的变量，系统自动挑选当前计算图中包含的 " 变量 "
saver = tf.train.Saver(max_to_keep=5)

# 只保存变量 tensor1 和变量 tensor2
# saver = tf.train.Saver([tensor1, tensor2], max_to_keep=5)


# 常量不能保存，否则会出现错误：TypeError: Variable to save is not a Variable
# saver = tf.train.Saver(var_list=[tensor_constant, tensor3], max_to_keep=5)

# tensor3 是常量，不能保存，否则会出现：TypeError: Variable to save is not a Variable
# saver = tf.train.Saver(var_list=[tensor1, tensor2, tensor3], max_to_keep=5)

# 还可以指定了 global_step，会将 global_step 作为保存的文件名一部分追加在 "my-model" 后面
# 这样，就构成了检查点文件名
# 当 step==0 时，保存的文件名是 "my-model-0"
# 当 step==100 时，保存的文件名是 "my-model-100"
print (saver.save(sess, './checkpoint/my-model', global_step=100))
```

在当前文件夹下可以看到四个文件，分别是 checkpoint、my-model-100.index、my-model-100.data-00000-of-00001、my-model-100.meta，在终端中执行 cat checkpoint 返回以下内容：

```
model_checkpoint_path: "my-model-100"
all_model_checkpoint_paths: "my-model-100"
```

其中，“ my-model-100”是保存的模型名称，100 是 global_step 指定的。

2. 恢复模型

要想恢复之前保存的模型，首先要创建一个 Saver 对象，然后调用 restore 方法即可恢复。调用 restore 方法的时候需要传入以下两个参数。

（1）sess: 需要传入的会话对象，会话对象应该包含对应的计算图。要恢复的张量无须初始化，即使初始化，也会被 restore 覆盖。

（2）save_path: 之前保存模型的检查点文件名，一般是保存模型时调用 save 方法返回的。

以下代码是恢复模型的程序示例：

```
#!/usr/local/bin/python3
```

```
# -*- coding: UTF-8 -*-
import tensorflow as tf

tensor_constant = tf.constant([[1, 2, 3, 4], [5, 6, 7, 8]], name="tensor_constant")
tensor1 = tf.Variable([[1, 2, 3], [4, 5, 6]] , name="tensor1")
tensor2 = tf.Variable([[10, 20, ] , [30, 40], [50, 60]] , name="tensor2")
tensor3 = tf.matmul(tensor1, tensor2)

# 必须执行变量初始化，否则，保存会出现错误
init = tf.global_variables_initializer()

# 在 with 语句中打开 sess，确保在 with 语句之外 sess 会关闭
with tf.Session() as sess:
  # 运行会话
  sess.run(init)

  # 如果不执行变量初始化操作，会出现错误 :Attempting to use uninitialized value
  # sess.run(tensor3)
  # 保存所有的变量，系统自动挑选当前计算图中包含的 " 变量 "
  saver = tf.train.Saver(max_to_keep=5)

  # 只保存变量 tensor1 和变量 tensor2
  # saver = tf.train.Saver([tensor1, tensor2], max_to_keep=5)


  # 常量不能保存，否则会出现错误：TypeError: Variable to save is not a Variable
  # saver = tf.train.Saver(var_list=[tensor_constant, tensor3], max_to_keep=5)

  # tensor3 是常量，不能保存，否则会出现：TypeError: Variable to save is not a Variable
  # saver = tf.train.Saver(var_list=[tensor1, tensor2, tensor3], max_to_keep=5)

  # 还可以指定了 global_step，会将 global_step 作为保存的文件名一部分追加在 "my-model" 后面
  # 这样，就构成了检查点文件名
  # 当 step==0 时，保存的文件名是 "my-model-0"
  # 当 step==100 时，保存的文件名是 "my-model-100"
  print (saver.save(sess, './checkpoint/my-model', global_step=100))
```

4.2.4 模型可视化

TensorFlow 的模式可以通过 TensorBoard 直观地展示出来，原理就是通过 tf.Summary 下面的函数将 TensorFlow 的模型中标量、变量、图像、音频、视频等保存成日志，然后 TensorBoard 读取上述日志，生成可视化界面。我们通过 Web 可以直观地看到上述模型。

要想实现模型可视化，首先需要创建 tf.summary.FileWriter 对象，FileWriter 会在指定的目录下创建事件文件，并且通过异步的方式更新文件内容；其次需要通过 tf. Summary 下常用的函数，将标量、变量、参数等写入添加的事件中。

创建一个 tf.summary.FileWriter 对象需要传入的常见参数如下。

（1）logdir: 字符串，事件文件所在的目录。

（2）graph: 图对象，模型情况下是 session.graph。

将标量、变量等加入事件文件中的常用函数如下。

（1）audio(...): 将音频的摘要缓冲写入事件文件。

（2）histogram(...): 将直方图的摘要缓冲写入事件文件。

（3）image(...): 将图片的摘要缓冲写入事件文件。

（4）merge_all(...): 合并默认图中所有的摘要协议集合。

（5）scalar(...): 将标量的摘要缓冲写入事件文件。

1. 可视化日志保存

还是以线性回归为例子，采用 TensorFlow 来实现一个线性回归，并且把模型训练过程的损失、权重、偏置项保存到日志中，然后通过 TensorBoard 来展示。

```
#!/usr/local/bin/python3
# -*- coding: UTF-8 -*-

import numpy as np
import tensorflow as tf



def generate_sample_data(numPoints=100, weight=10, bias=26):
    """ 生成样本数据。使之符合 y = weight * x + bias """

    # numPoints : 样本数据的个数，默认是 100 个
    # bias :  偏置项，为了体现随机性，在 0.8 bias 到 1.2 bias 之间随机波动
    # weight : 权重
    x_data = np.random.rand(numPoints)
    y_data = x_data * weight + bias * \
      tf.random_uniform(shape=[100], minval=0.8, maxval=1.2)
```

```
    return x_data, y_data


def caculate_loss(y_data, y_prediction):
    """ 通过梯度下降法，来对参数进行调整 """

    # tf.square(y_data - y_prediction)，求期望值与实际值差的平方
    # tf.sqrt()，求开方 , 可以对 Tensor 操作
    # tf.reduce_mean(), 求平均值，对 Tensor 操作
    loss = tf.reduce_mean(tf.sqrt(tf.square(y_data - y_prediction)))

    # 记录 loss 的数值变化，记录到日志中，可以通过 TensorBoard 来查看
    tf.summary.scalar('loss', loss)
    return loss


def gradient_descent(learn_rate, loss):
    """ 使用梯度下降法优化器，来对参数进行优化（调整） """

    # 优化的目标是最小化损失（loss）
    optimizer = tf.train.GradientDescentOptimizer(learn_rate)
    return optimizer.minimize(loss)


def linear_regression():
    """ 线性回归函数，入口函数 """

    # 随机生成 100 个样本数据，总体上服从权重为 10、偏执项为 25
    x_data, y_data = generate_sample_data(100, 10, 25)

    # 生成一个权重变量，取 [-1.0, 1.0）的一个随机值
    weight = tf.Variable(tf.random_uniform([1], -1.0, 1.0), name="weight")

    # 将权重也记录到日志中（直方图），可以通过 TensorBoard 来查看
    tf.summary.histogram('weight', weight)
```

```
# 将偏置项也记录到日志中（直方图），可以通过 TensorBoard 来查看
bias = tf.Variable(tf.zeros([1]), name="bias")
tf.summary.histogram('bias', bias)

y_prediction = x_data * weight + bias

loss = caculate_loss(y_data, y_prediction)
# 采用梯度下降法调整权重，学习率 (learn_rate) 设置为 0.5
train = gradient_descent(0.05, loss)

# 初始化变量
init = tf.global_variables_initializer()
with tf.Session() as sess:
  # 将之前所有的想要保存到日志中的 summary 合并起来
  merged = tf.summary.merge_all()
  # 创建一个 summary 文件写入对象
  writer = tf.summary.FileWriter("./logs/", sess.graph)
  sess.run(init)

  for step in range(2000):
    sess.run(train)

    # 计算合并后的所有变量，并且将他们写到日志中，供 TensorBoard 展示
    merged_summary = sess.run(merged)
    writer.add_summary(merged_summary, step)
    if step % 10 == 0:
      print("y={:.2f}x+{:.2f}".format(sess.run(weight)
                              [0], sess.run(bias)[0]))


# 借助 TensorFlow 实现线性回归的例子
linear_regression()
```

2. 模型可视化展示

通过以下命令来启动 tensorboard，启动完成之后，打开浏览器，在浏览器中输入

http://127.0.0.1:6006，即可通过浏览器看到模型：

```
tensorboard --logdir=./logs
```

图 4-3 首先直观展示了数据的流动过程，包括数据从随机生成开始到计算差值、求平方、开根号、计算平均值、计算损失；然后展示了数据流向梯度的计算。其中，权重和偏置项都很醒目地显示了，这是因为我们在创建权重和偏置项变量的时候指定了它们的名字。以下代码中指定了它们的变量名：

```
# 生成一个权重变量，取 [-1.0, 1.0）的一个随机值，并且，指定名字为 "weight"
weight = tf.Variable(tf.random_uniform([1], -1.0, 1.0), name="weight")

# 生成一个偏置项变量，并且，指定名字为 "bias"
bias = tf.Variable(tf.zeros([1]), name="bias")
```

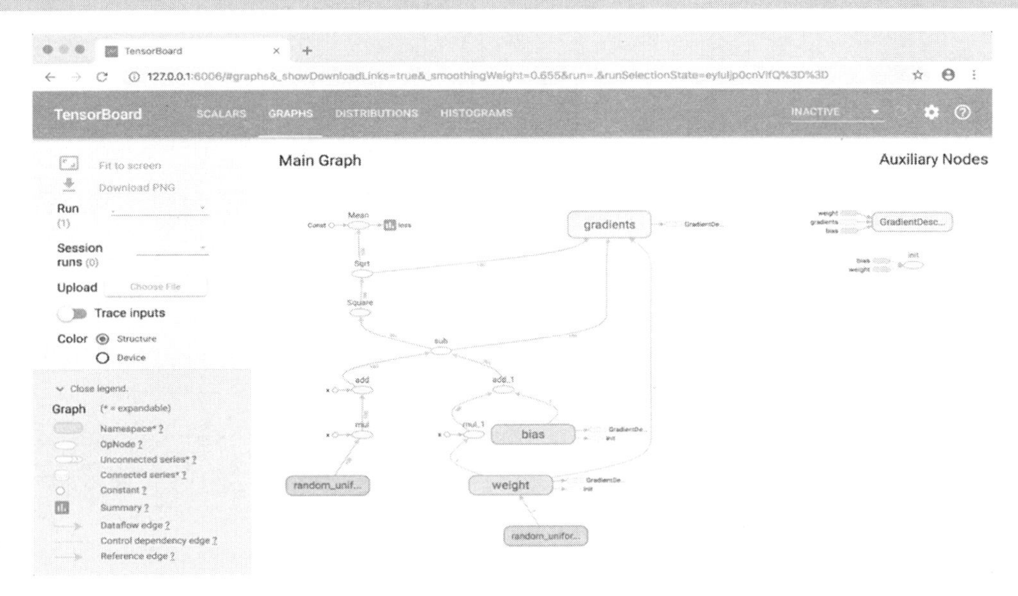

图 4-3　TensorFlow 模型可视化之计算图

如图 4-3 所示，变量 weight、bias 在图中以绿色图标显示，它们连接着梯度下降优化器 GradientDescentOptimizer，同时，权重和输入变量 x 相乘、与偏置项相加，再与输入的目标变量 y 相减、平方和、开根号、求平均值等一系列操作，最终计算出损失；正是因为权重和偏置项同时连接着梯度下降优化器和损失函数，这个优化器才能通过不断调整权重和偏置项，达到降低损失的目标，这也正是训练的路径。

如图 4-4 所示，是损失的变化曲线，可以看出随着训练次数不断地增加，损失快速地降低，经过 400~600 次训练时，损失已经接近于 0 了，从 600 次到最终的 2000 次，整个损失的降低幅度已经很小。实际上，我们可以利用这个特点，来判断是否结束模型训练，即如果 loss 的变化已经很小（如变化幅度低于 1% 或 0.1%），我们就认为模型已经训练完成了，这样就可以在保证模型精度的前提下，大幅度节省模型训练时间。

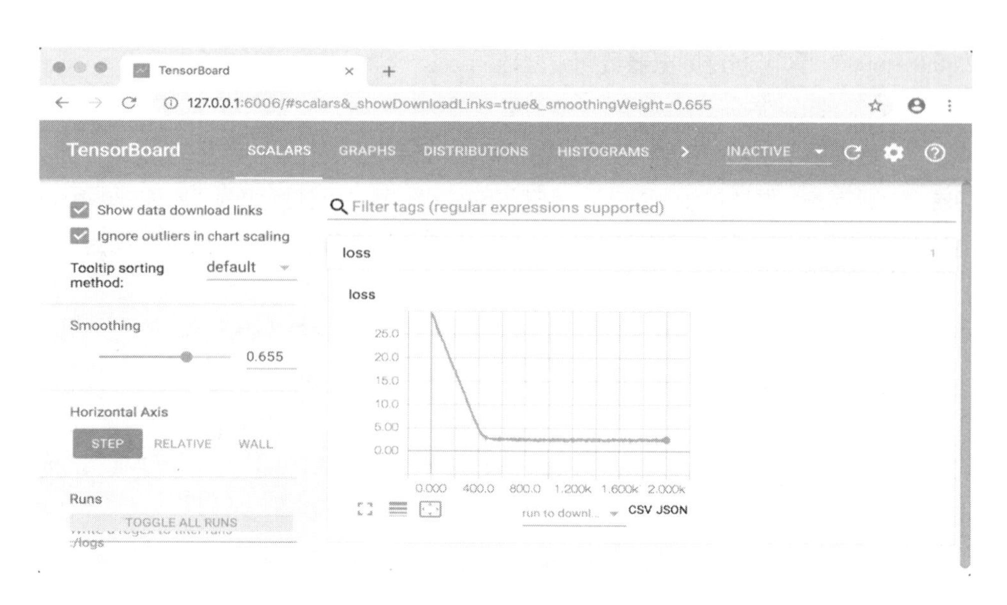

图 4-4 TensorFlow 损失函数变化曲线

图 4-5 所示是权重和偏置项的变化曲线。从图中可以看出，权重和偏置项逐渐逼近了我们预设的 10、25。由于存在一定的随机性，结果与我们预设的值存在一定的误差。从图中可以看出，经过 400~600 次训练，权重和偏置项基本上接近了预设值，在之后的训练过程中，权重和偏置项的变化已经不大了。

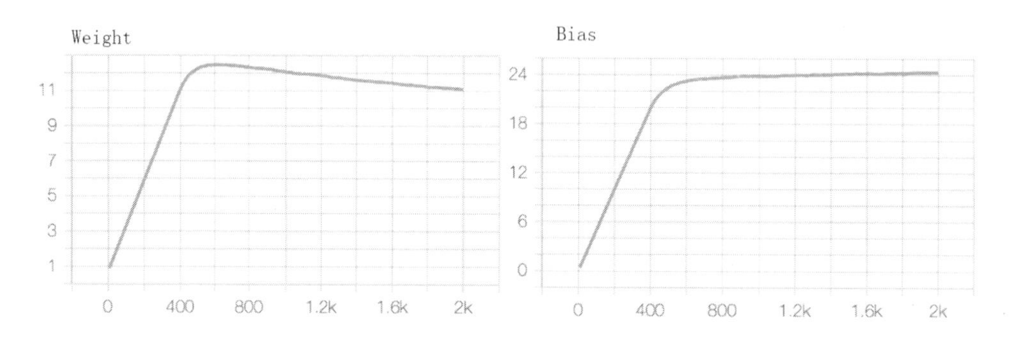

图 4-5 TensorFlow 权重和偏置项变化曲线

通过以上几张图，我们可以看出，只要在程序中通过 tf.summary 命名空间下的几个类，将标量、变量等数据保存起来，就能很容易地通过 TensorBoard 的可视化界面来查看模型及上述数据。

4.3 数据类型——张量

TensorFlow 使用张量来表示所有的数据类型。张量是向量和矩阵的泛化，以便于表示更高维度的数据。在 TensorFlow 的内部，使用 n 维数组来表示张量。

定义一个张量需要使用三个要素，分别是阶、形状、数据类型。

4.3.1 阶

张量的阶是张量的维度数量，定义了张量包含多少个维度。

1. 阶的定义

阶是张量的维度数量，阶的序号从 0 开始。阶的同义词包括序号、度数、n 维度等。维度数量可以从 0 到无穷大，鉴于三维以上很难可视化，并且很多人难以理解三维以上的张量，所以用图 4-6 来展示任意多维度的张量。

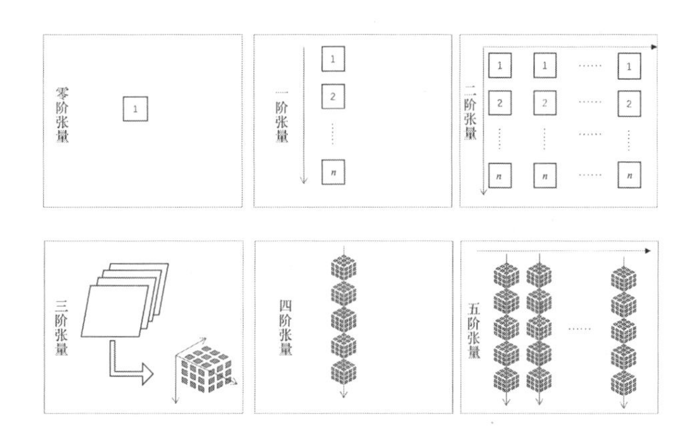

图 4-6　张量的阶

图 4-6 分别展示了从零阶张量到五阶张量，具体介绍如下。

（1）零阶张量：就是标量，它只有数值，没有（维度）方向。零阶张量可以看成一个点。例如数字 3，字符串“Beijing”等都是标量。

（2）一阶张量：就是向量，既有数值，又有（维度）方向。可以认为，一阶张量的每个元素，都是一个零阶张量。可以这么理解，我们只要把零阶张量沿着一阶张量维度的方向，不断地复制，就构成了一阶张量。零阶张量可以看成一个点，通过复制点构成了“线”，这个“线”的方向就是一阶张量的方向，这个“线”就是一阶张量。

（3）二阶张量：实际上就是矩阵，同样既有数值又有方向。实际上从一阶张量开始，所有的张量都是既有数值又有方向的。二阶张量可以认为是对一阶张量的复制，把一阶张量沿着二阶张量的方向进行复制，就构成了二阶张量。一阶张量是“线(图中沿着垂直方向)”，这些“线”通过复制构成了“面”，这个“面”就是二阶张量。这个面的两个边（纵向、横向），就构成了二阶张量的两个维度。其中，纵向是零阶，横向是一阶。

（4）三阶张量：实际上就是二阶张量沿着三阶张量的方向（维度）不断地复制。二阶张量是“面”，这些“面”通过复制，排列成了“立方体”，就如同我们小时候玩的魔方。

（5）四阶张量：我们把三阶张量不断地复制，然后沿着四阶张量的方向排列，就形成了四阶张量。想象一下，从更宏大的视角（如从上帝的视角看），如果我们把三阶张量不看成一个立方体，而是看成一个“点”，那么四阶张量就是一条“线”。请注意，这里的“点”和“线”，与零阶张量和一阶张量对应的“点”和“线”类似。只不过，四阶张量对应的“线”中的每个“点”，都是一个三阶张量，而一阶张量对应的“线”中每个点都是一个零阶张量而已。

（6）五阶张量：既然四阶张量是一条“线”，那么我们把四阶张量不断复制，然后沿着五阶张量的方向排列，就能构成了一个五阶张量，也就是一个“面”。这个面由线构成，每条线都是一个四阶张量。

从第六阶张量到无穷大阶张量呢？可以想象一下，把五阶张量看成一个“面”，将五阶张量不断复制，然后沿着六阶张量的方向（维度）排列，就构成了一个六阶张量，这就是一个“立方体”。我们把六阶张量对应的“立方体”看成一个“点”，就如同我们在构建四阶张量的时候把三阶张量看成一个“点”一样，把六阶张量的这个“点”不断复制，再沿着七阶张量的方向（维度）排列，就构成了七阶张量，这是一条“线”。再把七阶张量不断复制，沿着八阶张量的方向排列，就构成了八阶张量，这是一个“面”。然后，把这个“面”不断地复制，重复上述的过程，循环往复，周而复始……

从零阶张量到五阶张量的复制、排列的过程是由“点”到“线”、由“线”到“面”、由“面”到“立方体”，然后再由“立方体”到“点”（更高的视角，把立方体看成一个点），由此可以再次通过“点”“线”“面”“立方体”循环，最终就可以构建无穷多维，也就是构建无穷多阶的张量。

本节内容比较抽象，但是十分重要，对于理解张量的运算部分来说必不可少，而张量运算是 TensorFlow 的核心。如果看完一遍不理解，那么可以反复地看，直到理解。

注 意

本节内容的关键点包括以下两个。

（1）张量的阶就是张量维度数量，张量的阶从零开始。

（2）N 阶张量的每一个元素，都是一个 $N-1$ 阶的张量。

2. 阶的操作

以下代码展示了如何创建不同阶的张量，并打印张量的阶和张量的形状：

```
#!/usr/local/bin/python3
# -*- coding: UTF-8 -*-

import tensorflow as tf

# Rank 0
# 创建零阶张量，也就是标量，用来表示用户姓名和年龄
# 数据类型分别是 tf.string 和 tf.int32
my_scalar = tf.constant(" 张三 ", dtype=tf.string, shape=[], name="user_name")
age_scalar = tf.constant(36, dtype=tf.int32, shape=[], name="age")
```

```
# Rank 1
# 创建一阶张量，也就是一维数组，用来表示用户姓名和年龄列表
# 数据类型没有指定，TensorFlow 会根据实际数值的类型来推断数据类型
use_name_list = tf.constant([" 张三 ", " 李四 "], shape=[2], name="user_name_list")
age_list = tf.constant([36, 38], shape=[2], name="age_list")

# Rank 2
# 创建二阶张量，用户先分组，用来表示各个组内用户姓名和年龄列表
group_name_list = tf.constant([[" 张三 ", " 李四 "], [" 王五 ", " 赵六 "]], shape=[2, 2])
group_age_list = tf.constant([[36, 38], [40, 50]], shape=[2, 2])

# 打印二阶张量的阶和形状，分别是：
# Rank:  2
# Shape:  [2 2]
with tf.Session() as sess:
   print ("Rank:  {}" .format(sess.run(tf.rank(group_name_list))))
print ("Shape:  {}".format(sess.run(tf.shape(group_name_list))))
```

由于张量是一个 n 维单元格元素组成的数组，所以访问一个张量需要指定 n 个索引。对于零阶张量来说，不需要指定索引（也就是 0 个索引），因为零阶张量本身就只有一个数值。对于一阶张量来说，指定一个索引就可以返回指定的单元格元素。对于二阶张量或二阶以上的张量来说，如果每个维度都指定了索引，那么将返回一个标量，否则返回该张量的子标量或子矩阵。示例代码如下：

```
#!/usr/local/bin/python3
# -*- coding: UTF-8 -*-

import tensorflow as tf

# 访问一阶张量，只需要指定一个索引即可返回一个标量
my_vector = tf.constant([36, 38], shape=[2], name="age_list")
my_scalar = my_vector[1]

# 创建一个二阶张量，也就是二维数组
my_matrix = tf.constant([[36, 38], [40, 50]], shape=[2, 2])

# 指定两个维度，返回一个标量
my_scalar = my_matrix[0, 1]
```

```
# 指定零阶，返回一行
# 对 [[36, 38], [40, 50]]，指定了零阶，去掉零阶的方括号，得到两个元素 [36, 38], [40, 50]
# 再看指定的索引数值是 0 ，返回第一个元素 [36, 38]
my_row_vector = my_matrix[0]

# 指定一阶（零阶未指定），返回一列
# 对 [[36, 38], [40, 50]]，指定了一阶，去掉一阶的方括号，得到 [ {36, 38}, {40, 50}]
# 其中 {} 是为了方便展示去掉一阶之后两组元素的区隔
# 再看指定的索引数值是 1 ，分别返回两个元素中的第二个数值，得到 [38, 50]
my_column_vector = my_matrix[:, 1]

# 打印结果如下
# 38
# [36 38]
# [38 50]
with tf.Session() as sess:
    print (sess.run(my_scalar))
    print (sess.run(my_row_vector))
    print (sess.run(my_column_vector))
```

4.3.2 形状

张量的形状定义了张量各个维度上所包含的元素个数。

1. 形状的定义

当我们在构建一个二阶张量时，首先，我们通过复制零阶张量，再沿着一阶张量的方向排列，就构成了一个一阶张量。然后，我们把一阶张量进行复制，再沿着二阶张量的方向排列，就构成了一个二阶张量。在这个过程中，有一个疑问，我们在复制零阶张量的时候，到底复制多少个呢？在复制二阶张量的时候，又复制多少个呢？

上述问题就涉及张量的形状了。形状就是张量每个维度的元素个数，表 4-1 展示了从 0 阶到 N 阶张量例子。

表 4-1　张量的形状

阶	形状	维度数量 / 维	例子
0	[]	0	零阶张量（标量）。
1	[D_0]	1	一阶张量，例如，形状 [5] 的张量
2	[D_0，D_1]	2	二阶张量，例如，形状 [4, 3] 的张量

续表

阶	形状	维度数量 / 维	例子
3	[D_0，D_1，D_2]	3	三阶张量，例如，形状 [2, 4, 3] 的张量
n	[D_0，D_1，D_{21}，…，D_n]	n	N 阶张量，例如，形状为 [D_0，D_1，…，D_n]

举个例子，我们想要创建 shape=[2,3,4,1] 的张量，可以利用“N 阶张量的元素是 $N-1$ 阶张量”的原理，从阶 0 开始逐阶创建元素，最终形成该张量。过程如图 4-7 所示。

第一步：阶0，两个元素 →[(1),(2)]

第二步：阶1，三个元素，元素(1)、(2)分别表示为：
(1) →[(11), (12), (13)]
(2) →[(21), (22), (23)]

第三步：阶2，四个元素，元素(11), (12), (13)、(21), (22), (23)分别表示为：
(11) →[(111), (112), (113), (114)]
(12) →[(121), (122), (123), (124)]
(13) →[(131), (132), (133), (134)]
(21) →[(211), (212), (213), (214)]
(22) →[(221), (222), (223), (224)]
(23) →[(231), (232), (233), (234)]

第四步：阶3，1个元素，第三步共产生了24个元素，分别表示为：
(111) →[1111], (112) →[1121], (113) →[1131], (114) →[1141]
(121) →[1211], (122) →[1221], (123) →[1231], (124) →[1241]
(131) →[1311], (132) →[1321], (133) →[1331], (134) →[1341]
(211) →[2111], (212) →[2121], (213) →[2131], (214) →[2141]
(221) →[2211], (222) →[2221], (223) →[2231], (224) →[2241]
(231) →[2311], (232) →[2321], (233) →[2331], (234) →[2341]

第五步：将第四步产生的真实元素值填回第三步的元素中，然后，再将第三步的真实元素值填回第二步、第一步的元素中，就形成了最终的张量

图 4-7　张量的创建过程

最终张量创建的过程如以下代码所示：

```
# 逐个步骤创建 shape = [2,3,4,1] 的张量
t = [  # 阶 0，两个元素
    [ # 阶 1，三个元素
      [ # 阶 2，四个元素
        [1111],  # 这个都是阶 2 的分隔符，分隔成四个元素
        [1121],
        [1131],
        [1141]  # 阶 3，一个元素，不需要分隔符
      ]
      , # 阶 1 的分隔符，分隔成三个元素
      [          [1211], [1221], [1231], [1241]          ]
      ,
      [          [1311], [1321], [1331], [1341]          ]
    ]
  , # 阶 0 的分隔符，分隔成两个元素
    [
      [          [2111], [2121], [2131], [2141]          ]
```

```
    ,
    [        [2211], [2221], [2231], [2241]        ]
    ,
    [        [2311], [2321], [2331], [2341]        ]
  ]
]
```

2. 形状的操作

形状操作的函数主要有以下几个。

（1）tf.shape(input, name=None): 返回一个张量的形状，它是一个一维的整数数组，用来代表输入张量 (input) 的形状。

```
t = tf.constant([[[1, 1, 1, 1], [2, 2, 2, 2]], [[3, 3, 3, 3], [4, 4, 4, 4]]])
tf.shape(t) # [2 2 4]
```

（2）tf.size(input,name=None): 返回一个张量所包含元素的总个数。

```
t = tf.constant([[[1, 1, 1, 1], [2, 2, 2, 2]], [[3, 3, 3, 3], [4, 4, 4, 4]]])
tf.size(t) # 16
```

（3）tf.reshape(input, shape, name=None): 输入张量 input 按照 shape 指定的形状进行变形，生成一个新的张量。保持张量的元素个数不变。

```
t = tf.constant([[[1, 1, 1, 1], [2, 2, 2, 2]], [[3, 3, 3, 3], [4, 4, 4, 4]]])
tf.reshape(t, [-1])      # [1 1 1 1 2 2 2 2 3 3 3 3 4 4 4 4]
tf.reshape(t, [2, 8])    # [[1 1 1 1 2 2 2 2], [3 3 3 3 4 4 4 4]]
tf.reshape(t, [2, 4])    # 错误，张量的元素个数必须保持不变，变形之前是 4×4=16 个元素，
# 变形之后不能变成 2×4=8 个元素
tf.reshape(t, [-1, 4]) # 第一维指定为 -1，表示根据其他维度计算本维度的元素数量
             # 指定了第二维为 4 个元素，[[1 1 1 1], [2 2 2 2], [3 3 3 3], [4 4 4 4]]
tf.reshape(t, [2, -1]) # 第一维指定为 2 个元素，第二维指定为 -1，表示根据其他维元素数量来
                    # 计算本维度的元素数量
```

（4）tf.expand_dims(input, axis=None, name=None): 在张量 input 的索引 axis 维度上插入一个元素为 1 的维度。其中，axis 的取值范围必须是 [−rank(input) − 1， rank(input)]，如果 axix 取值为−1，则表示在 input 的维度最后插入了新的维度。

```
# 't2' 是一个形状为 [2, 3, 5] 的张量
tf.shape(tf.expand_dims(t2, 0)) # [1, 2, 3, 5]
tf.shape(tf.expand_dims(t2, 2)) # [2, 3, 1, 5]
tf.shape(tf.expand_dims(t2, 3)) # [2, 3, 5, 1]
tf.shape(tf.expand_dims(t2, -1)) # [2, 3, 5, 1]
tf.shape(tf.expand_dims(t2, 4)) # 出错，因为只有三个维度
```

（5）tf.squeeze(input, axis=None, name=None): 删除元素个数为 1 的维度。其中，axis 是个整数列表，默认的情况下是 []，表示删除所有的元素个数为 1 的维度。如果 axis 给定了具体的维度索引，那么只删除指定的索引维度，被指定的维度元素个数必须是 1，否则将会出错。

```
# 't' 是一个形状为 [1, 2, 1, 3, 1, 1] 的张量
# 删除所有的元素个数为 1 的维度
tf.shape(tf.squeeze(t))  # [2, 3]

# 't' 是一个形状为 [1, 2, 1, 3, 1, 1] 的张量
# 删除索引为 2 和 4 的维度（这两个维度的元素个数都必须是 1，否则出错）
tf.shape(tf.squeeze(t, [2, 4])) # [1, 2, 3, 1]
```

4.3.3 数据类型

张量的数据类型决定了张量中所有元素的基础数据类型。注意，一个张量中只能有一种数据类型，所有元素的数据类型都必须一致。例如，不允许一个张量中既有数值又有字符串，也不允许出现两种类型的数值（如整型和浮点数）。

1. 数据类型的定义

除了阶和形状之外，张量还有个要素就是数据类型，即张量的每个单元格元素的静态数据类型。每个张量只能有一种数据类型，也就是说，一个张量中所有单元格的元素的数据类型必须一致。

张量的数据类型，可以取以下值。

（1）tf.float16: 16 比特半精度浮点数。

（2）tf.float32: 32 比特单精度浮点数。

（3）tf.float64: 64 比特双精度浮点数。

（4）tf.bfloat16: 16 比特截断浮点数，与 float32 取值范围一致，便于相互转换。

（5）tf.complex64:64 比特单精度复数。

（6）tf.complex128: 128 比特双精度复数。

（7）tf.int8: 8 比特有符号整数。

（8）tf.uint8: 8 比特无符号整数。

（9）tf.uint16: 16 比特无符号整数。

（10）tf.uint32: 32 比特无符号整数。

（11）tf.uint64: 64 比特无符号整数。

（12）tf.int16: 16 比特有符号整数。

（13）tf.int32: 32 比特有符号整数。

（14）tf.int64: 64 比特有符号整数。

（15）tf.bool: 布尔。

（16）tf.string: 字符串。

（17）tf.qint8：量化的 8 位有符号整数。

（18）tf.quint8：量化的 8 位无符号整数。

（19）tf.qint16：量化的 16 位有符号整数。

（20）tf.quint16：量化的 16 位无符号整数。

（21）tf.qint32：量化的 32 位有符号整数。

（22）tf.resource：处理可变资源。

（23）tf.variant：任意类型的值。

2. 数据类型操作

数据类型操作主要是数据类型转换，常用的数据类型转换函数如下。

（1）tf.string_to_number(string_tensor,out_type=tf.float32, name=None): 将字符串转换为数字。out_type 取值可以是 tf.float32，tf.float64，tf.int32，tf.int64 之一，默认转换为 tf.float32。

（2）tf.cast(x, dtype, name=None): 将张量 x 或者 x.value 的数据类型转换为 dtype 指定的类型。其中，张量 x 的数据类型可以是 uint8，uint16，uint32，uint64，int8，int16，int32，int64，float16，float32，float64，complex64，complex128，bfloat16 之一。如果从复数转换到实数，那么只返回复数的实数部分；如果从实数转换到复数，那么实数转换成复数的实数部分，复数的虚数部分被设置为 0。从浮点数转换到整数时，直接丢弃小数部分取整。如以下代码所示：

```
x = tf.constant([1.8, 2.2], dtype=tf.float32)
tf.cast(x, tf.int32)  # [1, 2], dtype=tf.int32
```

（3）tf.to_float(x, name='ToFloat'): 将张量 x 的数据类型转换成单精度浮点型。

（4）tf.to_bfloat16(x,name='ToBFloat16')：将张量 x 的数据类型转换成 16 比特截断浮点型。

（5）tf.to_double(x,name='ToDouble')：将张量 x 的数据类型转换成双精度浮点型。

（6）tf.to_int32(x,name='ToInt32')：将张量 x 数据类型转换成 32 比特有符号整型。

（7）tf.to_int64(x,name='ToInt64')：将张量 x 数据类型转换成 64 比特有符号整型。

（8）tf.to_complex64(x,name='ToComplex64')：将张量 x 数据类型转换成 64 比特单精度复数。

（9）tf.to_complex128(x,name=' ToComplex128')：将张量 x 数据类型转换成 128 比特双精度复数。

4.4 数据操作

数据操作用于完成张量的初始化、算术运算、张量操作、张量的坍缩、矩阵操作，以及序列比较和索引等功能。通俗地说，数据操作就是对张量进行加减乘除，或者改变张量的形状。

4.4.1 数值填充

模型训练开始时，对变量进行随机初始化，填充随机数、0 或 1 等，这是通过数值填充函数来完成的。常用的数值填充函数如下。

（1）tf.ones(shape, dtype=tf.float32, name=None)：创建一个形状为 shape、数据类型为 dtype 的张量，并且将张量的所有元素数值都设置为 1。

（2）tf.ones_like(tensor, dtype=None, name=None, optimize=True)：创建一个所有元素数值都为 1 的张量，该张量的形状、数据类型与给定的张量 tensor 一致。

```
# 创建一个形状为 2×3 的张量，将所有的元素都设置为 1
tf.ones([2, 3], tf.int32) # [[1, 1, 1], [1, 1, 1]]

# 根据张量 [[1, 2, 3], [4, 5, 6]] 的形状、数据类型，创建一个新的张量，所有元素设置为 1，
tensor = tf.constant([[1, 2, 3], [4, 5, 6]])
tf.ones_like(tensor) # [[1, 1, 1], [1, 1, 1]]
```

（3）tf.zeros(shape, dtype=tf.float32, name=None)：创建一个形状为 shape、数据类型为 dtype 的张量，并将该张量的所有元素设置为 0。

（4）tf.zeros_like(tensor,dtype=None,name=None,optimize=True)：创建一个形状和数据类型与给定张量 tensor 完全一致的张量，将新创建张量的所有元素都设置为 0。

```
# 创建一个形状为 3×4 的张量，将所有的元素都设置为 0
tf.zeros([3, 4], tf.int32) # [[0, 0, 0, 0], [0, 0, 0, 0], [0, 0, 0, 0]]

# 根据张量 [[1, 2, 3], [4, 5, 6]] 的形状、数据类型，创建一个新的张量，所有元素设置为 0
tensor = tf.constant([[1, 2, 3], [4, 5, 6]])
tf.zeros_like(tensor) # [[0, 0, 0], [0, 0, 0]]
```

（5）tf.fill(dims,value,name=None)：创建一个形状为 dims、数值为 value 的张量。注意，参数 value 只能是一个标量，不能是张量。

（6）tf.constant(value,dtype=None,shape=None,name='Const',verify_shape=False)：创建一个常量张量，数据类型为 dtype、数值为 value、形状为 shape。其中，value 可以是标量也可以是列表，如果是列表，那么列表的长度小于或等于 shape 隐含的元素个数。当列表长度小于 shape 隐含的元素个数时，会用列表的最后一个元素填充剩余条目。如果没有指定 dtype，那么根据 value 的数据类型推断；如果没有指定 shape，那么根据 value 的 shape 来推断。

```
# 输出张量，形状为 [2, 3].
# fill 的 value 只能是标量
fill([2, 3], 9) ==> [[9, 9, 9]
             [9, 9, 9]]

# 创建一个 1 维度常量，数值用列表填充
# 函数 constant 的 value 可以是列表也可以是标量，这个是列表
tensor = tf.constant([1, 2, 3, 4, 5, 6, 7]) => [1 2 3 4 5 6 7]
```

```
# 创建一个 2 维度常量，数值用 value 填充
tensor = tf.constant(-1.0, shape=[2, 3]) => [[-1. -1. -1.]
                                              [-1. -1. -1.]]
```

（7）tf.random_normal(shape, mean=0.0, stddev=1.0, dtype=tf.float32, seed=None, name=None): 创建一个张量，形状为 shape，采用正态分布的随机数填充。随机数符合均值为 mean，标准差为 stddev 的正态分布。数据类型为 dtype，默认是 tf.float32，随机数的种子为 seed。

（8）tf.truncate_normal(shape, mean=0.0, stddev=1.0, dtype=tf.float32, seed=None, name=None): 与 random_normal 类似，同样是创建一个形状为 shape、采用正态分布的随机数填充张量。与 random_normal 的区别是，该函数只选择落在两倍标准差之内的数据，剔除落在两倍标准差之外的数据。

（9）tf.random_uniform(shape, minval=0, maxval=None, dtype=tf.float32, seed=None, name=None): 创建一个张量，形状为 shape，用均匀分布的随机值填充，取值范围是 [minval,maxval)，浮点数默认取值范围是 [0,1)，整数必须明确指定 maxval。

（10）tf. random_poisson(lam, shape, dtype=tf.float32, seed=None, name=None)：创建一个张量，形状为 shape，采用泊松分布的随机填充，其中，lam 是 possible 分布的概率参数。

（11）tf.random_gamma(shape, alpha, beta=None, dtype=tf.float32, seed=None, name=None): 创建一个形状为 shape 的张量，采用 Gamma 分布的随机数填充，其中 alpha 是描述分布的形状参数，beta 是反比例参数。

（12）tf.random_shuffle(value, seed=None, name=None)：沿着第一维度随机改变张量，张量被沿着阶 0 进行重新洗牌，对于每个值 value[*j*] 被随机、并且唯一地映射到 value[*i*]。

（13）tf.random_crop(value, size, seed=None, name=None): 随机将张量 value 裁剪到指定的形状 size 上。如果某个维度不希望被裁剪，比如图像色彩 RGB 的值，那么将该维度的尺寸指定为包含全部元素即可。

```
# 如果某个维度不希望被裁剪，那么将该维度尺寸指定为包含全部元素即可
例如，裁剪图像时，希望不要裁剪颜色，直接指定包含 RGB 的全部元素长度 3
size = [crop_height, crop_width, 3]
```

（14）tf.set_random_seed(seed): 设置图级的随机数种子，需要用到随机数的操作，依赖两个随机数种子，一个是图级的随机数种子，另一个是操作级随机数种子。如果需要生成可重复出现的随机数，那么可以指定操作的随机数种子或图的随机数种子。

```
# 如果指定了图的随机数种子，那么每次生成的随机数序列都是 " 一样的 "
# tf.set_random_seed(1234)

# 如果需要每次生成的随机数序列都不会重复，那么不要设置图随机数种子
a = tf.random_uniform([1])
```

```
# 如果设置了操作的随机数种子，那么该操作生成的随机数是 " 重复的 "
# 也就是说，张量 a 对应的 A1、A2 都相等
# 如果需要该操作每次生成的随机数序列都不重复，那么不要设置操作的随机数种子
# a = tf.random_uniform([1], seed=1)
b = tf.random_normal([1])

print("Session 1")
with tf.Session() as sess1:
  print(sess1.run(a)) # 生成 'A1'
  print(sess1.run(a)) # 生成 'A2'
  print(sess1.run(b)) # 生成 'B1'
  print(sess1.run(b)) # 生成 'B2'

print("Session 2")
with tf.Session() as sess2:
  print(sess2.run(a)) # 生成 'A3'
  print(sess2.run(a)) # 生成 'A4'
  print(sess2.run(b)) # 生成 'B3'
  print(sess2.run(b)) # 生成 'B4'
```

（15）tf.range(start, limit=None, delta=1, name='range')：创建一个数字序列，从 start（包含）开始，每次增加 delta，直到达到 limit(不包含)。其中，start 默认是 0。

```
tf.range(start=3, limit=18, delta=3) # [3, 6, 9, 12, 15]


tf.range(start=3, limit=1, delta=-0.5) # [3, 2.5, 2, 1.5]
# start 默认等于 0，所以，可以不指定 start 的值
tf.range(limit=5) # [0, 1, 2, 3, 4]
```

4.4.2 算术运算

算术运算是指对张量进行加减乘除、指数、开方，以及各种三角函数转换，常用的算术运算函数如下。

（1）tf.assign(ref, value, validate_shape=None, use_locking=None, name=None)：将张量 value 复制到 ref，令 rev=value。validate_shape 是可选的，默认为 Ture。在 validate_shape 为 Ture 的情况下，

此操作将验证 value 的形状与 ref 的形状是否一致，如果不一致，那么 ref 的形状会被设置为 value 的形状。

（2）tf.math.add(x y, name=None)：返回 ***x*** + ***y***，其中，***x*** 的数据类型必须是 bfloat16， half, float32，float64，uint8，int8，int16，int32，int64， complex64，complex128，string 之 一。***y*** 的 数据类型必须与 ***x*** 一致。

（3）tf.subtract(x y, name=None)：返回 ***x*** − ***y***，其中，***x*** 的数据类型必须是 bfloat16， half, float32， float64，uint8，int8，int16，int32， int64，complex64， complex128，string 之一。***y*** 的数据类型必须与 ***x*** 一致。

（4）tf.multiply(x y, name=None)：返回 ***x***×***y***，其中，***x*** 的数据类型必须是 bfloat16，half, float32， float64，uint8，int8， uint16， int16，nt32，int64， complex64， complex128 之 一。***y*** 的数据类型必须与 ***x*** 一致。

（5）tf.scalar_mul(scalar,x)：返回标量 scalar 与张量 ***x*** 的乘积，其中，scalar 必须是标量。返回的张量形状、数据类型与张量 ***x*** 一致。

（6）tf.divide(x y, name=None)： 返回 ***x/y***，其中，***x*** 的数据类型必须是 bfloat16， half, float32， float64，uint8， int8， uint16，int16，int32， int64， complex64， complex128 之一。***y*** 的数据类型必须与 ***x*** 一致。如果，***x*** 或 ***y*** 的数据类型是整形，那么首先会被转换成为浮点型。

（7）tf.realdiv(xy,name=None)：与 tf.divide(x y, name=None) 功能完全一致。

（8）tf.div(xy,name=None)：返回 ***x/y***，如果 ***x*** 和 ***y*** 是浮点数，那么结果还是浮点数。如果 ***x*** 和 ***y*** 是整数，那么返回结果是不大于 (***x/y***) 的最大整数。

（9）tf.floor(x, name=None)：返回结果不大于 ***x*** 的最大整数，其中 ***x*** 的数据类型必须是 bfloat16，half，float32，float64 之一。

（10）tf.math.floor(x, name=None)：与 tf.floor(x, name=None) 等同。

（11）tf.floordiv(x,y,name=None)：对于整数来说，此函数功能与 tf.div 功能相同；对于浮点数来说，此函数相当于 tf.floor(tdiv(x,y))。所以，最终返回的结果是个整数（有可能是浮点数表示的整数）。在 Python 3 和 Python 2.7 中，此操作是 ***x//y***。

（12）tf.floor_div(x,y,name=None)：此函数功能与 tf.floordiv 相同。

（13）tf.truncatediv(x,y,name=None)：返回 ***x/y*** 的截断结果。截断就是把小数部分截断，对于负数、整数来说，与截断之前相比，其结果都更加接近于 0。

```
#!,usr/local/bin/python3
# -*- coding: UTF-8 -*-
import tensorflow as tf

with tf.Session() as sess:
  # 对于浮点数，结果都是一致的。只有 floordiv 取整
  print (sess.run(tf.divide(5.0, 3.0, name="divide")))  # 1.6666666
```

```
print (sess.run(tf.truediv(5.0, 3.0, name="truediv"))) # 1.6666666
print (sess.run(tf.div(5.0, 3.0, name="div"))) # 1.6666666
print (sess.run(tf.floordiv(5.0, 3.0, name="floordiv"))) # 1.0
print (sess.run(tf.floor_div(5.0, 3.0, name="floor_div"))) # 1.0
# 出现错误，似乎不支持浮点数除法
#print (sess.run(tf.truncatediv(5.0, 3.0, name="truncatediv"))) # 1.0
#print (sess.run(tf.truncatediv(-5.0, 3.0, name="truncatediv"))) # 1.0

# 对于整数 divide、truediv 是先把参数转换成浮点数，然后再除
# 对于 div、floordiv 都是对商取整（返回整数）
print (sess.run(tf.divide(5, 3, name="divide"))) # 1.6666666666666667
print (sess.run(tf.truediv(5, 3, name="truediv"))) # 1.6666666666666667
print (sess.run(tf.div(5, 3, name="div"))) # 1
print (sess.run(tf.floordiv(5, 3, name="floordiv"))) # 1
print (sess.run(tf.floor_div(5, 3, name="floor_div"))) # 1
print (sess.run(tf.floor_div(5, 3 , name="floor_div"))) # 1
print (sess.run(tf.truncatediv(5, 3, name="truncatediv"))) # 1
print (sess.run(tf.truncatediv(-5, 3, name="truncatediv"))) # -1
```

（14）tf.floormod(x,y,name=None)：返回 $\boldsymbol{x}$ 与 $\boldsymbol{y}$ 的除法余数。此函数与 Python 操作类似，满足 $\text{floor}(\boldsymbol{x} / \boldsymbol{y}) \times \boldsymbol{y} + \text{mod}(\boldsymbol{x}, \boldsymbol{y}) = \boldsymbol{x}$ 公式。

（15）tf.mod(x,y,name=None)：与 tf.floormod(x,y,name=None) 函数相同。

（16）tf.truncatemod(x,y,name=None)：返回 $\boldsymbol{x}$ 与 $\boldsymbol{y}$ 的除法余数。此函数与 C 语言操作类似，满足 $\text{truncate}(\boldsymbol{x} / \boldsymbol{y}) \times \boldsymbol{y} + \text{truncatemod}(\boldsymbol{x}, \boldsymbol{y}) = \boldsymbol{x}$ 公式。

（17）tf.abs(x,name=None)：返回张量 $\boldsymbol{x}$ 的绝对值。如果张量 $\boldsymbol{x}$ 是形为 $a+bj$ 的复数，那么返回的绝对值是 $\text{sqrt}(a^2+b^2)$，即 a、b 平方和的开根号。

（18）tf.negative(x,name=None)：返回 $-\boldsymbol{x}$，对每个元素逐个取负。

（19）tf.sign(x,name=None)：返回一个张量，每个元素都是张量 $\boldsymbol{x}$ 对应元素的符号。如果对应元素大于 0，那么返回 1；如果对应元素小于 0，那么返回 − 1；如果该元素等于 0 或不是数字，那么返回 0。

$$\boldsymbol{y} = \text{sign}(\boldsymbol{x}) = \begin{cases} -1, \text{若}\boldsymbol{x} < 0 \\ 0, \text{若}\boldsymbol{x} = 0\text{或tf.is\_Nan}(\boldsymbol{x}) \\ 1, \text{若}\boldsymbol{x} > 0 \end{cases}$$

（20）tf.square(x,name=None)：返回张量 $\boldsymbol{x}$ 的平方，逐个元素地计算 $\boldsymbol{y}=\boldsymbol{x}^2$。张量 $\boldsymbol{x}$ 的数据类型必须是 half，float32，float64，int32，int64，complex64，complex128 之一。

（21）tf.round(x,name=None)：类似于四舍五入，对张量逐个元素执行四舍六入五取双操作。

```
x = tf.constant([0.9, 2.5, 2.3, 1.5, -4.5])
# 四舍六入五取双操作
tf.round(x) # [ 1.0, 2.0, 2.0, 2.0, -4.0 ]
```

（22）tf. sqrt (x,name=None)：返回张量 x 的平方根，逐个元素地计算 $y=\sqrt{x}$ 。

（23）tf.pow(x,y,name=None)：返回 x 的 y 次方（x^y）。

```
x = tf.constant([[2, 2], [3, 3]])
y = tf.constant([[8, 16], [2, 3]])
# 返回 x 的 y 次方
tf.pow(x, y) # [[256, 65536], [9, 27]]
```

（24）tf.math.exp(x,name=None)：逐个元素计算张量 x 的指数，y=e^x。张量 x 的数据类型必须是以下数据类型之一：bfloat16， half， float32， float64， complex64， complex128。

（25）tf.math.log(x,name=None)：逐个元素地计算 1+x 的自然数对数，$y=\log_e(1+x)$，返回一个形状与 x 完全相同的张量。

（26）tf.math.log1p(x,name=None)：逐个元素地计算张量 x 的自然数对数，$y=\log_e x$，返回一个形状与 x 完全相同的张量。此函数是 tf. log1p 的别名。

（27）tf.log_sigmoid(x,name=None)：逐个元素计算 x 的 sigmoid 对数，y = log{1÷[1+exp（$-x$）]}。为了数值稳定性，一般使用 y = $-$tf.nn.softplus（$-x$）。

（28）tf.math.ceil(x,name=None)：返回不小于 x 的最小整数，返回的张量形状与 x 保持一致。张量 x 的数据类型必须是 bfloat16， half， float32，float64 之一。此函数是 tf. ceil 的别名。

```
# 返回不小于 x 的最小整数
x = tf.constant([[-2.25, 5.5], [-3.25, 6.5 ]]) # [[-2.,6.], [-3.,7.]]
```

（29）tf.math.maximum(x,y,name=None): 逐个元素地比较 x 和 y 的数值，返回最大值，等同于 x>y?x:y，其中，x 的数据类型必须是 bfloat16， half， float32，float64， int32， int64 之一，y 的数据类型必须与 x 保持一致。此函数是 tf. maximum 的别名。

（30）tf.math.minimum(x,y,name=None)：逐个元素地比较 x 和 y 的数值，返回最小值，等同于 x<y?x:y。其中，x 的数据类型必须是 bfloat16， half， float32， float64， int32， int64 之一，y 的数据类型必须与 x 保持一致。此函数是 tf. minimum 的别名。

（31）tf.math.cos(x,name=None): 逐个元素返回张量 x 的余弦值，x 的数据类型必须是 bfloat16， half，float32，float64，complex64， complex128 之一。此函数是 tf. cos 的别名。

（32）tf.math.sin(x,name=None): 逐个元素返回张量 x 的正弦值，x 的数据类型必须是 bfloat16, half，float32，float64，complex64，complex128 之一。此函数是 tf. sin 的别名。

（33）tf.math. tan (x,name=None): 逐个元素返回张量 x 的正切值，x 的数据类型必须是 bfloat16， half， float32， float64， complex64， complex128 之一。此函数是 tf. tan 的别名。

（34）tf.math.acos(x,name=None): 逐个元素返回张量 x 的反余弦值，x 的数据类型必须是

bfloat16， half，float32， float64， complex64， complex128 之一。此函数是 tf. acos 的别名。

（35）tf.math.asin(x,name=None): 逐个元素返回张量 **x** 的反正弦值，**x** 的数据类型必须是 bfloat16，half， float32，float64，complex64， complex128 之一。此函数是 tf. asin 的别名。

（36）tf.math. atan (x,name=None): 逐个元素返回张量 **x** 的反正切值，**x** 的数据类型必须是 bfloat16， half，float32， float64， complex64，complex128 之一。此函数是 tf. atan 的别名。

4.4.3 复数运算

TensorFlow 提供了如下几个函数，可以使用它们对复数进行操作。

（1）tf.complex(real, imag, name=None)：将两个实数转换为复数。给定一个表示复数的实部张量，以及表示复数的虚部张量。该运算返回复数 $a+bj$，其中 a 表示实部，b 表示虚部。注意，输入张量 real 和 imag 必须具有相同的形状。

```
real = tf.constant([2.25, 3.25])
imag = tf.constant([4.75, 5.75])
tf.complex(real, imag)  # [[2.25 + 4.75j], [3.25 + 5.75j]]
```

（2）tf.conj(x, name=None)：返回给定复数的共轭复数。输入张量 **x**，数值类型是复数，该操作返回一个输出张量，它的元素是张量 **x** 对应元素的共轭复数。输入的复数必须是 $a+bj$ 形式，其中 a 是实部， b 是虚部。此操作返回的共轭复数的形式为 $a - bj$。

```
# tensor 'input' is [-2.25 + 4.75j, 3.25 + 5.75j]
tf.conj(input) ==> [-2.25 - 4.75j, 3.25 - 5.75j]
```

（3）tf.real(input, name=None)：返回张量 input 中复数元素的实数部分。

```
x = tf.constant([-2.25 + 4.75j, 3.25 + 5.75j])
tf.real(x)  # [-2.25, 3.25]
```

（4）tf.imag(input, name=None)：返回张量 input 中复数元素的虚数部分。

```
x = tf.constant([-2.25 + 4.75j, 3.25 + 5.75j])
tf.imag(x)  # [4.75, 5.75]
```

（5）tf.angle(input, name=None)：把输入张量 input 所有元素视为复数，逐个元素地计算 atan2(b, a)。如果输入元素是实数，虚部视为零，那么返回零。

```
# 张量 'input' 等于 [-2.25 + 4.75j, 3.25 + 5.75j]
tf.angle(input) ==> [2.0132, 1.056]
```

4.4.4 张量操作

张量操作是指对张量进行切片、分割、连接、合并与统计等操作，以下是常用的数值运算函数。

（1）tf.slice(input_, begin, size, name=None)：从张量中提取一个切片，输出的张量形状为 size。提取的起始位置是 begin 指定的，begin 是个一维张量，它的每个元素指定了每个维度提取的起始位置，换句话说，begin[*i*] 是输入张量的第 *i* 维度的偏移量。

```
t = tf.constant([[[1, 1, 1], [2, 2, 2]],
                [[3, 3, 3], [4, 4, 4]],
                [[5, 5, 5], [6, 6, 6]]])
tf.slice(t, [1, 0, 0], [1, 1, 3])  # [[[3, 3, 3]]]
tf.slice(t, [1, 0, 0], [1, 2, 3])  # [[[3, 3, 3],
                                   #   [4, 4, 4]]]
tf.slice(t, [1, 0, 0], [2, 1, 3])  # [[[3, 3, 3]],
                                   #  [[5, 5, 5]]]
```

（2）tf.split(value,num_or_size_splits,axis=0,num=None,name='split')：将一个张量切割成为多个张量。如果 num_or_size_splits 是一个整数，那么将张量 value 沿着维度 axis 分割成 num_splits 个张量，要求 value.shape[axis] 必须能够被 num_splits 整除。如果 num_or_size_splits 不是一个整数，那么它应该是一个张量 size_splits。将张量 value 分割成 len(size_splits) 个张量，切分后的第 *i* 个张量形状 shape，除了维度 axis 之外，其余部分与原张量 value 的形状一致，维度 axis 的大小是 size_splits[*i*]。

（3）tf.concat(values,axis,name='concat')：将张量列表 values 中的张量沿着维度 axis 连接起来。假如 values[i].shape=[D_0，D_1，…，D_{axis}，…，D_n] 连接之后的张量形状为 [D_0，D_1，…，R_{axis}，…，D_n]，其中，R_{axis} = sum($D_{axis(i)}$)。张量列表 values 中所有的张量，形状必须匹配，除了 axis 维度之外，其他所有的维度长度必须相等。

```
t1 = [[1， 2， 3]，[4， 5，6]]
t2 = [[7, 8, 9], [10, 11, 12]]
# 沿着维度 0 连接
tf.concat([t1, t2], 0)  # [[1, 2, 3], [4, 5, 6], [7, 8, 9], [10, 11, 12]]
# 沿着维度 1 连接
tf.concat([t1, t2], 1)  # [[1, 2, 3, 7, 8, 9], [4, 5, 6, 10, 11, 12]]

# 张量 t3 的形状 [2, 3]
# 张量 t4 的形状 [2, 3]
tf.shape(tf.concat([t3, t4], 0))  # [4, 3]
tf.shape(tf.concat([t3, t4], 1))  # [2, 6]
```

（4）tf.stack(values,axis=0,name='stack')：将阶为 ***R*** 的张量打包成阶 ***R***+1 的张量。将张量列表 values 中的张量，沿着维度 axis 打包。假如给定的张量列表中张量形状为 (A，B，C)，如果沿着 axis=0 打包，那么打包之后的张量形状为 (N，A，B，C)；如果沿着 axis=1 维度打包，那么打包之后的张量形状为 (A，N，B，C)。

```
x = tf.constant([1, 4])  # 形状（2）
```

```
y = tf.constant([2, 5]) # 形状（2）
z = tf.constant([3, 6]) # 形状（2）

# axis 默认等于 0
tf.stack([x, y, z]) # [[1, 4], [2, 5], [3, 6]] 沿着维度 0 打包，形状为 (3, 2)
tf.stack([x, y, z], axis=1) # [[1, 2, 3], [4, 5, 6]]， 形状为 (2, 3)
```

（5）tf.unstack(value,num=None,axis=0,name='unstack')：将张量 value 沿着维度 axis 拆分，拆分出 num 个张量。注意，如果 num 没有指定，那么数量将从 value.shape[axis] 中推断得出，如果 value.shape[axis] 是未知的，那么该函数抛出一个异常（Error）。

```
#!/usr/local/bin/python3
# -*- coding: UTF-8 -*-

import tensorflow as tf

value = [[1.1, 2.2, 3.3, 4.4], [5.5, 6.6, 7.7, 8.8]]

# 将张量 value 沿着 axis=0 拆包，拆成 value.shape[0] 个张量，维度 0 对应两个张量
# 等价于 tf.unpack(value, num=2, axis = 0)
tensor1, tensor2 = tf.unstack(value)

# 将张量 value 沿着 axis=1 拆包，拆成 value.shape[1] 个张量，维度 1 对应 4 个张量
# 等价于 tf.unpack(value, num=4, axis = 1)
tensor3, tensor4, tensor5, tensor6 = tf.unstack(value, axis = 1)
# tensor3, tensor4, tensor5, tensor6 = tf.unstack(value, num=4, axis = 1)

# 当指定 axis=1 时，num 必须等于 4，否则出错；以下代码会出现错误
# tensor3, tensor4, tensor5, tensor6 = tf.unstack(value, num=2, axis = 1)

with tf.Session() as sess:
    print (sess.run(tensor1))  # [1.1 2.2 3.3 4.4]
    print (sess.run(tensor2))  # [5.5 6.6 7.7 8.8]
    print (sess.run(tensor3))  # [1.1 5.5]
    print (sess.run(tensor4))  # [2.2 6.6]
    print (sess.run(tensor5))  # [3.3 7.7]
    print (sess.run(tensor6))  # [4.4 8.8]
```

（6）tf.gather(params,indices,validate_indices=None,name=None,axis=0)：根据索引从参数轴上

收集切片。索引必须是任何维度的整数张量（通常为 0－D 或 1－D）。生成输出张量，该张量的形状为 params.shape[:axis] + indices.shape + params.shape[axis + 1:]。

（7）tf.one_hot(indices, depth, on_value=None, off_value=None, axis=None, dtype=None, name=None)：返回一个 one_hot 张量。由索引指定的位置取 on_value，剩余其他位置取值 off_value，on_value 和 off_value 数据类型必须一致。如果指定了 dtype，那么 on_value 和 off_value 的数据类型必须与 dtype 一致。如果没有指定 on_value，那么，on_value 的默认值为 1，数据类型为 dtype；如果没有指定 off_value，那么 off_value 的默认值是 0，数据类型是 dtype。如果输入张量 indices 的阶是 N，输出的张量阶是 $N+1$，那么会在维度 axis 的位置创建新的维度（默认是追加在最后）。

```
# 如果 indices 是标量，输出的是一个长度为 depth 的向量

# 如果 indices 是一个长度为 features 的向量，那么输出的张量形状为
 features × depth，当 axis == -1 时
 depth × features，当 axis == 0 时

# 如果 indices 矩阵，形状为 [batch, features]，那么输出的张量形状为
 batch × features × depth ，当 axis == -1 时
 batch × depth × features ，当 axis == 1 时
 depth × batch × features ，当 axis == 0 时
```

4.4.5 坍缩运算

坍缩也称为规约，是一种常见的张量降维方法，通常这些函数都有一个维度作为参数，沿着该维度来执行指定的操作。如果 axis 为 None，那么将要坍缩的张量降维到一个标量，也就是说对该张量的所有元素执行指定的规约操作，最终输出一个标量。

为了能够直观地理解坍缩，请参考 4.3.1 小节中图 4-6 张量的阶示意图。实际上，沿着某个维度坍缩，就是张量的阶扩展的逆过程。例如，沿着维度 0 坍缩，就是对阶 0 扩展到阶 1 时所有复制的元素执行指定操作，输出一个元素，这个过程就是坍缩，完成了维度 axis 从向量到标量的计算过程。

常用的坍缩运算函数如下。

（1）tf.reduce_sum(input_tensor, axis=None, keepdims=None, name=None, reduction_indices=None, keep_dims=None)：沿着维度 axis 计算该维度所有元素的和，除非 keepdims 为 True，否则对输入张量 input_tensor 沿着维度 axis 进行降维。如果 keepdims 为 True，那么维度 axis 被保留，成为长度为 1 的维度。如果 axis 没有指定，那么降维到标量。

```
x = tf.constant([[1, 1, 1], [1, 1, 1]])
```

```
# 没有指定 axis，所以，沿着所有维度坍缩，最终坍缩到一个标量
tf.reduce_sum(x) # 6

# 沿着维度 0 坍缩，维度 0 坍缩之后，只剩下维度 1，维度 1 包含三个元素
tf.reduce_sum(x, 0) # [2, 2, 2]

# 沿着维度 1 坍缩，维度 1 坍缩之后，只剩下维度 0，维度 0 包含两个元素
tf.reduce_sum(x, 1) # [3, 3]

# 沿着维度 1 坍缩，并且要求保持维度 1，所以，维度 1 变成长度为 1 的维
tf.reduce_sum(x, 1, keepdims=True) # [[3], [3]]

# 沿着维度 [0, 1] 坍缩，实际上就是先沿着维度 0 坍缩，再沿着维度 1 坍缩，最终坍缩到标量
tf.reduce_sum(x, [0, 1]) # 6
```

（2）tf.reduce_max(input_tensor, axis=None, keepdims=None, name=None, reduction_indices=None, keep_dims=None)：沿着维度 axis 计算该维度所有元素的最大值，除非 keepdims 为 True，否则对输入张量 input_tensor 沿着维度 axis 进行降维。如果 keepdims 为 True，那么维度 axis 被保留，成为长度为 1 的维度。如果 axis 没有指定，那么降维到标量。

（3）tf.reduce_min(input_tensor, axis=None, keepdims=None, name=None, reduction_indices=None, keep_dims=None)：沿着维度 axis 计算该维度所有元素的最小值，除非 keepdims 为 True，否则对输入张量 input_tensor 沿着维度 axis 进行降维。如果 keepdims 为 True，那么维度 axis 被保留，成为长度为 1 的维度。如果 axis 没有指定，那么降维到标量。

（4）tf.reduce_prod(input_tensor, axis=None, keepdims=None, name=None, reduction_indices=None, keep_dims=None)：沿着维度 axis 计算该维度所有元素的乘积，除非 keepdims 为 True，否则对输入张量 input_tensor 沿着维度 axis 进行降维。如果 keepdims 为 True，那么维度 axis 被保留，成为长度为 1 的维度。如果 axis 没有指定，那么降维到标量。

（5）tf.reduce_mean(input_tensor, axis=None, keepdims=None, name=None, reduction_indices=None, keep_dims=None)：沿着维度 axis 计算该维度所有元素的平均值，除非 keepdims 为 True，否则对输入张量 input_tensor 沿着维度 axis 进行降维。如果 keepdims 为 True，那么维度 axis 被保留，成为长度为 1 的维度。如果 axis 没有指定，那么降维到标量。

```
x = tf.constant([[1., 1.], [2., 2.]])

# 没有指定 axis，所以，对所有的元素执行 mean 操作，最终返回一个标量
tf.reduce_mean(x) # 1.5

# 沿着维度 0 计算平均值
```

```
tf.reduce_mean(x, 0) # [1.5, 1.5]

# 沿着维度 1 计算平均值
tf.reduce_mean(x, 1) # [1., 2.]
```

（6）tf.reduce_all(input_tensor, axis=None, keepdims=None, name=None, reduction_indices=None, keep_dims=None)：沿着维度 axis 计算该维度所有元素的“逻辑与”，除非 keepdims 为 True，否则对输入张量 input_tensor 沿着维度 axis 进行降维。如果 keepdims 为 True，那么维度 axis 被保留，成为长度为 1 的维度。如果 axis 没有指定，那么降维到标量。

```
x = tf.constant([[True,  True], [False, False]])

# 没有指定 axis，所以，对所有的元素执行逻辑与，只要有一个元素是 False，最终就是 False
tf.reduce_all(x)  # False

# 沿着维度 0 计算逻辑与，返回 [ Ture && False, True && False]
tf.reduce_all(x, 0)  # [False, False]

# 沿着维度 1 计算逻辑与，返回 [ Ture && Ture, False && False]
tf.reduce_all(x, 1)  # [True, False]
```

（7）tf.reduce_any(input_tensor, axis=None, keepdims=None, name=None, reduction_indices=None, keep_dims=None)：沿着维度 axis 计算该维度所有元素的“逻辑或”，除非 keepdims 为 True，否则对输入张量 input_tensor 沿着维度 axis 进行降维。如果 keepdims 为 True，那么维度 axis 被保留，成为长度为 1 的维度。如果 axis 没有指定，那么降维到标量。

```
x = tf.constant([[True,  True], [False, False]])

# 没有指定 axis，所以，对所有的元素执行逻辑或，只要有一个元素是 True，最终就是 True
tf.reduce_any(x)  # True

# 沿着维度 0 计算逻辑或，返回 [ Ture || False, True || False]
tf.reduce_any(x, 0)  # [True, True]

# 沿着维度 1 计算逻辑或，返回 [ Ture || Ture, False || False]
tf.reduce_any(x, 1)  # [True, False]
```

（8）tf.reduce_join(inputs, axis=None, keep_dims=False, separator='', name=None, reduction_indices=None)：沿着给定的维度 axis，对字符串进行连接操作。返回由输入字符串与连接符连接成的新字符串组成的张量，连接符默认为空字符串。如果维度 axis 为负数，代表从最大维度向后缩减。

例如，axis= − 1 代表 axis=n − 1，其中 n 是输入张量的最大维度。

```
a = tf.constant([["a", "b"], ["c", "d"]])

# 沿着维度 0 将字符串连接起来
tf.reduce_join(a, 0) ==> ["ac", "bd"]

# 沿着维度 1 将字符串连接起来
tf.reduce_join(a, 1) ==> ["ab", "cd"]

# 沿着维度 -2 将字符串连接起来，axis= -2 与 axis=n -2 等效，张量 a 的维度是 2，所以 n -2=0
tf.reduce_join(a, -2) = tf.reduce_join(a, 0) ==> ["ac", "bd"]

# 沿着维度 -1 将字符串连接起来，同样道理，n -1=0
tf.reduce_join(a, -1) = tf.reduce_join(a, 1) ==> ["ab", "cd"]

# 保留维度 0、维度 1，该维度变成长度为 1 的维度
tf.reduce_join(a, 0, keep_dims=True) ==> [["ac", "bd"]]
tf.reduce_join(a, 1, keep_dims=True) ==> [["ab"], ["cd"]]

# 指定了连接符
tf.reduce_join(a, 0, separator=".") ==> ["a.c", "b.d"]

# 沿着维度 [0, 1] 连接，实际上就是先沿着维度 0 连接，再沿着维度 1 连接
tf.reduce_join(a, [0, 1]) ==> "acbd"
tf.reduce_join(a, [1, 0]) ==> "abcd"

tf.reduce_join(a, []) ==> [["a", "b"], ["c", "d"]]
tf.reduce_join(a) = tf.reduce_join(a, [1, 0]) ==> "abcd"
```

（9）tf.reduce_logsumexp(input_tensor, axis=None, keepdims=None, name=None, reduction_indices=None, keep_dims=None)：沿着维度 axis 计算该维度所有元素的 log(sum(exp(x)))，除非 keepdims 为 True，否则对输入张量 input_tensor 沿着维度 axis 进行降维。如果 keepdims 为 True，那么维度 axis 被保留，成为长度为 1 的维度。如果 axis 没有指定，那么降维到标量。该函数与函数 log(sum(exp(input))) 相比来说更可靠，它可以避免由于输入过大导致的向上溢出，以及由于输入过小导致的向下溢出。

```
x = tf.constant([[0., 0., 0.], [0., 0., 0.]])
```

```
# 没有指定 axis，所以，所有元素执行 log(sum(exp(x)))，返回 log6
tf.reduce_logsumexp(x) # log(6)

# 沿着维度 0 操作
tf.reduce_logsumexp(x, 0) # [log(2), log(2), log(2)]

# 沿着维度 1 操作
tf.reduce_logsumexp(x, 1) # [log(3), log(3)]

# 保留维度 1，维度 1 变成长度为 1 维度
tf.reduce_logsumexp(x, 1, keepdims=True) # [[log(3)], [log(3)]]

# 沿着维度 [0, 1] 操作，实际上就是先沿着维度 0 操作、再沿着维度 1 操作
tf.reduce_logsumexp(x, [0, 1]) # log(6)
```

（10）tf.count_nonzero(input_tensor, axis=None, keepdims=None, dtype=tf.int64,name=None, reduction_indices=None, keep_dims=None)：统计非 0 元素的个数。除非 keepdims 为 True，否则对输入张量 input_tensor 沿着维度 axis 进行降维。如果 keepdims 为 true，那么维度 axis 被保留，成为长度为 1 的维度。如果 axis 没有指定，那么降维到标量。

```
x = tf.constant([[0, 1, 0], [1, 1, 0]])

# axis 没有指定，所有元素被统计是否非 0，降维到标量
tf.count_nonzero(x) # 3

# 沿着维度 0 统计非 0 值，降维到向量
tf.count_nonzero(x, 0) # [1, 2, 0]
tf.count_nonzero(x, 1) # [1, 2]

# keepdims 为 Ture，沿着维度 1 降维
tf.count_nonzero(x, 1, keepdims=True) # [[1], [2]]

# 先沿着维度 0，再沿着维度 1 降维（最终降维到标量）
tf.count_nonzero(x, [0, 1]) # 3
```

（11）tf.accumulate_n(inputs, shape=None, tensor_dtype=None, name=None)：返回张量列表的元素和。参数 shape 和 dtype 是可选的，用来指定张量的形状和数据类型，如果没有指定这两个参数，那么通过张量形状和数据类型来推断。此函数与 tf.add_n 类似，两者的区别在于 tf.accumulate_n

无须等到所有的输入张量都准备好才开始计算，在输入张量不是同时准备好的情况下就可以开始计算，能节省内存。

```
a = tf.constant([[1, 2], [3, 4]])
b = tf.constant([[5, 0], [0, 6]])

# 没有指定形状和数据类型，从输入的张量中推断
tf.accumulate_n([a, b, a]) # [[7, 4], [6, 14]]

# 指定了形状和数据类型
tf.accumulate_n([a, b, a], shape=[2, 2], tensor_dtype=tf.int32) # [[7, 4], [6, 14]]
```

（12）tf.einsum(equation, *inputs, **kwargs)：任意维度张量之间的坍缩（收缩）操作。该函数返回一个张量，其元素由等式定义，该等式以速记形式（受爱因斯坦求和惯例启发）编写。例如，考虑将两个矩阵 ***A*** 和 ***B*** 相乘以形成矩阵 ***C***。***C*** 的元素由下式给出：

```
C[i,k] = sum_j A[i,j] * B[j,k]
```

对应的等价的等式是：

```
ij,jk->ik
```

一般来说，该等式是从更熟悉的元素计算等式中获得的。通过如下方法操作：

（1）删除变量名，括号和逗号；

（2）用“，”代替“*”；

（3）删除求和标志；

（4）将输出移动到右侧，并将“=”替换为“->”。

可以用这种方式表达许多常见操作。例如：

```
# 矩阵乘法
>>> einsum('ij,jk->ik', m0, m1) # output[i,k] = sum_j m0[i,j] * m1[j, k]

# 点积
>>> einsum('i,i->', u, v) # output = sum_i u[i]*v[i]

# 外积
>>> einsum('i,j->ij', u, v) # output[i,j] = u[i]*v[j]

# 矩阵转置
>>> einsum('ij->ji', m) # output[j,i] = m[i,j]

# 批量矩阵乘法
```

```
>>> einsum('aij,ajk->aik', s, t) # out[a,i,k] = sum_j s[a,i,j] * t[a, j, k]
```

4.4.6 矩阵操作

矩阵操作是指对张量进行转置、反转、对角线、相乘等操作。常用的矩阵操作函数如下。

（1）tf.diag(diagonal, name=None)：返回具有给定对角线值的对角线张量，其他非对角线元素用 0 填充。假设对角数值的形状是 $[D_1, \cdots, D_k]$，那么输出阶为 $2k$ 的张量，形状是为 $[D_1, \cdots, D_k, D_1, \cdots, D_k]$。此函数是 tf.linalg.tensor_diag 的别名。

```
#!/usr/local/bin/python3
# -*- coding: UTF-8 -*-

import tensorflow as tf

# 输入对角线数值
my_diagonal = tf.constant([1, 2, 3, 4], name="diagonal")
my_matrix = tf.diag(my_diagonal, name="my_matrix")

with tf.Session() as sess:
  # 输出对角线矩阵
  print (sess.run(my_matrix)) #[[1, 0, 0, 0]
                              # [0, 2, 0, 0]
                              # [0, 0, 3, 0]
                              # [0, 0, 0, 4]]
```

（2）tf.diag_part(input, name=None)：返回一个张量，是输入张量 input 的对角元素。输入张量 input 的阶必须是偶数，并且不能为 0。此函数是 tf.linalg.tensor_diag_part 的别名。

```
#!/usr/local/bin/python3
# -*- coding: UTF-8 -*-

import tensorflow as tf

# 输入的对角线张量
my_matrix = tf.constant([[1, 0, 0, 0] , [0, 2, 0, 0] , [0, 0, 3, 0], [0, 0, 0, 4]], name="my_matrix")
my_diagonal = tf.diag_part(my_matrix, name="my_diagonal")

with tf.Session() as sess:
  # 输出对角线
```

```
print (sess.run(my_diagonal)) # [1, 2, 3, 4]
```

（3）tf.trace(x, name=None): 返回张量 ***x*** 最内层矩阵的主对角线所有元素之和。如果张量 ***x*** 的阶为 k，形状 (shape)=[D_0，D_1，…，D_k]，那么，返回的张量阶为 $k-2$，形状为 [D_0，D_1，…，$D_{(k-2)}$]。正是由于这个原因，张量 ***x*** 的阶必须大于等于 2。此函数是 tf.linalg.trace 的别名。

```
x = tf.constant([[1, 2], [3, 4]])
tf.trace(x) # 5, 就是对角线元素 1 与 4 之和

x = tf.constant([[1, 2, 3],
                 [4, 5, 6],
                 [7, 8, 9]])
tf.trace(x) # 15, 就是对角线元素 1，5，9 之和

x = tf.constant([[[1, 2, 3],
                  [4, 5, 6],
                  [7, 8, 9]],
                 [[ - 1, - 2, - 3],
                  [ - 4, - 5, - 6],
                  [ - 7, - 8, - 9]]])
tf.trace(x) # [15, -15]， 15 是对角线元素 1，5，9 之和； - 15 是对角线元素 - 1， - 5， - 9 之和
```

（4）tf.transpose(a, perm=None, name='transpose', conjugate=False): 转置张量 ***a***，根据参数 perm 来放置新的维度。张量 ***a*** 的原始维度 i，放置到维度 perm[i] 上。如果单数 perm 没有指定，那么原始矩阵的维度被转置到 ($n-1$，…，1，0) 上，其中，n 是张量 ***a*** 的阶。在二维矩阵上，此函数功能就是普通转置。如果共轭为 True，那么对张量 ***a*** 进行共轭和转置。

```
# 普通的矩阵转置
x = tf.constant([[1, 2, 3], [4, 5, 6]])
tf.transpose(x) # [[1, 4]
                # [2, 5]
                # [3, 6]]

# 等价的，上面的转置类似
tf.transpose(x, perm=[1, 0]) # [[1, 4]
                             # [2, 5]
                             # [3, 6]]

# 如果张量 a 是由复数组成的，共轭参数设置为 True，那么，返回共轭转置矩阵
```

```
x = tf.constant([[1 + 1j, 2 + 2j, 3 + 3j],
            [4 + 4j, 5 + 5j, 6 + 6j]])
tf.transpose(x, conjugate=True) # [[1 - 1j, 4 - 4j],
                    # [2 - 2j, 5 - 5j],
                    # [3 - 3j, 6 - 6j]]

# 对于阶大于 2 的张量来说，perm 参数非常有用
x = tf.constant([[[ 1, 2, 3],
           [ 4, 5, 6]],
          [[ 7, 8, 9],
           [10, 11, 12]]])

# 输入张量的形状是 [2, 2, 3]
# 按照 [0, 2, 1] 转置，转置之后的形状为 [2, 3, 2]
tf.transpose(x, perm=[0, 2, 1]) # [[[1, 4],
                    # [2, 5],
                    # [3, 6]],
                   # [[7, 10],
                    # [8, 11],
                    # [9, 12]]]
```

（5）tf.eye(num_rows, num_columns=None, batch_shape=None, dtype=tf.float32, name=None)：构造一个单位矩阵，或者一批单位矩阵。

```
#!/usr/local/bin/python3
# -*- coding: UTF-8 -*-

import tensorflow as tf

# 构造一个单位矩阵
identity_2 = tf.eye(2)

# 构造 3 个单位矩阵，每个矩阵都是 2 × 2
batch_identity = tf.eye(2, batch_shape=[3])

# 构造一个 2 × 3 的单位矩阵
identity_23 = tf.eye(2, num_columns=3)
```

```
with tf.Session() as sess:
    print (sess.run(identity_2)) # [[1. 0.] [0. 1.]]
    print (sess.run(batch_identity)) # [[1. 0.] [0. 1.]], [[1. 0.] [0. 1.]], [[1. 0.] [0. 1.]]
    print (sess.run(identity_23)) # [[1. 0. 0.] [0. 1. 0.]]
```

（6）tf.matrix_diag (diagonal, name=None)：给定对角线，此操作返回带对角线的张量，其他所有内容用 0 填充。如果输入的对角线张量的阶是 k，形状是 $[I, J, K, \cdots, N]$，那么输出的张量阶是 $k+1$，形状为 $[I, J, K, \cdots, N, N]$。输入张量 diagonal 的阶必须大于等于 1。此函数是 tf.linalg.diag 的别名。

```
# diagonal 形状是 [2,4]
diagonal = [[1, 2, 3, 4], [5, 6, 7, 8]]

# 输出张量形状是 [2, 4, 4]
tf.matrix_diag(diagonal) ==> [[[1, 0, 0, 0]
                                [0, 2, 0, 0]
                                [0, 0, 3, 0]
                                [0, 0, 0, 4]],
                               [[5, 0, 0, 0]
                                [0, 6, 0, 0]
                                [0, 0, 7, 0]
                                [0, 0, 0, 8]]]
```

（7）tf.matrix_diag_part (input, name=None)：返回输入张量的对角线张量。输入张量 input 至少是一个矩阵，也就是说输入张量 input 的阶至少是 2。如果输入张量 input 的阶是 k，形状是 $[I, J, K, \cdots, M, N]$，那么输出张量的阶是 $k-1$，形状是 $[I, J, K, \cdots, \min(M, N)]$。此函数是 tf.linalg.diag_part 的别名。

```
# 输入张量 input 的形状是 [2, 4, 4]
# 'input' is [[[1, 0, 0, 0]
          [0, 2, 0, 0]
          [0, 0, 3, 0]
          [0, 0, 0, 4]],
         [[5, 0, 0, 0]
          [0, 6, 0, 0]
          [0, 0, 7, 0]
          [0, 0, 0, 8]]]
```

```
# 输出张量的形状是 [2, 4]
tf.matrix_diag_part(input) ==> [[1, 2, 3, 4], [5, 6, 7, 8]]
```

（8）tf.matrix_band_part(input, num_lower, num_upper, name=None)：复制输入张量 input，并将最内层矩阵中心带之外的元素设置为 0，此函数通常用来构建三角矩阵。假如输入张量 input 有 k 个维度 [I，J，K，…，M，N]，判断最内层矩阵元素是否是中心带元素的公式为 in_band(m, n) = (num_lower < 0 || (m−n) <= num_lower)) && (num_upper < 0 || (n −m) <= num_upper)，其中，m 和 n 是该元素在矩阵中的位置。此函数是 tf.linalg.band_part 的别名。

```
# 几种特殊情况：
    tf.matrix_band_part(input, 0, -1) ==> 上三角阵
    tf.matrix_band_part(input, -1, 0) ==> 下三角阵
    tf.matrix_band_part(input, 0, 0) ==> 对角阵
input = [[ 4,  1,  2, 3],
    [-1,  4,  1, 2],
    [-2, -1,  4, 1],
    [-3, -2, -1, 4]    ]

# 返回中心带矩阵，左下角保留一条对角线，右上角全部保留
band1 = tf.matrix_band_part(input, 1, -1) #  [[ 4  1  2  3]
                          # [-1  4  1  2]
                          # [ 0 -1  4  1]
                          # [ 0  0 -1  4]]

# 返回中心带矩阵，左下角保留两条对角线，右上角保留一条对角线
band2 = tf.matrix_band_part(input, 2, 1) # [[ 4  1  0  0]
                          #  [-1  4  1  0]
                          #  [-2 -1  4  1]
                          #  [ 0 -2 -1  4]]

# 返回中心带矩阵，只保留主对角线，左下角右上角都不保留对角线
band3 = tf.matrix_band_part(input, 0, 0) # [[4 0 0 0]
                          #  [0 4 0 0]
                          #  [0 0 4 0]
                          #  [0 0 0 4]]
```

（9）tf.matrix_set_diag (input, diagonal, name=None): 返回与输入张量 input 形状和值完全相同的张量，除了最里面矩阵的主对角线，其他主对角线的元素被参数 diagonal 的数值覆盖。假设输入

张量 input 具有 $k+1$ 维，形状是 $[I, J, K, \cdots, M, N]$，对角线具有 k 维，形状是 $[I, J, K, \cdots, \min(M, N)]$，那么，输出张量是阶为 $k+1$ 维的张量，形状是 $[I, J, K, \cdots, M, N]$。此函数是 tf.linalg.set_diag 的别名。

（10）tf.matrix_transpose(a, name='matrix_transpose', conjugate=False)：对张量 ***a*** 的最后两个维度进行转置，假如张量 ***a*** 的形状是 [1，2，3，4]，转置之后形状是 [1，2，4，3]。此函数是 tf.linalg.transpose 的别名。

```
# 矩阵转置
x = tf.constant([[1, 2, 3], [4, 5, 6]])
t1 = tf.matrix_transpose(x)  # [[1, 4],
                 #  [2, 5],
                 #  [3, 6]]

# 转置，并且共轭
x2 = tf.constant([[1 + 1j, 2 + 2j, 3 + 3j],
          [4 + 4j, 5 + 5j, 6 + 6j]])
t2 = tf.matrix_transpose(x2, conjugate=True)  # [[1 - 1j, 4 - 4j],
                          #  [2 - 2j, 5 - 5j],
                          #  [3 - 3j, 6 - 6j]]

# 同样是对矩阵 b 进行转置，这个方法效率更高
tf.matmul(matrix, b, transpose_b=True)

# 效率不高
tf.matmul(matrix, tf.matrix_transpose(b))
```

（11）tf.matmul(a, b, transpose_a=False, transpose_b=False, adjoint_a=False, adjoint_b=False, a_is_sparse=False, b_is_sparse=False, name=None)：返回矩阵 ***a*** 与矩阵 ***b*** 的乘积。输入张量 ***a***、***b*** 必须满足（或转置后必须满足）阶≥ 2，并且最内层的 2 维必须满足矩阵乘法要求（矩阵 ***a*** 的列数等于矩阵 ***b*** 的行数）、其他外围维度必须全部匹配。张量 ***a***、***b*** 的数据类型也必须保持一致，支持的数据类型有 float16，float32，float64，int32，complex64，complex128。在相乘之前，矩阵可以被转置或共轭，可通过 transpose_a、transpose_b 或 adjoint_b/adjoint_b 来设置。如果张量 ***a*** 或 ***b*** 最内层的矩阵包含大量的 0，则可以通过设置稀疏矩阵（a_is_sparse/b_is_sparse）来提高计算性能。

```
# 3 维张量 a
# [[[ 1, 2, 3],
#  [ 4, 5, 6]],
# [[ 7, 8, 9],
```

```
# [10, 11, 12]]]
a = tf.constant(np.arange(1, 13, dtype=np.int32),
          shape=[2, 2, 3])

# 3 维张量 b
# [[[13, 14],
#  [15, 16],
#  [17, 18]],
# [[19, 20],
#  [21, 22],
#  [23, 24]]]
b = tf.constant(np.arange(13, 25, dtype=np.int32),
          shape=[2, 3, 2])

# 张量 a*b，最内层的 2 维，分别是 2×3 和 3×2，符合矩阵乘法要求
# 除了最内层的 2 维，剩余 1 维度，完全匹配
# [[[ 94, 100],
#  [229, 244]],
# [[508, 532],
#  [697, 730]]]
c = tf.matmul(a, b)
```

（12）tf.norm(tensor, ord='euclidean', axis=None, keepdims=None, name=None, keep_dims=None)：返回向量、矩阵、张量的范数。默认情况下计算欧几里得范数（由参数 ord 决定）。张量由 axis 参数指定如何计算范数。如果 axis=None，那么将输入看作一个向量，并对张量的所有看作向量的元素计算范数；如果 axis 是个整数，那么将输入看作一批向量，由参数 axis 决定在哪个维度上把张量看作向量；如果 axis 是个 2 元组，那么将输入看成一批矩阵，由参数 axis 决定在哪些维度上把张量看作矩阵，计算范数。此函数是 tf.linalg.norm 的别名。

（13）tf.matrix_determinant(input, name=None)：计算一个或多个方形矩阵的行列式，张量 input 的最内层两个维度必须是一个方形矩阵，也就是说张量 input 的形状必须满足 [⋯，M，M]。此函数是 tf.linalg.det 的别名。

（14）tf.matrix_inverse(input, adjoint=False, name=None)：计算一个或多个方形可逆矩阵的逆矩阵或它们的共轭转置矩阵。此函数采用部分旋转的 LU 分解法来求解可逆矩阵。输入张量 input 的最内层两个维度必须是一个方形矩阵，也就是说张量 input 的形状必须满足 [⋯，M，M]。此函数是 tf.linalg.inv 的别名。

（15）tf.cholesky(input, name=None)：计算一个或多个方形矩阵的 cholesky 分解，cholesky 分

解将一个方形矩阵分解成一个下三角矩阵和它的共轭转置矩阵的乘积。张量 input 的最内层两个维度必须是一个方形矩阵，也就是说张量 input 的形状必须满足 [⋯， *M*， *M*]。输入矩阵只有下三角部分被读取，上三角部分不会被读取。此函数是 tf.linalg. cholesky 的别名。

（16）tf.cholesky_solve(chol, rhs, name=None)：在给定 Cholesky 因子的情况下，求解线性方程组 ***AX*** = RHS。其中，***A*** 是一个张量，数据类型必须是 float32 或 float64，形状必须是 [⋯， *M*，*M*]。Cholesky 因子 ***A*** 满足 chol = tf.cholesky(*A*)，正因为如此，只有 chol 最内层两个维度的下三角部分被访问，上三角部分假设全是 0，并且不会被访问。此函数是 tf.linalg.cholesky_solve 的别名。

（17）tf.matrix_solve (matrix, rhs, adjoint=False, name=None)：求解线性方程组。参数 matrix 是一个形状为 [⋯， *M*，*M*] 的张量，其最内层的 2 维是方形矩阵。 参数 rhs 是一个形状为 [..., *M*， K] 的张量。 输出张量 output 的形状是 [⋯， *M*，*K*]。当参数 adjoint 为 False 时，则输出张量 output 满足 matrix[⋯，：，]] *output[⋯，：，]] = rhs [.⋯，：，]。如果 adjoint 为 True，则输出张量满足 adjoint（matrix [⋯，：，：]] * output [⋯，：，]] = rhs [⋯，：，：]。此函数是 tf.linalg.solve 的别名。

（18）tf.matrix_triangular_solve (matrix, rhs, lower=True, adjoint=False, name=None): 求解线性方程组，与 matrix_solve 不同的是此函数中参数 adjoint 正好相反。当参数 adjoint 为 True 时，则结果矩阵满足 matrix[⋯，：，]] *output[⋯，：，]] = rhs ⋯，：，]；当 adjoint 为 False 时，输出张量 output 满足 adjoint（matrix [⋯，：，：]] * output [⋯，：，]] = rhs [⋯，：，：]。此函数是 tf.linalg. triangular_solve 的别名。

（19）tf.matrix_solve_ls(matrix, rhs, l2_regularizer=0.0, fast=True, name=None)：求解一个或多个线性最小二乘问题。参数 matrix 是一个形状为 [⋯, *M*, *N*] 的张量，其最内层的 2 维形成 $M \times N$ 矩阵。参数 rhs 是一个形状为 [⋯, *M*, *K*] 的张量，其最内层的 2 维形成 $M \times K$ 矩阵。输出张量 ouput 是形状为 [⋯, *N*, *K*] 的张量，其最内层的 2 维形成 $M \times K$ 矩阵，求方程 matrix[⋯，：，：] *output[⋯ ，：，：] = rhs [⋯，：，：] 在最小二乘时的解。此函数是 tf.linalg.lstsq 的别名。

（20）tf.qr (input, full_matrices=False, name=None): 将一个或多个矩阵分解成正交矩阵 ***Q*** 与实非奇异上三角矩阵 ***R*** 的乘积。计算张量 input 中最内层 2 维构成的所有矩阵 matrix 的 ***QR*** 分解，使 matrix[⋯，：，：] = q [⋯，：，] * r [⋯，：，：]）。此函数是 tf.linalg.qr 的别名。

```
# a 是输入张量。
# q 是正交矩阵的张量。
# r 是实非奇异上三角矩阵的张量
q，r = qr（a）
q_full，r_full = qr（a，full_matrices = True）
```

（21）tf.self_adjoint_eig (tensor, name=None)：将一个或多个自共轭矩阵分解成它的特征值和特征向量的乘积。张量 tensor 的形状必须是 [⋯，*N*，*N*]，并且最内层 2 维构成的 $N \times N$ 矩阵只有下三角部分才会被引用。此函数是 tf.linalg.eigh 的别名。

（22）tf.self_adjoint_eigvals(tensor, name=None)：计算一个或多个自共轭矩阵的特征值。注意，如果程序通过此函数反向传播，则应该调用 tf.self_adjoint_eig 来替换它，以此避免计算两次特征分解。此函数是 tf.linalg.eigvalsh 的别名。

（23）tf.svd(tensor, full_matrices=False, compute_uv=True, name=None)：计算一个或多个矩阵的奇异值分解。计算张量 tensor 的最内层 2 维矩阵的奇异值，使得张量 tensor[⋯，:，:] = ***u***[⋯，:，:] × diag(***s***[⋯，:，:]) × transpose(conj(***v***[⋯，:，:]))。此函数是 tf.linalg.svd 的别名。

```
# a 是输入张量。
# s 是一个奇异值的张量，就是我们需要的结果
# u 是左奇异向量的张量。
# v 是右奇异向量的张量。
# a = u × s × v
s，u，v = svd（a）
s = svd（a，compute_uv = False）
```

4.4.7 序列比较和索引

TensorFlow 提供了以下几个序列比较和索引的操作，可以使用这些操作来确定序列差异并确定张量中特定值的索引。

（1）tf.argmin(input,axis=None,name=None,dimension=None,output_type=tf.int64): 返回张量 input 指定维度 axis 上的最小值的索引。

（2）tf.argmax(input,axis=None,name=None,dimension=None,output_type=tf.int64): 返回张量 input 指定维度 axis 上的最大值的索引。

（3）tf.setdiff1d(x,y,index_dtype=tf.int32,name=None)：计算两个数字或字符串列表之间的差异。给定列表 ***x*** 和列表 ***y***，此操作返回两个列表，第一个列表保存在 ***x*** 中但不在 ***y*** 中的所有元素，元素的顺序与该元素在 ***x*** 中的顺序相同（保留重复项）。此操作返回的第二个列表 idx 表示第一个列表中的元素在原列表 ***x*** 中的索引。

```
#!/usr/local/bin/python3
# -*- coding: UTF-8 -*-

import tensorflow as tf

x = [1, 2, 3, 4, 5, 6]
y = [1, 3, 5]

# 比较列表 x、y 中不同的元素
output, idx = tf.setdiff1d(x, y, name="setdiff1d")
with tf.Session() as sess:
    print (sess.run(output))        # [2 4 6]
```

```
    print (sess.run(idx))          # [1 3 5]
```

（4）tf.where(condition,x=None,y=None,name=None)：根据条件 condition，从张量 ***x*** 或张量 ***y*** 返回指定的元素。

如果 ***x*** 和 ***y*** 都为 None，则此操作返回条件为 True 的元素的坐标。坐标以 2-D 张量返回，其中第一维（行）表示条件为真的元素数量，第二维（列）表示条件为真的元素坐标。请记住，输出张量的形状可以根据输入中真值的数量而变化。输出元素是按照行优先的方式排序的。

如果 ***x*** 和 ***y*** 都非 None，则 ***x*** 和 ***y*** 必须具有相同的形状。如果 ***x*** 和 ***y*** 是标量，则条件张量 condition 必须是标量。如果 ***x*** 和 ***y*** 是更高等级的向量，则条件必须是与 ***x*** 的第一维大小匹配的向量，或者具有与 ***x*** 相同的形状。

如果 condition 是向量，而 ***x*** 和 ***y*** 是更高级别的矩阵，那么它选择从 ***x*** 和 ***y*** 复制的行数（外部维度）。如果 condition 具有与 ***x*** 和 ***y*** 相同的形状，那么它选择从 ***x*** 和 ***y*** 复制的元素。

（5）tf.unique(x,out_idx=tf.int32,name=None)：在 1 维度张量 ***x*** 中找到唯一的不重复的元素。

此操作返回一个输出张量 ***y***，其中包含 ***x*** 的所有唯一元素，这些元素按照它们在 ***x*** 中出现的顺序排序。同时还返回与 ***x*** 相同大小的张量 idx，包含了输出张量 ***y*** 中元素在输入张量 ***x*** 中的索引。

```
#!/usr/local/bin/python3
# -*- coding: UTF-8 -*-

import tensorflow as tf

x = [1, 1, 2, 4, 4, 4, 7, 8, 8]
y, idx = tf.unique(x)

with tf.Session() as sess:
    print (sess.run(y))       # [1 2 4 7 8]
    print (sess.run(idx))     # [0 0 1 2 2 2 3 4 4]
```

（6）tf.edit_distance(hypothesis,truth,normalize=True,name='edit_distance')：计算两个字符串之间的编辑距离（Levenshtein 距离）。该操作参数都是采用可变长度序列（hypothesis 是当前值，truth 是目标值），每个序列都是以 SparseTensor 的形式提供，并计算 Levenshtein 距离。如果参数 normalize 设置为 Ture，就可以将编辑距离的标准长度设置为 truth 的长度。

（7）tf.invert_permutation(x,name=None): 计算张量的逆置换，换句话说，将每个值与其索引位置交换，对于输出张量 ***y*** 和输入张量 ***x***，此操作按照 ***y***[***x***[i]] = i for i in [0，1，…，len(x)−1] 的方式转换。此函数是 tf.math.invert_permutation 的别名。

要求向量 ***x*** 中的元素必须包含 0，并且不能有重复值或负数。

```
#!/usr/local/bin/python3
# -*- coding: UTF-8 -*-
```

```
import tensorflow as tf

# 要求 x 中的元素必须包含 0，并且不能有重复值或者负数
x = [3, 4, 0, 2, 1]
y = tf.invert_permutation(x)

with tf.Session() as sess:
    # 输出值的含义，值 0 在输入向量 x 中的索引是 2，值 1 在向量 x 中的索引是 4
    # 以此类推，值 2 在向量 x 中的索引是 3，值 3 在 x 中的索引是 0，值 4 在 x 中的索引是 1
    print (sess.run(y))  # [2 4 3 0 1]
```

4.5 使用 Estimator 开发

Estimator 是 TensorFlow 高级开发接口，使用 Estimator 可以极大地简化机器学习编程的过程。Estimator 封装了机器学习的以下步骤。

（1）训练：Estimator 将训练过程封装起来，我们无须关心训练过程，只需要按照 Estimator 的格式，将训练数据“喂”给 Estimator 即可。

（2）评估：针对某些业务场景，我们可以一次训练多个模型，然后使用验证数据对它们进行评估，选择效果最好的模型作为最后的输出。

（3）预测：在生产环境中，使用训练好的模型对数据进行预测。

（4）导出以供使用：将训练好的数据保存起来，供将来使用。

4.5.1 使用内置 Estimator 的好处

使用 Estimator 开发的好处如下。

（1）无须任何更改，就可以在本地服务器或分布式环境中运行 Estimator，此外，还可以在 CPU、GPU 或 TPU 上运行 Estimator。

（2）Estimator 能够在模型开发者之间方便地分享。

（3）使用 Estimator 可以方便、高效地开发高级的模型，采用 Estimator 通常比采用低阶 TensorFlow API 开发模型更简单。

（4）Estimator 本身在 tf.layers 之上构建而成，更方便地针对特定的业务场景定制模型。

（5）Estimator 会为你构建计算图，也就是说无须自己构建计算图。

（6）Estimator 提供了安全的分布式循环的循环机制，让我们可以方便地控制如何、何时进行以下工作：构建计算图、初始化变量、开始排队、处理异常、创建检查点文件或从故障中恢复、保存 TensorBoard 的摘要。

当我们采用 Estimator 的方式编写应用时，Estimator 会强制我们将样本数据输入从模型构建中分离出来，这使我们能够方便地在不同的样本数据上训练我们的模型。

4.5.2 常用内置的 Estimator 算法介绍

内置的 Estimator 模型能够让我们在更高层的概念上运用 TensorFlow API。由于 Estimator 会自动创建、管理计算图和会话，所以我们无须担心计算图构建的细节及会话的细节。更大的好处是，借助 Estimator，只需要少量地改动代码，我们就可以检验不同的模型架构对业务问题的影响。

TensorFlow 中内置了常用的 Estimator 算法，大致可以分成两个类别。第一类是分类预测，就是预测数据属于哪一个。手写数字识别是定性的分类预测，核心是预测手写数字属于 0~9 中的哪一个。常见的分类预测场景如市场营销中预测客户会不会购买（将会买、将不会买两个类别）；第二类是回归算法，用来对特定的业务目标进行打分。比如评估用户 A 对产品 1、产品 2……产品 *n* 的偏好程度（分值）。

第一类的分类预测 Estimator 主要有 tf.estimator.LinearClassifier（线性分类）、tf.estimator.BoostedTreesClassifier（Boosted Trees 算法）、tf.estimator.DNNClassifier（深层神经网络算法）、tf.estimator.DNNLinearCombinedClassifier（结合了线性分类算法与深层神经网络算法）、tf.contrib.estimator.RNNClassifier（循环神经网络算法）。

第二类的回归预测 Estimator 主要有 tf.estimator.LinearRegressor（线性回归算法）、tf.estimator.BoostedTreesRegressor（Boosted Trees 回归算法）、tf.estimator.DNNRegressor（深层神经网络算法）、tf.estimator.DNNLinearCombinedRegressor（结合了线性回归与深层神经网络算法的回归模型）。

4.5.3 常用分类算法介绍

分类算法常用于分类预测，主要针对目标变量是离散值的场景。典型的应用场景有在市场营销场景中对客户进行的分类，如商务人士、在校学生、普通用户，等等。也常用于将用户分成两个类别的二分场景，比如在判断用户会不会购买特定的产品或服务的场景中，将客户分成“会买、不会买”两个类别。

1. 线性分类

tf.estimator.LinearClassifier 是线性分类器模型，用来预测实例属于多个类别中的哪一个。

LinearClassifier 的构造函数如下：

```
__init__(
  feature_columns,
  model_dir=None,
  n_classes=2,
  weight_column=None,
  label_vocabulary=None,
```

```
    optimizer='Ftrl',
    config=None,
    partitioner=None,
    warm_start_from=None,
    loss_reduction=losses.Reduction.SUM,
    sparse_combiner='sum'
)
```

（1）feature_columns：用来预测的输入特征列集合函数，支持 Iterator 接口。集合中的每个特征列都是 FeatureColumn 的实例。该参数对应输入列，所有的输入参数，都必须存在于 feature_columns 中。

（2）model_dir=None：用来保存模型、计算图的文件目录，也可以用来恢复之前该目录下保存的模型、检查点等，以便于从上次保存处开始训练。

（3）n_classes=2：标签类别的数量，即需要将样本数据分成的类别数。默认分成两个类别，即二分场景。注意，标签类别采用类别索引的形式（从 0 到 n_classes－1的值）。其他形式的标签（如字符串标签）应转换为类别索引的形式。

（4）weight_column=None：可以是一个字符串或用 tf.feature_column.numeric_column 创建的数字列，代表特征列的权重。在训练过程中，weight_column 会与损失相乘，达到降低或提升权重的目的。如果参数 weight_column 是字符串，那么把该字符串当作主键从 feature_columns 中读取该权重张量；如果参数 weight_column 是 _NumericColumn 对象，那么把 weight_column.key 当作主键从 feature_columns 中读取该权重张量。

（5）label_vocabulary=None：代表特征标签取值的字符串列表。如果指定了 label_vocabulary，那么特征标签必须是字符串且包含 label_vocabulary 中所有可能的取值。如果不指定 label_vocabulary，那么默认特征标签将编码为整数或浮点数。如果是二分分类，则编码为 [0，1]；如果是多类别分类，则编码为 [0，1，…，n_classes－1]。如果目标特征 label 是字符串，同时又没有指定 label_vocabulary，系统会抛出错误。

（6）optimizer=‘Ftrl’：用来完成模型训练的优化器，是 tf.Optimizer 的实例。它可以是一个字符串，如‘Adagrad’‘Adam’‘Ftrl’‘RMSProp’‘SGD’，也可以是一个可调用接口。默认为 FTRL 优化器。

（7）config=None：RunConfig 对象，用于设置运行时的参数。

（8）partitioner=None：可选，用来对输入层的数据进行分区。例如，在样本数据量很大的时候，可以将样本数据分成多个分区，根据每个分区的误差对参数进行调整，可以提高模型的训练速度。

（9）warm_start_from=None：一个指向事先保存好的检查点文件路径的字符串，或者一个 WarmStartSettings 对象，能够从上次保存的检查点开始进行模型训练。如果本参数是字符串，那么所有的权重和偏置项都从检查点中保存的数值开始训练，默认所有的张量和词汇的名称都与现有的模型保持一致。

（10）loss_reduction=losses.Reduction.SUM：一个训练批次的损失坍缩算法，除非是 None，否则是 tf.losses.Reduction 对象。默认是求和。

（11）sparse_combiner='sum'：一个字符串，定义在一个分类与多个变量相关时，这些变量的整合（坍缩）策略。可选的策略包括 mean、sum、sqrtn 等，这些都是高效的正则化方法。

2. Boosted Trees 分类

tf.estimator.BoostedTreesClassifier：采用 Boosted Trees 算法的分类器模型。

BoostedTreesClassifier 可以在 Eager 模式下使用。注意，input_fn 和所有的钩子函数都是在计算图的上下文中执行，所以它们必须能够兼容计算图。使用 tf.data 通常都能兼容计算图和 Eager 模式。

BoostedTreesClassifier 的构造函数如下：

```
__init__(
  feature_columns,
  n_batches_per_layer,
  model_dir=None,
  n_classes=_HOLD_FOR_MULTI_CLASS_SUPPORT,
  weight_column=None,
  label_vocabulary=None,
  n_trees=100,
  max_depth=6,
  learning_rate=0.1,
  l1_regularization=0.0,
  l2_regularization=0.0,
  tree_complexity=0.0,
  min_node_weight=0.0,
  config=None,
  center_bias=False,
  pruning_mode='none'
)
```

（1）feature_columns：用来预测的输入特征列的集合，支持 Iterator 接口。

（2）n_batches_per_layer：收集每层统计信息中每个批次样本数量。

（3）model_dir=None：用来保存模型、计算图的文件目录，也可以用来恢复之前该目录下保存的模型、检查点等，以便于从上次保存处开始训练。

（4）n_classes=_HOLD_FOR_MULTI_CLASS_SUPPORT：标签类别的数量。默认为二进制分类，多类别分类目前尚未实现。

（5）weight_column=None：可以是一个字符串或用 tf.feature_column.numeric_column 创建的数字列，代表特征列的权重。在训练过程中，weight_column 会用来与损失相乘，达到降低或提升权重的目的。如果参数 weight_column 是字符串，那么把该字符串当作主键从 feature_columns 中读取该权重张量；如果 weight_column 是 _NumericColumn 对象，那么把 weight_column.key 当作主键从 feature_columns 中读取该权重张量。

（6）label_vocabulary=None：代表特征标签取值的字符串列表。如果指定了 label_vocabulary，那么特征标签必须是字符串且包含 label_vocabulary 中所有可能的取值。如果不指定 label_vocabulary，那么默认特征标签将编码为整数或浮点数。如果是二分分类，则编码为 [0，1]；如果是多类别分类，则编码为 [0，1，…，n_classes − 1]。如果目标特征 label 是字符串，同时又没有指定 label_vocabulary，该函数会抛出一个异常（Error）。

（7）n_trees=100：要创建的树的数量。

（8）max_depth=6：树的最大深度。

（9）learning_rate=0.1：将新创建的树添加到模型时，使用的权重收缩参数。

（10）l1_regularization=0.0：正则化乘数，作用于叶子节点的权重绝对值。

（11）l2_regularization=0.0：正则化乘数，作用于叶子节点的权重平方。

（12）tree_complexity=0.0：树的复杂度，用于惩罚叶子节点过多的泛化因子，可以避免过拟合。

（13）min_node_weight=0.0：最小的节点样本权重之和，用于在节点拆分时，将该值与 sum（leaf_hessian）/（batch_size * n_batches_per_layer）进行比较，只有当后者大于该值的时候才能进行拆分。

（14）config=None：RunConfig 对象，用于设置运行时的参数。

（15）center_bias=False：是否需要进行偏差居中。偏差居中指的是第一个树中的第一个节点返回与原始标签分布相匹配的预测。例如，对于回归问题，第一个节点将返回标签的均值。对于二进制分类问题，它将返回标签 1 的先验概率的对数。

（16）pruning_mode='none'：树枝的修剪模式，可选项包括‘none’‘pre’‘post’。‘none’表示不进行修剪；‘pre’表示预修剪，即如果没有足够的收益，则不会对节点进行分裂；'post' 表示后修剪，即先将树构建到最大深度，然后修剪，以代价小为目标。‘pre’和‘post’必须提供 tree_complexity> 0，用于判断收益足够大或代价足够小。

3. 深层神经网络分类

tf.estimator.DNNClassifier 是采用深层神经网络算法的分类器，用于分类预测场景。

DNNClassifier 的构造函数如下：

```
__init__(
    hidden_units,
    feature_columns,
    model_dir=None,
    n_classes=2,
    weight_column=None,
    label_vocabulary=None,
```

```
    optimizer='Adagrad',
    activation_fn=tf.nn.relu,
    dropout=None,
    input_layer_partitioner=None,
    conf ig=None,
    warm_start_from=None,
    loss_reduction=losses.Reduction.SUM,
    batch_norm=False
)
```

（1）hidden_units：表示每个隐藏层所包含的神经元数量，隐藏层之间采用全连接的形式。例如，[64,32] 表示第一层有 64 个节点，第二层有 32 个节点。

（2）feature_columns：模型用来预测的特征列集合，支持 Iterator 接口。集合中的每个特征列都是 FeatureColumn 的实例。该参数对应输入列，所有的输入参数，都必须存在于 feature_columns 中。

（3）model_dir=None：用来保存模型、计算图的文件目录，也可以用来恢复之前该目录下保存的模型、检查点等，以便于从上次保存处开始训练。

（4）n_classes=2：标签类别的数量，即需要将样本数据分成的类别数。对应输出类别。默认分成两个类别，即二分场景。注意，标签类别是采用类别索引的形式（从 0 到 n_classes － 1 的值）。其他形式的标签（如字符串标签），要转换为类别索引的形式。

（5）weight_column=None：可以是一个字符串或从 tf.feature_column.numeric_column 创建的数字列，代表特征列的权重。

（6）label_vocabulary=None：代表特征标签取值的字符串列表。如果指定了 label_vocabulary，那么特征标签必须是字符串且包含 label_vocabulary 中所有可能的取值。如果不指定 label_vocabulary，那么默认特征标签将编码为整数或浮点数。如果是二分分类，则编码为 [0，1]；如果是多类别分类，则编码为 [0，1，…，n_classes － 1]。如果目标特征 label 是字符串，同时又没有指定 label_vocabulary，该函数会抛出一个异常。

（7）optimizer='Adagrad'：用来完成模型训练的优化器，是 tf.Optimizer 的实例。它可以是一个字符串，如‘Adagrad’，‘Adam’，‘Ftrl’，‘RMSProp’，‘SGD’，也可以是一个可调用接口。默认为 Adagrad 优化器。

（8）activation_fn=tf.nn.relu：激活函数，应用于所有的隐藏层。如果设置为 None，默认采用 tf.nn.relu 作为激活函数。

（9）dropout=None：如果不是 None，表示丢弃相关神经元的概率。

（10）input_layer_partitioner=None：可选，用来对输入层的数据进行分区。默认采用 min_max_variable_partitioner 分区器，参数 min_slice_size 为 64 << 20。

（11）config=None：RunConfig 对象，用于配置运行时设置。

（12）warm_start_from=None：一个指向事先保存好的检查点文件路径的字符串，或者一个

WarmStartSettings 对象，能够从上次保存的检查点开始模型训练。如果本参数是字符串，那么所有的权重和偏置项都从检查点中保存的数值开始训练，默认所有的张量和词汇的名称都与现有的模型保持一致。

（13）loss_reduction=losses.Reduction.SUM：一个训练批次的损失坍缩算法，除非是 None，否则是 tf.losses.Reduction 对象。默认是求和。

（14）batch_norm=False：是否需要在每个隐藏层之后使用批量标准化（Batch Normalization，BN）操作。针对性解决梯度消失的问题。

4. 宽度与深层神经网络结合分类

tf.estimator.DNNLinearCombinedClassifier 是结合线性分类与深层神经网络各自优点的分类模型，综合宽度学习和深度学习，能提高模型分类的准确率。

DNNLinearCombinedClassifier 的构造函数如下：

```
__init__(
    model_dir=None,
    linear_feature_columns=None,
    linear_optimizer='Ftrl',
    dnn_feature_columns=None,
    dnn_optimizer='Adagrad',
    dnn_hidden_units=None,
    dnn_activation_fn=tf.nn.relu,
    dnn_dropout=None,
    n_classes=2,
    weight_column=None,
    label_vocabulary=None,
    input_layer_partitioner=None,
    config=None,
    warm_start_from=None,
    loss_reduction=losses.Reduction.SUM,
    batch_norm=False,
    linear_sparse_combiner='sum'
)
```

（1）model_dir=None：用来保存模型、计算图的文件目录，以便于从上次保存处恢复训练。

（2）linear_feature_columns=None：模型中用于线性分类的、可遍历的特征列集合。集合中的每个特征列都是 FeatureColumn 的实例。

（3）linear_optimizer='Ftrl'：用于完成线性模型训练的优化器，是 tf.Optimizer 的实例。它可以是一个字符串，如‘Adagrad’‘Adam’‘Ftrl’‘RMSProp’‘SGD’，也可以是一个可调用

接口。默认为 FTRL 优化器。

（4）dnn_feature_columns=None：模型中用于深层神经网络分类的、可遍历的特征列集合。集合中的每个元素都是 FeatureColumn 的实例。

（5）dnn_optimizer='Adagrad'：用于深层神经网络的模型训练的优化器，是 tf.Optimizer 的实例。它可以是一个字符串，如‘Adagrad’‘Adam’‘Ftrl’‘RMSProp’‘SGD’，也可以是一个可调用的接口。默认为 Adagrad 优化器。

（6）dnn_hidden_units=None：表示深层神经网络隐藏层的每一层的神经元数量。所有隐藏层之间都是完全连接的。

（7）dnn_activation_fn=tf.nn.relu：激活函数，应用于深层神经网络的所有隐藏层。如果设置为 None，默认采用 tf.nn.relu 作为激活函数。

（8）dnn_dropout=None：如果不是 None，表示丢弃相关神经元的概率。

（9）n_classes=2：目标类别的数量，默认是 2。数值必须大于 1。

（10）weight_column=None：一个字符串或用 tf.feature_column.numeric_column 创建的数字列，代表特征列的权重。在训练过程中，weight_column 会用来与损失相乘，达到降低或提升权重的目的。如果参数 weight_column 是字符串，那么把该字符串当作主键从 feature_columns 中读取该权重张量；如果 weight_column 是 _NumericColumn 对象，那么把 weight_column.key 当作主键从 feature_columns 中读取该权重张量。

（11）label_vocabulary=None：代表特征标签取值的字符串列表。如果指定了 label_vocabulary，那么特征标签必须是字符串且包含 label_vocabulary 中所有可能的取值。如果不指定 label_vocabulary，那么默认特征标签将编码为整数或浮点数，如果是二分分类，则编码为 [0，1]；如果是多类别分类，则编码为 [0，1，…，n_classes – 1]。如果目标特征 label 是字符串，同时又没有指定 label_vocabulary，系统会抛出错误。

（12）input_layer_partitioner=None：可选，用来对输入层的数据进行分区。默认采用 min_max_variable_partitioner 分区器，参数 min_slice_size 为 64 << 20。

（13）config=None：RunConfig 对象，用于设置运行参数。

（14）warm_start_from=None：一个指向事先保存好的检查点文件路径的字符串，或者一个 WarmStartSettings 对象，能够从上次保存的检查点开始模型训练。如果本参数是字符串，那么所有的权重和偏置项都从检查点中保存的数值开始训练，默认所有的张量和词汇的名称都与现有的模型保持一致。

（15）loss_reduction=losses.Reduction.SUM：一个训练批次的损失坍缩算法，除非是 None，否则是 tf.losses.Reduction 对象。默认是求和。

（16）batch_norm=False：是否需要在每个隐藏层之后使用批量标准化（Batch Normalization，BN）操作。能有针对性地解决梯度消失的问题。

（17）linear_sparse_combiner='sum'：一个字符串，当一个分类与多个变量相关时，这些变量的整合（坍缩）策略。可选的策略包括 mean、sum、sqrtn 等，这些都是高效的正则化方法。

4.5.4 常用回归算法介绍

回归算法主要是用于连续数值的预测。典型的应用场景，给定一系列 x、y 的值，用来训练一个线性回归模型，然后再给出一个新的 x，预测对应的 y 值的场景。例如，已知历史房屋面积与成交价格的数据，预测房屋的成交价格。

1. 线性回归算法

tf.estimator.LinearRegressor 为针对线性回归问题的模型。训练一个线性回归模型，给定一个观测值（输入特征），预测出目标特征的数值。

LinearRegressor 的构造函数：

```
__init__(
    feature_columns,
    model_dir=None,
    label_dimension=1,
    weight_column=None,
    optimizer='Ftrl',
    config=None,
    partitioner=None,
    warm_start_from=None,
    loss_reduction=losses.Reduction.SUM,
    sparse_combiner='sum'
)
```

（1）feature_columns：用来预测的特征列集合，支持 Iterator 接口。集合中的每个特征列都是 FeatureColumn 的实例。

（2）model_dir=None：用来保存模型、计算图的文件目录，也可以用来恢复之前该目录下保存的模型、检查点等，以便于从上次保存处开始训练。

（3）label_dimension=1：每个样本回归目标的个数，是 lables 和 logits 最后一个维度的大小（通常，labels 和 logits 的形状都是 [batch_size, label_dimension]）。

（4）weight_column=None：一个字符串或用 tf.feature_column.numeric_column 创建的数字列，代表特征列的权重。在训练过程中，weight_column 会用来与损失相乘，达到降低或提升权重的目的。如果参数 weight_column 是字符串，那么把该字符串当作主键从 feature_columns 中读取该权重张量；如果 weight_column 是 _NumericColumn 对象，那么把 weight_column.key 当作主键从 feature_columns 中读取该权重张量。

（5）optimizer='Ftrl'：用于完成线性模型训练的优化器，是 tf.Optimizer 的实例。它可以是一个字符串，如‘Adagrad’‘Adam’‘Ftrl’‘RMSProp’‘SGD’，也可以是一个可调用接口。默认为 FTRL 优化器。

（6）config=None：RunConfig 对象，用于设置运行时的参数。

（7）partitioner=None：可选，用来对输入层的数据进行分区。例如，在样本数据量很大的时候，可以将样本数据分成多个分区，根据每个分区的误差对参数进行调整，可以提高模型的训练速度。

（8）warm_start_from=None：一个指向事先保存好的检查点文件路径的字符串，或者一个 WarmStartSettings 对象，能够从上次保存的检查点开始进行模型训练。如果本参数是字符串，那么所有的权重和偏置项都从检查点中保存的数值开始训练，默认所有的张量和词汇的名称都与现有的模型保持一致。

（9）loss_reduction=losses.Reduction.SUM：一个训练批次的损失坍缩算法，除非是 None，否则是 tf.losses.Reduction 对象。默认是求和。

（10）sparse_combiner='sum'：一个字符串，当一个分类与多个变量相关时，这些变量的整合（坍缩）策略。可选的策略包括 mean、sum、sqrtn 等，这些都是高效的正则化方法。

2. Boosted Trees 回归算法

tf.estimator.BoostedTreesRegressor 是采用 Boosted Trees 算法的回归模型。Boosted Trees 是通过集成策略将多个个体学习器的学习结果集成起来的集成算法。该算法与 Eager 模式的兼容问题和 BoostedTreesClassifier 类似。

BoostedTreesRegressor 的构造函数：

```
__init__(
    feature_columns,
    n_batches_per_layer,
    model_dir=None,
    label_dimension=_HOLD_FOR_MULTI_DIM_SUPPORT,
    weight_column=None,
    n_trees=100,
    max_depth=6,
    learning_rate=0.1,
    l1_regularization=0.0,
    l2_regularization=0.0,
    tree_complexity=0.0,
    min_node_weight=0.0,
    config=None,
    center_bias=False,
    pruning_mode='none'
)
```

（1）feature_columns：模型用来预测的特征列集合，支持 Iterator 接口。集合中的每个特征列都是 FeatureColumn 的实例。

（2）n_batches_per_layer：收集每一层统计信息中的每个批次的样本数量。

（3）model_dir=None：用来保存模型、计算图的文件目录。可以用来恢复之前该目录下保存的模型、检查点等，以便于从上次保存处开始训练。

（4）label_dimension=_HOLD_FOR_MULTI_DIM_SUPPORT：每个样本回归的目标个数。多维度目标的支持目前还没有集成。

（5）weight_column=None：一个字符串或用 tf.feature_column.numeric_column 创建的数字列，代表特征列的权重。在训练过程中，weight_column 会用来与损失相乘，达到降低或提升权重的目的。如果参数 weight_column 是字符串，那么把该字符串当作主键从 feature_columns 中读取该权重张量；如果 weight_column 是 _NumericColumn 对象，那么把 weight_column.key 当作主键从 feature_columns 中读取该权重张量。

（6）n_trees=100：要创建的树的数量。

（7）max_depth=6：树的最大深度。

（8）learning_rate=0.1：将新创建的树添加到模型时，使用的权重收缩参数。

（9）l1_regularization=0.0：正则化乘数，作用于叶子节点的权重绝对值。

（10）l2_regularization=0.0：正则化乘数，作用于叶子节点的权重平方。

（11）tree_complexity=0.0：树的复杂度，用来惩罚叶子节点过多的泛化因子，可以避免过拟合。

（12）min_node_weight=0.0：最小的节点样本权重之和，用于在将节点拆分时，将该值与 sum（leaf_hessian）/（batch_size * n_batches_per_layer）进行比较，只有当后者大于该值的时候才能进行拆分。

（13）config=None：RunConfig 对象，用于设置运行时的参数。

（14）center_bias=False：是否需要进行偏向居中。偏差居中指的是第一个树中的第一个节点返回与原始标签分布相匹配的预测。例如，对于回归问题，第一个节点将返回标签的均值。对于二进制分类问题，它将返回标签 1 的先验概率的对数。

（15）pruning_mode='none'：树枝的修剪模式，可选项包括‘none’‘pre’‘post’。‘none’表示不进行修剪；‘pre’表示预修剪，即如果没有足够的收益，则不会对节点进行分裂；‘pre’表示后修剪，即先将树构建到最大深度，然后修剪，以代价小为目标。‘pre’和‘post’，必须提供 tree_complexity> 0，用于判断收益足够大或代价足够小。

3. 深层神经网络回归算法

tf.estimator.DNNRegressor 为采用深层神经网络算法的回归预测模型，兼容 Eager 模式。

DNNRegressor 的构造函数：

```
__init__(
    hidden_units,
    feature_columns,
```

```
    model_dir=None,
    label_dimension=1,
    weight_column=None,
    optimizer='Adagrad',
    activation_fn=tf.nn.relu,
    dropout=None,
    input_layer_partitioner=None,
    config=None,
    warm_start_from=None,
    loss_reduction=losses.Reduction.SUM,
    batch_norm=False
)
```

（1）hidden_units：表示每个隐藏层所包含的神经元数量，隐藏层之间采用全连接的形式。例如，[64,32] 表示第一层有 64 个节点，第二层有 32 个节点。

（2）feature_columns：模型用来预测的特征列集合，支持 Iterator 接口。集合中的每个特征列都是 FeatureColumn 的实例。其对应的输入列的所有输入参数，都必须存在于 feature_columns 中。

（3）model_dir=None：用来保存模型、计算图的文件目录。也可以用来恢复之前该目录下保存的模型、检查点等，以便于从上次保存处开始训练。

（4）label_dimension=1：表示每个样例的回归目标数量。它是张量 lables 和 logits 最后一个维度的大小（通常，labels 和 logits 的形状都是 [batch_size, label_dimension]）。

（5）weight_column=None：一个字符串或用 tf.feature_column.numeric_column 创建的数字列，代表特征列的权重。在训练过程中，weight_column 会用来与损失相乘，达到降低或提升权重的目的。如果参数 weight_column 是字符串，那么把该字符串当作主键从 feature_columns 中读取该权重张量；如果 weight_column 是 _NumericColumn 对象，那么把 weight_column.key 当作主键从 feature_columns 中读取该权重张量。

（6）optimizer='Adagrad'：用来完成模型训练的优化器，是 tf.Optimizer 的实例。它可以是一个字符串，如 ‘Adagrad’ ‘Adam’ ‘Ftrl’ ‘RMSProp’ ‘SGD’，也可以是一个可调用接口。默认为 Adagrad 优化器。

（7）activation_fn=tf.nn.relu：激活函数，应用于所有的隐藏层。如果设置为 None，默认采用 tf.nn.relu 作为激活函数。

（8）dropout=None：如果不是 None，代表丢弃相关神经元的概率。

（9）input_layer_partitioner=None：可选，用来对输入层的数据进行分区。默认采用 min_max_variable_partitioner 分区器，参数 min_slice_size 为 64 << 20。

（10）config=None：RunConfig 对象，用于设置运行时的参数。

（11）warm_start_from=None：一个指向事先保存好的检查点文件路径的字符串，或者一个

WarmStartSettings 对象，能够从上次保存的检查点开始模型训练。如果本参数是字符串，那么所有的权重和偏置项都从检查点中保存的数值开始训练，默认所有的张量和词汇的名称都与现有的模型保持一致。

（12）loss_reduction=losses.Reduction.SUM：一个训练批次的损失坍缩算法，除非是 None，否则是 tf.losses.Reduction 对象。默认是求和。

（13）batch_norm=False：是否需要在每个隐藏层之后使用批量标准化（Batch Normalization，BN）操作。有针对性地解决梯度消失的问题。

4. 宽度和深层神经网络综合回归算法

tf.estimator.DNNLinearCombinedRegressor 为结合线性回归与深层神经网络的回归模型。综合宽度学习和深度学习，能缩小模型的预测误差，更好地拟合数据。此算法也称为 wide-n-deep 模型。

DNNLinearCombinedRegressor 的构造函数如下：

```
__init__(
    model_dir=None,
    linear_feature_columns=None,
    linear_optimizer='Ftrl',
    dnn_feature_columns=None,
    dnn_optimizer='Adagrad',
    dnn_hidden_units=None,
    dnn_activation_fn=tf.nn.relu,
    dnn_dropout=None,
    label_dimension=1,
    weight_column=None,
    input_layer_partitioner=None,
    config=None,
    warm_start_from=None,
    loss_reduction=losses.Reduction.SUM,
    batch_norm=False,
    linear_sparse_combiner='sum'
)
```

（1）model_dir=None：用来保存模型、计算图的文件目录。可以用来恢复之前该目录下保存的模型、检查点等，以便于从上次保存处开始训练。

（2）linear_feature_columns=None：模型中用于线性分类的、可遍历的特征列集合。集合中的每个特征列都是 FeatureColumn 的实例。

（3）linear_optimizer='Ftrl'：用于完成线性模型训练的优化器，是 tf.Optimizer 的实例。它可以是一个字符串，如‘Adagrad’‘Adam’‘Ftrl’‘RMSProp’‘SGD’，也可以是一个可调用

接口。默认为 FTRL 优化器。

（4）dnn_feature_columns=None：模型中用于深层神经网络分类的、可遍历的特征列集合。集合中的每个元素都必须是 FeatureColumn 的实例。

（5）dnn_optimizer='Adagrad'：用于深层神经网络的模型训练的优化器，是 tf.Optimizer 的实例。它可以是一个字符串，如‘Adagrad’‘Adam’‘Ftrl’‘RMSProp’‘SGD’，也可以是一个可调用的接口。默认为 Adagrad 优化器。

（6）dnn_hidden_units=None：表示深层神经网络隐藏层的每一层的神经元数量。所有隐藏层之间都是完全连接的。

（7）dnn_activation_fn=tf.nn.relu：激活函数，应用于深层神经网络的所有隐藏层。如果设置为 None，默认采用 tf.nn.relu 作为激活函数。

（8）dnn_dropout=None：如果不是 None，表示丢弃相关神经元的概率。

（9）label_dimension=1：表示每个样例的回归目标数量。它是张量 lables 和 logits 最后一个维度的大小（通常，labels 和 logits 的形状都是 [batch_size, label_dimension]）。

（10）weight_column=None：一个字符串或从 tf.feature_column.numeric_column 创建的数字列，代表特征列的权重。在训练过程中，weight_column 会用来与损失相乘，达到降低或提升权重的目的。如果参数 weight_column 是字符串，那么把该字符串当作主键从 feature_columns 中读取该权重张量；如果 weight_column 是 _NumericColumn 对象，那么把 weight_column.key 当作主键从 feature_columns 中读取该权重张量。

（11）input_layer_partitioner=None：可选，用来对输入层的数据进行分区。默认采用 min_max_variable_partitioner 分区器，参数 min_slice_size 为 64 << 20。

（12）config=None：RunConfig 对象，用于设置运行时的参数。

（13）warm_start_from=None：一个指向事先保存好的检查点文件路径的字符串，或者一个 WarmStartSettings 对象，能够从上次保存的检查点开始模型训练。如果本参数是字符串，那么所有的权重和偏置项都从检查点中保存的数值开始训练，默认所有的张量和词汇的名称都与现有的模型保持一致。

（14）loss_reduction=losses.Reduction.SUM：一个训练批次的损失坍缩算法，除非是 None，否则是 tf.losses.Reduction 对象。默认是求和。

（15）batch_norm=False：是否需要在每个隐藏层之后使用批量标准化（Batch Normalization，BN）操作。有针对性地解决梯度消失的问题。

（16）linear_sparse_combiner='sum'：一个字符串，当一个分类与多个变量相关时，这些变量的整合（坍缩）策略。可选的策略包括 mean、sum、sqrtn 等，这些都是高效的正则化方法。

4.6 使用 LinearEstimator 的示例

本节将会举个房价预测的例子，以美国加利福尼亚州的房价数据作为样本数据，采用 LinearEstimator 来实现房价预测。首先介绍使用 LinearEstimator 开发的流程和关键步骤，然后逐步骤介绍该步骤的主要工作和示例代码。

4.6.1 使用 LinearEstimator 开发的步骤

使用内置的 Estimator 主要包含以下几个步骤。

（1）定义数据输入函数：创建样本数据输入函数用来导入训练数据，同时创建一个测试数据输入函数用来导入测试数据。无论是训练数据还是测试数据，都必须返回两个对象：第一个是包含输入特征的字典，键是输入特征的名称，值是包含输入特征数值的张量 Tensor 或稀疏张量 SparseTensor；第二个是包含目标特征（标签）数据的张量。

```
def input_fn(dataset):
  # 操作输入数据集合，返回输入特征、目标特征数据
  return feature_dict, label
```

（2）定义输入特征列：Estimator 需要知道输入特征（输入变量）有哪些、目标特征（输出变量）是什么，才能利用训练数据来学习。特征列的定义是通过 tf.feature_column 实现的，它包含了特征名称、特征类型和任何输入预处理操作。以下代码是一个输入特征列的例子，例子中定义了三个特征列，前两个指定了输入特征名称、数值类型，第三个特征列还指定采用 lambda 脚本（lambda x: x - global_education_mean）对数据进行预处理，使用预处理后的结果进行训练。

```
# 定义三个数值型的特征列。指定了特征列名称和类型
population = tf.feature_column.numeric_column('population')
crime_rate = tf.feature_column.numeric_column('crime_rate')
# 定义了特征列表名称、类型，并且采用了 lambda 脚本对数据进行预处理
median_education = tf.feature_column.numeric_column('median_education',
              normalizer_fn='lambda x: x - global_education_mean')
```

（3）创建 Estimator 实例：创建 Estimator 实例后，就可以使用训练数据对 Estimator 实例进行训练了。创建 Estimator 实例，除了指定输入特征和输出特征外，往往还需要指定优化器，即模型训练过程中参数的调整算法（如梯度下降法）。典型的创建 LinearRegressor 的实例如下：

```
# 构造线性回归模型，指定输入特征列和优化器
linear_regressor = tf.estimator.LinearRegressor(
feature_columns=feature_columns,
optimizer=adam_optimizer
)
```

（4）用样本数据训练模型：将训练数据注入创建好的 Estimator 实例，指定训练迭代的次数（迭

代多少轮），完成模型训练。所有的 Estimator 都会提供一个 train 的方法，用于模型训练。

```
# 将训练数据 " 喂给 "Estimator 实例，其中，my_training_set 是训练数据集
estimator.train(input_fn=my_training_set, steps=2000)
```

（5）用测试数据评价模型：完成模型训练之后，可以使用测试数据对模型进行评价，看看模型的误差有多大，是否可以应用于实际生产环境中。

4.6.2 定义数据输入函数

TensorFlow 提供了 tf.data.Dataset 类，用来表示输入数据的一系列元素，其中每个元素包含一个或多个张量。例如，在图片识别的场景中，一个元素可能是代表输入图片的张量和表示该图片标签的张量。

定义数据输入函数需要考虑以下几个问题。

（1）输入函数的返回结果：数据输入函数的返回结果必须包含输入特征、目标特征两个对象，其中输入特征需要视字典类型而定，因为输入特征（变量）可以包含多个特征（变量），该对象元素的 Key 代表输入特征的名称，Value 代表输入特征数值的张量。

（2）支持分批次返回数据：模型优化时，如果将所有的训练数据都计算一遍，再计算误差，然后调整参数，训练的速度会太慢，因为要训练数据集很大。实际生产中，需要将训练数据划分成多个批次，每次输入一批数据，计算预测值与实际样本目标变量的误差大小，然后根据每个批次的误差，调整相应的参数。这样做可以提高模型的训练速度。

以下代码展示了如何将数据集 Dataset 的数据划分成多个批次数据：

```
# 将样本数据集，按训练轮数、每批次样本数据个数划分
dataset = dataset.batch(batch_size).repeat(num_epochs)
```

（3）支持迭代器 (Iterator) 接口：消费输入数据的方法是通过 tf.data.Iterator 接口从输入数据中提取元素。Iterator.get_next() 会返回输入数据集的下一个元素，通常情况下，这个方法是输入数据和模型之间的接口。创建迭代器最简单的方法是创建单次迭代器，只能对数据集进行一次迭代，无须显示初始化。

以下代码展示了如何创建一个单次迭代器：

```
# 构造样本数据的迭代器，每次返回一个批次的数据
features, labels = dataset.make_one_shot_iterator().get_next()
```

以下代码展示了定义训练数据输入函数、测试数据输入函数的例子。在这个例子中，首先利用 pandas 工具包从 CSV 文件中读取样本数据，生成 Dataframe 对象，然后利用 Dataset.from_tensor_slices 的方法将数据转换为 tf.data.Dataset 格式，最后按照数据输入函数的要求返回结果。

```
#!/usr/local/bin/python3
# -*- coding: UTF-8 -*-

import os
```

```
from tensorflow.python.data import Dataset
import numpy as np
import pandas as pd
from matplotlib import pyplot as plt
import tensorflow as tf
import time
# 以上部分是整个模型引用的软件包

'''
读取训练数据。首先尝试从本地读取，如果本地数据文件不存在，则从网络读取，
然后，将样本数据整理成 pandas 的 Dataframe 对象。
:param data_file_name: 本地训练数据文件名称
:Returns: 包含样本数据的 Dataframe 对象
'''
def read_sample_data(csv_file_name="./data/california_housing_train.csv"):
  # 首先，检查本地文件是否存在，如果不存在，则从网络下载训练数据
  if not os.path.exists(csv_file_name):
    csv_url = "https://storage.googleapis.com/mledu-datasets/california_housing_train.csv"
    print (" 从网络下载数据文件： " + csv_url)
    california_housing_dataframe = pd.read_csv(csv_url, sep=",")
    # 如果不存在，那么，从网络下载数据文件，并且将文件保存到本地
    california_housing_dataframe.to_csv(csv_file_name)
  else:
    # 直接从本地文件中读取
    print (" 从本地文件中读取数据： " + csv_file_name)
    california_housing_dataframe = pd.read_csv(csv_file_name)
  return  california_housing_dataframe

'''
样本数据输入函数，用于将训练数据喂给训练模型（LinearEstimator）。
:param features:  Dataframe 对象，表示输入的特征变量列表。本例子中输入特征变量只有一个。
:param targets: Dataframe 对象，训练的目标变量，本例中目标变量是 "median_house_value"，代表房
价中位数。
:param batch_size:  批处理的大小。模型训练时，首先输入一批数据，计算预测值与实际样本目标变量
的误差大小，然后根据这一批数据的误差，调整响应的参数。根据每一批数据的预测误差调整结果可以
提高模型的训练速度。
```

```
:param shuffle: 是否需要乱序（随机输入样本）。目的是提高模型的健壮性。
:param num_epochs: 训练轮数。如果 batch_size * num_epochs 大于样本数据的数量，那么
部分样本数据会被多次（重复）使用。
:Returns: 返回值。下一个批次的输入特征、目标特征的元组。
'''
def train_data_input_fn(features, targets, batch_size=128, shuffle=True, num_epochs=None):
    # 将输入特征与目标特征构建的元组整合数据集（Dataset）
    dataset = Dataset.from_tensor_slices((features, targets))

    # 如果需要乱序，那么执行乱序操作
    if shuffle :
        dataset.shuffle(batch_size)

    # 将样本数据集，按训练轮数、每批次样本数据个数划分
    dataset = dataset.batch(batch_size).repeat(num_epochs)

    # 构造样本数据的迭代器，每次返回一个批次的数据
    features, labels = dataset.make_one_shot_iterator().get_next()
    return  features, labels

'''
返回测试数据。通常情况下，训练数据不能再用作测试数据。本例中采用抽样的方法，没有严格避免训练数
据用作测试数据。
:param features: 测试数据的输入特征列。
:param targets: 测试数据的目标特征列表。
:Returns: 返回测试数据的输入特征、目标特征数据。
'''
def test_data_input_fn(features, targets):
    # 将输入特征与目标特征构建的元组整合数据集（Dataset）
    dataset = Dataset.from_tensor_slices((features, targets))

    # 测试数据同样需要分批返回，每批次只包含一个数据
    dataset = dataset.batch(1).repeat(1)
    # 构造测试数据的迭代器，每次返回一个批次的数据
    features, labels = dataset.make_one_shot_iterator().get_next()
```

```
return  features, labels
```

本例中的 CSV 文件内容（部分）如表 4-2 所示。

表 4-2　美国加利福尼亚州房屋销售数据（部分）

经度	维度	房屋中值均价 / 美元	房间数量	卧室数量	所在城市人口数	在售房屋数量	所在城市收入中值 / 美元	房屋中值价格 / 美元
− 114.31	34.19	15	5612	1283	1015	472	1.4936	66900
− 114.47	34.4	19	7650	1901	1129	463	1.82	80100
− 114.56	33.69	17	720	174	333	117	1.6509	85700
− 114.57	33.64	14	1501	337	515	226	3.1917	73400
− 114.57	33.57	20	1454	326	624	262	1.925	65500
− 114.58	33.63	29	1387	236	671	239	3.3438	74000
− 114.58	33.61	25	2907	680	1841	633	2.6768	82400

4.6.3　定义输入特征列

对于一个模型来说，输入特征可以有多个，输入特征列为一个（列表）。

以下代码展示了如何定义输入特征列，在这个例子中，输入特征虽然只有一个，依然要用列表的方式返回。

```
'''
定义输入特征列。

:param feature_col_name: 输入特征列的名称。
:Returns: 输入特征列的集合。
'''
def define_feature_columns(feature_col_name):
  # 输入特征列可以有多个输入特征（输入变量），所以是一个列表
  # 请注意，返回对象是被方括号包含在内的
  return  [tf.feature_column.numeric_column(feature_col_name)]
```

4.6.4　创建 Estimator 实例

创建 Estimator 实例，除了需要指定输入特征列之外，还需要指定模型的优化器，优化器用在误差反向传播的时候，根据误差对参数进行调整。常见的优化器有梯度下降优化器 (tf.train.GradientDescentOptimizer）、Adam 优化器 (tf.train.AdamOptimizer)，等等。

以下代码展示了构建 AdamOptimizer 优化器的过程，设置学习率为 0.01，然后使用该优化器和

输入特征列表，创建一个 Estimator 实例。

```
# 构建线性回归模型
# 构建优化函数，本例中采用 AdamOptimizer 优化器，初始学习率设置为 0.01
adam_optimizer = tf.train.AdamOptimizer(learning_rate=0.01)

feature_columns = define_feature_columns(feature_col_name)
# 构造线性回归模型，指定输入特征列和优化器
linear_regressor = tf.estimator.LinearRegressor(
    feature_columns=feature_columns,
    optimizer=adam_optimizer
)
```

4.6.5 用样本数据训练模型

模型训练的过程中的主要工作就是将训练数据注入模型，完成训练。首先，我们需要将样本数据划分成训练数据和测试数据两个部分。其次，我们将训练数据注入模型，完成模型训练。

值得注意的是，通常情况下，用于训练的样本数据，不能再用于测试，因为这样可能会导致模型的过拟合，测试结果的可信度会大打折扣。本例为了方便，是通过两次随机抽样的方式将样本数据划分成训练数据和测试数据，这两次随机抽样有可能会同时抽中同一条记录，也就是说，可能会存在训练数据同时出现在测试数据中的问题，这在实际生产环境中要尽量避免。

以下代码展示了将样本数据按照 8 ： 2 的方式划分成训练数据和测试数据，以及将训练数据注入模型的例子：

```
'''
将样本数据切分成训练数据和测试数据，默认按照（8 ： 2）的比例
:param dataframe: 原始的样本数据
:param train_data_precent: 训练数据占的百分比（默认是 80%）
:Returns: 返回训练数据和测试数据的 Dataframe
'''
def make_train_and_test_data(dataframe, train_data_precent=0.8):
    train_dataframe = dataframe.sample(frac=train_data_precent)
    test_dataframe = dataframe.sample(frac=(1 - train_data_precent))

    return train_dataframe, test_dataframe


'''
训练模型。
```

```
:param linear_regressor: 线性回归模型
:param train_dataframe: 训练数据
:param feature_col_name: 输入的特征列名称
:param target_col_name: 目标特征列名称
:Returns: 返回训练数据和测试数据的 Dataframe
'''
def train_mode(linear_regressor, train_dataframe, feature_col_name, target_col_name):
    # 从数据集中读取输入特征列的数据列表，构造成 Dictionary 的形式
    features_raw_data = train_dataframe[feature_col_name]
    # 所有的输入特征列表必须构造成 Dictionary 的形式
    train_features = {feature_col_name : np.array(features_raw_data)}
    # 构造目标特征列表
    train_targets = train_dataframe[target_col_name]

    # 模型训练开始，计时
    time_start = time.time()
    linear_regressor.train(input_fn=
                lambda: train_data_input_fn(train_features, train_targets), steps=2000)
    time_end = time.time()
    seconds_used = np.round(time_end - time_start, 1)
    print(" 模型训练共用了 : {} 秒 ".format(seconds_used))
```

4.6.6 用测试数据评价模型

用测试数据对模型进行评价，将测试数据中的输入特征输入到模型中，然后计算模型的预测结果与测试数据中的实际数值的误差，用于评估模型的准确性。

以下代码展示了用测试数据评估模型的例子：

```
'''
评估模型。计算模型在测试数据上的误差，用于评估模型。
:param linear_regressor: 线性回归模型
:param test_dataframe: 训练数据
:param feature_col_name: 输入的特征列名称
:param target_col_name: 目标特征列名称
:Returns: 返回训练数据和测试数据的 Dataframe
'''
def evolution_mode(linear_regressor, test_dataframe, feature_col_name, target_col_name):
```

```
    # 用测试数据对模型进行测试，评价模型的误差
    # 从数据集中读取输入特征列的数据列表，构造成 Dictionary 的形式
    test_raw_data = test_dataframe[feature_col_name]
    # 所有的输入特征列表必须构造成 Dictionary 的形式
    test_features = {feature_col_name : np.array(test_raw_data)}
    # 构造目标特征列表
    test_targets = test_dataframe[target_col_name]

  # 调用预测函数
    predict_result=linear_regressor.predict(lambda:test_data_input_fn(test_features, test_targets))
    # 将预测结果转换成 python 的数组形式
    predictions = np.array([item['predictions'][0] for item in predict_result])

    # 计算预测结果与测试数据中输出特征的误差（差的平方）
    square_error = np.square(predictions - np.array(test_targets))
    # 求平均、开根号
    RMSE = np.sqrt(np.mean(square_error))
    return RMSE
```

4.6.7 用可视化的方式来展现模型

用图形的方式，将样本数据和模型的结果展示出来。本例中由于样本数据量比较大（共有 17000 多条），为了避免过于拥挤，随机抽样了 2% 的数据来展现。

以下代码展示了从样本数据中抽取 2% 的数据，并且用图形可视化的例子：

```
'''
抽样一部分数据，将模型用图形化的方式展现出来。
:param linear_regressor: 线性回归模型
:param dataframe: 样本数据集合
:param feature_col_name: 输入的特征列名称
:param target_col_name: 目标特征列名称
'''
def visualization_model(linear_regressor, dataframe, feature_col_name, target_col_name):
    # 样本数据共有 17000 多条，抽取 2% 的样本数据（约 340 条），用图形化的方式展现出来
    sample = dataframe.sample(frac=0.02)

    # 读取模型训练得到的结果，读取权重和偏置项
```

```
    weight = linear_regressor.get_variable_value('linear/linear_model/'
                                  + feature_col_name + '/weights')[0]
    bias = linear_regressor.get_variable_value('linear/linear_model/bias_weights')

    # 计算预测模型的直线的起点和终点。这是起点
    x_start = sample[feature_col_name].min()
    y_start = weight * x_start + bias

    # 预测模型执行的终点
    x_end = sample[feature_col_name].max()
    y_end = weight * x_end + bias

    # 横坐标、纵坐标的标签
    plt.xlabel(feature_col_name)
    plt.ylabel(target_col_name)

    # 画出样本数据的散点图
    plt.scatter(sample[feature_col_name], sample[target_col_name])

    # 画出预测曲线
    plt.plot([x_start, x_end], [y_start, y_end], c='black')

plt.show()
```

图 4-8 展示了部分的样本数据及模型训练出来的回归线。

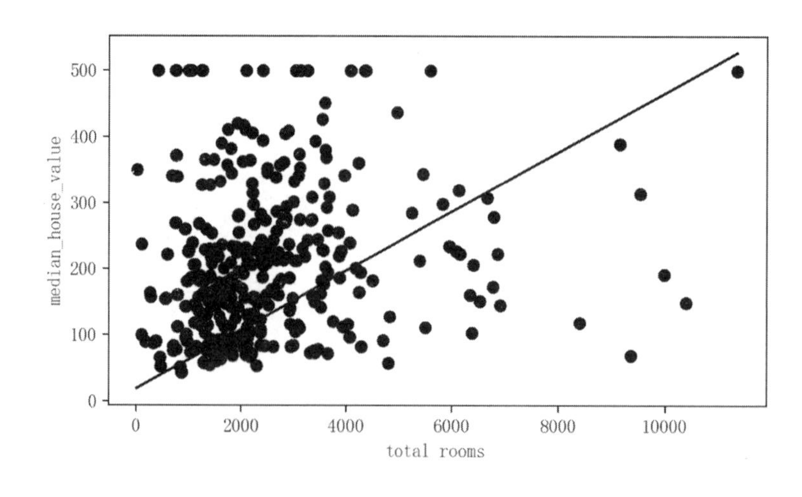

图 4-8　通过可视化的方法展示模型

4.6.8 将以上步骤整合起来

编写一个模型的入口函数，通过入口函数，将上述各个步骤整合起来，形成一个完整的程序，完成样本数据读取、Estimator 实例的创建、模型训练、模型评价、可视化展示等步骤。入口函数代码如下：

```
'''
线性回归模型。
:param feature_col_name：输入特征列的名称，本例中输入特征变量只有一个。
:param target_col_name：目标特征列的名称。
'''
def linear_regression_main(feature_col_name, target_col_name):
  #（1）构建线性回归模型
  # 构建优化函数，本例中采用 AdamOptimizer 优化器，初始学习率设置为 0.01
  adam_optimizer = tf.train.AdamOptimizer(learning_rate=0.01)

  feature_columns = define_feature_columns(feature_col_name)
  # 构造线性回归模型，指定输入特征列和优化器
  linear_regressor = tf.estimator.LinearRegressor(
    feature_columns=feature_columns,
    optimizer=adam_optimizer
  )

  #（2）读取样本数据，将样本数据切分成训练数据和测试数据
  california_housing_dataframe = read_sample_data()
  # 将房屋的价格的单位转换成 " 千元 "
  california_housing_dataframe[target_col_name] /= 1000.0
  train_dataframe, test_dataframe = make_train_and_test_data(california_housing_dataframe)

  #（3）训练模型。使用训练数据对模型进行训练。
  train_mode(linear_regressor, train_dataframe,
         feature_col_name, target_col_name)

  #（4）评估模型。计算误差，用于评估模型的准确性
  SMSE = evolution_mode(linear_regressor, test_dataframe,
              feature_col_name, target_col_name)
```

```
    # 输出均方误差与均方根误差
    print(" 模型的均方差是 : {}".format(np.round(SMSE, 2)))

    # （5）对模型训练的结果进行可视化操作
    visualization_model(linear_regressor, california_housing_dataframe,
                        feature_col_name, target_col_name)

# 线性回归的入口函数
linear_regression_main("total_rooms", "median_house_value")
# 当然也可以使用别的输入特征列来预测房价
# linear_regression_main("median_income", "median_house_value")
```

4.7 本章小结

本章介绍了 TensorFlow 的编程环境、运行机制、数据类型和数据操作，以及如何利用 TensorFlow 开发一个深度学习的程序。

本章有以下两个关键点。

（1）张量是 TensorFlow 的基础数据类型，包含三个要素，分别是阶、形状、数据类型。理解张量是理解 TensorFlow 的基础，其中的关键点有两个：一个是张量的阶就是张量维度数量，张量的阶从零开始；另一个是 N 阶张量的每一个元素，都是一个 $N-1$ 阶的张量。

（2）Estimator 是 TensorFlow 的高阶 API，封装了模型的训练、预测、评估、导出等操作，能极大地简化深度学习的程序开发过程。Estimator 规范了深度学习的开发步骤，使模型方便地在多个开发者之间共享，这点对于大型企业来说至关重要。Estimator 开发的模型，既能运行在单机环境中，也能运行在分布式服务器集群，适应性很好。基于 Estimator 开发的模型，无须重新编码，就能够运行在 CPU 和 GPU 上，甚至还能运行在 TPU 上。基于以上原因，推荐大家基于 Estimator 来开发深度学习模型。本书中的例子都是基于 Estimator 开发的。

第5章 CHAPTER 手写数字识别

MNIST（Modified National Institute of Standards and Technology，MNIST）是一个大型手写数据库，来源是美国国家技术与标准研究院（NIST）数据库。原来的 NIST 数据库中的训练数据的书写者是美国人口普查局的员工，而测试数据集的来源是美国高中生，因此 NIST 数据集不太适合机器学习的初学者。

因此，MNIST 将 NIST 中的训练数据和样本数据混合起来，将图片的大小归一化，将所有的手写数字图片都整理为 28×28 像素。同时，将数字居中对齐，使得数字部分集中在 20×20 像素范围，并且手写笔迹部分只保留单色，也就是黑白色。因此，MNIST 数据库非常适合机器学习的初学者使用。

MNIST 的官方网址：http://yann.lecun.com/exdb/mnist/。

5.1 MNIST 数据集简介

MNIST 数据集中包括 60000 个训练数据集和 10000 个测试数据集。不管是训练数据集还是测试数据集，集合中的每个元素都包括两个部分：第一个部分是图片的像素数组，也可以理解为输入特征；第二个部分是该图片对应的数据，也就是目标特征。

5.1.1 MNIST 数据集下载

MNIST 数据集总共包含四个文件。其中，训练数据集有两个文件，分别是图片（train-images-idx3-ubyte.gz）和标签（train-labels-idx1-ubyte.gz）。测试数据集也有两个文件，分别是图片（t10k-images-idx3-ubyte.gz）和标签（t10k-labels-idx1-ubyte.gz）。它们的下载地址如表 5-1 所示。

表 5-1 MNIST 数据文件及其下载地址

文件	下载地址
训练数据的图片	http://yann.lecun.com/exdb/mnist/train-images-idx3-ubyte.gz
训练数据的标签	http://yann.lecun.com/exdb/mnist/train-labels-idx1-ubyte.gz
测试数据的图片	http://yann.lecun.com/exdb/mnist/t10k-images-idx3-ubyte.gz
测试数据的标签	http://yann.lecun.com/exdb/mnist/t10k-labels-idx1-ubyte.gz

5.1.2 MNIST 文件格式

MNIST 文件的格式非常简洁，适用于存储矢量和多维矩阵。文件中的所有整数都是采用高端优先的方式存储的，这是非 Intel CPU 系统上的常见存储方式。使用 Intel CPU 的系统时，需要进行字节反转。

MNIST 数据中的标签文件，包括训练用标签数据文件（train-labels-idx1-ubyte.gz）和测试数据的标签文件（t10k-labels-idx1-ubyte.gz），数据格式都是一样的，如表 5-2 所示。

表 5-2 MNIST 标签数据的文件格式

索引	类型	数值	描述
0000	32 位整数	0x00000801(2049)	Magic Number（魔术字）
0004	32 位整数	60000	标签的个数
0008	无符号字节	??	标签值（0~9）
0009	无符号字节	??	标签值（0~9）
……			
××××	无符号字节	??	标签值（0~9）

其中标签值的取值范围是 0~9。

MNIST 数据中的图片文件，包括训练数据文件（train-images-idx3-ubyte.gz）和测试数据文件（t10k-images-idx3-ubyte.gz），数据格式都是一样的，如表 5-3 所示。

表 5-3 MNIST 图片数据的文件格式

索引	类型	数值	描述
0000	32 位整数	0x00000801(2051)	Magic Number（魔术字）
0004	32 位整数	60000	图片的个数
0008	32 位整数	28	图片中每行的像素个数
0012	32 位整数	28	图片中每列的像素个数
0016	无符号字节	??	像素（0~255）
0017	无符号字节	??	像素（0~255）
……			
××××	无符号字节	??	像素（0~255）

其中像素的取值范围是 0~255，0 代表白色（背景色），255 代表黑色（前景色）。图片的像素都是逐行存储的。

5.1.3 MNIST 数据展示

知道了 MNIST 数据文件的格式，就能轻松地从文件中读取样本数据，并且把它们展示出来。以下代码完成了从 MNIST 数据集中读取数据，并且用图形的方式展现出来：

```
#!/usr/local/bin/python3
# -*- coding: UTF-8 -*-


import os
import struct
import numpy as np
import urllib.request
from matplotlib import pyplot as plt
import gzip
# 以上部分是整个模型引用的软件包
```

```
'''
读取 mnist 数据文件。如果本地文件不存在，则从网络上下载并且保存到本地。
:param data_type: 要读取的数据文件类型，包括 "train" 和 "t10k" 两种，分别代表训练数据和测
试数据。
:Returns: 图片和图片的标签。图片是以张量形式保存的。
'''
def read_mnist_data(data_type="train"):
    img_path = ('./mnist/%s-images-idx3-ubyte.gz' % data_type)
    label_path = ('./mnist/%s-labels-idx1-ubyte.gz' % data_type)

    # 如果本地文件不存在，那么从网络上下载 mnist 数据
    if not os.path.exists(img_path) or not os.path.exists(label_path) :
        # 确保 ./mnist/ 目录存在，如果不存在，就自动创建此目录
        if not os.path.isdir("./mnist/"):
            os.mkdir("./mnist/")

        # 从网上下载图片数据，并且保存到本地文件
        img_url = ('http://yann.lecun.com/exdb/mnist/%s-images-idx3-ubyte.gz' % data_type)
        print(" 下载：%s" % img_url)
        urllib.request.urlretrieve(img_url, img_path)
        print(" 保存到：%s" % img_path)

        # 从网上下载标签数据，并且保存到本地
        label_url = ('http://yann.lecun.com/exdb/mnist/%s-labels-idx1-ubyte.gz' % data_type)
        print(" 下载：%s" % label_url)
        urllib.request.urlretrieve(label_url, label_path)
        print(" 保存到：%s" % label_path)

    # 使用 gzip 读取标签数据文件
    print("\n 读取文件：%s" % label_path)
    with gzip.open(label_path, 'rb') as label_file:
        # 按照大端在前（big-endian）读取两个 32 位的整数，所以，总共读取 8 个字节
        # 分别是 magic number、n_labels( 标签的个数 )
        magic, n_labels = struct.unpack('>II', label_file.read(8))
        print("magic number：%d，期望标签个数：%d 个 " % (magic, n_labels))
```

```
        # 将剩下所有的数据按照 byte 的方式读取
        labels = np.frombuffer(label_file.read(), dtype=np.uint8)
        print (" 实际读取到的标签：%d 个 " % len(labels))

    # 使用 gzip 读取图片数据文件
    print("\n 读取文件：%s" % img_path)
    with gzip.open(img_path, 'rb') as img_file:
        # 按照大端在前（big-endian）读取四个 32 位的整数，所以，总共读取 16 个字节
        magic, n_imgs, n_rows, n_cols = struct.unpack(">IIII", img_file.read(16))
        # 分别是 magic number、n_imgs( 图片的张数 )、图片的行列的像素个数
        #（n_rows, n_cols ）
        print("magic number：%d，期望图片张数：%d 个 " % (magic, n_imgs))
        print(" 图片长宽：%d × %d 个像素 " % (n_rows, n_cols))

        # 读取剩下所有的数据，按照 labels * 784 重整形状，其中 784 = 28 × 28 （长 × 宽）
        images = np.frombuffer(img_file.read(), dtype=np.uint8).reshape(n_imgs, n_rows, n_cols)
        print (" 实际读取到的图片：%d 张 " % len(images))

    # Labels 的数据类型必须转换成为 int32
    return images, labels.astype(np.int32)

# 展示 mnist 数据的图片，总共展示十张图片，排列成 2 行，每行 5 张图片
def mnist_img_show():
    # 读取 mnist 数据集，默认读取训练数据集
    images, labels = read_mnist_data()
    # 总共画出十个数字的图片，按照 2 行 5 列的顺序排列
    fig, ax = plt.subplots(nrows=2, ncols=5, sharex=True, sharey=True,)
    ax = ax.flatten()
    for i in range(10):
        img = images[i]
        # 显示该图片中数字的值（对应标签）
        ax[i].set_xlabel("{:d}".format(labels[i]))
        # 按照灰度显示
        ax[i].imshow(img, cmap='Greys', interpolation='nearest')
```

```
    ax[0].set_xticks([])
    ax[0].set_yticks([])
    plt.tight_layout()
    plt.show()

# mnist 数据集展示入口
mnist_img_show()
```

结果如图 5-1 所示。

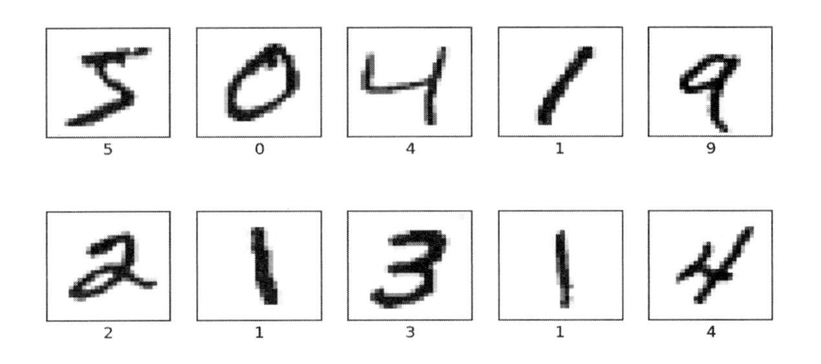

图 5-1 MNIST 数据中图片示例

5.1.4 MNIST 识别的准确率

很多算法都已经在 MNIST 数据集上尝试了，早期主要是线性分类、K 近邻、空间向量机等算法，总体来说，效果都还算不错。空间向量的错误率已经可以降低到 0.56%。当然比较好的算法还是深层神经网络算法和卷积神经网络算法。

深层神经网络算法在 MNIST 取得进展，错误率已经可以降低到 0.35%，可以说错误率已经非常低了，如表 5-4 所示。

表 5-4 深层神经网络算法在 MNIST 数据集的准确率

分类器	预处理	错误率
2-layer NN, 300 hidden units, mean square error	none	4.7%
2-layer NN, 300 HU, MSE, [distortions]	none	3.6%
2-layer NN, 300 HU	deskewing	1.6%
2-layer NN, 1000 hidden units	none	4.5%
2-layer NN, 1000 HU, [distortions]	none	3.8%
3-layer NN, 300+100 hidden units	none	3.05%
3-layer NN, 300+100 HU [distortions]	none	2.5%
3-layer NN, 500+150 hidden units	none	2.95%

续表

分类器	预处理	错误率
3-layer NN, 500+150 HU [distortions]	none	2.45%
3-layer NN, 500+300 HU, Softmax, cross entropy, weight decay	none	1.53%
2-layer NN, 800 HU, Cross-Entropy Loss	none	1.6%
2-layer NN, 800 HU, cross-entropy [affine distortions]	none	1.1%
2-layer NN, 800 HU, MSE [elastic distortions]	none	0.9%
2-layer NN, 800 HU, cross-entropy [elastic distortions]	none	0.7%
NN, 784-500-500-2000-30 + nearest neighbor, RBM + NCA training [no distortions]	none	1%
6-layer NN 784-2500-2000-1500-1000-500-10 (on GPU) [elastic distortions]	none	0.35%
committee of 25 NN 784-800-10 [elastic distortions]	width normalization, deslanting	0.39%
deep convex net, unsup pre-training [no distortions]	none	0.83%

对于图片识别来说，卷积神经网络的算法是最好的，如表 5-5 所示，卷积神经网络在 MNIST 上的准确率已经可以降低到 0.23% 了。

表 5-5　卷积神经网络算法在 MNIST 数据集的准确率

分类器	预处理	错误率
Convolutional net LeNet-1	subsampling to 16x16 pixels	1.7%
Convolutional net LeNet-4	none	1.1%
Convolutional net LeNet-4 with K-NN instead of last layer	none	1.1%
Convolutional net LeNet-4 with local learning instead of last layer	none	1.1%
Convolutional net LeNet-5, [no distortions]	none	0.95%
Convolutional net LeNet-5, [huge distortions]	none	0.85%
Convolutional net LeNet-5, [distortions]	none	0.8%
Convolutional net Boosted LeNet-4, [distortions]	none	0.7%
Trainable feature extractor + SVMs [no distortions]	none	0.83%
Trainable feature extractor + SVMs [elastic distortions]	none	0.56%
Trainable feature extractor + SVMs [affine distortions]	none	0.54%
unsupervised sparse features + SVM, [no distortions]	none	0.59%
Convolutional net, cross-entropy [affine distortions]	none	0.6%
Convolutional net, cross-entropy [elastic distortions]	none	0.4%
large conv. net, random features [no distortions]	none	0.89%

续表

分类器	预处理	错误率
large conv. net, unsup features [no distortions]	none	0.62%
large conv. net, unsup pretraining [no distortions]	none	0.6%
large conv. net, unsup pretraining [elastic distortions]	none	0.39%
large conv. net, unsup pretraining [no distortions]	none	0.53%
large/deep conv. net, 1-20-40-60-80-100-120-120-10 [elastic distortions]	none	0.35%
committee of 7 conv. net, 1-20-P-40-P-150-10 [elastic distortions]	width normalization	0.27% ±0.02%
committee of 35 conv. net, 1-20-P-40-P-150-10 [elastic distortions]	width normalization	0.23%

5.2 手写数字识别示例

我们以一个手写数字识别的例子，来介绍如何利用 TensorFlow 中的 Estimator 来开发一个深度学习的模型。

5.2.1 手写数字识别方法

要想让计算机能够识别手写数字，我们需要知道在计算机“眼”中，手写数字到底长什么样，或者计算机是如何看手写数字的。

以下代码将 MNIST 数据集中第一张图片逐个像素地读取出来，转换成 CSV 文件。

```
# 手写数字在计算机眼里长什么样?
def mnist_5_csv():
  # 需要调用 read_mnist_data，该函数在上一节的 MNIST 数据展示中已经出现过
  images, labels = read_mnist_data()

  # 我们读取训练数据中的第一张图片
  # 它是以一个 28 × 28 张量形式保存的，每个元素的数值代表一个像素
  # 像素的取值 0~255，数值越大，代表颜色越深
  # 其中 0 代表白色（背景色），255 代表黑色（前景色）
  img = images[0]

  # 将这张图片的每个像素读取出来，逐行转换成字符串，保存到 CSV 文件中
  img_csv_value = ""
  for n_row in range(0, 28):
    for n_col in range(0, 28):
```

```
            img_csv_value += str(img[n_row][n_col])
            # 在每一列后面增加一个逗号分隔符
            if (n_col != 27):
                img_csv_value += ","

        # 在每一行后面增加换行符，将图片的所有元素逐行转换成 CSV 文件
        img_csv_value += "\n"

    # 将字符串写入到 CSV 文件
    # 确保 ./data/ 存在，如果不存在，就自动创建此目录
    if not os.path.isdir("./data/"):
        os.mkdir("./data/")
    with open('./data/mnist_number_5.csv', 'w') as csv_file:
        csv_file.write(img_csv_value)
        csv_file.close()
# 将 mnist 数据集中的数字 5 保存成 CSV 格式
mnist_5_csv()
```

使用 Excel 或 Numbers 等工具，打开以上代码生成的 CSV 文件，把每列的宽度调整到与行高一致，可以看到如图 5-2 的左边部分。图 5-2 左边部分是计算机存储的格式，右边部分是我们看到的图片。

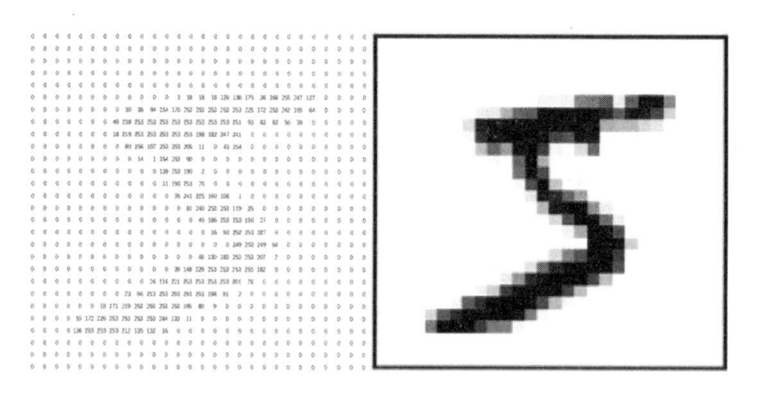

图 5-2　手写数字 5 在计算机眼里的模样

5.2.2　手写数字识别实战

本节我们使用 DNNClassifier 来创建一个手写数字识别模型。步骤与上一章中使用 LinearRegressor 来预测房价的步骤类似，过程相对更简单，包括实例化 DNNClassifier、定义输入特征列、定义数据输入函数、模型训练、模型评价等。

代码如下：

```
#!/usr/local/bin/python3
# -*- coding: UTF-8 -*-

import os
import struct
import numpy as np
import urllib.request
import gzip
import tensorflow as tf
import time
# 以上部分是整个模型引用的软件包

'''
读取 mnist 数据文件。如果本地文件不存在，则从网络上下载并且保存到本地。
:param data_type: 要读取的数据文件类型，包括 "train" 和 "t10k" 两种，分别代表训练数据和测试数据。
:Returns: 图片和图片的标签。图片是以张量形式保存的。
'''
def read_mnist_data(data_type="train"):
    img_path = ('./mnist/%s-images-idx3-ubyte.gz' % data_type)
    label_path = ('./mnist/%s-labels-idx1-ubyte.gz' % data_type)

    # 如果本地文件不存在，那么从网络上下载 mnist 数据
    if not os.path.exists(img_path) or not os.path.exists(label_path) :
        # 确保 ./mnist/ 目录存在，如果不存在，就自动创建此目录
        if not os.path.isdir("./mnist/"):
            os.mkdir("./mnist/")

        # 从网上下载图片数据，并且保存到本地文件
        img_url = ('http://yann.lecun.com/exdb/mnist/%s-images-idx3-ubyte.gz' % data_type)
        print(" 下载：%s" % img_url)
        urllib.request.urlretrieve(img_url, img_path)
        print(" 保存到：%s" % img_path)

        # 从网上下载标签数据，并且保存到本地
        label_url = ('http://yann.lecun.com/exdb/mnist/%s-labels-idx1-ubyte.gz' % data_type)
```

```
        print(" 下载：%s" % label_url)
        urllib.request.urlretrieve(label_url, label_path)
        print(" 保存到：%s" % label_path)

    # 使用 gzip 读取标签数据文件
    print("\n 读取文件：%s" % label_path)
    with gzip.open(label_path, 'rb') as label_file:
        # 按照大端在前（big-endian）读取两个 32 位的整数，所以总共读取 8 个字节
        # 分别是 magic number、n_labels( 标签的个数 )
        magic, n_labels = struct.unpack('>II', label_file.read(8))
        print("magic number：%d，期望标签个数：%d 张 " % (magic, n_labels))
        # 将剩下所有的数据按照 byte 的方式读取
        labels = np.frombuffer(label_file.read(), dtype=np.uint8)
        print (" 实际读取到的标签：%d 张 " % len(labels))

    # 使用 gzip 读取图片数据文件
    print("\n 读取文件：%s" % img_path)
    with gzip.open(img_path, 'rb') as img_file:
        # 按照大端在前（big-endian）读取四个 32 位的整数，所以总共读取 16 个字节
        magic, n_imgs, n_rows, n_cols = struct.unpack(">IIII", img_file.read(16))
        # 分别是 magic number、n_imgs( 图片的张数 )、图片的行列的像素个数
        # （n_rows, n_cols ）
        print("magic number：%d，期望图片张数：%d 张 " % (magic, n_imgs))
        print(" 图片长宽：%d × %d 个像素 " % (n_rows, n_cols))

        # 读取剩下的所有数据，按照 labels * 784 重整形状，其中 784 = 28 × 28 （长 × 宽）
        images = np.frombuffer(img_file.read(), dtype=np.uint8).reshape(n_imgs, n_rows, n_cols)
        print (" 实际读取到的图片：%d 张 " % len(images))

    # Labels 的数据类型必须转换成为 int32
    return images, labels.astype(np.int32)

'''
定义输入特征列。输入的是手写数字的图片，图片的大小是固定的，每张图片都是长 28 个像素、
宽 28 个像素、单色。
```

```
:Returns: 输入特征列的集合。本例中输入特征只有一个，命名为 x
'''
def define_feature_columns():
    # 返回值是输入特征列的集合（列表）
    # 请注意，返回对象是被方括号包含在内的
    return  [tf.feature_column.numeric_column(key="x", shape=[28, 28])]

# 构建深层神经网络模型
# model_name：模型的名称。如果需要训练多个模型，那么可以通过验证数据来选择最好的
# 模型，那么，模型保存的路径需要区分开。这里使用 model_name 来区分多个模型
# hidden_layers： 隐藏层神经元的数量，一个一维数组，其中，每个元素代表一个隐藏层的
# 神经元个数。例如 [256, 32]，代表两个隐藏层，第一层有 256 个神经元，第二层有 32 个神经元
# [500, 500, 30] 代表有三个隐藏层，神经元数量分别是 500 个、500 个、30 个
def mnist_dnn_classifier(model_name="mnist", hidden_layers=[256, 32]):
    # （1）定义输入特征列表，在这个例子中，输入特征只有一个就是 "x"，
    # 该输入特征是一个 28 × 28 的张量，其中，每个元素代表一个像素
    feature_columns = define_feature_columns()

    # （2）创建 DNNClassifier 实例
    # 构建优化函数，本例中采用 AdamOptimizer 优化器，初始学习率设置为 1e-4
    adam_optimizer = tf.train.AdamOptimizer(learning_rate=1e-4)
    classifier = tf.estimator.DNNClassifier(
        # 指定输入特征列（输入变量），本例中只有一个 "x"
        feature_columns=feature_columns,
        # 隐藏层，一个列表，其中的每个元素代表隐藏层神经元的个数
        hidden_units=hidden_layers,
        # 优化器，这里使用 AdamOptimizer 优化器
        optimizer=adam_optimizer,
        # 分类个数。手写数字的取值范围是 0 到 9，总共有 10 个数字，所以是十个类别。
        n_classes=10,
        # 将神经元 dropout 的概率。所谓的 dropout，是指将神经元暂时地从神经网络中剔除
        # 这样可以避免过拟合，提高模型的健壮性。
        # 这里设置丢弃神经元的概率是 10%（0.1）
        dropout=0.1,
        # 模型保存的目录，如果是多次训练，能够从上次保存的模型加速
```

```
    model_dir=('./tmp/%s/mnist_model' % model_name),
    # 设置模型保存的频率。设置为每 10 次迭代，将训练结果保存一次。
    # 可以通过 tensorboard --logdir=model_dir，
    # 然后通过 http://localhost:6006/，来可视化地查看模型的训练过程
    config=tf.estimator.RunConfig().replace(save_summary_steps=10))

# （3）定义数据输入函数
# 读取训练数据。读取数据文件 train-images-idx3-ubyte.gz、train-labels-idx1-ubyte.gz
features, labels = read_mnist_data(data_type="train")
# 样本数据输入函数
train_input_fn = tf.estimator.inputs.numpy_input_fn(
    # 数据输入函数中的 Dictionary 对象，key="x"，value 是 28 × 28 的张量
    x={"x": features},
    # 数据输入函数中的标签
    y=labels,
    # 训练轮数
    num_epochs=None,
    # 每批次的样本个数。对于模型训练来说，每一批数据就调整一次参数的方式能提高训练
    # 速度，实现更快地拟合。
    batch_size=100,
    # 是否需要乱序。乱序操作可以提高程序的健壮性。避免因为顺序数据中所包含的规律
    shuffle=True)

print ("\n 模型训练开始时间：%s" % time.strftime('%Y-%m-%d %H:%M:%S'))
time_start = time.time()
classifier.train(input_fn=train_input_fn, steps=20000)
time_end = time.time()
print (" 模型训练结束时间：%s" % time.strftime('%Y-%m-%d %H:%M:%S'))
print(" 模型训练共用时 : %d 秒 " % (time_end - time_start))

# 读取测试数据集，用于评估模型的准确性
# 读取测试数据文件 t10kimages-idx3-ubyte.gz、t10k-labels-idx1-ubyte.gz
test_features, test_labels = read_mnist_data(data_type="t10k")
test_input_fn = tf.estimator.inputs.numpy_input_fn(
    # 数据输入函数中的 Dictionary 对象，key="x"，value 是 28 × 28 的张量
    x={"x": test_features},
```

```
        # 数据输入函数中的标签
        y=test_labels,
         # 轮数，对于测试来说，一轮就足够了。训练的过程才需要多轮
        num_epochs=1,
        # 是否需要乱序。测试数据只需要结果，不需要乱序
        shuffle=False)

    # 评价模型的精确性
    print ("\n 模型测试开始时间：%s" % (time.strftime('%Y-%m-%d %H:%M:%S')))
    accuracy_score = classifier.evaluate(input_fn=test_input_fn)["accuracy"]
    print (" 模型测试结束时间：%s" % (time.strftime('%Y-%m-%d %H:%M:%S')))

    print("\n 模型识别的精确度：{:.2f} % \n".format ((accuracy_score * 100)))

# 手写数字识别示例入口函数
mnist_dnn_classifier(model_name="dnn_3layers", hidden_layers=[500, 500, 30])
```

以上模型的准确率为 95.23%，程序输出如下：

```
......

模型识别的精确度：95.23 %
```

5.2.3 手写数字识别分析

我们按照使用 Estimator 开发模型的几个步骤，来对上一节内容进行分析。使用 Estimator 开发可以分成以下四个步骤。

（1）定义输入特征列：本例中只定义了一个输入特征，也就是只定义了一个特征变量，即 $\boldsymbol{x}$。它是一个形状为 28×28 的张量。该张量的每个元素对应手写数字图片的一个像素。

```
def define_feature_columns():
  return [tf.feature_column.numeric_column(key="x", shape=[28, 28])]
```

（2）创建 Estimator 实例：创建 Estimator 实例，包括创建优化器和创建 DNNClassifier 实例。创建 DNNClassifier 实例的过程中，需要注意的是 model_dir 和 config 两个参数的设置。其中，model_dir 不仅可以用来保存模型的计算图和相关变量，还可以用来保存模型训练过程中的参数和数值。参数 config 是模型训练过程中的配置数据。这些模型训练过程中的数据，可以通过 tensorboard 来实现模型可视化。

```
# 构建优化函数，本例中采用 AdamOptimizer 优化器，初始学习率设置为 1e-4
adam_optimizer = tf.train.AdamOptimizer(learning_rate=1e-4)
classifier = tf.estimator.DNNClassifier(
    # 指定输入特征列（输入变量），本例中只有一个 "x"
    feature_columns=feature_columns,
    # 隐藏层，一个列表，其中的每个元素代表隐藏层神经元的个数
    hidden_units=hidden_layers,
    # 优化器，这里使用 AdamOptimizer 优化器
    optimizer=adam_optimizer,
    # 分类个数。手写数字的取值范围是 0 到 9，总共有 10 个数字，所以是十个类别。
    n_classes=10,
    # 将神经元 dropout 的概率。所谓的 dropout，是指将神经元暂时地从神经网络中剔除，
    这样可以避免过拟合，提高模型的健壮性。
    # 这里设置丢弃神经元的概率是 10%（0.1）
    dropout=0.1,
    # 模型保存的目录，如果是多次训练，能够从上一次训练的基础上开始，能够提高模型的
    训练效果，一般来说，通过多次训练能够提高模型识别的精确度。
    model_dir=('./tmp/%s/mnist_model' % model_name),
    # 设置模型保存的频率。设置为每 10 次迭代，将训练结果保存一次。
    # 可以通过 tensorboard --logdir=model_dir，
    然后通过 http://localhost:6006/，来可视化地查看模型的训练过程
config=tf.estimator.RunConfig().replace(save_summary_steps=10))
```

（3）定义数据输入函数：通过 tf.estimator.inputs.numpy_input_fn 直接完成数据输入函数的定义，包括输入特征、输出特征、训练轮数、每轮使用的样本数据数量、是否乱序，等等。我们指定了这些需求之后，数据输入函数就定义完了。

```
train_input_fn = tf.estimator.inputs.numpy_input_fn(
    # 数据输入函数中的 Dictionary 对象，key="x"，value 是 28 × 28 的张量
    x={"x": features},
    # 数据输入函数中的标签
    y=labels,
    # 训练轮数
    num_epochs=None,
    # 每批次的样本个数。对于模型训练来说，每一批数据就调整一次参数的方式能提高训练
    速度，实现更快地拟合。
    batch_size=100,
```

```
# 是否需要乱序。乱序操作可以提高程序的健壮性。
shuffle=True)
```

（4）模型训练：将样本数据“喂”给模型，指定模型训练所需要的轮数，完成模型的训练。

```
# 模型训练
classifier.train(input_fn=train_input_fn, steps=20000)
```

综上所述，采用内置 Estimator 开发模型相对来说还是非常简单的。一般情况下，只需要完成读取样本数据、定义数据输入函数、定义输入特征、创建 Estimator 实例、完成模型训练等几个步骤，就可以实现了。

5.2.4 手写数字识别过程可视化

执行以下命令，使用 Tensorboard 解析日志，然后通过浏览器来查看 DNNClissifier 的模型训练过程。

```
tensorboard --logdir=./tmp/dnn_3layers/mnist_model/
```

注意，需要确保 logdir 指定的日志目录与你的实际情况一致。如果你是在集成开发环境中运行以上代码，请将 logdir 指向集成开发环境设定的实际输出目录（有可能在当前工作目录的上一级目录中）。打开浏览器输入网址 http://localhost:6006/，就可以看到 DNNClassifier 的训练过程中的精确度和损失率的变化，并且相关的数据都是可以下载的，如图 5-3 所示。

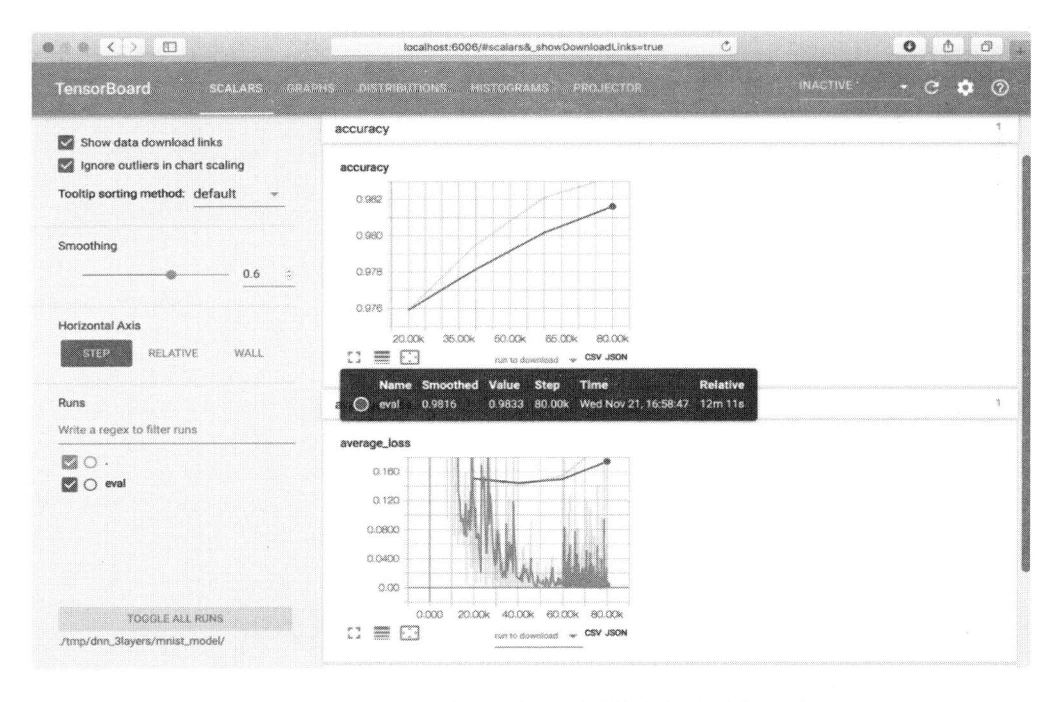

图 5-3　DNNClassifier 训练过程中的精确度和损失率的变化

在 4.2 节中，我们知道 TensorFlow 的开发包括构建计算图、将数据输入计算图执行计算两个过程。开发时，不需要自己构建计算图，Estimator 会为我们构建计算图。

图 5-4 所示为 DNNClassifier 为我们构建的计算图。图中展示了 DNNClassifier 为我们构建的 DNN 算法模块、模型训练过程的保存器等相关组件，以及它们之间的数据流向。

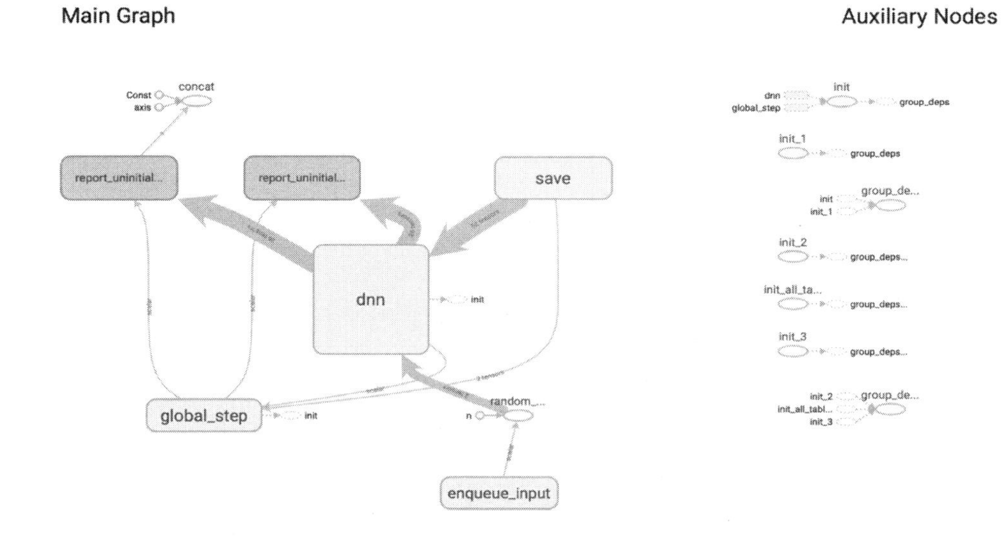

图 5-4　DNNClassifier 构建的计算图

5.3 手写数字识别优化

影响 DNNClassifier 识别准确率的主要参数说明如下：

```
__init__(
hidden_units, # 重要影响。隐藏层的层数、每层神经元的数量，对准确率很关键
    feature_columns, # 不影响。对于特定的业务场景来说，输入的特征列是固定的
    model_dir=None, # 不影响
    n_classes=2, # 不影响，对于特定的业务场景来说，输出的类别个数是固定的
    weight_column=None,
    label_vocabulary=None,
    optimizer='Adagrad', # 有影响。模型是通过优化器来寻找最优解的
    activation_fn=tf.nn.relu, # 重要影响。每个神经元都要经过激活函数才能输出
    dropout=None, # 重要影响。对于防止模型的过拟合有重要影响。
    input_layer_partitioner=None,
    config=None,
```

```
    warm_start_from=None,
    loss_reduction=losses.Reduction.SUM,
    batch_norm=False
)
```

以上参数中，参数 hidden_units 定义了隐藏层神经元的层数和每一层神经元的数量，对手写数字识别的准确率的影响非常大。参数 activation_fn 定义了每个神经元所采用的激活函数类型，对每个神经元的输出都有重要影响，所以该参数对模型的影响也非常重要。参数 dropout 对于防止过拟合有重要作用。接下来的章节，我们针对上述几个参数，研究它们对手写数字识别模型识别准确率、健壮性的影响。

5.3.1 隐藏层层数

我们来研究一下隐藏层的层数对识别准确率的影响，在神经元的总数一定的前提下，我们分别检查隐藏层层数在 2 层、3 层、4 层、5 层时对准确率的影响。

将如下代码加入上一节的源代码中，并且把入口函数的调用修改为 model_layers_selection()：

```
# 完成模型训练和识别准确率的评价
def mnist_model(estimator, train_input_fn, test_input_fn):
    estimator.train(input_fn=train_input_fn, steps=20000)
    accuracy_score = estimator.evaluate(input_fn=test_input_fn)["accuracy"]
    accuracy_score *= 100
    return accuracy_score

# 分别比较隐藏层的层数为 2 层、3 层、4 层、5 层时对模型识别准确率的影响
def model_layers_selection():
    features, labels = read_mnist_data(data_type="train")
    train_input_fn = tf.estimator.inputs.numpy_input_fn(
        x={"x": features},
        y=labels,
        num_epochs=None,
        batch_size=100,
        shuffle=True)

    test_features, test_labels = read_mnist_data(data_type="t10k")
    test_input_fn = tf.estimator.inputs.numpy_input_fn(
        x={"x": test_features},
```

```
    y=test_labels,
    num_epochs=1,
    shuffle=False)

feature_columns = define_feature_columns()
adam_optimizer = tf.train.AdamOptimizer(learning_rate=1e-4)

# 保持神经元的总数不变，改变隐藏层的层数，以及每层神经元的数量
hidden_layers_list = [[500, 500], [400, 300, 300], [250, 250, 250, 250],
                      [200, 200, 200, 200, 200]]
y = []
for hidden_layers in hidden_layers_list:
    classifier = tf.estimator.DNNClassifier(
        feature_columns=feature_columns,
        hidden_units=hidden_layers,
        optimizer=adam_optimizer,
        n_classes=10,
        dropout=0.1,
        model_dir=('./tmp/layers_%d_%d/mnist_model' % (hidden_layers[0],
                                                       hidden_layers[1])),
        config=tf.estimator.RunConfig().replace(save_summary_steps=10))

    score = mnist_model(classifier, train_input_fn, test_input_fn)
    y.append(score)

    print ("{} scores: {:.2f}%".format(hidden_layers, score))

# 将比较结果可视化
# 隐藏层神经元的层数，分别是 2 层、3 层、4 层、5 层
x = [2, 3, 4, 5]

# 设置纵坐标、横坐标的刻度
plt.axis([100, 1200, 90, 100])
# 其中，y 的元素分别是 2 层、3 层、4 层、5 层时的识别准确率
```

```
    plt.plot(x, y, label=" 准确率 ", linestyle='-', linewidth=1, color='black')

    # 横坐标是隐藏层的层数
    plt.xlabel(" 隐藏层的层数 ")
    # 识别的准确率
    plt.ylabel(" 准确率 ")

    plt.legend(loc='upper center')

    plt.show()

# 比较在神经元总数固定的前提下，隐藏层的层数对识别准确率的影响
model_layers_selection()
```

运行上述程序，得到输出结果如下：

```
[500, 500] scores: 98.20%
[400, 300, 300] scores: 98.08%
[250, 250, 250, 250] scores: 98.08%
[200, 200, 200, 200, 200] scores: 98.05%
```

同时，会弹出右图，展示隐藏层的层数对模型识别准确率的影响。如图 5-5 所示，可以看出模型的准确率在 98% ~ 98.20% 之间波动，隐藏层的层数对模型的影响不大。总体来说，对于 MNIST 手写数字识别来说，两个隐藏层就已经达到了最高的识别率，增加隐藏层的层数对提高模型的识别率来说，没有太大意义。

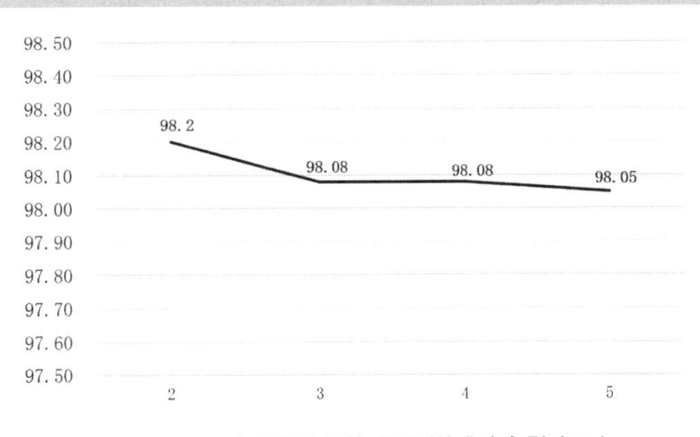

图 5-5　隐藏层的层数对识别的准确率影响不大

5.3.2　神经元数量

我们再研究一下，隐藏层神经元的数量对模型的影响。将以下代码加入 5.3.1 小节的源代码中，同时，将入口函数指向 model_n_neurals()。

```
# 模型选择函数
# 在固定神经元层数为 2 层的前提下，计算不同的神经元数量对模型准确性的影响
def model_n_neurals():
```

```
features, labels = read_mnist_data(data_type="train")
train_input_fn = tf.estimator.inputs.numpy_input_fn(
    x={"x": features},
    y=labels,
    num_epochs=None,
    batch_size=100,
    shuffle=True)

test_features, test_labels = read_mnist_data(data_type="t10k")
test_input_fn = tf.estimator.inputs.numpy_input_fn(
    x={"x": test_features},
    y=test_labels,
    num_epochs=1,
    shuffle=False)

feature_columns = define_feature_columns()
adam_optimizer = tf.train.AdamOptimizer(learning_rate=1e-4)

# 分别计算神经元数量为 [100, 50], [200, 100],…,[1200, 1000] 的情况下，识别的准确率
n_neurals = [50, 100, 200, 400, 500, 800, 1000, 1200]
y = []
for idx in range(0, len(n_neurals) - 1):
    hidden_layers = [n_neurals[idx + 1] , n_neurals[idx]]
    name = ("name{:d}".format(idx))
    classifier = tf.estimator.DNNClassifier(
        feature_columns=feature_columns,
        hidden_units=hidden_layers,
        optimizer=adam_optimizer,
        n_classes=10,
        dropout=0.1,
        model_dir=('./tmp/%s/mnist_model' % name),
        config=tf.estimator.RunConfig().replace(save_summary_steps=10))

    score = mnist_model(classifier, train_input_fn, test_input_fn)
    y.append(score)
```

```
        print ("[{:2d}, {:2d}],  scores: {:.2f}%".format(hidden_layers[0], hidden_layers[1], score))

    x = n_neurals[1:]
    plt.plot(x, y, label="", linestyle='-', linewidth=1, color='black')

    plt.xlabel("Number of Neurals")
    plt.ylabel("Accuracy")

    plt.scatter(x, y, label="Accuracy")
    plt.legend(loc='upper center')

    plt.show()

# 评估在 2 个隐藏层的前提下，神经元数量对模型的影响
model_n_neurals()
```

运行上述程序，得到输出结果如下：

```
[100, 50],  scores: 96.85%
[200, 100],  scores: 97.52%
[400, 200],  scores: 97.90%
[500, 400],  scores: 98.18%
[800, 500],  scores: 98.23%
[1000, 800],  scores: 98.29%
[1200, 1000],  scores: 98.37%
```

最终会展示如图 5-6 所示的曲线图。从图中可以看出，在设置 dropout 为 0.1 的情况下，随着神经元数量的增加，手写数字识别的准确率显示逐步提高。

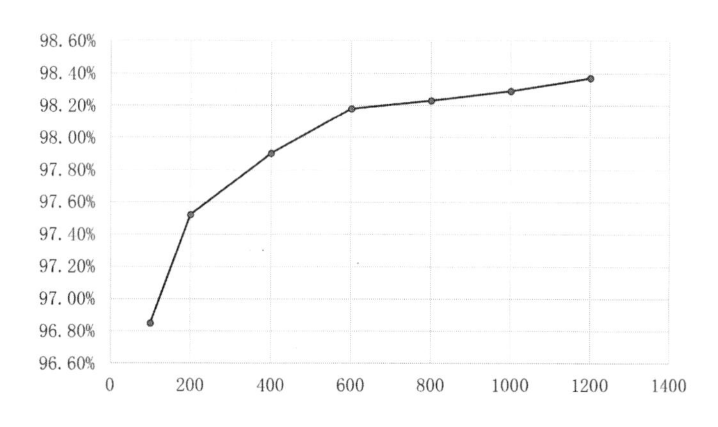

图 5-6　随着神经元数量的增加，识别的准确率会提高

5.3.3 优化器的影响

不同的优化器对模型识别准确率的影响是什么？我们来通过以下代码比较一下：

```
# 评价不同的优化器对准确率的影响
def model_optimizer_selection():
    features, labels = read_mnist_data(data_type="train")
    train_input_fn = tf.estimator.inputs.numpy_input_fn(
        x={"x": features},
        y=labels,
         num_epochs=None,
        batch_size=100,
        shuffle=True)

    test_features, test_labels = read_mnist_data(data_type="t10k")
    test_input_fn = tf.estimator.inputs.numpy_input_fn(
        x={"x": test_features},
        y=test_labels,
        num_epochs=1,
        shuffle=False)

    feature_columns = define_feature_columns()

    optimizer_list = ['Adagrad', 'Adam', 'Ftrl', 'RMSProp']
    for optimizer in optimizer_list:
        classifier = tf.estimator.DNNClassifier(
            feature_columns=feature_columns,
            hidden_units=[500, 500, 300],
            optimizer=optimizer,
            n_classes=10,
            dropout=0.1,
            model_dir=('./tmp/optimizer_{}/mnist_model'.format(optimizer)))

        score = mnist_model(classifier, train_input_fn, test_input_fn)

        print ("optimizer={}  scores: {:.2f}%".format(optimizer, score))
```

```
# 比较不同优化器对准确率的影响
model_optimizer_selection()
```

运行上述程序，得到输出结果如图 5-7 所示。

```
optimizer=Adagrad  scores: 96.21%
optimizer=Adam  scores: 11.35%
optimizer=Ftrl  scores: 94.92%
optimizer=RMSProp  scores: 10.28%
```

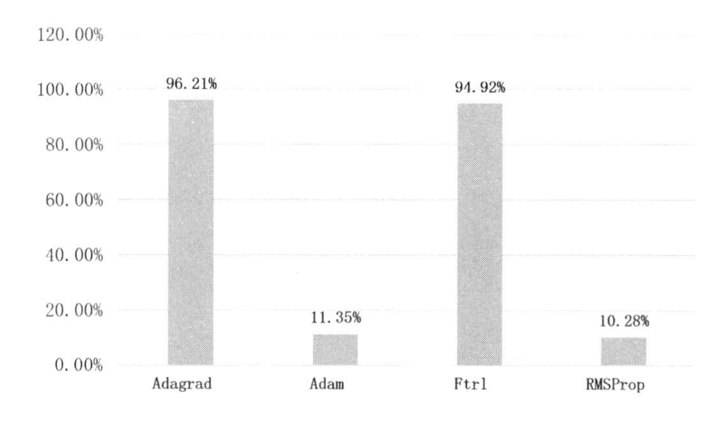

图 5-7　不同的优化器对准确率的影响差别很大

由上图可以看出不同的优化器对准确率产生的影响不同，不过我们更应该关注的是优化器的设置。比如 Adam 优化器在之前的场景中，识别的准确率都非常高，但在这里识别的准确率却非常低，这说明要关注优化器相关的参数设置才能正确地使用它们。

```
# 设置良好的 AdamOptimizer，识别的准确率可以非常高
adam_optimizer = tf.train.AdamOptimizer(learning_rate=1e-4)
```

5.3.4　激活函数的影响

不同的激活函数，对识别的准确率有什么影响呢?

```
# 评估激活函数对准确率的影响
def model_activate_fn():
    features, labels = read_mnist_data(data_type="train")
    train_input_fn = tf.estimator.inputs.numpy_input_fn(
        x={"x": features},
        y=labels,
        num_epochs=None,
        batch_size=100,
        shuffle=True)
```

```
    test_features, test_labels = read_mnist_data(data_type="t10k")
    test_input_fn = tf.estimator.inputs.numpy_input_fn(
        x={"x": test_features},
        y=test_labels,
        num_epochs=1,
        shuffle=False)

    feature_columns = define_feature_columns()

    adam_optimizer = tf.train.AdamOptimizer(learning_rate=1e-4)
    activation_fn_list = [tf.nn.relu, tf.nn.relu6, tf.nn.sigmoid, tf.nn.elu, tf.nn.tanh]
    for activation_fn in activation_fn_list:
        # 激活函数名称
        activation_func_name = getattr(activation_fn, '__name__')
        classifier = tf.estimator.DNNClassifier(
            feature_columns=feature_columns,
            hidden_units=[500, 500, 300],
            n_classes=10,
            optimizer=adam_optimizer,
            activation_fn=activation_fn,
            dropout=0.1,
            model_dir=("./tmp/activation_{}/mnist_model".format(activation_func_name)))

        score = mnist_model(classifier, train_input_fn, test_input_fn)

        log_msg = "activation_fn={}  scores: {:.2f}%".format(activation_func_name, score)
        print (log_msg)

# 评估不同的激活函数对准确率的影响
model_activate_fn()
```

运行上述程序，得到输出结果如下：

```
activation_fn=relu  scores: 98.03%
activation_fn=relu6  scores: 98.11%
activation_fn=sigmoid  scores: 97.63%
```

```
activation_fn=elu  scores: 98.05%
activation_fn=tanh  scores: 97.71%
```

可以看出，不同的激活函数之间差距很小，所有的激活函数的准确率都取得了非常好的成绩，最低的准确率也超过了 97%。可以说，不同激活函数对模型准确率的影响不大。

5.3.5 Dropout 的影响

从前面的章节可以看出，随着神经元数量的增加，模型识别的准确率逐步提高，只有在神经元的数量超过一定的门线之后，识别的准确率才会下降。上面的例子中设置的 dropout 的概率为 0.1，也就是 10%，如果我们设置 dropout 为 None 会怎么样呢？

```
# 测试在 dropout 关闭时对模型准确率的影响
def model_dropout_none():
    features, labels = read_mnist_data(data_type="train")
    train_input_fn = tf.estimator.inputs.numpy_input_fn(
        x={"x": features},
        y=labels,
         num_epochs=None,
        batch_size=100,
        shuffle=True)

    test_features, test_labels = read_mnist_data(data_type="t10k")
    test_input_fn = tf.estimator.inputs.numpy_input_fn(
        x={"x": test_features},
        y=test_labels,
        num_epochs=1,
        shuffle=False)

    feature_columns = define_feature_columns()
    adam_optimizer = tf.train.AdamOptimizer(learning_rate=1e-4)

    # 分别计算神经元数量为 [100, 50], [200, 100],…,[1200, 1000] 的情况下，识别的准确率
    n_neurals = [50, 100, 200, 400, 500, 800, 1000, 1200]
    y = []
    for idx in range(0, len(n_neurals) - 1):
        hidden_layers = [n_neurals[idx + 1] , n_neurals[idx]]
        name = ("name{:d}".format(idx))
```

```
        classifier = tf.estimator.DNNClassifier(
          feature_columns=feature_columns,
          hidden_units=hidden_layers,
          optimizer=adam_optimizer,
          n_classes=10,
          # 设置 dropout 为 None，不丢弃神经元，理论上来说会降低模型的健壮性
          # 识别准确率波动应该更大
          dropout=None,
          model_dir=('./tmp/%s/mnist_model' % name),
          config=tf.estimator.RunConfig().replace(save_summary_steps=10))

        score = mnist_model(classifier, train_input_fn, test_input_fn)
        y.append(score)

        print ("{} scores: {:.2f}%".format(hidden_layers, score))

    x = n_neurals[1:]
    plt.plot(x, y, label="？  ", linestyle='-', linewidth=1, color='black')

    plt.xlabel("Number of Neurals")
    plt.ylabel("Accuracy")

    plt.scatter(x, y, label="Accuracy")
    plt.legend(loc='upper center')

    plt.show()

# 评估 dropout 对模型准确率的影响
model_dropout_none()
```

运行上述程序，得到输出结果如下：

```
[100, 50], scores: 96.76%
[200, 100], scores: 97.08%
[400, 200], scores: 97.49%
[500, 400], scores: 97.47%
[800, 500], scores: 98.16%
```

```
[1000, 800], scores: 97.87%
[1200, 1000], scores: 97.79%
```

当 dropout=0.1 与 dropout=None 时，神经元数量的增加会使模型准确率的变化曲线叠加在一起，如图 5-8 所示。从下图可以看出来，当 dropout=None 时，模型的准确率波动更大，健壮性不太好。可以看出，Dropout 的主要作用是提高模型的健壮性（也称鲁棒性，就是说当模型面对不同的样本数据时，准确率波动比较小），防止过拟合。

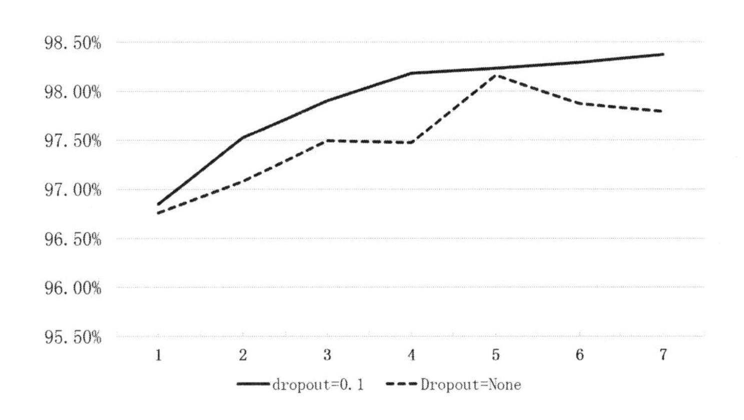

图 5-8　Dropout 对模型识别的准确率的影响

我们再看看，在神经元数量固定不变的情况下，dropout 取值不同，对准确率产生的影响。

```
# 测试在 dropout 关闭时对模型准确率的影响
def model_dropout_var():
    features, labels = read_mnist_data(data_type="train")
    train_input_fn = tf.estimator.inputs.numpy_input_fn(
        x={"x": features},
        y=labels,
         num_epochs=None,
        batch_size=100,
        shuffle=True)

    test_features, test_labels = read_mnist_data(data_type="t10k")
    test_input_fn = tf.estimator.inputs.numpy_input_fn(
        x={"x": test_features},
        y=test_labels,
        num_epochs=1,
        shuffle=False)
```

```
    feature_columns = define_feature_columns()
    adam_optimizer = tf.train.AdamOptimizer(learning_rate=1e-4)

    x = []
    y = []
    for dropout in np.arange(0.1, 0.9, 0.1):
        x.append(dropout)
        classifier = tf.estimator.DNNClassifier(
            feature_columns=feature_columns,
            hidden_units=[500, 500, 300],
            optimizer=adam_optimizer,
            n_classes=10,
            # 设置 dropout 为 None，不丢弃神经元，理论上来说会降低模型的健壮性
            # 识别准确率波动应该更大
            dropout=None,
            model_dir=('./tmp/%s/mnist_model' % (10 * dropout)))

        score = mnist_model(classifier, train_input_fn, test_input_fn)
        y.append(score)

        print ("dropout={:.2f}  scores: {:.2f}%".format(dropout, score))

    plt.plot(x, y, label=" 准确率 ", linestyle='-', linewidth=1, color='black')

    plt.xlabel("Dropout 的取值 ")
    plt.ylabel(" 准确率 (%)")

    plt.legend(loc='upper center')

    plt.show()

# 评估 dropout 对模型准确率的影响
model_dropout_var()
```

运行上述程序，得到输出结果如下：

```
dropout=0.10  scores: 97.82%
```

```
dropout=0.20  scores: 97.86%
dropout=0.30  scores: 97.71%
dropout=0.40  scores: 97.58%
dropout=0.50  scores: 96.41%
dropout=0.60  scores: 93.52%
dropout=0.70  scores: 20.96%
dropout=0.80  scores: 11.33%
```

上述程序同时弹出一个图片窗口，如图 5-9 所示。从图中可以看出，dropout 取值增加到 0.5 之前，识别的准确率还是很不错的，但是当 dropout 取值进一步增加时，识别的准确率出现大幅度的降低。原因是有太多的神经元被丢弃，相当于总体的神经元数量很少，模型的拟合程度不够，也就是模型欠拟合了。所以，识别的准确率降低了。

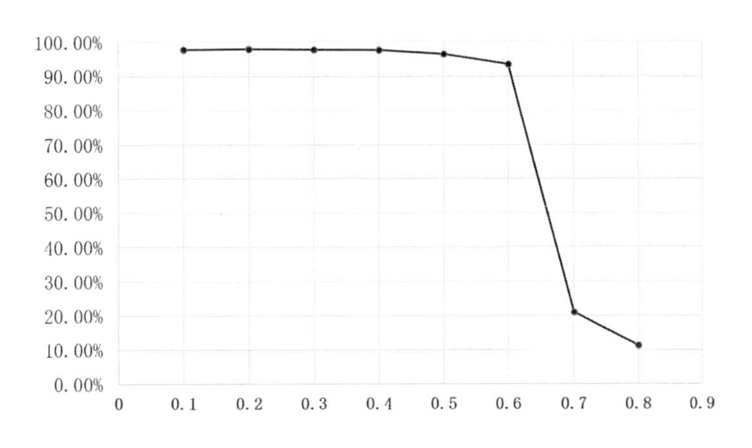

图 5-9　Dropout 不同取值对准确率的影响

5.4　寻找最优模型

如何才能找到最优模型？前面的章节，我们已经选择了几个对模型准确率有影响的主要参数，并且比较它们在取不同值时对准确率的影响。这些参数之间是否会相互影响呢？它们组合起来的效果是怎样的呢？

对于这个问题，最简单的解决方法，就是构建一个模型选择函数，将上述参数的所有可选项排列组合，分别构建模型，然后计算上述所有模型的准确率，选择准确率最高的那一个。需要注意的是，每多一个模型，就需要多一份模型训练与评价的时间。所以，要综合考虑要评价的模型总数量及所拥有的计算能力，这样才能在合理的时间找到最优模型。

如何在有限的时间内尽可能找到最优的模型，这是实际项目建设中经常遇到的问题。找到最优模型似乎是个艺术问题，完全靠经验和感觉，但即使靠经验和感觉，也应该有一个大致的思考方向和方法。接下来，本书就以 MNIST 手写数字为例，向大家展示在有限的时间内，如何思考和行动。

注意，这个方法只能尽可能地找到次优解（无法保证找到最优解）。

整体思路就是，首先尝试穷举所有的参数组合，运行这些参数组合，得到各个参数组合对应模型的准确率，根据程序运行的实际时间，决定上述组合在完成四分之一或三分之一处停止；然后对上述所有组合的输出结果进行分析，剔除识别准确率比较低的组合，缩小搜索范围，提高效率；最后在缩小后的范围内，再次运行上述参数组合的模型，并对结果进行分析，缩小范围，直至找到最终的最优模型（严格地说，是次优模型，次优模型就是接近最优的模型）。

5.4.1　尝试所有组合

我们将上述所有的、对模型准确率影响比较大的参数组合起来，包括隐藏层的层数、神经元数量、优化器、激活函数、dropout 参数，其中隐藏层分别计算 2 层、3 层、4 层、5 层 4 种情况，隐藏层每层神经元数量分别取 50、100、200、400、500、800 这 6 种情况，常见优化器 4 种、常见的激活函数 5 种，dropout 取值 0 ~ 0.8 共计 9 种情况，以上参数组合起来共计有 4320 种组合。

编写程序，并且执行上述所有的组合：

```
# 构建隐藏层
def create_hidden_layers(n_layers, n_neurals):
    hidden_layers = []
    for _ in range(0, n_layers):
        hidden_layers.append(n_neurals)
    return hidden_layers

# 将隐藏层的各层神经元转换成为逗号分隔的字符串
# 为了便于后面的分析，隐藏层一律按照 5 层计算，不足 5 层的，填充 0 个神经元隐藏层
# 返回的字符串最后一个字符是 " 逗号 "。要求 hidden_layers 不超过 5 层
def to_csv(hidden_layers):
    csv = ""
    for idx in range(0, len(hidden_layers)):
        csv += (str(hidden_layers[idx]) + ",")

    # 不足 5 层的，将后面的层按照 0 个神经元补齐
    for idx in range(len(hidden_layers), 5):
        csv += "0,"

    return csv

# 寻找准确率最高的模型，将以下的所有参数组合起来
```

```
# 比较所有的隐藏层层数为 2 层、3 层、4 层、5 层
# 每层神经元数量分别为 50、100、200、 400、500、800 的情况
# 尝试常见 4 种优化器，[adagrad , adam, ftrl, RMSProp]
# 尝试常见 5 种激活函数
# dropout 取值从 0.0 ~ 0.8 的 9 种情况
# 共有 4 × 6 × 4 × 5 × 9 = 4320 种组合
def search_best_model():
    features, labels = read_mnist_data(data_type="train")
    train_input_fn = tf.estimator.inputs.numpy_input_fn(
        x={"x": features},
        y=labels,
        num_epochs=None,
        batch_size=100,
        shuffle=True)

    test_features, test_labels = read_mnist_data(data_type="t10k")
    test_input_fn = tf.estimator.inputs.numpy_input_fn(
        x={"x": test_features},
        y=test_labels,
        num_epochs=1,
        shuffle=False)

    feature_columns = define_feature_columns()

    # 隐藏层层数分计算是 2 层、3 层、4 层、5 层，共计 4 种情况
    layers_list = [2, 3, 4, 5]
    # 隐藏层各层神经元的个数，共计 6 种情况
    n_neurals_list = [50, 100, 200, 400, 500, 800]
    # dropout 取值分别为 0.0 ~ 0.8，共计 9 种情况
    dropout_list = np.arange(0.0, 0.9, 0.1)

    # 分别构建优化器，共计 4 种情况
    # 优化器的初始学习率设置对准确率影响巨大，针对这些优化器设置它们最常用的初始参数
    adagrad = tf.train.AdagradOptimizer(learning_rate=0.1)
    adam = tf.train.AdamOptimizer(learning_rate=1e-4)
```

```
ftrl = tf.train.FtrlOptimizer(0.03, l1_regularization_strength=0.01,
                    l2_regularization_strength=0.01)
RMSProp = tf.train.RMSPropOptimizer(learning_rate=1, decay=0.9, momentum=0.9)
optimizer_list = [adagrad , adam, ftrl, RMSProp]
# 激活函数。共计 5 种情况。
activation_fn_list = [tf.nn.relu, tf.nn.relu6, tf.nn.sigmoid, tf.nn.elu, tf.nn.tanh]
for n_layers in layers_list:
  for n_neurals in n_neurals_list:
    for optimizer in optimizer_list:
      for activation_fn in activation_fn_list:
        # 输出结果的字符串，保存 9 种 dropout 取值情况
        msg_list = []
        for dropout in dropout_list:
          # 创建隐藏层。为了方便，每层的神经元数量都相同
          hidden_layers = create_hidden_layers(n_layers, n_neurals)
          # 优化器的名称，从优化器对象中读取
          optimizer_name = optimizer.__class__.__name__
          # 激活函数的名称，从激活函数的属性中读取
          fn_name = getattr(activation_fn, '__name__')
          dropout_i = (10 * dropout).astype(np.int32)


          m_dir = "./tmp/nn_{:d}_{:d}/{}/{}/dropout_{:d}/mnist_model".format(
            n_layers, n_neurals, optimizer_name, fn_name, dropout_i)

          # 构建模型;
          classifier = tf.estimator.DNNClassifier(
            feature_columns=feature_columns,
            hidden_units=hidden_layers,
            optimizer=optimizer,
            n_classes=10,
            activation_fn=activation_fn,
            dropout=dropout,
            model_dir=m_dir)
```

```
            # 计算该模型识别准确率
            score = mnist_model(classifier, train_input_fn, test_input_fn)

            # 第一个占位符之后不需要逗号，to_csv 返回的字符串最后字符是逗号
            msg = "{}{}, {}, {:d}, {:.2f}%".format(to_csv(hidden_layers),
                optimizer_name, fn_name, dropout_i, score)
            msg_list.append(msg)
            print (msg)

        with open("./data/model_selection.csv", "a+") as fd:
            fd.writelines(msg_list)
            fd.close()

# 查找准确率最高的模型
search_best_model()
```

执行以上程序，得到以下输出：

```
50,50,0,0,0, AdagradOptimizer，relu，0，84.16%
50,50,0,0,0, AdagradOptimizer，relu，1，71.71%
50,50,0,0,0, AdagradOptimizer，relu，2，82.40%
50,50,0,0,0, AdagradOptimizer，relu，3，83.85%
```

经过大约 40 个小时的运行，完成了所有的包含两个隐藏层的 1080 个模型计算和比较。2 个以上的隐藏层模型的计算量会更大，完成后续模型计算，所需要的时间至少是当前运行时间的 3 倍，预计还需要不少于 120 个小时的运行时间。

为了缩短运算时间，提高效率，我们需要对当前结果进行分析，剔除那些准确率比较低的参数组合，尽可能在那些准确率比较高的参数组合中继续搜索。为此，我们将对目前取得的结果进行分析，以便于剔除那些准确率比较低的组合，因为最优的模型有很大的可能性不会出现在上述准确率比较低的组合中。

5.4.2 剔除低准确率组合

我们的目标是寻找最优模型，所以对于每一种组合，我们只需要提取准确率排名靠前的组合即可。我们可以毫不犹豫地剔除那些排名在最后四分之一的组合，以便于缩小最优模型的搜索范围。

初步浏览目前得到参数组合的结果，会发现优化器对准确率影响很大，dropout 对准确率影响也很大，我们首先尝试所有优化器的范围、dropout 的取值范围。

1. 优化器的影响

对目前已经得到的运行结果进行分析，按照优化器分组，各个分组按照最高的准确率从高到低

排序，提取各个组合准确率的前三名，得到的结果如表 5-6 所示。

表 5-6　按优化器分组、准确率从高到低的前三名模型

优化器	准确率	排名
AdamOptimizer	98.11%	1
AdamOptimizer	98.05%	2
AdamOptimizer	98.03%	3
FtrlOptimizer	97.26%	1
FtrlOptimizer	96.48%	2
FtrlOptimizer	96.47%	3
AdagradOptimizer	94.29%	1
AdagradOptimizer	94.21%	2
AdagradOptimizer	93.97%	3
RMSPropOptimizer	14.18%	1
RMSPropOptimizer	11.35%	2
RMSPropOptimizer	11.34%	3

从表 5-6 中可以很容易地看出，优化器“RMSPropOptimizer”的准确率非常低，只有百分之十几，远远低于其他优化器的百分之九十几。所以，我们可以毫不犹豫地剔除优化器“RMSPropOptimizer”，剔除了四个优化器中的一个，就节省了 25% 的搜索空间，我们只需要搜索剩下 75% 组合即可。

2.Dropout 的影响

对目前已经得到的运行结果进行分析，按照优化器、dropout 分组，提取各个分组准确率的前三名，如表 5-7 所示，得到最有可能取得最优解的 dropout 的取值范围。从表 5-7 中得知，Dropout 取值在 0 ~ 0.4 之间最有可能获得最优解，其他的取值组合都没有出现在准确率排名的前三名中。

Dropout 取值太大也没有意义，Dropout 取值越大就意味着丢弃越多的神经元计算结果。同时，从之前的章节中我们已经得知，随着神经元数量的增加，模型的精度也会提高。Dropout 取值大与神经元数量大的组合，相当于将很多神经元丢弃了，其实就和 Dropout 取值较小与神经元数量也较小的组合等价了，所以我们可以放心地剔除所有的 Dropout 取值 0.4 以上的组合。

表 5-7　哪些 Dropout 的取值最有可能取得最优解

优化器	dropout	准确率	排名
AdamOptimizer	0.2	98.11%	1
AdamOptimizer	0.3	98.05%	2
AdamOptimizer	0.1	98.05%	3
FtrlOptimizer	0.2	97.26%	1
FtrlOptimizer	0.1	96.48%	2
FtrlOptimizer	0.4	96.44%	3

续表

优化器	dropout	准确率	排名
AdagradOptimizer	0.1	94.29%	1
AdagradOptimizer	0	93.97%	2
AdagradOptimizer	0.3	93.8%	3
RMSPropOptimizer	0	14.18%	1
RMSPropOptimizer	0.3	11.35%	2
RMSPropOptimizer	0.2	11.35%	3

再来看看Dropout取值为0的情况。Dropout取值为0，对应dropout=None的情况，当dropout=0.1时，模型的健壮性远远好于dropout=None时的情况。从表5-6中可知，dropout=0时，最高的准确率也只能排名靠后，所以综合考虑模型的健壮性和准确率，我们丢弃dropout=0的组合。

综上所示，Dropout的取值范围，我们只保留0.1~0.4的组合，剔除其他的组合情况。

3. 激活函数的影响

按照激活函数分组，提取各个激活函数的最高准确率，如表5-8所示，可以看出激活函数对准确率影响不大，各个激活函数对应的准确率都高达97%以上，无法剔除任何一个激活函数。

表5-8 按照激活函数分组的最高准确率

激活函数	准确率
relu6	98.11%
elu	98.05%
relu	98.03%
tanh	97.71%
sigmoid	97.63%

按照优化器、激活函数组合来提取准确率排名前三的模型，得到表5-9。从表中可以看出激活函数对准确率影响不大，值得注意的是优化器“RMSPropOptimizer”没有出现在表格中，也就是说，与该优化器组合的所有激活函数，准确率的排名都没有进入前三名中。这也再次验证了剔除该优化器的正 确性。

从表5-9中，可以看出每个激活函数都出现了至少一次，也就是说，到目前我们还不能剔除任何激活函数。

表5-9 按照优化器、激活函数分组的准确率前三名

优化器	激活函数	准确率	排名
AdamOptimizer	elu	98.05%	1
FtrlOptimizer	elu	97.26%	2
AdagradOptimizer	elu	94.29%	3
AdamOptimizer	relu	98.03%	1
FtrlOptimizer	relu	95.62%	2
AdagradOptimizer	relu	93.96%	3
AdamOptimizer	relu6	98.11%	1
FtrlOptimizer	relu6	93.69%	2

续表

优化器	激活函数	准确率	排名
AdagradOptimizer	relu6	88.33%	3
AdamOptimizer	sigmoid	97.63%	1
FtrlOptimizer	sigmoid	96.48%	2
AdagradOptimizer	sigmoid	94.21%	3
AdamOptimizer	tanh	97.71%	1
FtrlOptimizer	tanh	94.81%	2
AdagradOptimizer	tanh	89.62%	3

4. 神经元数量的影响

对神经元数量、优化器、激活函数、Dropout 取值分组，提取各个准确率排名前三的组合，得到表 5-10。

表 5-10　神经元数量对准确率的影响

神经元数量	激活函数	优化器	dropout	准确率
1600	elu	AdagradOptimizer	0.1	94.29%
800	sigmoid	AdagradOptimizer	0.1	94.21%
1000	sigmoid	AdagradOptimizer	0	93.97%
1600	relu6	AdamOptimizer	0.2	98.11%
1000	elu	AdamOptimizer	0.3	98..05%
1600	elu	AdamOptimizer	0.1	98.05%
1600	elu	FtrlOptimizer	0.2	97.26%
1600	sigmoid	FtrlOptimizer	0.1	96.48%
100	elu	FtrlOptimizer	0.2	96.47%
1000	relu	RMSPropOptimizer	0	14.18%
800	relu6	RMSPropOptimizer	0.4	11.35%
100	tanh	RMSPropOptimizer	0.5	11.35%

随着神经元数量的增加，模型的准确率会提升，我们可以排除神经元数量较少的组合。分析神经元数量组合 [50, 100, 200, 400, 500, 800]，可以看出 200 个神经元及其以下的组合不太可能出现最优解，因为每层 200 个神经元，即使有 5 个隐藏层，也才 1000 个神经元，与目前的 1000~1600 个比起来还是少，所以我们剔除每层 200 个神经元以下的组合，保留 [400, 500, 800] 的组合，这样就剔除了 50% 神经元数量的组合。

综合以上几个步骤的分析，优化器我们保留了 75% 左右，Dropout 我们保留了 4/9，激活函数我们保留了 100%，神经元数量我们保留了 50%，我们总共保留了 16.67% 的搜索空间，计算过程如下：

$$75\% \times 4/9 \times 100\% \times 50\% = 16.67\%$$

也就是说，后续我们只需要搜索 16.67% 的参数组合，就有可能找到一个较优的模型。

5.4.3 搜索剩下的组合空间

按照上面的分析，我们减少相关参数的取值范围，重新修改模型搜索函数如下：

```
def search_best_model_ex():
    features, labels = read_mnist_data(data_type="train")
    train_input_fn = tf.estimator.inputs.numpy_input_fn(
        x={"x": features},
        y=labels,
        num_epochs=None,
        batch_size=100,
        shuffle=True)

    test_features, test_labels = read_mnist_data(data_type="t10k")
    test_input_fn = tf.estimator.inputs.numpy_input_fn(
        x={"x": test_features},
        y=test_labels,
        num_epochs=1,
        shuffle=False)

    feature_columns = define_feature_columns()

    # 隐藏层层数分别是 2 层、3 层、4 层、5 层，共计 4 种情况
    # 由于 2 层的情况已经搜索完毕，我们只搜索 2 层以上的情况
    layers_list = [3, 4, 5]
    # 隐藏层各层神经元的个数，共计 6 种情况
    # 我们只搜索 400，500，800 的 3 种情况
    n_neurals_list = [50, 100, 200, 400, 500, 800]
    # dropout 取值分别为 0.0 ~ 0.8，共计 9 种情况
    # 我们只搜索 0.1~0.4 的 4 种情况
    dropout_list = np.arange(0.1, 0.5, 0.1)

    # 分别构建优化器。共计 4 种情况
    # 优化器的初始学习率设置对准确率影响巨大，针对这些优化器设置它们最常用的初始参数
    adagrad = tf.train.AdagradOptimizer(learning_rate=0.1)
    adam = tf.train.AdamOptimizer(learning_rate=1e-4)
    ftrl = tf.train.FtrlOptimizer(0.03, l1_regularization_strength=0.01,
```

```
                    l2_regularization_strength=0.01)
# 优化器 RMSProp 的准确率太低，剔除
# RMSProp = tf.train.RMSPropOptimizer(learning_rate=1, decay=0.9, momentum=0.9)
optimizer_list = [adam, ftrl, adagrad]
# 激活函数。共计 5 种情况。
activation_fn_list = [tf.nn.relu, tf.nn.relu6, tf.nn.sigmoid, tf.nn.elu, tf.nn.tanh]
for n_layers in layers_list:
  for n_neurals in n_neurals_list:
    for optimizer in optimizer_list:
      for activation_fn in activation_fn_list:
        # 输出结果的字符串，保存 9 种 dropout 取值情况
        msg_list = []
        for dropout in dropout_list:
          # 创建隐藏层。为了方便，每层的神经元数量都相同
          hidden_layers = create_hidden_layers(n_layers, n_neurals)
          # 优化器的名称，从优化器对象中读取
          optimizer_name = optimizer.__class__.__name__
          # 激活函数的名称，从激活函数的属性中读取
          fn_name = getattr(activation_fn, '__name__')
          dropout_i = (10 * dropout).astype(np.int32)


          m_dir = "./tmp/nn_{:d}_{:d}/{}/{}/dropout_{:d}/mnist_model".format(
            n_layers, n_neurals, optimizer_name, fn_name, dropout_i)

          # 构建模型；
          classifier = tf.estimator.DNNClassifier(
            feature_columns=feature_columns,
            hidden_units=hidden_layers,
            optimizer=optimizer,
            n_classes=10,
            activation_fn=activation_fn,
            dropout=dropout,
            model_dir=m_dir)

          # 计算该模型识别准确率
```

```
            score = mnist_model(classifier, train_input_fn, test_input_fn)

            # 第一个占位符之后不需要逗号，to_csv 返回的字符串最后字符是逗号
            msg = "{}{}, {}, {:d}, {:.2f}%".format(to_csv(hidden_layers),
                optimizer_name, fn_name, dropout_i, score)
            msg_list.append(msg)
            print (msg)

        with open("./data/model_selection.csv", "a+") as fd:
            fd.writelines(msg_list)
            fd.close()

# 查找准确率最高的模型
search_best_model_ex()
```

执行以上程序，经过 20 个小时的运行，完成了 3 层隐藏层和 4 层隐藏层的运算，得到以下输出:

```
400,400,400,0,0, AdamOptimizer, relu, 1, 97.78%
400,400,400,0,0, AdamOptimizer, relu, 2, 97.71%
400,400,400,0,0, AdamOptimizer, relu, 3, 97.71%
400,400,400,0,0, AdamOptimizer, relu, 4, 97.03%
......
```

我们将运行结果与 2 层隐藏层的所有参数组合放在一起，提取准确率最高的前十名得到表 5-11。

表 5-11　准确率最高的前十名参数组合

第一层	第二层	第三层	第四层	优化器	激活函数	Dropout	准确率
800	800	800	800	AdamOptimizer	elu	0.3	98.33%
800	800	800	0	AdamOptimizer	relu	0.2	98.27%
800	800	800	800	AdamOptimizer	elu	0.2	98.23%
800	800	800	0	AdamOptimizer	relu6	0.2	98.22%
800	800	800	800	AdamOptimizer	relu	0.2	98.21%
500	500	500	500	AdamOptimizer	elu	0.2	98.2%
800	800	800	800	AdamOptimizer	relu	0.3	98.2%
800	800	800	800	AdamOptimizer	relu6	0.2	98.19%
800	800	800	0	AdamOptimizer	tanh	0.1	98.16%
800	800	800	0	AdamOptimizer	elu	0.2	98.16%

从表 5-11 可以看出，准确率最高的前十名的优化器都是 AdamOptimizer 优化器，如果我们需要进一步搜索最优模型，可以采用 AdamOptimizer 优化器，对其他神经元的层数、数量、每层的个数，以及优化器的自身设置（如初始学习率等参数的设置、训练轮数等角度）进一步探索。

5.5 本章小结

本章以手写数字识别为例，展示了如何开发一个深度学习程序。

首先，介绍了手写数字 MNIST 数据集，包括下载网址、数据格式、以往的识别准确率。

其次，以手写数字识别为例，介绍了手写数字识别的方法、实战代码，并且对实战代码进行分析，介绍了深度学习的开发的整个过程。之后，对手写数字模型的训练过程中误差与变量的变化过程进行了可视化展示。

最后，介绍了通过程序优化整个深度学习模型，针对各种超参及超参组合，通过实验获得测试数据，并对测试结果进行分析，找到最优的超参组合。

第2篇 发展演变篇

PIECE

本篇主要介绍深度学习技术在图像识别领域的发展与演变。以 ImageNet 挑战赛为主线、聚焦 ImageNet 挑战赛中的冠军模型，介绍了卷积神经网络的发展历程、遇到的主要问题、解决思路和对策，以及各种冠军模型的模型架构与实现方法，囊括了所有主流的卷积神经网络，包括 AlexNet、VGGNet、Inception v1、Inception v2、Inception v3、ResNet、Inception v4、DenseNet 等。

第6章 CHAPTER 图像识别

研究图像识别离不开两样东西：第一，大量的样本数据；第二，好的算法。从某种意义上来说，数据比算法更重要，算法只是决定了图像识别的准确率，但如果没有样本数据，图像识别就无从谈起。

首先，我们会介绍图像识别领域常用的两个数据集 CIFAR 数据集和 ImageNet 数据集。我们知道手写数字数据集 MNIST 中的图像，都是 28×28 像素、单色的，这与我们现实生活中的图像差异很大。这种差异不仅体现在像素的多寡、颜色的丰富程度上，还体现在内容的多样性上。生活中的图像不会只包含手写数字，还会包含自然界中各种各样的事物，如动物、人、汽车、飞机，等等。CIFAR 和 ImageNet 正是这样的图像数据集，它们提供了比 MNIST 颜色更丰富、像素更多、类别更多样的图像数据集，这些图像更贴近真实生活。

其次，我们会介绍卷积神经网络，包括经典的卷积神经网络的网络结构、算法原理、代码示例，以及卷积神经网络的最新进展情况等。

6.1 CIFAR 数据集简介

CIFAR 图像数据集，是一组通常用于训练机器学习和研究计算机视觉算法的图像集合，包括 CIFAR-10 数据集和 CIFAR-100 数据集，是 8000 万个微小图像数据集的标记子集，是由 Alex Krizhevsky，Vinod Nair 和 Geoffrey Hinton 收集的。更多信息请参考 CIFAR 数据集官网：https://www.cs.toronto.edu/~kriz/cifar.html。

与手写数字图像数据集 MNIST 比较起来，CIFAR 数据集更接近真实生活中的图像，如每个图像的像素都是 32×32，并且，每个像素包含了红、绿、蓝（RGB）三色，不再是单色的。

6.1.1 CIFAR-10 简介

CIFAR-10 数据集共有 10 个类别，每个类别有 6000 张图像，每个图像都是 32×32 像素，每个像素包括 RGB 三种颜色，总共有 60000 张图像，其中有 50000 张训练图像和 10000 张测试图像。

数据集分为五个训练批次和一个测试批次，每个批次有 10000 张图像。测试批次的图像是从 10 个类别图中随机抽取的，每个类别严格抽取 1000 张。训练批次的图像是从剩下的图像中随机抽取的，但一个训练批次中各个类别的图像数量并不能保证完全相等，所有训练批次中，每个类别的图像加起来都是 5000 张。

CIFAR-10 的 10 个类别分别是飞机、汽车、鸟、猫、鹿、狗、青蛙、马、船、卡车，如图 6-1 所示（图片来源：CIFAR 的官方网站，https://www.cs.toronto.edu/~kriz/cifar.html）。

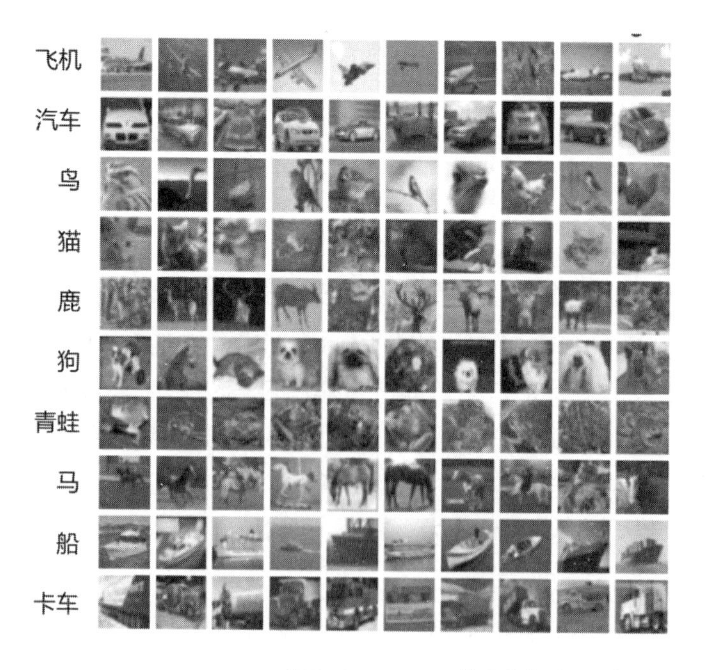

图 6-1 CIFAR-10 的图片类别和图片示例

6.1.2 CIFAR-10 数据格式

CIFAR-10 数据集的数据格式有三种，分别是 Python、MATLAB、二进制格式。我们只介绍二进制格式。CIFAR-10 的数据集的文件，可以从官方网站下载，下载地址：https://www.cs.toronto.edu/~kriz/cifar-10-binary.tar.gz。

将上述 tar.gz 文件解压后会发现 CIFAR-10 数据集包括 5 个训练集数据文件、1 个测试集数据文件。5 个训练集的文件分别是 data_batch_1.bin, data_batch_2.bin, …, data_batch_5.bin，测试集文件是 test_batch.bin，它们的格式如下：

```
<1 x label><3072 x pixel>
...
<1 x label><3072 x pixel>
```

第一个字节是第一个图像的标签，对应的数字是 0~9，接下来的 3072 个字节对应的是图像像素的数值，排在最前面 1024 个字节对应的是红色通道的像素值，紧接着 1024 个字节对应的是绿色通道像素值，最后的 1024 个字节对应的蓝色通道的像素值。单个图像的像素是逐行存储的，也就是说，每个 RGB 通道最前面的 32 个像素，都是该图像第一行的 32 个像素的值。

不管是训练集的数据文件，还是测试集的数据文件，每个文件都包含 10000 个 3073 个字节的图像“行”，而且行与行之间没有分隔符，所以每个文件的大小都是 30730000 个字节。

除了以上文件之外，还有一个名为 batches.meta.txt 的文件。这是一个 ASCII 码文件，可以用来将标签的数值 0~9 映射到有意义类别的名称。这个文件中只有 10 个类别的名称，第 i 行的字符串恰好对应第 i 个类别的名称。

6.1.3 CIFAR-10 研究进展

最近几年基于 CIFAR-10 图像数据集的识别准确率变化情况，如表 6-1 所示。

表 6-1　最近几年基于 CIFAR-10 数据集的准确率情况

研究报告	错误率	发布日期
AutoAugment: Learning Augmentation Policies from Data[15]	1.48%	2018 年 5 月 24 日
ShakeDrop regularization[13]	2.31%	2018 年 2 月 7 日
Regularized Evolution for Image Classifier Architecture Search[14]	2.13%	2018 年 2 月 6 日
Improved Regularization of Convolutional Neural Networks with Cutout[12]	2.56%	2017 年 8 月 15 日
Shake-Shake regularization[11]	2.86%	2017 年 5 月 21 日
Neural Architecture Search with Reinforcement Learning[9]	3.65%	2016 年 11 月 4 日
Densely Connected Convolutional Networks[7]	5.19%	2016 年 8 月 24 日
Wide Residual Networks[8]	4.00%	2016 年 5 月 23 日
Fractional Max-Pooling[10]	3.47%	2014 年 12 月 18 日

可以看出，一般都是基于卷积神经网络改进优化的算法。

6.1.4 CIFAR-100 简介

CIFAR-100 与 CIFAR-10 非常相似，不同的是 CIFAR-100 中有 100 个类别，每个类别只有 600 个图像，其中 500 个是训练数据，100 个是测试数据。CIFAR-100 中的 100 个类别，被分到 20 个超级类中，所以，每个图像都属于一个精确的类，同时也属于一个超级类。

CIFAR-100 数据集的 100 个类别，如表 6-2 所示。

表 6-2　CIFAR-100 的分类

超级类	分类
水生哺乳动物	海狸，海豚，水獭，海豹，鲸鱼
鱼	观赏鱼，比目鱼，鳐，鲨鱼，鳟鱼
花卉	兰花，罂粟花，玫瑰，向日葵，郁金香
食品容器	瓶子，碗，罐，杯子，盘子
水果和蔬菜	苹果，蘑菇，橘子，梨，甜椒
家用电器	时钟，计算机键盘，灯，电话，电视
家居家具	床，椅子，沙发，桌子，衣柜
昆虫	蜜蜂，甲虫，蝴蝶，毛毛虫，蟑螂
大型食肉动物	熊，豹，狮子，老虎，狼
大型人造户外用品	桥，城堡，房子，路，摩天大楼
大型自然户外场景	云，森林，山，平原，海
大型杂食动物和食草动物	骆驼，牛，黑猩猩，大象，袋鼠
中型哺乳动物	狐狸，豪猪，负鼠，浣熊，臭鼬
非昆虫无脊椎动物	螃蟹，龙虾，蜗牛，蜘蛛，蠕虫
人	宝宝，男孩，女孩，男人，女人
爬行动物	鳄鱼，恐龙，蜥蜴，蛇，龟
小型哺乳动物	仓鼠，老鼠，兔子，雌老虎，松鼠
树木	枫树，橡树，棕榈，松树，柳树
车辆 1	自行车，公交车，摩托车，皮卡车，火车
车辆 2	割草机，火箭，有轨电车，坦克，拖拉机

6.2 ImageNet 数据集简介

从视觉感知的研究角度来说，一方面，需要大量的样本数据，如何获得大量、干净、准确、标准的样本数据，是图像识别必须解决的问题。另一方面，互联网上有几十亿甚至上百亿张的图片数据，但是这些数据大小不一致、格式不统一、没有标注（标签），因此无法应用于视觉感知的研究。

正是在这样的背景下，ImageNet 应运而生，ImageNet 是一个大型的图像数据集，目标是为视觉感知的研究人员提供易于访问的图像数据库。它是由普林斯顿大学计算机科学系研究人员，在 2009 年的佛罗里达州举行计算机视觉与模式识别会议（CVPR）上首次介绍的。可以通过 ImageNet 的官方网址 http://www.image-net.org 了解更多信息。

由于 ImageNet 来源于互联网，所以 ImageNet 的图像与生活中的图像是完全一致的，图像的像素更多、颜色通道更多，而且一个图像中可能会包含多个物体，这一切都导致了 ImageNet 的图像数据集的加载、定位、识别的难度都非常大。

6.2.1 ImageNet 层次结构

ImageNet 采用了 WordNet 的层次结构。WordNet 是一部英语字典，也是由普林斯顿大学创建和维护的。与一般英语字典不同的是，WordNet 包含了语义信息。WordNet 将名词、动词、形容词等整理成了同义词集，并且标注了同义词集之间的关系。这些同义词集对应自然界中的概念，例如“动物”“哺乳动物”“狗”“哈士奇”，因为这些概念之间存在包含关系，例如“动物”包括“哺乳动物”，“哺乳动物”又包括“狗”，“狗”又有多个种类，其中的一个种类是“哈士奇”，所以，这些同义词集之间也形成了层次结构，或者说是一个倒置的树形结构。WordNet 中有超过 100000 个同义词集，其中大多数是名词（大约有 80000 个名词）。

ImageNet 中的图像是按照 WordNet 的同义词集（目前只包括名词）的层次结构来组织的，ImageNet 将成百上千个图像关联到 WordNet 的各个同义词集。每个同义词集的对应节点，关联了 500 个图像左右。ImageNet 的目标是最终为每一个节点关联 1000 个图像左右。所关联的图像，都是经过质量控制和标注的（标签）。ImageNet 中的同义词集对应的就是训练数据中的“标签”，也就是“目标特征”，这些图像文件就是训练数据，图像的像素对应“输入特征”。

如图 6-2 所示，图中左侧展示了 ImageNet 中同义词集的层次结构，右侧展示了该同义词词集中对应的图像集合。该图片来源于 ImageNet 的官方网站截图，网址：http://image-net.org/explore.php。

图 6-2 ImageNet 中层次结构与图像示例

6.2.2 ImageNet 图像示例

现在图片已经能够与同义词关联起来了，然而一张图片中可能会包含多个识别目标，ImageNet 采取标注的办法将目标对象框选出来，以方便对象定位、对象识别等计算机视觉的研究使用，如图 6-3 所示。图片来源于 ImageNet 的官方网站：http://image-net.org/download-bboxes.php。

图 6-3　一张图片中可能包含多个识别目标

6.2.3 ImageNet 的研究进展

从 2010 年开始，ImageNet 设置了基于 ImageNet 图像数据集的挑战赛——大规模视觉识别比赛（Large Scale Visual Recognition Challenge），截止到 2017 年，共举办了 8 届。

以 2017 年比赛（详细信息，请参考官方网站：http://image-net.org/challenges/LSVRC/2017/）为例，比赛内容包括：

（1）1000 个类别的对象定位；

（2）200 个完全标记的对象检测；

（3）从视频中检测对象，共有 30 个类别。

6.3 图像识别的关键及特点

在我们的日常生活中，图像识别无时无刻不在进行，只要睁开眼睛。我们的大脑就像一台超级计算机，从眼睛那里接收光信号，并把它们转换成我们脑海中的画面，也就是图像，那么图像识别的关键信息有哪些？图像识别的关键难点是什么？这些关键要素、关键难点，也正是图像识别算法所需要找到和重点攻克的。

6.3.1 图像识别的关键

特征及特征之间的相对位置，是我们人或动物的眼睛能够识别图像的关键信息。

首先是特征。想想看，我们是如何记住一个人的？我们首先记住的是关键特征。例如，一个人是瘦高个儿，还是肌肉男，是圆脸还是方脸。我们看一个人的时候，首先会抓住这些关键特征，然后将这些关键特征与这个人关联起来，从而完成对这个人的识别（实际上就是将这个人的图像归类到一个具体的人）。

其次是特征之间的相对位置。比如一张人脸图片，两个眼睛、一个鼻子、一个嘴巴，这些都是人脸的特征，然后眼睛与眼睛、两个眼睛与鼻子、鼻子与嘴巴之间，都有一个相对位置，这个相对位置也是我们识别图像的重要信息之一。如果一张人脸的图像中，眼睛出现在嘴巴的下面，我们一定会感到奇怪。

举个例子，如果一个男人，他的右边脸上有个刀疤，我们可能会用“右脸上有个刀疤”的特征描述此人，在这里“有个刀疤”是个特征信息，“右脸”就是这个特征的相对位置。特征及特征之间的相对位置，能让我们准确地将一个人识别出来，所以，特征及特征之间的相对位置，就是图像识别的关键信息。

6.3.2 图像识别的特点

图像识别的特点可以归纳为三个不变性和一个模糊性。三个不变性分别是平移不变性、缩放不变性、旋转不变性。一个模糊性是指，特征之间的相对位置是不精确的，比如，一个人脸的图片，两只眼睛之间的距离缩短了几个像素，显而易见，我们人眼还是能够准确地识别出这个人脸，不会因为这一点的误差受到影响。

1. 平移不变性

当一个图像移动位置时，我们的人眼还能识别出它吗？毫无疑问，可以。图6-4展示了4张笑脸图，我们很容易看出图片①是人脸，并且是一张微笑的人脸图，我们很容易从图片①中的圆脸、两个圆圆的眼睛、一个翘起的嘴巴这些特征识别出这是一张笑脸图。当图片①平移到图片②的位置时，我们的人眼还是能毫不犹豫地把它识别出来。这就是说，图像在图片中的相对位置不重要，不管是在左边还是在右边，我们都能准确识别这张图片，但对于图像识别算法来说，这却是一个需要关注的难点。

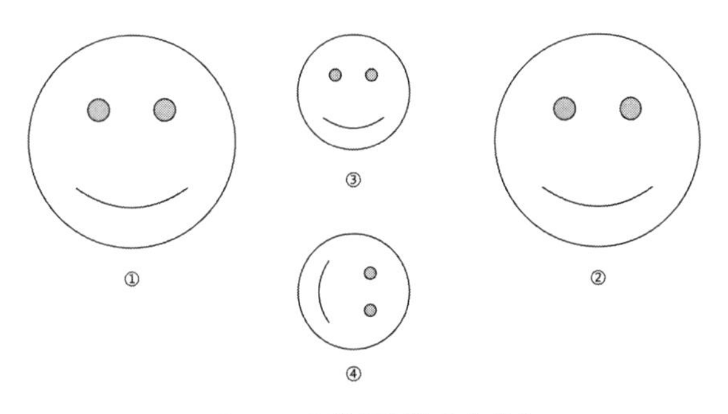

图6-4 图像识别的几个特点

2. 缩放不变性

如图 6-4 所示，经过等比例缩小，图片①缩小为图片③，毫无疑问，我们人类的眼睛还是能很容易地识别这张笑脸图。但是，对于计算机来说，缩放前后的图片，对应的像素数值已经发生了巨大的变化，所以这也是图像识别算法需要解决的难点之一。

3. 旋转不变性

如图 6-4 所示，经过等比例缩小和旋转，图片①变成了图片④，人类的眼睛还是能很容易地识别这是一张笑脸图，这也是图像识别算法需要关注的问题。

需要指出的是，不是所有的图像都具有旋转不变性。比如数字 9，旋转 180° 之后，就变成了数字 6。

6.4 卷积神经网络原理

事实上，计算机视觉受到了视觉系统的视觉信息处理研究的启发，我们对感觉系统信号处理过程的认识，启发了人们将视野（或感受野）、物体特征识别、尺度特性转换的特点应用在图像识别中。

卷积核又叫过滤器。卷积核的叫法来源于机器学习中的“核函数”；过滤器的叫法来源于信号处理中的“滤波器”，过滤器的叫法在 TensorFlow 中广泛使用。

注 意

在本书中，卷积核与过滤器是同义词，二者可以相互替换。

6.4.1 视觉生物学研究

在 1959 年，神经科学家 David Hunter Hubel 与合作者 Torsten N. Wiesel 进行了一项研究，展示了视觉系统是如何将来自外界的视觉信号传递到视皮层，并通过一系列处理过程（本质上就是特征提取），包括边界检测、运动检测、立体深度检测和颜色检测，最后在大脑中构建一幅视觉图像的。

研究发现，不同神经元对不同的空间方位（视野或感受野）的敏感程度不同，同时还发现不同神经元对亮光带和暗光带的反应模式也不相同，有些神经元对亮光敏感、有些神经元对暗光敏感。David Hunter Hubel 与 Torsten N. Wiesel 将这些神经元称为“简单细胞”，将初级视皮层里其他的神经元称为“复杂细胞”。

6.4.2 卷积神经网络优势

受到视觉信号处理过程中不同的神经元对不同的空间范围敏感的启发，卷积神经网络放弃全连接神经网络的连接方式，采用一个神经元只与输入图像的部分区域连接的方式。这种方式极大程度地减少了神经元的数量，并且能够让神经元更好地发现局部的特征。

图 6-5 展示了全连接与卷积连接方式的区别，我们假设输入图像是 1000×1000 个像素（与实际生活中的图像相比，像素并不算太多），每个像素的色彩都是三通道，隐藏层的神经元是 10000 个，那么在全连接神经网络中共需要 $1000\times1000\times3\times10000=3\times10^{10}$ 个参数，这么多参数会导致模型训练困难，而且非常容易过拟合。再来看看卷积神经网络，假设也是 10000 个神经元，每个神经元与输入图像中的 10×10 区域相连，所需要的参数数量是：

$$\frac{1000\times1000\times3}{10\times10}\times10000=3\times10^{8}$$

也就是说，所需参数的数量直接减少了两个数量级。

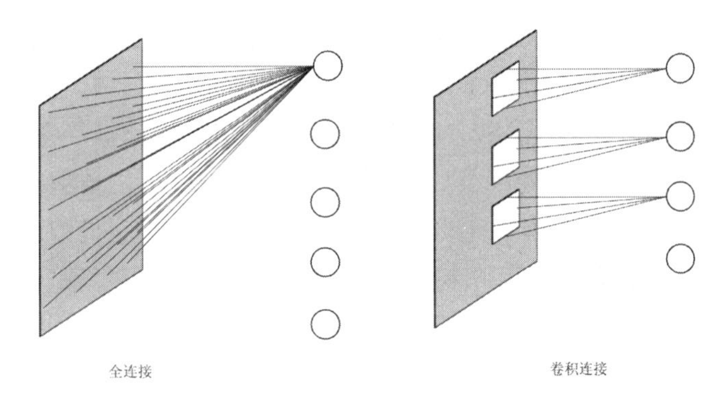

图 6–5　全连接神经网络与卷积神经网络连接方式比较

实际上，卷积神经网络采用权值共享的方式进一步降低了参数的数量。由于每个神经元都是与一个 10×10 的区域连接，每个神经元都有 10×10 个参数（不包括偏置项），现在把第一个神经元的 10×10 个参数共享给其他所有的神经元，如此一来，不论隐藏层有多少个神经元，整个卷积神经网络中只有 10×10 个参数。

这样会产生一个问题，那就是由于只有一个 10×10 的过滤器，所以只能提取一个特征。我们需要多提取一些特征，可以通过增加过滤器的方式来实现，不同的过滤器用于提取不同的特征。假设有 100 个过滤器，那么参数的总数量也不超过 $100\times10\times10=10^4$ 个，与全连接相比，足足降低了 6 个数量级。

6.4.3　卷积神经网络结构

典型的卷积神经网络通常由三种神经元层组成，分别是卷积层、池化层、全连接层，其中的卷积层和池化层都可以多次出现、成对出现，也可以交替出现。全连接层一般出现在神经网络结构最后几层，用于完成图像的分类。

LeNet-5 是早期经典的卷积神经网络，可以说是现代卷积神经网络的基础，它的网络结构如图 6-6 所示。

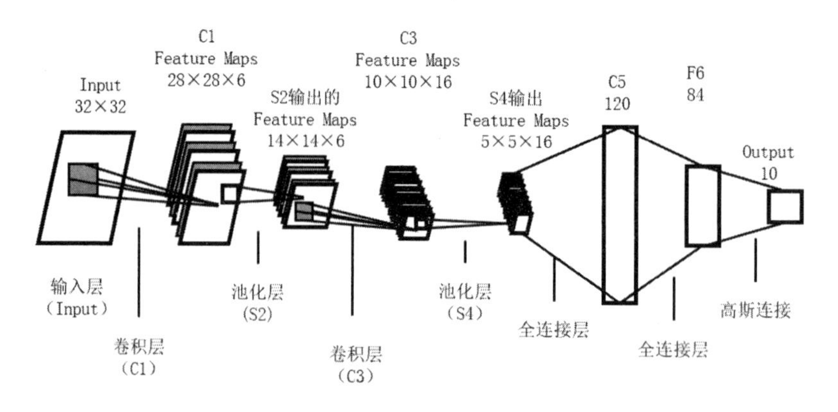

图 6-6　经典卷积神经网络结构图

其中，卷积层 C1 的作用就是从原始的图像中提取体征，输出到特征图谱（Feature Maps）中，然后将提取到的特征图谱（而不是图像本身）传递给池化层 S2 处理，此时的卷积层就相当于“简单细胞”。特征图谱被传递到池化层 S2，经过 S2 层的池化之后，又被传递给卷积层 C3，这些简单特征被组合成复杂特征，此时的卷积层 C3 就相当于“复杂细胞”。卷积层的卷积操作就相当于视觉信号的处理过程，通过卷积操作，完成边界检测、颜色检测等特征提取。

池化层的作用就是对卷积层提取到的特征进行强化，过滤不明显的特征。一方面是减少噪声，避免过拟合；另一方面，是适应图像识别特点，包括旋转不变性和特征之间位置的不精确性。卷积层和池化层可以交替出现，比如一层卷积层之后紧跟着一层池化层，然后不断重复这个过程。

池化层之后就是全连接神经网络（一层或多层），将提取到的特征映射到图像分类。

6.4.4　图像的存储格式

为了理解卷积神经网络是如何提取特征的，我们首先需要知道图像在计算机中是如何存储的。在计算机看来，图像是由一系列的像素组成的，这些像素排成行和列，构成了一个矩阵。矩阵中的每个元素对应一个像素，代表像素的颜色取值。

例如，一个笑脸在计算机中是由一系列的像素取值组成的，如图 6-7 所示。

图 6-7　图像在计算机眼里长什么样

6.4.5 特征提取的原理

在卷积神经网络中，图像特征的提取是通过过滤器来实现的。比如，我们想识别图 6-7 中是否有眼睛存在，可以通过一个过滤器与图像对应区域计算“点积”的方式来实现。下面看看，过滤器是怎样完成特征提取的。

如图 6-8 所示，我们设计一个过滤器 Filter= $\begin{vmatrix} -10 & 10 & 10 & -10 \\ 10 & -10 & -10 & 10 \\ 10 & -10 & -10 & 10 \\ -10 & 10 & 10 & -10 \end{vmatrix}$，与笑脸图像中，眼睛对应区域的矩阵 $\begin{vmatrix} 0 & 128 & 128 & 0 \\ 128 & 0 & 0 & 128 \\ 128 & 0 & 0 & 128 \\ 0 & 128 & 128 & 0 \end{vmatrix}$，来计算点积。

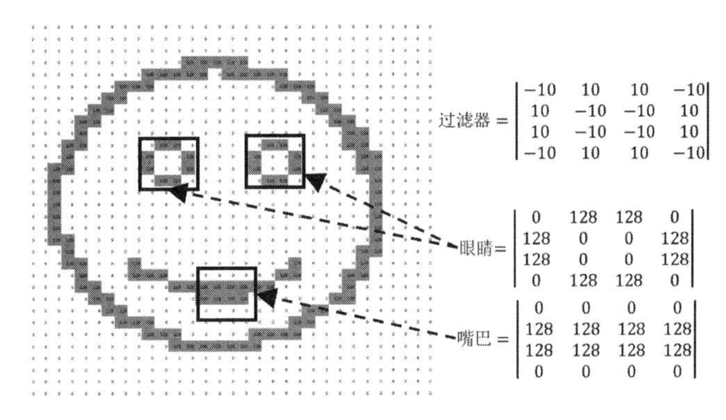

图 6-8 特征提取示例

点积计算就是将两个矩阵叠放在一起，将相同位置的两个数字相乘，然后将所有的乘积相加。过滤器与眼睛区域的点积结果：

$$\begin{vmatrix} -10 & 10 & 10 & -10 \\ 10 & -10 & -10 & 10 \\ 10 & -10 & -10 & 10 \\ -10 & 10 & 10 & -10 \end{vmatrix} \cdot \begin{vmatrix} 0 & 128 & 128 & 0 \\ 128 & 0 & 0 & 128 \\ 128 & 0 & 0 & 128 \\ 0 & 128 & 128 & 0 \end{vmatrix}$$

$=[(-10)\times 0+10\times 128+10\times 128+(-10)\times 0] + [10\times 128+(-10)\times 0+(-10)\times 0+10\times 128] + [10\times 128+(-10)\times 0+(-10)\times 0+10\times 128]+ [(-10)\times 0+10\times 128+10\times 128+(-10)\times 0] = 10240$

我们再来看看，这个过滤器与其他区域的点积结果，比如与嘴巴区域的点积结果，计算过程如下:

$$\begin{vmatrix} -10 & 10 & 10 & -10 \\ 10 & -10 & -10 & 10 \\ 10 & -10 & -10 & 10 \\ -10 & 10 & 10 & -10 \end{vmatrix} \cdot \begin{vmatrix} 0 & 0 & 0 & 0 \\ 128 & 128 & 128 & 128 \\ 128 & 128 & 128 & 128 \\ 0 & 0 & 0 & 0 \end{vmatrix}$$

$=[(-10)\times 0+10\times 0+10\times 0+(-10)\times 0] + [10\times 128+(-10)\times 128+(-10)\times 128+10\times 128] + [10\times 128+(-10)\times 128+(-10)\times 128+10\times 128]+ [(-10)\times 0+10\times 0+10\times 0+(-10)\times 0] = 0$

从结果可以看出来，与眼睛匹配的区域，点积运算的输出结果很大；其他区域，与过滤器的点积结果输出很小，等于 0 或小于 0。这样就能够将与过滤器匹配的区域和那些与过滤器不匹配的区域区分开，从而完成特征提取。本例就是要完成眼睛特征的提取。

卷积神经网络正是利用这个原理来实现特征提取的。一个过滤器的参数代表了特征的取值，当图像中特定的区域与过滤器的模式一致时，就有很高的点积结果，否则点积的结果就会很小。在卷积神经网络中，第一层往往就是卷积层，这个卷积层利用过滤器来提取基本的特征，并且将这些特征送给后面的神经网络进一步处理，组合成更复杂的特征。

在这个例子中，过滤器恰好跟眼睛的大小一致，过滤器恰好匹配了眼睛，过滤器的取值恰好让点积结果能够识别眼睛的特征。可能你不禁要问，这么多的巧合，并且有些图像识别的场景中未必有眼睛这个特征，那么卷积神经网络是如何避免这些偶然性，实现必然能够识别图像的呢？这正是卷积神经网络构建所要阐述的内容——为什么要构建及如何构建。

6.5 卷积神经网络构建

构建一个典型卷积神经网络模型，往往需要卷积层、池化层、正则化层、全连接层等。其中，卷积层的作用是提取特征，池化层的作用是抛弃噪声信息（信息提纯），正则化层模仿神经细胞的抑制现象，全连接层的作用是完成模型的分类预测。

6.5.1 卷积层

卷积层在卷积神经网络中是用来提取图像特征的，卷积层是通过卷积操作来完成图像特征提取的。所谓卷积，就是采用过滤器，从图像的左上角开始，匹配对应的区域并计算点积，输出到特征图谱（Feature Map）中的过程。

如图 6-9 所示，左边白色的大表格代表一个 8×8 像素的图像，图像的左上角有一个灰色的、3×3 像素的过滤器，与图像对应区域匹配计算点积，将卷积结果输出到特征图谱中。之后将过滤器向右滑动，再与新的区域匹配并再次计算点积结果，输出到结果中。如此循环往复，直到图像的过滤器的最右边到达图像的最右边。

滑动过程如图 6-9 中的实线箭头、虚线箭头所示。

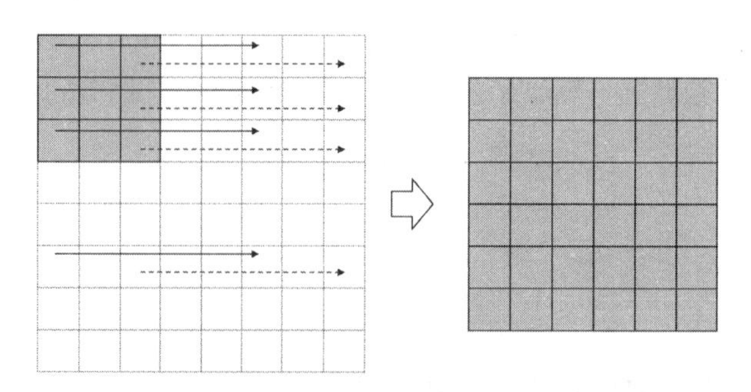

图 6-9　卷积层的前向传播过程示意

将过滤器移动到下一行的最左边，重复上述计算过程，直到过滤器再次到达图像的最右边。逐行重复，直到过滤器的底部到达图像的底部，并重复计算到图像的最右边，最终完成一次卷积操作。

从卷积的过程可以看出，由于卷积核（过滤器）是从左上角一直扫描到右下角，所以特征出现在任何位置，过滤器都能够与特征匹配，然后将特征提取出来。卷积的这种做法，恰好匹配了图像识别过程中平移不变性的特点。

1. 边缘填充

如图 6-9 所示，一个 8×8 像素的图像，经过一个 3×3 像素的过滤器的卷积，变成了一个 6×6 像素的图像，显而易见，图像变小了。如果我们希望保持输入图像尺寸和输出图像尺寸完全相同，可以通过在输入图像的边缘填充一层或几层 0（代表背景颜色）来实现。

如图 6-10 展示了在步长为 1 的情况下，在图像四周填充一层 0，保持卷积前后的图像尺寸不变。

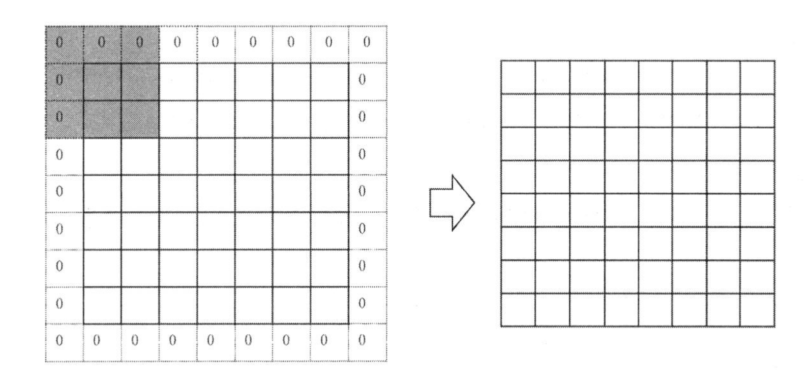

图 6-10　通过边缘填充保持图像尺寸不变

输出图像的尺寸可以通过公式（1）来计算:

$$Output_{size}=\frac{Input_{size}\text{-}Filter_{size}+2Padding_{size}}{Stride}+1 \quad (1)$$

其中，$Output_{size}$，代表卷积输出的图像尺寸；

$Input_{size}$ 代表输入图像的尺寸；

$Filter_{size}$ 代表过滤器的尺寸；

$Padding_{size}$ 代表边缘填充的层数（一般使用 0 填充）；

Stride 代表步长，也就是每一次卷积之后，滑动几个像素。

2. 卷积步长

以上都是步长为 1 的情况，如果步长不等于 1 会怎么样？比如步长等于 2，如果图像的尺寸仍然是 8×8 像素，过滤器的尺寸仍然是 3×3 像素，输出图像尺寸为 4×4 像素，那么我们该填充几层呢？

将以上参数代入公式（1），可得：

$$4=\frac{8-3+2\text{Padding}_{\text{size}}}{2}+1$$

求解以上公式，可得填充层数：Padding = 0.5 层，我们知道填充层数必须是整数，要么填充 0 层，要么填充 1 层，不允许出现 0.5 层，因为我们无法填充 0.5 层。所以，此时我们在输入张量的底边、右边各填充一层，左边和上边不填充。

步长也是一个重要超参数，需要综合考虑输入输出张量尺寸、过滤器的尺寸和填充的层数，才能设置合理的步长。

超参数就是指必须由人工指定，无法通过神经网络自动学习得到的参数。例如，神经网络中的权重和偏置项都是可以通过学习得到的，而过滤器的尺寸、步长、边缘填充的层数等都是需要人工指定的，它们都是超参数。

3. 图像深度

当图像是单色，图像的深度是 1 时，我们已经知道卷积操作是如何进行的了，但实际生活中的图像，往往是采用 3 个通道 RGB 颜色的模型，此时图像的深度就不是 1 而是 3，那么我们该如何进行卷积操作呢？

图 6-11 展示了一个具有 3 个通道颜色的图像，以及一个对应的三层过滤器。

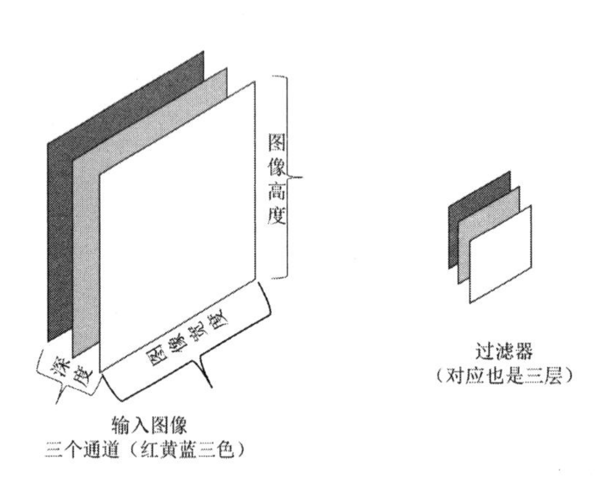

图 6-11　图像深度与对应的过滤器

以 CIFAR-10 中的图像为例，这些图像就是 32 × 32 像素、具备 RGB 三个通道的颜色，对应的图像宽度、图像高度都是 32 像素、对应的图像深度都是 3，因此，我们可以用 32 × 32 × 3 来表示该图像。

过滤器的深度与图像的深度保持一致，单色的情况下，过滤器往往是 2 × 2、3 × 3、5 × 5 等，在多个通道（如 3 个通道）时，对应的过滤器的尺寸是 2 × 2 × 3、3 × 3 × 3、5 × 5 × 3。点积的计算过程与单层时类似，过滤器的三层分别与图像三层的对应区域进行点积计算，然后将三层的点积结果求和，就是最终的卷积输出。

因为过滤器是同时对输入图像的每个层执行卷积操作的，所以一个过滤器的卷积结果只有一层。

4. 多过滤器

一个过滤器只能提取一个特征，在图像识别过程中，往往需要提取多个特征。例如，人脸识别中，我们需要提取眼睛、嘴巴、鼻子等特征，并且这些特征已经是复杂特征（或称为语义特征）。除了这些复杂特征之外，还需要提取眼睛、嘴巴、鼻子的基础特征，如边、角等，这就是说，一个卷积层中会有多个过滤器。

一个过滤器的卷积输出一层，多个过滤器的卷积输出堆叠在一起，就形成了多层的长方体，如图 6-12 所示。

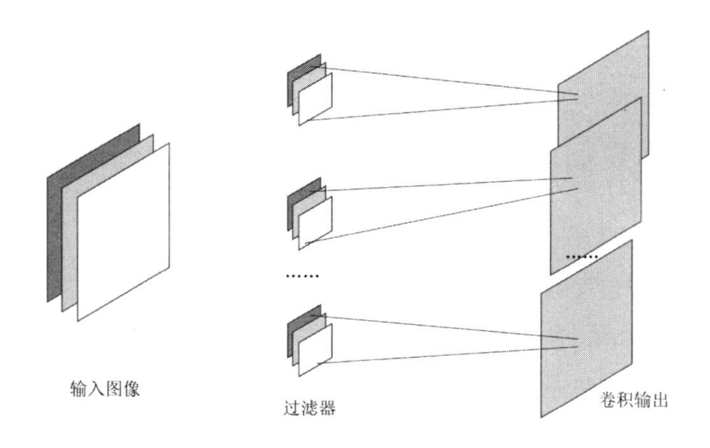

图 6-12　多个过滤器的卷积输出堆叠，形成卷积输出的长方体

卷积输出的层数与过滤器的个数一致，如果过滤器的个数大于输入图像的深度，那么卷积输出的长方体深度会比输入图像的深度更大。

5. 卷积层总结

卷积层输出是长方体，它的宽度和高度我们已经知道如何计算了，那么长方体的深度该如何计算呢？卷积输出长方体的深度就是过滤器的个数，每多一个过滤器，卷积输出长方体的深度就多一层。

卷积层有多少个参数呢？可以用公式（2）计算：

$$Filter_{width} \times Filter_{height} \times Filter_{depth} \times Filter_{count} + Filter_{count} \quad (2)$$

其中，$Fileter_{width}$ 表示过滤器的宽度；

$Fileter_{height}$ 表示过滤器的高度；

$Fileter_{depth}$ 表示过滤器的深度；

$Fileter_{count}$ 表示过滤器的个数。

典型的过滤器的超参取值为 $Filter_{width}=3$，$Filter_{height}=3$，Stride=1。

6.5.2 池化层

通常情况下，卷积层之后会紧跟着一个池化层，常用的池化操作有 Max Pooling(最大值池化法，简称最大池化)和 Average Pooling(平均值池化法，简称平均池化)，相较而言，最大池化更常用。

1. 池化操作

如图 6-13 展示了一个大小为 2×2 的池化过滤器、执行步长为 2 的最大池化操作。

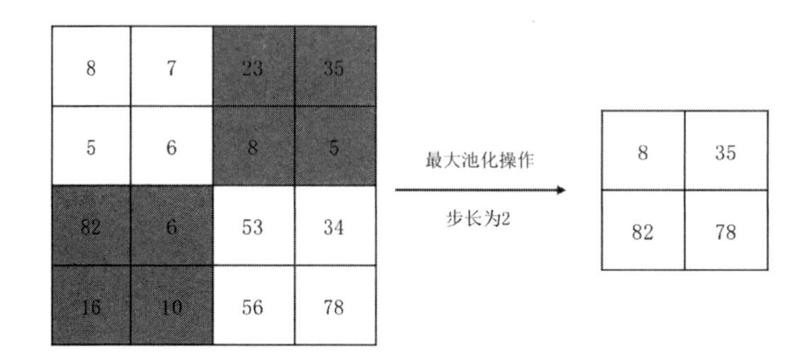

图 6-13　池化操作示例

如图 6-13 所示，操作过程可以理解为，一个大小为 2×2 的池化过滤器，首先对输入为 4×4 特征图谱的左上角的四个元素（8，7，5，6）取最大值，输出结果为 8。然后池化过滤器向右滑动两个像素（步长为 2），再对右上角的四个元素（23，35，8，5）取最大值，输出结果为 35。接下来池化过滤器移动到下面两个像素（步长为 2，对应表格中的两行）的最左边，对左下角的四个元素（82，6，16，10）取最大值，输出 82。最后向右滑动两个像素（步长为 2），对右下角的四个元素（53，34，56，78）取最大值，输出 78。

至此，完成整个池化操作，输出为图 6-13 中右边的矩阵。

2. 池化输出

从图 6-13 中，我们可以明显地看出，输入的特征图谱为 4×4 像素，而输出的特征图谱为 2×2 像素，可见在宽度和高度上，输出的特征图谱变小了。

在深度上，经过池化层的池化操作之后，输出特征图谱的深度与输入特征图谱的深度保持一致。也就是说，经过池化操作，特征图谱只会在宽度和高度上变小，在深度上不会改变。

经过池化层的操作，输出的特征图谱大小可以用以下公式计算。

（1）输入的特征图谱尺寸 $=Width_{input} \times Height_{input} \times Depth_{input}$。

（2）需要以下两个超参。

①池化过滤器的平面尺寸（宽度和高度）：$Filter_{size}$。

②步长：Stride。

（3）输出的特征图谱尺寸 $=Width_{output} \times Height_{output} \times Depth_{output}$。

① $\text{Width}_{\text{output}}=\dfrac{\text{Width}_{\text{input}}\text{-Filter}_{\text{size}}+\text{Padding}_{\text{size}}}{\text{Stride}}+1$。

② $\text{Height}_{\text{output}}=\dfrac{\text{Height}_{\text{input}}\text{-Filter}_{\text{size}}+\text{Padding}_{\text{size}}}{\text{Stride}}+1$。

③ $\text{Depth}_{\text{output}}=\text{Depth}_{\text{input}}$。

有两种典型的超参取值：一种取值组合是 $\text{Filter}_{\text{size}}=2$，Stride=2，这是最常用的情况；另外一种取值组合是 $\text{Filter}_{\text{size}}=3$，Stride=2（也称为重叠池化），这种情况下 $\text{Padding}_{\text{size}}$ 不等于 0，可以为偶数也可以为奇数（因为输出的宽度、高度都必须为正整数）。

如图 6-14 所示，池化操作将输入的特征图谱（32×32×16）（宽度、高度、深度）变成了 16×16×16，宽度和高度变小了，但深度保持不变。

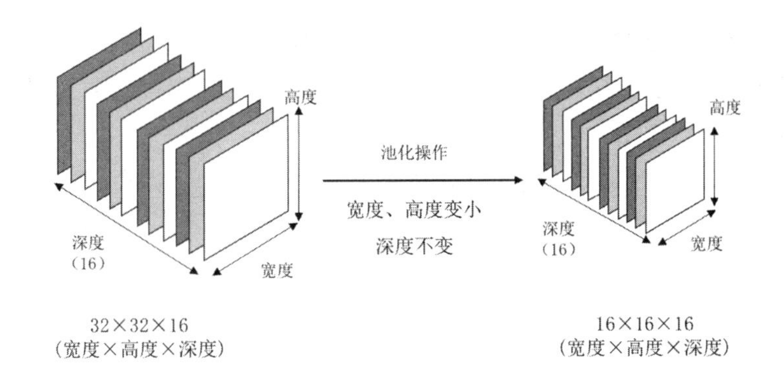

图 6-14　池化操作不影响深度，只影响宽度和高度

3. 为什么需要池化

池化操作的过程使输入的特征图谱的宽度、高度变小，本质上是一个下采样的过程，这个过程中舍弃了大量的信息。我们知道，只有舍弃的信息是“噪声”，才会有助于提高模型的识别准确率，否则池化操作只会导致模型识别准确率降低，那样池化层也就没有存在的必要了。

那么，池化过程中丢弃的“噪声”信息，是从哪里来的呢？我们回想一下卷积过程，图 6-15 展示了笑脸的卷积输出，从图中可以看出，眼睛的位置卷积信号很强，对应位置的点积结果很高，图中显示为两个黑色的方块。

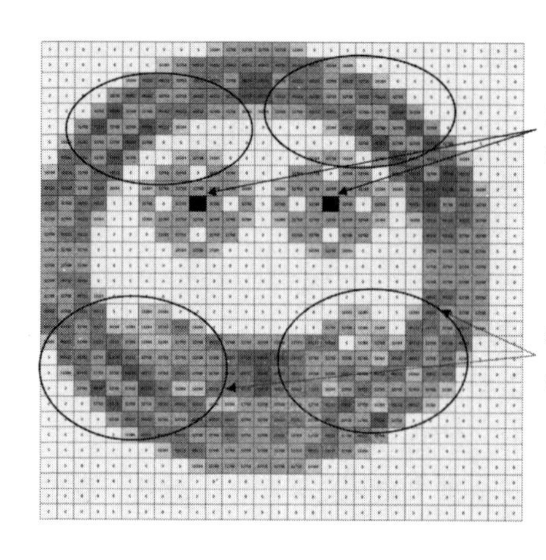
眼睛的位置，卷积输出的信号很强
在其他部位，也产生了很多“噪声”信号。主要分布在图中椭圆区域

图 6-15 笑脸的卷积结果，眼睛的特征被提取

与此同时，在非眼睛部位的其他位置，卷积的输出普遍比较小，但也有很多非零的输出，如图中几个椭圆区域所示。卷积的目的就是提取特征，特征之外的这些非零信息其实就是“噪声”，也正是需要我们去除的。

池化操作通过取最大值的办法，将池化区域的数个像素只保留一个像素，减少了那些不重要（卷积点积的结果数值较小的区域）数值的干扰，达到减少“噪声”的目的，所以池化层能够提升模型识别的准确率。

6.5.3 正则化层

有的卷积神经网络中，在池化层之后、全连接层之前会有一个正则化层。正则化层试图模仿在生物脑神经中观察到的抑制现象。但是正则化层目前已经不流行了，因为实践发现，正则化层对模型的贡献是非常小的。

6.5.4 全连接层

卷积神经网络中的全连接层与普通的全连接网络没有区别，都是本层中的每个神经元与前一层中所有神经元逐个相连。神经元的激活方式都是将输入的张量与代表权重的张量相乘，然后再加上偏置项。

6.5.5 将全连接层转化为卷积层

全连接层与卷积层的唯一区别是，卷积层的神经元只与前一层的局部连接，并且卷积层中的许多神经元的参数是共享的，然而全连接层与卷积层的功能是相同的，都是完成张量与权重的点积运算，所以全连接层和卷积层是完全可以相互转换的。

1. 卷积层转换成全连接层

对于任何一个卷积层来说，都必然存在一个与之相对应的全连接层。这个全连接层的每个神经元的参数都将是个大矩阵，这个大矩阵的绝大部分参数都是 0，只有小部分的区域块（对应过滤器滑动的当前位置），并且其中许多块的参数都是一样的（卷积层的参数是共享的）。

图 6-16 展示了卷积层转换为全连接层的例子。

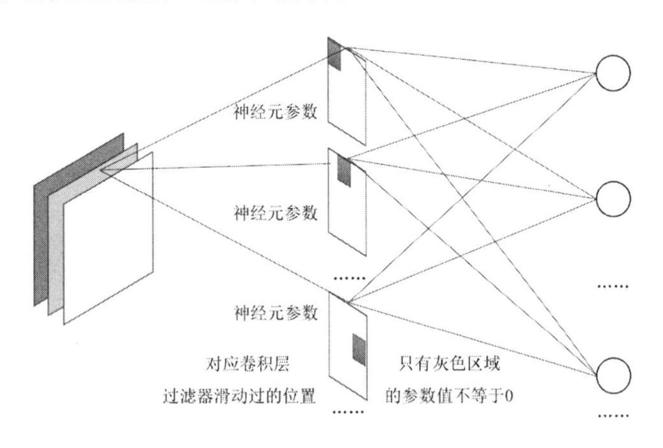

图 6-16　卷积层转换为全连接层例子

2. 全连接层转换成卷积层

对应的任何一个全连接层都可以转换成为一个卷积层，最直接的转换就是使用一个与全连接层大小一致的过滤器。举个例子，假如有一个全连接层包含 4096 个神经元素，它的输入数据的大小为 32 × 32 × 3，我们想将这个全连接层转换为卷积层，那么用包含 4096 个形状为 32 × 32 × 3 过滤器的卷积层来替换即可。如此一来，输入数据经过卷积就形成了 1 × 1 × 4096 的张量。这与原来的全连接层是一致的，本层中 4096 个神经元与输入数据分别相连，输出也是 1 × 1 × 4096 张量。

图 6-17 展示了将一个全连接层转换为卷积层的例子，将过滤器的宽度、高度、深度设置为与输入的张量（本层的输入长方体）一致的数据，将过滤器的个数设置为与全连接层的神经元个数一致，即可完成转换。

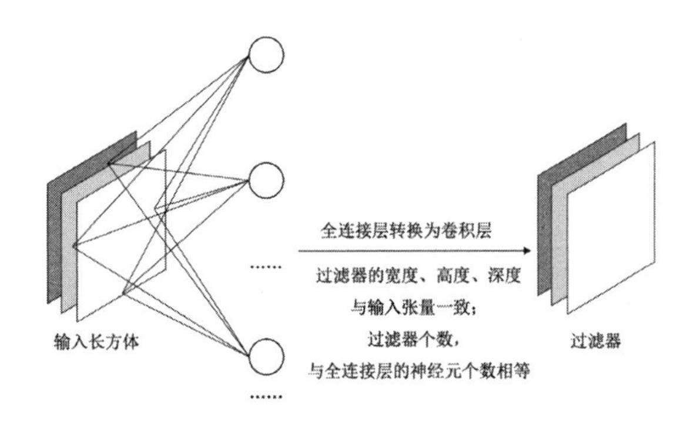

图 6-17　全连接层转换为卷积层示例

3. 为什么要将全连接层转换为卷积层

与全连接层相比，卷积层主要有两个优势：第一，对输入的数据尺寸适应性更好，能够适应任意维度、任意大小的张量（数据长方体），并产生相应尺寸数据输出；第二，卷积层使用一个与输入的特征图谱的宽度、高度一致的过滤器（过滤器的深度默认与输入张量的深度一致），一次即可完成全图的卷积计算，同时误差的反向传播也可以一次计算完成，极大地提高了计算性能，能够更快地实现推理和学习。

在实际应用中，有研究表明，将卷积神经网络的架构最后几层的全连接层替换成卷积层，从而形成完全卷积神经网络（Fully Convolutional Networks，FCN），能够提高模型的训练速度，实现更好的识别效果。

6.6 卷积神经网络示例

让我们用一个例子来展示如何实现卷积神经网络，我们以识别 CIFAR-10 数据集中的图像为例。整个示例分成三个部分：第一部分是样本数据和测试数据读取；第二部分是构建卷积神经网络模型，类似于上一章中的 Estimator；第三部分是调研样本数据读取函数，将数据注入构建好的模型，完成模型的训练和评估。

6.6.1 样本数据读取

样本数据读取完成的主要工作：第一，如果样本数据没有下载到本地，那么从网络下载 CIFAR-10 的样本数据；第二，从样本数据文件中读取训练数据和测试数据，并且将数据解析成图像和标签的格式，图像按照 [宽度，高度，深度（颜色通道）] 的方式存储。代码如下：

```
#!/usr/local/bin/python3
# -*- coding: UTF-8 -*-

# 导入依赖模块
from __future__ import absolute_import
from __future__ import division
from __future__ import print_function

import numpy as np
import tensorflow as tf
import os
import tarfile
import urllib.request
import time
```

```
import sys

tf.logging.set_verbosity(tf.logging.INFO)

"""
读取 Cifar-10 的训练数据和测试数据。
:param path: 保存 Cifar-10 的本地文件目录。
:Returns: 训练集的图片、训练集标签、测试集图片、测试集标签。
"""
def read_cifar10_data(path=None):
    # Cifar-10 的官方下载网址，需要下载 binary version 文件
    url = 'https://www.cs.toronto.edu/~kriz/'
    tar = 'cifar-10-binary.tar.gz'
    files = ['cifar-10-batches-bin/data_batch_1.bin',
             'cifar-10-batches-bin/data_batch_2.bin',
             'cifar-10-batches-bin/data_batch_3.bin',
             'cifar-10-batches-bin/data_batch_4.bin',
             'cifar-10-batches-bin/data_batch_5.bin',
             'cifar-10-batches-bin/test_batch.bin']

    # 如果没有指定本地文件目录，那么设置目录为 "~/data/cifar10"
    if path is None :
        path = os.path.join(os.path.expanduser('~'), 'data', 'cifar10')

    # 确保相关目录及其子目录存在
    os.makedirs(path, exist_ok=True)

    # 如果本地文件不存在，那么从网络上下载 Cifar-10 数据
    tar_file = os.path.join(path, tar)
    if not os.path.exists(tar_file):
        print (" 文件 {} 不存在，尝试从网络下载。".format(tar_file))
        # 从网上下载图片数据，并且保存到本地文件
        img_url = os.path.join(url, tar)
        # 本地文件名称
        img_path = os.path.join(path, tar)
        print(" 开始下载 : {}, 时间: {}".format(img_url, time.strftime('%Y-%m-%d %H:%M:%S')))
```

```
    # 文件下载进度条
    def _progress(count, block_size, total_size):
        # 下载完成进度（百分比）
        percentage = float(count * block_size) / float(total_size) * 100.0
        # 下载进度条总共由 50 个方块组成（已完成的部分用 '█'，未完成的用 '.'）
        # 根据 count 的奇偶性，决定最后一个方块是否出现，实现闪烁的效果
        done = int(percentage / 2.0) + (count & 1)
        # 显示进度条，其中 '\r' 表示在同一行显示（不换行）
        sys.stdout.write('\r[{}{}] 进度：{:.2f}%'.format \
                    ('█' * done, '.' * (50 - done), percentage))
        sys.stdout.flush()
    # 从网络下载 tar 文件，并且回调显示进度条的函数
    urllib.request.urlretrieve(img_url, img_path, _progress)
    print(" 保存到：{}".format(img_path))
    # 打印一个空行，将下载日志与数据读取日志分隔开
    print("")

# 从 tar.gz 文件中读取训练数据和测试数据
with tarfile.open(tar_file) as tar_object:
    # 每个文件包含 10000 个彩色图像和 10000 个标签
    # 每个图像的宽度、高度、深度（色彩通道），分别是 32、32、3
    fsize = 10000 * (32 * 32 * 3) + 10000

    # 共有 6 个数据文件（5 个训练数据文件、1 个测试数据文件）
    buffer = np.zeros(fsize * 6, np.uint8)

    # 从 tar.gz 文件中读取数据文件的对象
    # -- tar.gz 文件中还包含 README 和其他的非数据文件
    members = [file for file in tar_object if file.name in files]

    # 对数据文件按照名称排序
    # -- 确保按顺序装载数据文件
    # -- 确保测试数据最后加载
    members.sort(key=lambda member: member.name)

    # 从 tar.gz 文件中读取数据文件的内容（解压）
```

```
    # 读取文件开始，增加空行隔开日志，更清晰
    print()
    for i, member in enumerate(members):
        # 得到 tar.gz 中的数据文件对象
        f = tar_object.extractfile(member)
        print(" 正在读取 {} 中的数据……".format(member.name))
        # 从数据文件对象中读取数据到缓冲区，按照字节读取
        buffer[i * fsize:(i + 1) * fsize] = np.frombuffer(f.read(), np.ubyte)
    # 读取文件结束，增加空行隔开日志
    print()

# 解析缓冲区数据
# -- 样本数据是按数据块存储的，每个数据块有 3073 个字节长
# -- 每个数据块的第一个字节是标签
# -- 紧接着的 3072 个字节的图像数据（32 * 32 * 3 = 3,072）

# 将每个数据块的第一个字节取出来，形成标签列表
# 从第 0 个字节开始，将每隔 3073 个字节的数据取出来形成标签
# 对应的字节索引为 0 × 3073, 1 × 3073, 2 × 3073, 3 × 3073, 4 × 3073……
labels = buffer[::3073]

# 将标签数据删除之后，剩下的全部是图像数据
pixels = np.delete(buffer, np.arange(0, buffer.size, 3073))
# 对图像数据进行归一化处理（除以 255）
images = pixels.reshape(-1, 3072).astype(np.float32) / 255

# 将样本数据切分成训练数据和测试数据
# 第 0 个至第 50000 个用作训练数据，从第 50000 个开始的用作测试数据（共 10000 个）
train_images, test_images = images[:50000], images[50000:]
train_labels, test_labels = labels[:50000], labels[50000:]

return train_images, train_labels.astype(np.int32), \
    test_images, test_labels.astype(np.int32)
```

6.6.2 构建卷积神经网络模型

构建卷积神经网络模型也可以分成三个步骤：第一，关键函数。生成卷积层、池化层的关键函数；第二，规划卷积神经网络架构，包括各个神经网络层的排列方式，卷积层的过滤器的尺寸、步长、个数及激活函数，池化层的池化过滤器的尺寸、步长，全连接层的神经元个数等；第三，按照规划的卷积神经网络架构，完成卷积神经网络的构建。

1. 关键函数

构建卷积神经网络需要用到生成卷积层和生成池化层的函数。

（1）构建卷积层。

生成卷积层的函数如下：

```
tf.layers.conv2d(
    inputs,
    filters,
    kernel_size,
    strides=(1, 1),
    padding='valid',
    data_format='channels_last',
    dilation_rate=(1, 1),
    activation=None,
    use_bias=True,
    kernel_initializer=None,
    bias_initializer=tf.zeros_initializer(),
    kernel_regularizer=None,
    bias_regularizer=None,
    activity_regularizer=None,
    kernel_constraint=None,
    bias_constraint=None,
    trainable=True,
    name=None,
    reuse=None
)
```

- inputs：卷积层的输入张量。
- filters：过滤器的个数。过滤器的个数等于此卷积层输出张量（数据长方体）的深度。
- kernel_size：过滤器的尺寸，用于指定过滤器的宽度、高度，可以是一个包含两个数字的一维列表，也可以是一个数字。如果是一个数字，那么过滤器的宽度和高度一致。

• strides：滑动步长，一个整数或一个包含两个数字的一维列表，指定过滤器在宽度和高度上滑动的步长。如果只是一个数字，那么表示在宽度和高度上滑动的步长相同。目前，步长和扩张率不能同时不等于 1。

• padding：填充方式，字符串。共有两种填充方式，分别是 SAME 和 VALID。当填充方式为 SAME 时，对输入张量的边缘进行必要的填充，以完成卷积操作；当填充方式为 VALID 时，仅仅确保卷积可以有效进行，输入张量的边缘数值可能被丢弃。

• data_format：字符串，可选 channels_last 和 channels_first。输入张量的维度排列方式，channels_last 代表输入张量的各个维度排列方式为 [batch, height, width, channels]，channels_ first 代表输入张量的各个维度排列方式为 [batch，channels, height, width]。其中，channels（色彩通道数）对应的就是深度。

• dilation_rate：过滤器沿空间的各个维度的扩张率，可以是包含两个数字的一维列表，也可以是一个数字。如果是一个数字，表示在宽度、高度的扩张率是相同的。目前，步长和扩张率不能同时不等于 1。

图 6-18 展示了一个 3×3 的过滤器，按照空洞为 1 的扩张的例子。扩张后过滤器的覆盖范围扩大到 7×7，但是，只有图中带有圆圈的 9 个点的位置才会参与点积算计，相当于其他位置的权重都是 0。

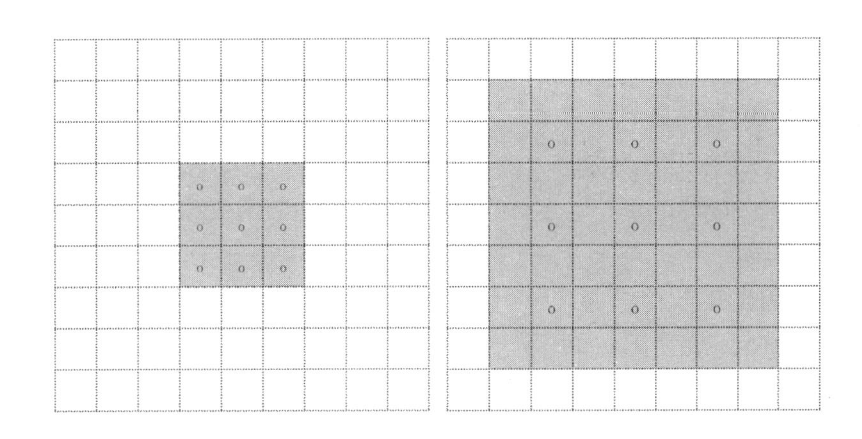

图 6-18　一个 3×3 的过滤器，以空洞为 1 的扩张示例

• activation：激活函数。如果设置为 None，采用线性激活函数。

• use_bias：布尔型，是否增加偏置项。

• kernel_initializer：用于过滤器（卷积核）初始化的工具。

• bias_initializer：偏置项初始化的工具。如果为 None，将使用默认初始化器。

• kernel_regularizer：可选项，用于过滤器（卷积核）正则化的工具。

• bias_regularizer：可选项，用于偏置项正则化的工具。

• activity_regularizer：可选项，输出正则化的函数。

• kernel_constraint：可选投影函数，应用于优化器更新后的过滤器的每一层参数，达到对参数进行约束（或惩罚）的目的，约束的方式包括范数约束和值约束。该投影函数的输入是优化器更新后的过滤器（卷积核）每一层权重，输出是相同形状的、经过约束操作的权重。该函数对过滤器的权重是逐层执行约束的。

常用的预定义的约束项包括：

```
# 最大模约束
kernel_constraint = max_norm(m=2)

# 非负性约束
kernel_constraint = non_neg()

# 单位范数约束 , 强制矩阵沿最后一个轴拥有单位范数
unit_norm()

# 最小 / 最大范数约束
min_max_norm(min_value=0.0, max_value=1.0, rate=1.0, axis=0):
```

• bias_constraint：可选投影函数，应用于优化器更新后的偏置项。与 kernel_constraint 的约束函数类似。

• trainable：布尔值，是否可以被训练调整。如果为 True，将变量添加到图集合 GraphKeys.TRAINABLE_VARIABLES。

• name：字符串，卷积层的名称。

• reuse：布尔值，指示如果同一个名称的权重在前一层被使用，在本层中是否重用。

（2）构建池化层。

生成池化层的函数如下：

```
tf.layers.max_pooling2d(
    inputs,
    pool_size,
    strides,
    padding='valid',
    data_format='channels_last',
    name=None
)
```

• inputs：池化层的输入张量。必须是 4 阶张量，如 [batch_size,height,width,depth]，其中 batch 代表一批训练样本的个数，height 代表图像的高度，width 代表图像的宽度，depth 代表图像的色彩通道数（也就是图像的深度）。

• pool_size：池化过滤器（池化窗口）的尺寸，用于指定 (pool_height,pool_width)，可以是包含

两个数字的一维列表，也可以是一个数字。如果是一个数字，那么该数字代表池化窗口的高度、宽度（二者一致）。

- strides：步长，滑动步长，一个整数或一个包含两个数字的一维列表，指定过滤器在宽度和高度上滑动的步长。如果只是一个数字，那么表示在宽度和高度上滑动的步长相同。
- padding：填充方式，字符串。共有两个填充方式，分别是 SAME 和 VALID。主要影响输入张量的高度、宽度。当填充方式为 SAME 时，output_spatial_shape[i] = ceil(input_spatial_shape[i] / strides[i])；当填充方式为 VALID 时，output_spatial_shape[i] = ceil((input_spatial_shape[i] − (spatial_filter_shape[i]−1) * dilation_rate[i]) / strides[i])。
- data_format=‘channels_last’：字符串，可选 channels_last 和 channels_first，代表输入张量的维度排列方式。channels_last 代表输入张量的各个维度排列方式为 [batch, height, width, channels]，channels_ first 代表输入张量的各个维度排列方式为 [batch，channels, height, width]。其中，channels（色彩通道数）对应的就是图像深度。
- name：字符串，池化层的名称。

2. 网络架构

我们为大家展示一个 CIFAR-10 图像识别的例子，构建一个卷积神经网络模型，如图 6-19 所示。

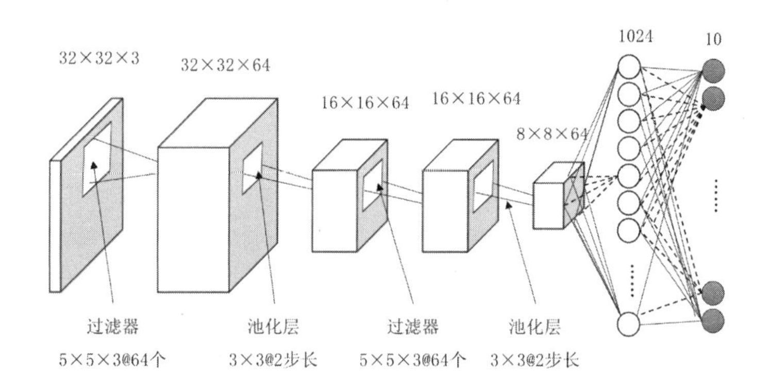

图 6-19　卷积神经网络（LeNet-5）示例

该卷积神经网络的输入层是 CIFAR-10 的图像，图像高度和宽度都是 32 个像素，每个图像包含三个色彩通道（RGB 三色），所以输入张量的形状为 [− 1,32,32,3]，其中 − 1 代表该维度的取值为实际训练过程中的一个批次的样本数量。

输入层之后，是第一个卷积层，采用 64 个过滤器，过滤器的尺寸为 5 × 5，注意过滤器的深度默认与图像的深度保持一致，所以过滤器的深度也是 3，或者可以理解为过滤器的尺寸为 5 × 5 × 3。填充方式采用 SAME 的方式，也就是说输出长方体的高度、宽度与输入张量保持一致，深度与过滤器的个数一致，所以本卷积层的输出为 32 × 32 × 64。

第一个卷积层之后是第一个最大池化层，池化过滤器的尺寸为 3 × 3，步长为 2，填充方式采用 SAME 的方式，这样输出的长方体为 16 × 16 × 64。

第一个池化层之后是第二个卷积层，也采用 64 个过滤器，每个过滤器的尺寸也是 5×5，输出的张量是 16×16×64。

第二个卷积层之后是第二个最大池化层，依然采用 3×3 池化窗口，步长为 2，填充方式为 SAME，池化之后，输出的张量是 8×8×64。

然后，将第二个池化层的输出展平，与后面的全连接层相连，全连接层采用 1024 个神经元，该全连接层之后，紧接着是一个 10 个神经元的输出层。

3. 示例代码

构建识别 CIFAR-10 图像的卷积神经网络代码，如下所示：

```
"""
创建 CIFAR10 图像识别模型
:param features: 输入的特征列表，这里只有一个输入特征张量 "x"，代表输入的图像
:param labels: 输出的特征列表，这里是图像所述的类别
:param mode: 模式，是训练状态还是评估状态
"""
def cifar10_model(features, labels, mode):
  #（1）定义输入张量
  # 输入层张量，[batch_size, height, weight, depth]
  # batch_size 等于 -1 代表重整为实际输入的训练数据个数
  # CIFAR10 的图像格式为 [height, weight, depth] = [32, 32, 3]
  input_layer = tf.reshape(features["x"], [-1, 32, 32, 3])

  #（2）构建模型（卷积神经网络）
  # 第一个卷积层，直接接受输入层（输入的原始图像数据）
  # 过滤器个数 Filter_count = 32, 过滤器大小 Filter_size: 5×5
  # 请注意：过滤器的深度总是与输入张量的深度保持一致，本例中 Filter_depth = 3
  # 填充方式 "same", 表示按照卷积之后图像保持原状来填充。另外一种填充方式 "valid"
  # 过滤器的激活函数采用 tf.nn.relu 的方式
  # 本层的输出是形状为 32×32×64 的张量
  conv1 = tf.layers.conv2d(
    inputs=input_layer,
    filters=64,
    kernel_size=[5, 5],
    padding="same",
    activation=tf.nn.relu)
```

```
# 第一个池化层，接收 conv1 的输出作为本层的输入
# 采用最大化池化方法， 池化过滤器尺寸 3×3， 步长为 2，这样实现重叠池化
# 在这种情况下，填充的层数必然是单层，因为输出的张量的尺寸必须满足公式：
# Output_size = ceil(input_size / stride)
# 本层输出的张量为 16×16×64
pool1 = tf.layers.max_pooling2d(inputs=conv1, pool_size=[3, 3], strides=2, padding='same')

# 第二个卷积层和池化层，从第一个池化层接受输入
# 过滤器个数 64 个，尺寸 5×5，填充方式为保持图像不变，激活函数 relu
# 本层输出的张量是 16×16×64
conv2 = tf.layers.conv2d(
 inputs=pool1,
 filters=64,
 kernel_size=[5, 5],
 padding="same",
 activation=tf.nn.relu)

# 第二个池化层，从第二个卷积层接受输入
# 本层输出的张量是 8×8×64
pool2 = tf.layers.max_pooling2d(inputs=conv2, pool_size=[3, 3], strides=2, padding='same')

# 将第二个池化层的输出展平，以方便与后面的全连接层连接
pool2_flat = tf.reshape(pool2, [-1, 8 * 8 * 64])

# 全连接层，接受第二个池化层展平后的结果作为输入
# 共有 1024 个神经元、激活函数 tf.nn.relu
dense = tf.layers.dense(inputs=pool2_flat, units=1024, activation=tf.nn.relu)

# Dropout 层，提高模型的健壮性
dropout = tf.layers.dropout(
 inputs=dense, rate=0.1, training=(mode == tf.estimator.ModeKeys.TRAIN))

# 输出层
logits = tf.layers.dense(inputs=dropout, units=10)

predictions = {
```

```
    #(为 PREDICT 和 EVAL 模式)生成预测值
    "classes": tf.argmax(input=logits, axis=1),
    # 将 'softmax_tensor' 添加至计算图。用于 PREDICT 模式下的 'logging_hook'.
    "probabilities": tf.nn.softmax(logits, name="softmax_tensor")
}

# 如果是评估(测试)模式,那么执行预测分析
if mode == tf.estimator.ModeKeys.PREDICT:
    return tf.estimator.EstimatorSpec(mode=mode, predictions=predictions)

# 计算损失(可用于 '训练 ' 和 ' 评价 ' 中)
loss = tf.losses.sparse_softmax_cross_entropy(labels=labels, logits=logits)

#(3)完成模型训练
# 配置训练操作(用于 TRAIN 模式)
if mode == tf.estimator.ModeKeys.TRAIN:
    optimizer = tf.train.AdamOptimizer(learning_rate=1e-4)
    train_op = optimizer.minimize(
        loss=loss,
        global_step=tf.train.get_global_step())
    return tf.estimator.EstimatorSpec(mode=mode, loss=loss, train_op=train_op)

# 添加评价指标(用于评估)
eval_metric_ops = {
    "accuracy": tf.metrics.accuracy(
        labels=labels, predictions=predictions["classes"])}
return tf.estimator.EstimatorSpec(
    mode=mode, loss=loss, eval_metric_ops=eval_metric_ops)
```

6.6.3 完成训练和评估

构建一个模型入口函数，完成样本数据读取、调用卷积神经网络模型、完成模型训练和模型评估工作。代码如下所示：

```
"""
模型入口函数。读取训练数据完成模型训练和评估
"""
```

```
def cifar10_train():
  # 创建一个卷积神经网络（CNN）的 Estimator
  cifar10_classifier = tf.estimator.Estimator(
    model_fn=cifar10_model, model_dir="./tmp/cifar10_convnet_model")

  train_imgs , train_labels, test_imgs, test_labels = read_cifar10_data("./data/")
  # 模型训练的数据输入函数
  train_input_fn = tf.estimator.inputs.numpy_input_fn(
    x={"x": train_imgs},
    y=train_labels,
    batch_size=100,
    num_epochs=None,
    shuffle=True)
  # 开始 CIFAR10 的模型训练
  cifar10_classifier.train(
    input_fn=train_input_fn,
    steps=20000)

  # 评估模型并输出结果
  eval_input_fn = tf.estimator.inputs.numpy_input_fn(
    x={"x": test_imgs},
    y=test_labels,
    num_epochs=1,
    shuffle=False)
  eval_results = cifar10_classifier.evaluate(input_fn=eval_input_fn)
  print("\n 识别准确率 : {:.2f}%\n".format(eval_results['accuracy'] * 100.0))

# 执行测试文件
cifar10_train()
```

将以上代码复制到一个 Python 脚本文件中，运行该脚本文件，经过 1~2 个小时的执行，会得到类似于下面的结果（由于随机数的作用，结果不会完全一致）：

```
INFO:tensorflow:Done running local_init_op.
INFO:tensorflow:Finished evaluation at 2018-12-12-13:16:31
INFO:tensorflow:Saving dict for global step 30000: accuracy = 0.6237, global_step = 30000, loss =
2.3246536
```

```
识别准确率 : 62.37%
```

从模型识别的准确率来看，这个模型效果很不理想，那么如何设计卷积神经网络，识别准确率才会比较高呢？卷积神经网络应该有几层？每层应该有多少过滤器？过滤器的大小、步长该如何设置？池化层应该有几层？池化窗口的大小与步长该如何设置？卷积神经网络中的各个层该如何设置？

实际上正是对这些问题的不断探索，卷积神经网络才不断地发展，接下来的章节中我们将简要介绍一下卷积神经网络发展历史。希望大家能从卷积神经网络的历史变化中，更好地理解卷积神经网络，找到卷积神经网络设计的方法和技巧。

6.7 本章小结

本章介绍图像识别的应用场景。首先，介绍了图像识别常用的图像数据集 CIFAR 和 ImageNet；其次，介绍了图像识别的特点及其难点，包括图像的平移不变形、缩放不变性、旋转不变性等；再次，介绍了卷积神经网络的原理，以及卷积神经网络是如何克服图像识别的种种挑战，如何构建卷积神经网络的等；最后，以 CIFAR-10 数据集为例，介绍了构建卷积神经网络完成图像识别的实战案例。

第7章 CHAPTER 卷积神经网络起源及原理

卷积神经网络常常又称为ConvNets、CNNs，在过去几年中，计算机视觉的研究聚焦于卷积神经网络，并在图像分类、回归等任务中取得了同一时代的最好性能。研究卷积神经网络的发展历史，有助于我们理解以下两个问题。第一个问题，卷积神经网络的各层到底学习了什么，各个卷积核学到了什么样的特征？第二个问题，从卷积神经网络架构设计角度来说，卷积神经网络应该如何设计（应该有几层，每层有几个过滤器，池化策略、激活函数该如何选择等）才能取得最好的性能，为什么这样选择，理论的依据是什么？

理解了以上问题，不仅能让我们从科学的角度理解神经网络，还能让我们从理论的高度设计卷积神经网络。

与此同时，卷积神经网络极为依赖海量的样本数据和大量的训练，并且卷积神经网络的架构设计对性能影响十分巨大，因此从技术上深入理解卷积神经网络，能让我们在设计卷积神经网络时，减少对数据规模的依赖，从而达到减少模型参数规模和减少计算量的目的，提高模型的训练速度和性能。

7.1 多层架构

在多层架构在计算机视觉领域广泛应用之前，计算机视觉识别系统都是通过两个相互独立，又相互补充的步骤来完成的。第一步，对输入数据进行转换。一般是通过人工设计的转换操作，例如，卷积的参数、偏置项等。转换的目的是从原始的图像或视频中抽取局部的或抽象的特征，以便于能够应用于第二个步骤的分类。第二步，应用分类算法（例如，支持向量机，Support Vector Machines）对第一个步骤中得到的输入信号进行分类预测。实际上，无论是哪个分类算法，都会受到第一个步骤的严重影响，因为第一个步骤提取到的特征决定了分类预测的准确程度。

多层架构给计算机视觉带来了全新的视角，在多层架构中，“学习”应用在分类中，分类所需要的输入转换操作直接从数据中学习得到。这种方式的学习一般称为表征学习，当这种表征学习使用深度的多层网络结构实现时，也称为深度学习。

广义地说，深层（多层）神经网络架构可以理解成自动编码机，主要由两个部分组成。第一部分，编码转换部分，负责从输入数据中提取特征向量。第二部分，解码映射部分，将从输入数据中提取到的特征向量，映射回输入数据空间，重建输入数据。编码转换阶段的参数是可以学习的，以重建的输入数据与原始数据的误差最小为目标，通过学习，得到编码转换所需要的参数。

如图7-1所示，多层神经网络架构可以看作自动编码机，从输入层开始，是一个自动编码阶段，用于从输入数据中提取特征（有用的信息），形成特征向量（也称为特征图谱），之后通过解码操作，完成从特征向量到输入空间的映射。实际上，所有典型的深层神经网络结构都可以看作自动编码机的架构。

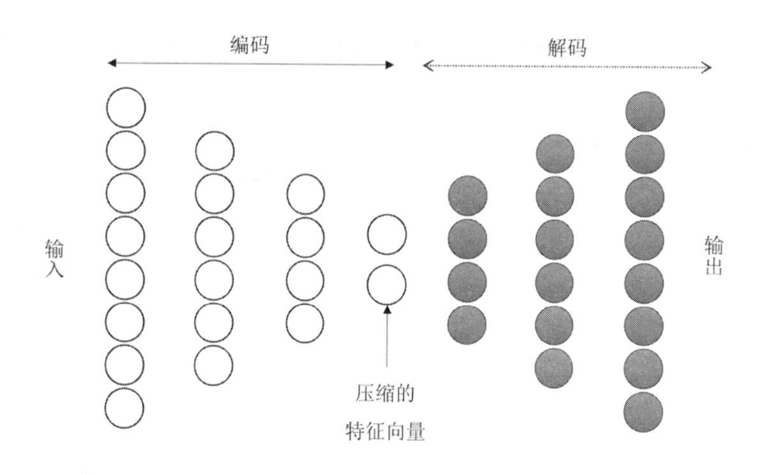

图 7-1　多层神经网络架构可以定义为自动编码机

7.2 卷积神经网络

卷积神经网络就是自动编码机，通常情况下，位于卷积神经网络前部的卷积层用于编码（特征提取）；位于后部的全连接层（包括 Softmax 层）用于解码。卷积神经网络特别适用于计算机视觉的神经网络，它在计算机视觉领域的成功可以归结为以下两个原因。

第一个原因，卷积神经网络充分利用了图像数据所包含的两维空间信息。实际上，对于图像来说，相邻像素之间通常都是高度相关的。正因如此，卷积神经网络避免了全连接神经网络的一对一的全连接方式，采用了局部分组连接的方式。与此同时，通过参数共享和跨通道卷积的方式，与全连接神经网络相比，卷积神经网络能大幅度地减少参数数量（自然而然的，也减少了样本数据的需求和对计算能力的需求）。

第二个原因，卷积神经网络引入了池化操作。通过池化操作，卷积神经网络具备了一定程度的“平移不变形”，也就是说，即使输入特征的相对位置有少许变化，卷积神经网络依然能够很好地识别出来，并不会因此受到干扰。同时，随着网络架构的层越来越深，池化操作使得网络能够逐渐增大在输入数据中的“感受野”，当然图像的分辨率也会相应地降低。

通过卷积——池化——再卷积——再池化的反复操作，神经网络中前面的层能够提取到图像原始的、局部的特征，然后经过池化操作完成扩大视野，神经网络后面的层能够提取到图像抽象的、全局的特征，从而能够很精准地完成图像识别。

7.3 Neocognitron

卷积神经网络在计算机视觉领域应用发展的历史，可以说是从模仿生物的视觉开始的。首先，引入模仿生物视觉的网络结构和功能组件，然后在网络架构发展的过程中，针对网络架构的成功与失败的原因进行理论研究，针对存在的问题不断改进卷积网络架构，同时在这个过程中也不断地模仿视觉生物学研究的新成果，二者相辅相成。与此同时，数据规模的爆发及计算能力的激增，对卷积神经网络的发展，也起到推波助澜的作用。

受到视觉生物学的启发，在网络架构中引入了卷积操作、池化操作，分别用来模仿视神经元中的简单细胞、复杂细胞，于是诞生了 Neocognitron 网络架构，该网络架构中首次引入了 Us 神经元（模仿视觉神经元中的简单细胞）和 Uc 神经元（模仿视觉神经元中的复杂细胞）。严格意义上来说，Neocognitron 还算不上卷积神经网络，因为它不具备一个非常关键的能力——误差反向传播的能力，虽然误差反向传播算法已经出现，然而 Neocognitron 并没有将误差反向传播功能加入网络架构中。

Neocognitron 神经网络架构如图 7-2 所示。

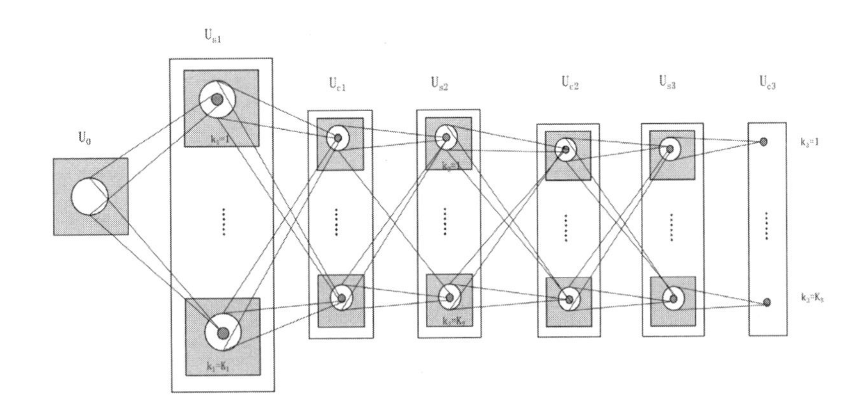

图 7-2 Neocognitron 神经网络结构示意图

至此，卷积神经网络最重要的两个组件——卷积操作和池化操作都已经具备了（此时它们的名字还叫作简单细胞单元和复杂细胞单元），但至关重要的反向传播算法还没有应用进来，所以还称不上真正意义的卷积神经网络。如果我们将卷积神经网络的历史与人类的历史类比的话，我们可以把 Neocognitron 神经网络看作“类人猿”，就是说虽然很像卷积神经网络了，但还不是真正的卷积神经网络。

7.4 LeNet 简介

1998 年，由 Y. LeCun、L. Bottou、Y. Bengio 和 P. Haffner 等人发表了一种基于梯度下降的文档识别方法，应用于手写数字识别，取得了非常好的效果，这就是后来非常经典的 LeNet。LeNet 网络架构总共有 5 个版本，分别是 LeNet-1 到 LeNet-5，其中 LeNet-5 的网络架构如图 6-19 所示。

LeNet-5 网络架构中所用到的组件，大部分已经出现在之前的网络架构中。LeNet-5 由 4 个网络层组成。

（1）卷积层：在 Neocognitron 网络中类似的功能是简单细胞神经元（Us），稍微不同的是，它在 LeNet 中正式被称为卷积层。

（2）非线性转换（或称激活层）：LetNet 中采用 sigmod 或 tanh 等非线性转换函数，对抽取的特征进行转换，本质上是将低维空间线性不可分的问题映射到高维空间，从而使得模型变得线性可分，提高了模型的表达能力（分类能力）。

（3）归一化层：将提取到的特征图谱统一映射到 [0,1] 的区间。之所以这样做，是因为早期认为这样做可以提高模型的识别能力，然而研究表明，归一化层对模型识别准确率贡献不大，最近归一化层已经被逐渐废弃了。

（4）池化层：LeNet 采用池化层来降维，这与之后的池化层类似。

在 LeNet 之前，卷积神经网络的算法主要采用无监督学习的方法，比如 Neocognitron 学习的目标是找到从输入层（图像）到特征提取层（简单细胞）的连接，因为从简单细胞到复杂细胞的连接是固定的，无须学习。学习过程可以归结为两个步骤：第一，学习特定的输入特征和简单细胞之间的连接关系，即一个特定的输入刺激出现时，从简单细胞神经元中找到一个对此信号响应最强的神经元，并把此神经元作为这个特定刺激的表征神经元；第二，特定输入刺激再次出现时，与它的表征神经元之间的连接会被强化。值得一提的是，简单细胞层的神经元是分组的。或者说是分成一个个平面的（类似于后来卷积神经网络中的过滤器），一个平面内的神经元对一个特定的输入刺激（就是输入特征）进行响应。当然，基于 Neocognitron 扩展，也有相应的有监督学习算法的卷积神经网络出现。

LeNet 的关键创新在于将误差反向传播算法应用到模型训练过程中，极大地提高了模型的训练效率。误差反向传播算法大致可以分为两个步骤：第一步，推理过程，也就是信号的前向传播，即从输入数据开始，采用随机权重参数，得到最终的分类预期结果；第二步，参数调整的过程，根据分类的预期结果与样本的实际分类结果的差别（误差），利用链式求导法则，从输出层向输入层逐层、逐个调整权重参数，使误差逐渐减小。反复迭代以上两个步骤，直到误差最终降到最低或达到可接受范围。反向传播算法的应用，使深层神经网络能够自动学习到特征提取（过滤器，或称卷积核）的参数及后续分类所需要的参数，整个学习过程更加自动化、智能化。

与全连接神经网络相比，卷积神经网络极大地减少了模型所需训练的参数规模，然而即便如此，卷积神经网络仍然需要大规模地使用训练数据和大量的计算能力，这个是卷积神经网络一直面临的挑战之一，正因为如此，如何尽量减少所需要的参数，是后续的网络架构需要重点考虑的。

LeNet 是第一个真正意义上的卷积神经网络，是卷积神经网络的鼻祖。如果以人类进化史做类比，可以说 LeNet 是卷积神经网络的“类猿人”。

7.5 本章小结

本章介绍了卷积神经网络的起源。首先，计算机视觉以模仿生物视觉开始，构建了与生物视觉中类似的简单细胞和复杂细胞的神经元，构建出原始的卷积神经网络雏形。其次，LeCun 第一次将反向传播算法应用于 LeNet，创造了第一个真正意义上的卷积神经网络。反向传播算法极大地提高了模型的训练效率，使得卷积神经网络能够被广泛地应用。LeNet 是卷积神经网络的鼻祖。

第 8 章 CHAPTER AlexNet

AlexNet 是一个具有重要历史意义的卷积神经网络，它奠定了卷积神经网络在计算机视觉领域的王者地位。在 AlexNet 之前，神经网络已经沉寂了相当长的一段时间，自从 AlexNet 发明之后，ImageNet 每年比赛的冠军都是采用的卷积神经网络算法，由此带动了深度学习的高速发展。

基于 ImageNet 的大规模图像识别挑战赛（ImageNet Large-Scale Visual Recognition Challenge，ILSVRC）是计算机视觉的顶级挑战赛，比赛使用 ImageNet 图像数据集，所有的图片都来自互联网（实际生活中的图片），有上百万张图片、几千种分类，可以说 ILSVRC 代表了计算机视觉领域最高水平的图像识别竞赛。

在 2012 年的 ILSVRC 比赛中，由 Alex Krizhevsky、Ilya Sutskever、Geoffrey Hinton 设计的一个深度的卷积神经网络架构，AlexNet 的 TOP-5 的错误率为 15.3%，大幅度地领先第二名的 TOP-5 的错误率 26.2%，更是远远超过之前该领域的最高水平。这个卷积神经网络就是著名的 AlexNet。该网络的创建者中，Geoffrey Hinton 就是著名的反向传播算法的发明人（LeNet 的创建者只是首次把反向传播算法应用到卷积神经网络，并不是反向传播算法的发明人）之一，Alex 是 Geoffrey Hinton 的学生。

8.1 网络架构

AlexNet 共有 8 层，由 5 个卷积层和 3 个全连接层组成，其中部分卷积层后面紧跟着一个最大池化层，卷积层之后紧跟着 3 个全连接层，整个网络总共有 6000 万个参数和 65 万个神经元。为了加快训练速度，AlexNet 使用了 ReLU 作为激活函数，同时使用高效的 GPU 来实现点积运算。为了减少完全连接层中的参数数量，避免过拟合，在输出层采用了称为“Dropout”的正则化方法，该方法被证明是非常有效的。

AlexNet 的网络架构如图 8-1 所示。网络架构分成上下两个部分，这是为了提高运算速度，并且考虑到 GPU 网卡的显存限制，AlexNet 采用了两块 GPU 网卡运算，将网络分成两个部分。

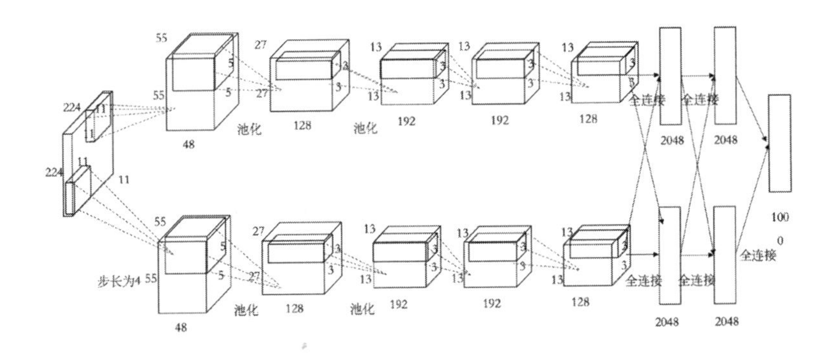

图 8-1　AlexNet 神经网络结构示意图

8.2 主要特点

为了提高训练效率，在网络架构设计方面，AlexNet 引入了几个技巧，其中包括随机梯度下降法，除此之外，AlexNet 的成功可以归结为以下四个方面的因素。

（1）采用 ReLU 作为激活函数：之前准确率最高的 LeNet 网络采用的激活函数往往是 sigmod 和 tanh 等，容易导致梯度爆炸或梯度消失的问题。并且采用 ReLU 作为激活函数，算法简单，能提高模型的训练速度。

（2）采用 Dropout 正则化的方法：之前 LeNet 网络全连接层中包含了大量的参数，AlexNet 采用了按照一定的概率随机丢弃部分神经元（将对应的权重设置为 0）的方式，实现了在每一批次的训练过程中，对神经网络架构进行少许变动，减少模型过拟合的风险。

（3）训练样本数据扩充：AlexNet 依赖于数据扩充让模型学习到图像的不变性，AlexNet 不仅使用 ImageNet 的原始图像，并且通过图像的翻转、截取平移、镜像等相关转换操作扩充训练样本，使训练样本达到原始样本的 2048 倍，大大地降低了模型过拟合的风险。

（4）训练过程加速：模型层数加深，模型的参数变多，与此同时，样本数据扩充都对计算能力提出了更高要求。AlexNet 利用 GPU 来加速矩阵点积、矩阵乘法的计算过程，大大地提高了模型的训练速度。从此之后，卷积神经网络都尽可能地利用 GPU 来加速训练过程。后来，Google 甚至设计了 TPU 来加速 TensorFlow 的神经网络的训练。

8.2.1 采用 ReLU 作为激活函数

在 AlexNet 之前的卷积神经网络，往往都是采用 sigmoid 或 tanh 作为激活函数，经典的 LeNet 就是如此，这些激活函数在实现非线性转换、提高模型的泛化能力方面厥功至伟，但它们存在一些容易出现梯度消失和梯度爆炸的问题。

图 8-2 展示了 sigmoid、tanh 和 ReLU 三个激活函数的曲线图。从图中可以看出，对于 sigmoid 和 tanh 来说，当 x 的取值非常大的时候（如 x 趋于无穷大），sigmoid 和 tanh 的取值总是无限接近于 1，变化非常小，此时它们的导数（梯度）无限接近于 0，也就是说梯度等于 0，与此同时就会出现所谓的梯度消失。同样道理，当 x 的取值非常小（例如 x 趋于负无穷大）的时候，sigmoid 和 tanh 的取值总是无限接近于 0 和 -1，变化也非常小，此时它们的导数（梯度）同样无限接近于 0，会再次出现梯度消失的问题。

另外，当 x 的取值接近于 0 的时候，激活函数 sigmoid 和 tanh 的曲线非常陡峭，也就是说，如果 x 的变化微小，输出结果的变化也会非常大，这时它们的导数（梯度）非常大，会出现梯度爆炸的问题。

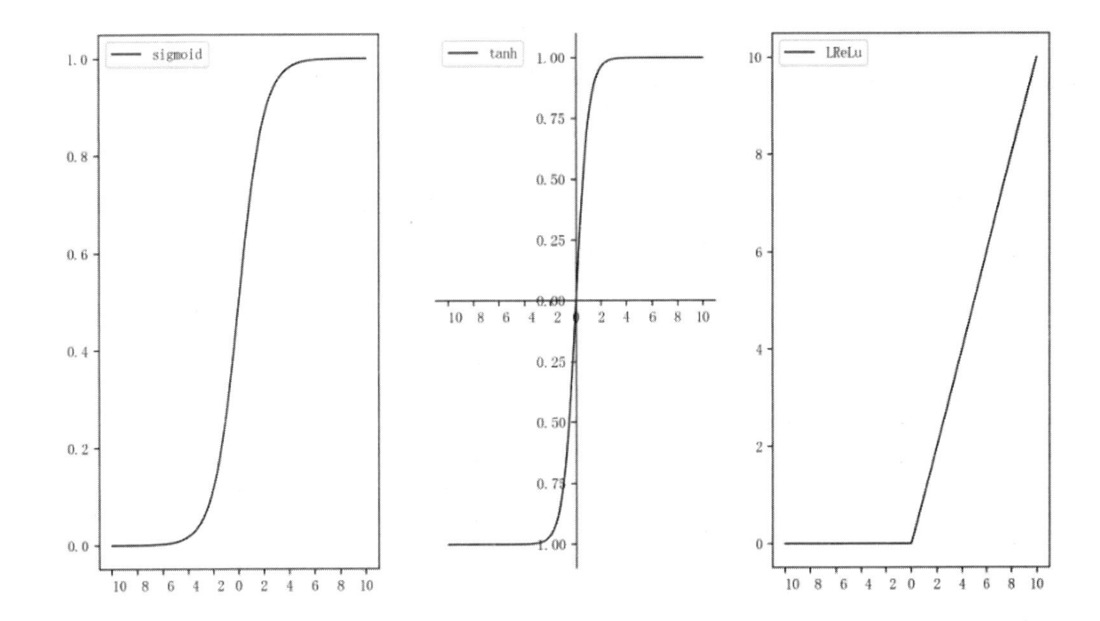

图 8-2　梯度函数消失或梯度爆炸

当出现梯度消失的问题时，由于梯度非常小，每一轮的参数调整都非常小，模型需要更多的迭代次数才能收敛。在有限的时间内，由于无法进行足够多的迭代次数，就会出现模型欠拟合的情况，识别的精度自然就不高。当出现梯度爆炸的问题时，由于梯度变化剧烈，每一次的参数调整都会导致预测值变化巨大，误差的变化也会非常大，同样会出现模型难以收敛的问题。

为了削弱梯度消失和梯度爆炸问题的影响，AlexNet 引入了新的激活函数 ReLU。如图 8-2 所示，当 x 取值小于等于 0 的时候，直接输出 0，这样就可以避免不必要的浮点数运算，实现计算加速；当 x 取值大于 0 的时候，直接输出原值，梯度保持不变，也就不会出现所谓的梯度消失或梯度爆炸的问题。

ReLU 算法存在一个问题。由于 ReLU 直接将小于 0 的输出设置为 0，这相当于直接放弃了这个步骤中 50% 的输入信息，从信息论的角度来说，输入信息量的损失应该会增大误差、降低识别准确率。后续有很多针对 ReLU 算法的研究与改进，如 eLU、ReLU6，除此之外，还有不少的改进算法。总体而言，与 ReLU 相比，采用 eLU 或 ReLU6 激活函数的模型识别的准确率变化并不太大。不过，业界对于 ReLU 算法丢弃 50% 信息的问题仍在研究，有可能在将来找到更好的解决办法。

8.2.2　采用 Dropout 正则化方法

AlexNet 网络架构设计者们注意到参数主要集中在全连接层，为了减少参数数量，降低过拟合风险，可以在全连接层采用了 Dropout 正则化的方法，这也是 Dropout 算法第一次应用在卷积神经网络。

如图 8-3 展示了 AlexNet 网络架构的每一层的类型、参数数量，可以看出整个网络架构中包含了大约 6000 万（6×10^7）个参数。前面五个卷积层只有不到 300 万个参数，而后面的 3 个全连接层包括了大约 5700 万个参数。

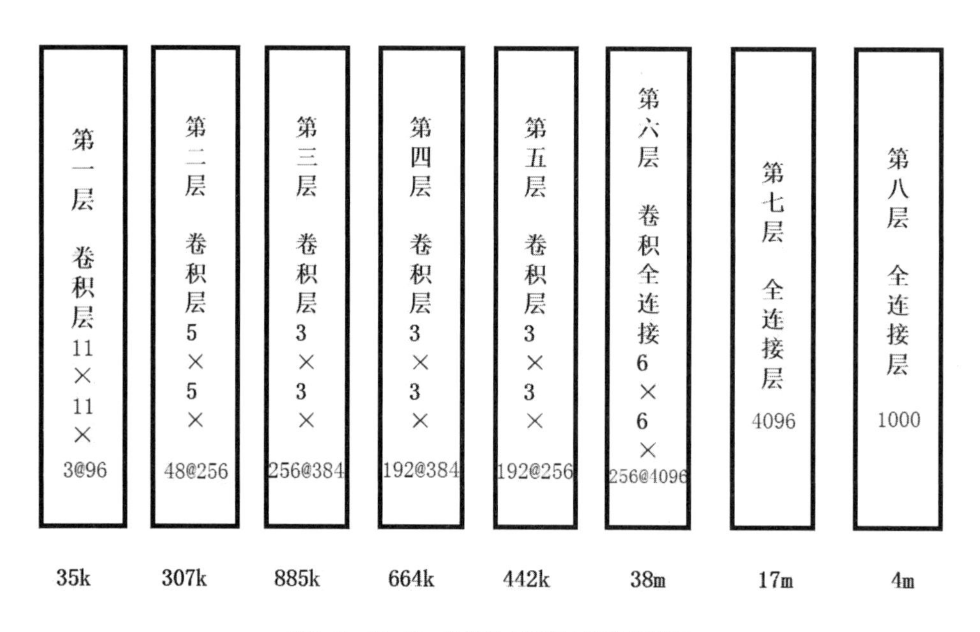

图 8-3　AlexNet 的参数主要集中在全连接层

我们来逐层计算 AlexNet 网络中，每个网络层所包含的参数数量。

第一层是卷积层，采用 96 个尺寸为 11×11×3 的过滤器来执行卷积，本层中参数总共有 34944 个（11×11×3×96+96）。如图 8-3 中所示，对应图中 35k（35000 个）。由于 AlexNet 采用了两块 GPU 来完成计算，所以，上述过滤器分成了两组，每组都是 48 个过滤器，对应一个 GPU。后面的卷积层都是如此，我们只介绍两块 GPU 上运行的过滤器数量之和。

第二层是卷积层，采用了 256 个尺寸为 5×5×48 的过滤器，本层包含的参数总共有 307456 个（5×5×48×256+256）。对应图中的 307k（307000 个）。第一层输出的张量会有适当的填充，保证能够完成所需要的卷积，下同。

第三层是卷积层，采用了 384 个尺寸为 3×3×256 的过滤器，本层包含的参数总共有 885120 个（3×3×256×384+384）。对应图中的 885k（885000 个）。

第四层是卷积层，采用了 384 个尺寸为 3×3×192 的过滤器，本层包含的参数总共有 663936 个（3×3×192×384+384）。对应图中的 664k（664000 个）。

第五层是卷积层，采用了 256 个尺寸为 3×3×192 的过滤器，本层包含的参数总共有 442624 个（3×3×192×256+256）。对应图中的 442k（442000 个）。

第六层是卷积层，也是全连接层，本层的输出结果会被展平，以便于与后面的全连接层连接。本层卷积操作采用了 4096 个 6×6×256 过滤器，本层包含的参数总共有 37752832 个（4096×6×6×256+4096）。对应图中的 38m（3800 万个）。

第七层是全连接层，共有 4096 个神经元。由于与前一层的 4096 个神经元完全连接，所以包含参数 16781312 个（4096×4096+4096）。对应图中 17m（1700 万个）。

第八层是全连接层，共有 1000 个神经元。由于与前一层的 4096 个神经元完全连接，所以包含参数 4097000 个（4096×1000+1000）。对应图中 4m（400 万个）。

很容易发现，绝大部分的参数都是在最后三个全连接层中。最后三层总共包含了 58631144 个参数，约占 AlexNet 网络架构中全部参数的 96.2%（58631144 / 60965224）。

为此，AlexNet 在最后三个全连接层中引入了 Dropout 算法来防止过拟合。具体的做法是针对第一个、第二个全连接层（对应于 AlexNet 第六层、第七层），在每一个批次的训练过程中，将部分神经元参数按照一定的概率设置为 0，这样这些神经元输出就直接为 0，不管是前向传播还是反向传播，该神经元都不会再参与了，就如同被剔除了一样。AlexNet 网络中采用的是 50% 的概率对全连接层神经元进行 Dropout。

Dropout 的原理如图 8-4 所示。

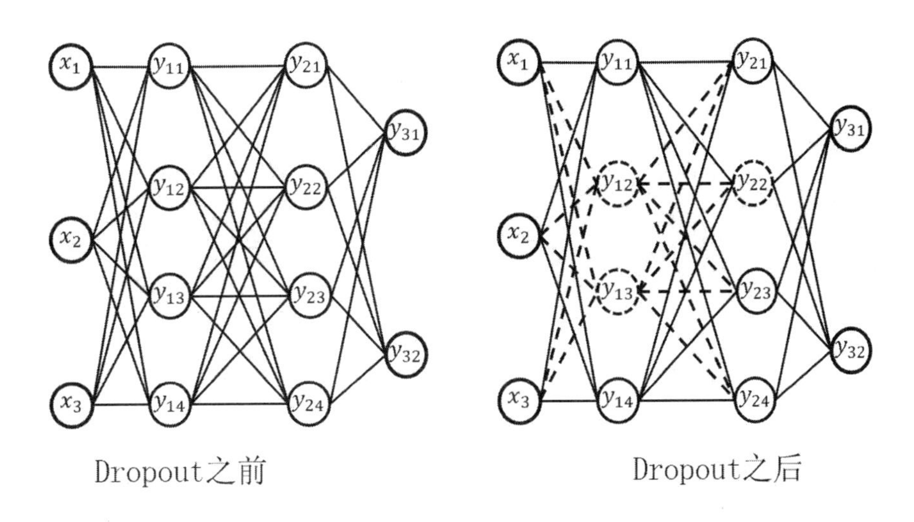

图 8-4 Dropout 算法原理示意

8.2.3 样本数据扩充

考虑到 AlexNet 中包含了 6000 万个参数，即使是 ImageNet，总共也只有 130 多万张图片而已，与 AlexNet 所包含的参数比起来，实在是太少了，模型很容易就会出现过拟合。我们知道，最简单的避免过拟合的方法是人工扩大样本数据集。

AlexNet 采用了以下两个办法扩充训练样本。

第一个办法，通过截取、翻转和镜像等操作来扩充训练样本。对于图像数据集来说，天然地存在平移不变、翻转不变、镜像不变等相关特征，可以通过对原始图像的随机截图、水平镜像、翻转等操作，来生成新的训练样本、达到扩充样本数据的目的。

具体的做法，就是对输入的 256×256 的图像，随机地截取尺寸 224×224 的图像，再对新生成的样本进行水平翻转。这样一来，对于每一个输入的图像，总共能生成（256 − 224）×（256 − 224）× 2 = 2048 个图像。通过这个方法，样本数据扩充到了原始样本数量的 2048 倍。

如图 8-5 所示，通过截取和水平翻转扩充样本数据。

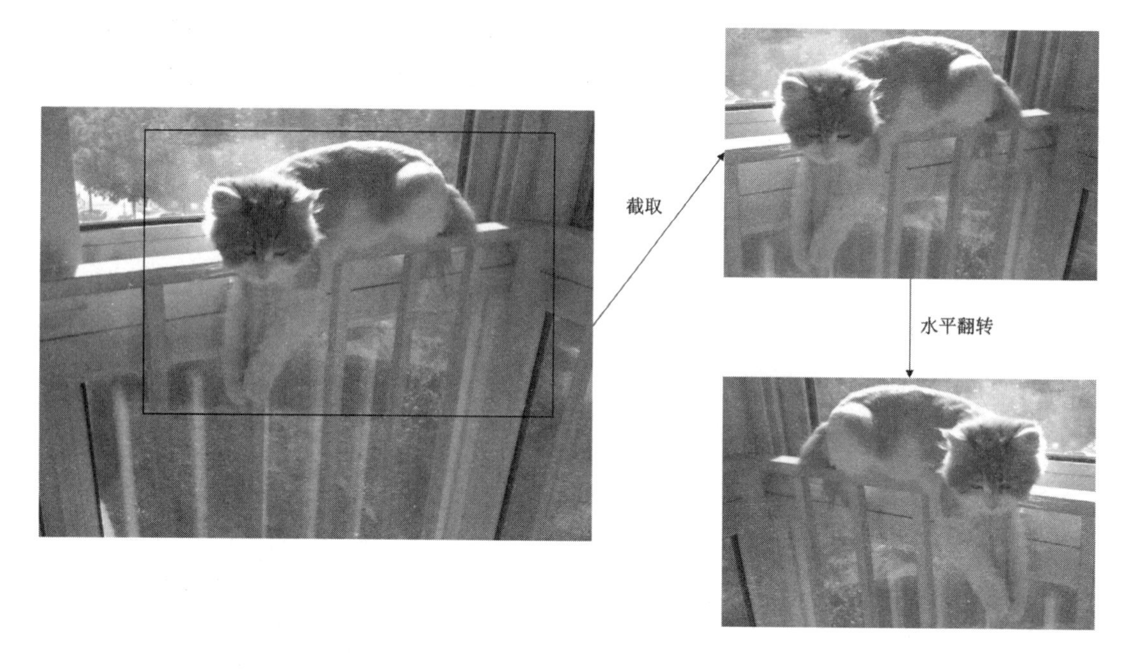

图 8–5　通过截取和翻转扩充样本数据示意

第二个办法，通过改变图像颜色通道的强度，来生成新的图像数据。首先对所有训练样本的图像执行主成分分析，计算得到特征向量和特征值；然后对每一批次训练样本图像中的每个像素，加上主成分特征值与一个随机数的乘积（这个随机数是按照平均数为 0、标准差为 0.1 的高斯分布生成的），为每个批次生成一次新的随机数。这种办法实际上通过改变图像的光照、色彩等，生成了新的样本，丰富了样本的多样性。

扩充样本对提高模型识别的准确率，防止过拟合方面都有重要作用，如 AlexNet 作者介绍，对于大网络（参数较多）来说，如果不进行样本数据扩充，往往都会出现过拟合。

8.3 后续影响

由于 AlexNet 识别准确率非常高（远远高于之前识别准确率最好的模型），最直接的影响是，有人专门对 AlexNet 进行研究，试图理解 AlexNet 网络架构中的各层究竟学到什么。为此，专门设计出一个“反卷积神经网络”，通过与卷积神经网络结构中每一层关联，并执行相反的计算（反卷积、反池化），试图还原卷积神经网络每一层输出的特征图谱，以便于通过还原的特征图谱去理解卷积神经网络。

这个研究最直接影响是让大家树立了一个信念——更深的卷积神经网络的识别准确率更高。基于这个信念，后续的神经网络网络层数越来越多，随着卷积神经网络越来越深，模型识别的准确率的确逐步提高，但同时也带来了几个问题。

（1）参数越来越多，参数过多导致模型难以训练。每一层神经网络都会带来新的参数，层数越来越多，参数也必然会越来越多。参数过多，带来的问题是容易过拟合，需要更多的训练样本、更多的计算资源，这些又反过来限制了模型准确率，通常我们所说的准确率，一定是在可以接受的时间范围内的准确率，不可能无限制地增加训练时间，也不可能获得无限的计算资源。所以凡是准确率创出新高的模型，都必然会在增加模型深度的同时，千方百计地减少模型参数数量。

（2）神经网络中低层神经元梯度消失的问题。反向传播算法将误差从后往前（从高层向低层）传播，当神经网络越来越深的时候，高层神经元的参数最先调整、低层神经元的参数较晚调整，容易出现网络中低层神经元参数调整幅度过小（梯度消失）的问题。这是反向传播算法固有的问题，当网络的层数越来越多的时候，这个问题会更加严重。

后续的冠军神经网络都对上述问题提出了针对性的改进办法，反过来说，这些问题指引了后续神经网络设计的方向。与此同时，所有的冠军网络也都积极地扩充样本数据、增加计算资源，事实上从 AlexNet 之后，在卷积神经网络计算过程中使用 GPU 已经成为标准配置。

8.4 本章小结

本章介绍了 AlexNet 神经网络，AlexNet 在卷积神经网络中具有重要的历史意义，它奠定了卷积神经网络在计算机视觉领域的王者地位。

AlexNet 有几项非常重要的创新：

（1）采用 ReLU 作为激活函数，一方面是模拟生物神经元的激活方式，另一方面避免 sigmod 和 tanh 等激活函数容易导致的梯度消失和梯度爆炸的问题；

（2）采用 Dropout 正则化方式，这是模拟了生物大脑活动时，只有部分神经元激活的现象，提高了模型的健壮性；

（3）采用样本数据扩充技术，通过对原始图像的水平翻转、镜像、随机剪切等操作，极大地扩充了样本数据，针对图像识别的特点提高了模型的适应能力；

（4）采用 GPU 来加速卷积神经网络的计算，从此之后，GPU 成为深度学习的标准配置，后来 Google 更是发明了 TPU 用来加速深度学习的训练。

AlexNet 采用了 8 层网络结构，之后各种卷积神经网络的层数虽然都很深，但是可以按照 8 个构建层（每个构建层包含多个卷积层或池化层等）来看待，这也是 AlexNet 影响力的重要体现。

第 9 章 CHAPTER VGGNet

VGGNet 是由牛津大学计算机视觉组和 Google DeepMind 设计的，探索了卷积神经网络的深度对图像识别准确率的影响。通过不断地堆叠卷积层最终使得卷积神经网络的层深达到 16~19 层，同时采用较小的 3×3 过滤器（卷积核）的办法使得 VGGNet 的识别准确率超过了之前最优的卷积神经网络，并且在 2014 年的 ImageNet 图像识别挑战赛中，取得了图像定位的第一名、图像分类的第二名。

9.1 网络架构

由于 VGGNet 主要侧重于研究神经网络的“深度”对准确率的影响，所以，VGGNet 总共提出了 5 种架构，涵盖了从 11~19 层的几种情况。图 9-1 是 VGGNet 中第五种，也就是 19 层的网络架构。

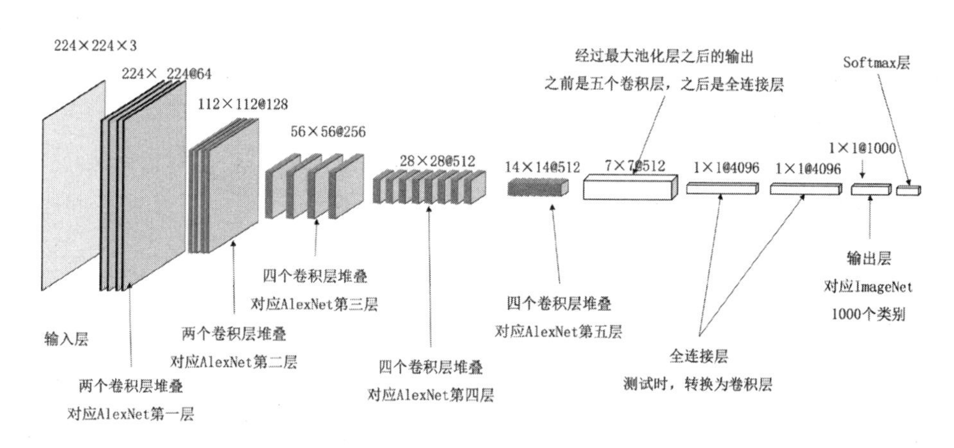

图 9-1　VGGNet-19 的网络架构

19 层的网络架构看似很复杂，其实并不复杂，VGGNet 基于 AlexNet，通过不断地堆叠卷积层加深网络结构。我们可以参考 AlexNet 的 8 层架构，将 VGGNet 网络架构也划分成 8 层，只不过 VGGNet 网络的每个层都是由一个或多个卷积层堆叠而成的。为了描述方便，我们将这种由一个或多个卷积层堆叠形成的网络层，称为“构建层”。

我们知道，在卷积神经网络中，Softmax 是用于最后分类预测的，可以说是卷积神经网络的标配。为了方便理解，我们不计算 Softmax 层、只分析 Softmax 层之前的网络层。最大池化层是依附于卷积层的（一个或多个卷积层之后，紧跟着一个最大池化层），因为池化层没有参数。由此，我们可以将 VGGNet 划分成 8 个构建层。

由于后续的网络架构更加复杂，为了描述方便，我们统一描述符号。我们知道对于卷积层来说，需要使用的超参包括过滤器的尺寸、步长和过滤器的个数。我们的描述方法如下。

（1）过滤器尺寸：采用乘法符号“×”来区分过滤器尺寸，例如 3×3×3，代表宽度、高度、深度都是 3 的过滤器。如果过滤器尺寸只有 3×3，代表该过滤器的宽度、高度是 3，深度与输入的张量一致。

（2）过滤器个数：用符号“@”表示，如 3×3@64 代表 64 个尺寸 3×3 的过滤器（深度与输入张量一致）。

（3）过滤器步长：采用符号“/”表示，如 3×3@64/2 代表 64 个尺寸 3×3 的过滤器，它们的步长都等于 2。默认情况下，步长等于 1。此时省略步长部分，直接用 3×3@64 来表示。

下面我们对 VGGNet 网络的构建层进行逐个分析。

首先是输入层，输入层的尺寸是 224×224×3。虽然图像都是 RGB 三色，深度一致是 3，但是原始的输入图像的高和宽不一定是 224×224 的，所以在训练阶段，VGGNet 对原始图像采用随机截取 224×224 的办法，保证输入图像的尺寸符合要求。

第一构建层是由两个卷积层堆叠形成的。这两个卷积层都使用 64 个 3×3×3 的过滤器，步长统一设置为 1。其中，第一个卷积层从输入层接受输入，卷积之后将结果输入到第二个卷积层，第二个卷积层的输出作为第一层的卷积输出。由于每一层都使用了多个卷积层，为了保证输入输出数据尺寸不变，通过边缘填充的方式保证每一层中的所有卷积层的输入输出尺寸保持不变，所以经过卷积，输出高和宽仍然是 224×224，深度是 64（过滤器的个数），也就是说经过卷积，输出的张量的尺寸为 224×224×64。

这个输出结果被送到最大池化层，最大池化过滤器尺寸是 2×2，步长也是 2，所以上述的 224×224×64 张量变成 112×112×64，这也是第一层的最终输出。

第二构建层也是由两个卷积层堆叠形成的，这两层都是采用 128 个 3×3×64 过滤器，过滤器的步长、填充方式与第一层完全类似，第二层也包含了一个最大池化层，最终第二层的输出为 56×56×128。

第三构建层是由 4 个卷积层堆叠形成的，每个卷积层都是采用 256 个 3×3×128 的过滤器，后面是一个最大池化层，其余设置（步长、填充方式）与第一构建层、第二构建层类似，所以最终第三构建层的输出为 28×28×256。

第四构建层也是由 4 个卷积层堆叠形成的，每个卷积层都是采用 512 个 3×3×256 的过滤器，也包含一个最大池化层，其余设置不变，所以第四层的最终输出为 14×14×512。

第五构建层同样由 4 个卷积层堆叠形成，每个卷积层都是采用 512 个 3×3×512 的过滤器，其余配置与之前的层相同，所以最终输出为 7×7×512。

由于第五层之后的第六层、第七层、第八层都是全连接层，所以第五层的卷积输出之后，会有一个将神经元展平的动作，以便于与后面的第六层进行完全连接。

第六层、第七层、第八层都是全连接层，神经元的个数分别是 4096、4096、1000，最后一层的 1000，对应 ImageNet 中的图像识别挑战赛中要识别的类别数量（1000 个），之后通过 Softmax 层进行转换，便于与样本数据进行比较，并且计算误差。

这就是整个 VGGNet 的网络架构。

9.2 主要特点

VGGNet 在卷积神经网络发展过程中的主要作用在于承上启下。所谓承上，就是继承了 AlexNet 的“更深的网络架构，准确率更高”的信念；所谓启下，就是采用较小的过滤器，实现了增加网络的深度，同时避免参数过度膨胀的问题。

从 VGGNet 的网络架构可以看出，VGGNet 更多的是基于 AlexNet 的网络架构的堆叠，甚至可以说在网络架构方面 VGGNet 没有太大创新，更多的是继承、验证了“更深的网络带来更高的准确率”这一信念。

与 AlexNet 不同的地方在于，VGGNet 采用了较小的过滤器。之前的卷积神经网络往往会采用较大的过滤器，如 11×11、7×7 等，而 VGGNet 采用了 3×3 的过滤器贯穿于整个卷积神经网络。采用较小的过滤器，有利于减少参数，随着模型的深度增加，容易出现参数爆炸的问题，尽可能地减少参数数量是模型成功的关键。

9.2.1 为什么可以采用较小的过滤器

通过过滤器堆叠，较小的过滤器同样可以实现较大的感受野。图 9-2 展示了通过堆叠，两个 3×3 过滤器（中间没有池化层）实现了 5×5 的感受野。

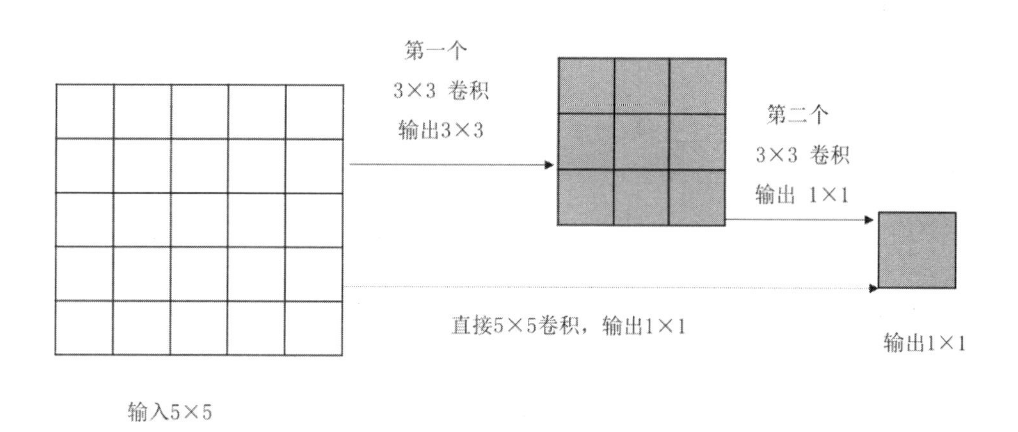

图 9-2 两个 3×3 过滤器堆叠，与 5×5 过滤器的感受野相同

同样道理，3 个 3×3 过滤器堆叠，所形成的感受野与 7×7 过滤器的感受野大小一致，可以参考图 9-2，第一个 3×3 过滤器的输出是 5×5，后面两个 3×3 过滤器堆叠正好与 5×5 过滤器一致。

这就说明，较大的感受野可以通过较小的过滤器堆叠来实现，并且较小的过滤器堆叠，不但不会降低模型的准确率，相反还能够提高模型识别的准确率。

9.2.2 采用较小过滤器的好处

为什么要采用较小的过滤器呢?

通过堆叠较小的过滤器可以实现和较大的过滤器同样的感受野，为什么要采用较小的过滤器呢? 采用较小的过滤器有什么好处呢?

我们以 3 个 3×3 过滤器堆叠与一个 7×7 过滤器为例，它们有相同的感受野，让我们来看看采用较小的过滤器堆叠的好处。

第一个好处，3 个 3×3 的过滤器，引入了更多的非线性转换函数——激活函数。3 个 3×3 的过滤器引入了 3 个非线性转换函数，而一个 7×7 的过滤器只引入了一个非线性转换函数。非线性转换函数（激活函数），使得输出的数据更加离散化、数据更加容易被分类，这有助于我们实现目标——图像分类的完成。

第二个好处，减少了参数数量。假设输入的数据深度是 C，输出的张量的深度也是 C，那么一个 7×7 的过滤器的参数数量（不含偏置项）是 7×7×C×C。其中，第一个 C 是输入的深度、第二个 C 是过滤器的个数，对应输出张量的深度。3 个 3×3 的过滤器有多少个参数呢? 答案是（3×3×C×C）× 3 个。也就是说采用较小过滤器堆叠的参数数量只占采用较大过滤器的参数数量的 55%（27/49），采用较小的过滤器可以减少接近一半的参数数量。

我们前面介绍过，卷积神经网络的问题之一，就是随着深度的增加参数数量快速膨胀。如何在增加网络深度的同时，尽可能避免参数激增是成功的关键，VGGNet 通过采用较小的过滤器堆叠，成功地实现了这一点，这是 VGGNet 最主要的贡献。

9.3 其他技巧和贡献

除了能采用堆叠较小过滤器替换较大过滤器这一特点之外，VGGNet 还验证了更深的网络带来更高的准确率，归一化层对准确率的提高没有帮助，更深的网络比更宽的网络架构更好等内容。在模型训练方面，采用了动量来对学习率进行调整。

需要指出的是，以上特点并不全是 VGGNet 的独有特点，有些特点在 VGGNet 之前已经出现在其他网络中了，在这里，我们只是介绍一些对我们设计神经网络有帮助的特点。

实际上，除了 19 层的 VGGNet 之外，VGGNet 开发者还验证了从 11~19 层的 6 种网络结构，从最初的 8 个卷积层 3 个全连接层到最终的 16 个卷积层 3 个全连接层，每个卷积层的过滤器尺寸都是 3×3（卷积 3），过滤器的个数从 64 个（用 @64 表示 64 个过滤器）开始，每次堆叠之前乘以 2，直到每层过滤器的个数达到 512 个。

其中，11 层的网络中共有两个：一个不包含局部归一化层，称为 A；另外一个包含一个局部归一化层，称为 A-LRN。最终，VGGNet 的各种网络架构的配置情况，如表 9-1 所示（数据来源 https://arxiv.org/pdf/1409.1556.pdf）。

表 9-1　各种 VGGNet 的网络架构配置

卷积神经网络配置					
A	A-LRN	B	C	D	E
11 层	11 层	13 层	16 层	16 层	19 层
输入层（224×224×3 RGB 图像）					
卷积 3@64	卷积 3@64 LRN	卷积 3@64 卷积 3@64	卷积 3@64 卷积 3@64	卷积 3@64 卷积 3@64	卷积 3@64 卷积 3@64
最大池化层					
卷积 3@128	卷积 3@128	卷积 3@128 卷积 3@128	卷积 3@128 卷积 3@128	卷积 3@128 卷积 3@128	卷积 3@128 卷积 3@128
最大池化层					
卷积 3@256 卷积 3@256	卷积 3@256 卷积 3@256	卷积 3@256 卷积 3@256	卷积 3@256 卷积 3@256 卷积 1@256	卷积 3@256 卷积 3@256 卷积 3@256	卷积 3@256 卷积 3@256 卷积 3@256 卷积 3@256
最大池化层					
卷积 3@512 卷积 3@512	卷积 3@512 卷积 3@512	卷积 3@512 卷积 3@512	卷积 3@512 卷积 3@512 卷积 1@512	卷积 3@512 卷积 3@512 卷积 3@512	卷积 3@512 卷积 3@512 卷积 3@512 卷积 3@512
最大池化层					
卷积 3@512 卷积 3@512	卷积 3@512 卷积 3@512	卷积 3@512 卷积 3@512	卷积 3@512 卷积 3@512 卷积 1@512	卷积 3@512 卷积 3@512 卷积 3@512	卷积 3@512 卷积 3@512 卷积 3@512 卷积 3@512
最大池化层					
卷积全连接层 - 4096					
卷积全连接层 - 4096					
全连接层 - 1000					
Softmax					

与 AlexNet 比较，VGGNet 的网络深度增加很多，每一层的过滤器个数也增加很多。虽然 VGGNet 采用更小的卷积核堆叠的方式来尽可能减少参数，但最终的 VGGNet 的参数数量依然达到了 AlexNet 的两倍多。各个版本的 VGGNet 的参数数量如表 9-2 所示。

表 9-2　各种配置的 VGGNet 网络的参数数量　　单位：百万个

网络	A，A-LRN	B	C	D	E
参数数量	133	133	134	138	144

9.3.1　取消归一化层

如表 9-1 所示，包含局部归一化层的神经网络 A 和不包含局部归一化层的神经网络 A-LRN 是完全类似的，区别就在于是否包含局部归一化层。

VGGNet 团队发现，在 ImageNet 数据集上，局部归一化层没有提升模型的准确率，还白白消耗了内存和计算时间，所以后面的几个网络架构中都不再包含局部归一化层。除了 VGGNet 之外，也有其他类似研究表明，归一化层对准确率的贡献很小，消耗的计算资源却不小，所以归一化层现在已经较少被采用了。

网络结构 A 和网络结构 A-LRN 的准确率，如表 9-3 所示。

表 9-3　各种 VGGNet 网络配置的准确率

网络配置	图像尺寸		TOP1 错误率	TOP5 错误率
	训练集	测试集		
A	256	256	29.6%	10.4%
A-LRN	256	256	29.7%	10.5%
B	256	256	28.7%	9.9%
C	256	256	28.1%	9.4%
	384	384	28.1%	9.3%
	[256 512]	384	27.3%	8.8%
D	256	256	27.0%	8.8%
	384	384	26.8%	8.7%
	[256 512]	384	25.6%	8.1%
E	256	256	27.3%	9.0%
	384	384	26.9%	8.7%
	[256 512]	384	25.5%	8.0%

为什么归一化层逐渐不起作用了？虽然没有经过论证，但是如果大胆猜测一下，应该是因为现在的神经网络越来越深，每个卷积层都带有激活函数（如 ReLU），它们逐渐起到了类似于归一化层的作用。

9.3.2 更深的网络准确率更高

VGGNet 验证了网络深度对模型识别的准确率有显著的影响，更深的神经网络的准确率更高。如表 9-3 所示，随着网络层数的增加，网络越来越深，模型识别的错误率会越来越低。直到网络深度达到 19 层时，模型识别准确率达到最高峰。

VGGNet 试着将网络结构 B（见表 9-3）中两个堆叠的 3 × 3 过滤器中的一个替换成 5 × 5 的过滤器，替换后的网络的深度较浅，并且网络 TOP1 错误率升高了 7%，进一步验证了更深的网络准确率更高。

从表 9-1 中可以看出，网络 C 和网络 D 的深度都是 16 层，从表 9-3 中可以看出，网络 D 的准确率高于网络 C。通过比较可以发现，网络 C 使用 1 × 1 的过滤器，而网络 D 使用 3 × 3 的过滤器，也就是说在深度相同的情况下，更大的感受野准确率更高，因为 3 × 3 可以提取图像中的上、下、左、右、左上、左下等相关信息，1 × 1 的过滤器无法提取这些。

VGGNet 在网络深度达到 19 层时，准确率达到了最高峰，那么更深的网络结构能否实现更高的准确率呢？答案是肯定的，只不过由于 VGGNet 没有针对浅层神经网络梯度消失的问题提出针对性的解决方案，所以无法实现更深的网络和更高的准确率，这个问题就只能等 GoogLeNet 解决了。

9.3.3 学习率设置技巧

在学习率设置方面，VGGNet 主要采用了两个技巧。

第一个，引入了动量的概念。基本原理还是采用随机梯度下降法，只不过在每一次梯度更新的时候，将本次梯度方向与上一次梯度方向进行比较，如果方向一致，说明距离最优解还比较远，在本次的梯度上加上上一次的梯度与动量的乘积，参数调整速度会更快。在 VGGNet 中，动量设置为 0.9。如果本次的梯度方向与上一次梯度方向不一致的话，说明参数已经“越过”最优解，在本次梯度上减去上一次的梯度与动量的乘积，参数调整的幅度会变小。动量能够让模型更快速地拟合，提高训练速度。

第二个，根据模型在验证集上的准确率变化幅度降低，动态地降低学习率。如果模型在验证集上的准确率不再提高（或者准确率提高程度低于设定的阈值），那么将学习率降低到原来的 1/10。这样学习率变得更小，模型的准确率波动会更小，更能接近最优解。

通过这些设置学习率的技巧，VGGNet 实现了更快速地拟合，同时更接近最优解。

9.3.4 初始化参数设置技巧

实际上，初始化参数设置对模型最终准确率非常重要，如果初始化不好，在深层网络中，由于梯度不稳定，模型有可能无法收敛。

为了解决这个问题，VGGNet 首先训练网络 A，因为网络 A 的层数较少，容易训练。对于网络 A 的初始化参数采用随机数填充，随机数采用均值为 0、方差为 10^{-2}的正态分布的随机数。偏置项一律设置为 0。

将模型 A 训练好后，在训练更深的模型时，将模型 A 已经训练好的参数当作初始化参数复制到新的模型上，包括模型 A 开始的四个卷积层和最后三个全连接层。其余的中间层，依然采用随机数填充的方式来初始化，随机的方式依然采用均值为 0、方差为 10^{-2}的正态分布来填充。

9.4 本章小结

VGGNet 继承了 AlexNet 的思想——更深的网络能够实现更高的准确率。

VGGNet 采用卷积层堆叠的方式来增加网络的深度，同时，针对卷积层堆叠可能导致的参数过多的问题，VGGNet 采用更小的卷积核避免了参数过多，更多的卷积层堆叠也避免了小卷积核容易导致的感受野较小的问题。

除了堆叠更多的卷积层之外，还引入了动量的概念，通过比较本次梯度的方向与上一次梯度方向是否一致，在本次的梯度之上叠加或减去上一次梯度与动量的乘积，能够加速模型的拟合速度。采用动量的概念对学习率进行调整已经成为深度学习的标配。

第10章 CHAPTER Inception

Inception 与 VGGNet 都是 2014 年 ImageNet 挑战赛的佼佼者，Inception 取得了该年度第一名，VGGNet 取得了第二名（图像定位项目的第一名）。二者都是基于“更深的网络准确率更高”的信念和 AlexNet 网络进一步增加网络深度而发明的，因此与 AlexNet 相比，它们的深度都是更深了，VGGNet 最深达到了 19 层，Inception 更是达到了 22 层。

与 VGGNet 不同的是，Inception 对卷积神经网络存在的问题进行了深入的分析，并且针对几个主要问题提出了针对性的解决办法。首先是如何在增加网络深度的同时，尽可能地减少参数数量。其次是如何充分利用 GPU 的密集计算能力，特别是在参数减少、网络变得稀疏之后。最后是如何削弱卷积神经网络训练过程中容易出现的梯度消失的问题，尤其是浅层的神经元容易出现的梯度消失问题。

10.1 Inception 名称由来

Inception 这一名称来源于电影《盗梦空间》（英文名 *Inception*），在电影中男主角经典台词就是“We need to go deeper（我们需要走向更深）”，卷积神经网络同样也需要更深的网络，因为更深的网络带来更高的准确率，所以在参加 2014 年的 ILSVRC 的时候，GoogLeNet 团队将他们的网络命名为 Inception。如果我们一定要把 Inception 翻译成中文的话，或许“更深的网络”比较合适。

Inception 的开发团队是 GoogLeNet，它的大部分成员都来自 Google 公司，为什么他们没有将自己团队称为 GoogleNet（Google+Net），而是 GoogLeNet 呢？这是为了向卷积神经网络的鼻祖 LeNet 网络致敬。

10.2 背景问题分析

基于前面对 AlexNet 的卷积过程的研究，大家逐渐强化了一个信念——更深的网络带来更高的准确率，所以最简单、安全、有效地提高准确率的办法就是增加网络的深度。这也正是 Inception 名称所隐含的“We need to go deeper”的含义。

增加网络的深度（往往同时增加每层神经元数量）容易导致以下几个方面的问题。

（1）导致神经网络参数的数量过多，网络不容易训练，容易出现过拟合，需要更多的训练数据。然而训练数据并不容易获得，尤其是需要人工标记样本数据时就更难了。所以如何在增加网络规模的同时尽可能地减少参数的数量是首先要考虑的问题。

（2）增大了网络的规模（更深、更宽），需要消耗大量的计算资源，需要“有效”和“充分”地使用计算资源。以两个卷积层堆叠为例，随着卷积层的过滤器线性增加，所需要的计算资源与过滤器个数的平方成正比。如果所增加的计算资源没有被“有效”地使用，如所有的权重参数都趋近于 0（但不等于 0），那么这些计算量不会带来准确率的提高，却仍然会消耗大量的计算资源。如何有效地、充分地利用现有的计算资源也是需要重点考虑的问题。

（3）当网络的深度达到一定程度之后，浅层神经元容易出现梯度弥散的问题。这是因为，误差反向传播的时候，随着深度的增加梯度会迅速变小，从而导致权重参数变化缓慢，模型无法收敛。如何削弱由于深度过大导致的梯度弥散的问题，也是需要考虑的。

Inception 的网络架构正是沿着如何解决以上几个问题的方向，有针对性地设计网络架构的。

10.3 架构设计思路

不管是参数数量过多的问题，还是计算量过大的问题，解决的办法都是使网络变得稀疏，需要将网络从完全连接转换成部分连接，这正是卷积神经网络逐步取代全连接神经网络的根本原因。问题是卷积神经网络已经是部分连接了，还能更进一步地减少连接的数量吗？答案是肯定的。Inception 借鉴了神经科学中的赫布理论：一起激发的神经元连接在一起。受此启发，Inception 的网络架构中引入了“构件块”的概念，“构件块”包含了一组神经元，或者说包含了一系列的卷积层与池化层。

与此同时，GoogLeNet 还注意到，现有的计算资源在稀疏的神经网络上运行的效率低下，这是因为现代的 GPU 设计目标是针对密集的矩阵运算场景。当神经网络变得稀疏时，即使算术计算量下降两个数量级，由于数据查找和缓存未命中导致的资源开销就会超过算术运算的开销，所需计算时间并不会减少。为了充分利用现有计算资源的密集计算和并行计算的能力，甚至已经出现将卷积神经网络转换回全连接神经网络的尝试，这与通过稀疏减少连接数量是矛盾的、冲突的。

现在问题转化成是否能找到一种网络结构，在保持卷积神经网络的稀疏性的同时，能够充分地发挥现有计算资源的密集计算、并行计算的能力？答案是肯定的，这种网络结构就是 Inception 模块。

10.3.1 Inception 模块原理

Inception 模块正是这样一种既能跟前一层进行稀疏连接又能充分利用现有计算机的密集计算和并行计算特性的网络结构，如图 10-1 所示。

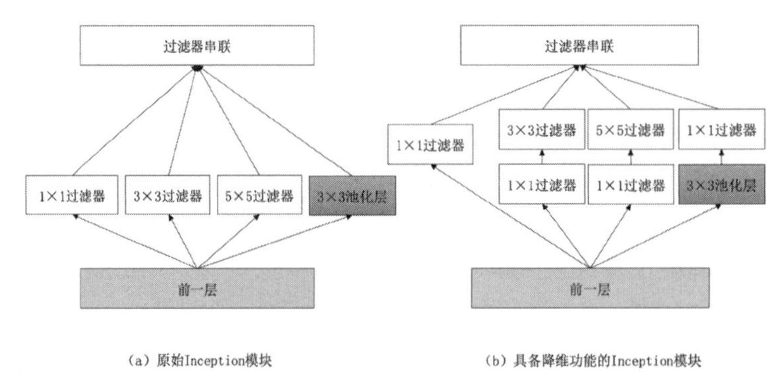

图 10-1　Inception 模块示意图

图 10-1 左半部分展示了原始的 Inception 模块，通过将 1×1、3×3、5×5 这三个过滤器串联起来，形成一个“连接在一起的构件块”，模仿了“一起激发的神经元连接在一起”的特点，更巧妙的是，一个构件块存在多个过滤器又可以充分利用现有计算资源的密集计算和并行计算的特性。池化操作已经成为现代卷积神经网络的必备组件，所以在“构件块”中增加一个 3×3 的最大池化过滤器，使模块更加充分地利用并行计算的能力。

Inception 模块既包含大尺寸的过滤器又包含小尺寸的过滤器，既增加了网络的宽度又提高了网络的空间适应能力，适应了不同大小的感受野。当 Inception 模块出现在网络结构的低层（距离输入层近的层）时，能够充分利用大尺寸过滤器捕获图像的局部特征；当 Inception 模块出现在网络的高层（距离输出层近的层）时，3×3、5×5 过滤器的比例应该相应地增加，因为捕获抽象特征帮助分类实现是网络高层的关键，较大的卷积核有助于实现这个目标。

由于是多个过滤器串联，为了保证输出的张量尺寸一致，Inception 模块要求所有过滤器输出的高度、宽度都是相同的，这样它们的输出结果就可以简单堆叠在一起，形成最终的输出张量，实现不同尺寸的特征融合。为了实现方便，Inception 模块严格要求过滤器的尺寸，只能是 1×1、3×3、5×5 三种情况，这样一来，就可以简单地通过边缘填充来保证输出的张量尺寸一致了。

10.3.2 减少参数数量

原始的 Inception 模块的缺点是参数依然过多，即使使用现代的计算资源，5×5 过滤器的参数数量依然是惊人的，再考虑到池化过滤器的影响，每个池化过滤器输出张量的深度都是与输入层一致的，每个 Inception 模块输出的深度都是在前一层的基础上累积本层中过滤器的个数。可以预见的是，输出的深度会越来越深。由于过滤器所包含的参数数量与深度是正比关系（乘积），参数数量必然会爆炸性增长，对计算资源的需求也必然爆炸性增长，这显然是无法接受的。

针对这个问题，Inception 模块引入了 1×1 过滤器，放置在 3×3、5×5 卷积过滤器之前，以及 3×3 池化过滤器之后，以实现减少参数的目标。

1×1 过滤器容易让我们感觉操作是没有意义的？在输入数据是二维（深度为 1）的时候，1×1 的卷积操作只能起到数据转换和增加激活函数（如 ReLU）的作用。当输入数据是三维的时候，1×1 卷积操作的作用就不仅能进行数据转换和数据激活了，还能起到降维的作用。例如，识别 ImageNet 中的图片时，往往会通过随机裁剪的方式，将输入张量形状变为 224×224×3，这个输入张量若经过 1×1×3 的卷积之后，输出的张量形状为 224×224×1，从三维变成了二维，实现了降维操作，节省了后续步骤的计算量。

在 3×3、5×5 过滤器之前，放置 1×1 过滤器可以减少参数，正是利用了 1×1 卷积的降维功能。举个例子，在 VGGNet 中，第二个堆叠卷积层的输入数据形状为 224×224×64，经过卷积操作输出张量形状是 224×224×128，再经过最大池化操作之后，输出张量的形状是 112×112×128。如果直接采用 5×5 的过滤器，共需要 5×5×64×128=204800 个参数（不含偏置项，因为偏置项的个数是常量，对参数个数影响十分微小），输出的张量形状（经过边缘填充）为 224×224×128。如果先采用 32 个 1×1 过滤器执行卷积操作，再执行 5×5 卷积，同样输出形状为 224×224×128

的张量，那么需要参数的数量是 1×1×64×32+5×5×32×128=104448 个，参数数量降低到原来的 51%，节省了近一半的参数。

为此，GoogLeNet 团队将 Inception 模块都变成了带有 1×1 过滤器的 Inception 模块，如图 10-1 中“（b）具备降维功能的 Inception 模块”所示。

10.3.3　减弱梯度消失

梯度消失的根源在于，随着网络的深度越来越大，当误差反向传播的时候，梯度是通过链式求导得到的，网络低层（距离输入层近的层）的梯度可能接近于 0，每一轮的参数调整幅度都很小（$w=w+\Delta w$，其中，Δw 接近于 0），导致模型无法收敛。链式求导原理如以下公式所示：

$$\Delta w=\frac{\partial Loss}{\partial f_n}\times\frac{\partial f_n}{\partial f_{n\text{-}1}}\times\cdots\times\frac{\partial f_2}{\partial w}$$

其中，若多个层的 $\frac{\partial f_n}{\partial f_{n\text{-}1}}$ 的输出值落在 [0,1] 区间，它们的乘积就会越来越小，逐渐接近于 0，假设网络有 50 层，典型的 $0.9^{50}\approx 0.0052$；若多个层的 $\frac{\partial f_n}{\partial f_{n\text{-}1}}$ 的输出值大于 1，那么它们的乘积就会急剧膨胀，产生梯度爆炸，同样假设网络有 50 层，$1.1^{50}\approx 117.39$；网络的深度越大，这个问题越突出。也就是说，越接近输入层，梯度越小，参数调整的幅度越小（或越大），这就是网络中低层梯度消失（或梯度爆炸）的根本原因。

对于这个问题，容易想到的办法是，将网络低层的输出直接连接到输出层。误差反向传播时，将误差从输出层直接传递到网络的低层，这样就可以减弱梯度弥散的问题。误差直接传递到低层相当于构建了一个深度较浅的神经网络，而较浅的网络准确率较低，因此可以对网络低层的输出乘以一个较小的权重，减少网络低层对最终结果的影响。

另外，有研究表明，对于卷积神经网络来说，性能好的卷积神经网络，中间几层的输出值离散程度一般也较高，所以如果将中间层的输出直接推送到输出层，参与分类预测，能够提高模型的准确率。

综合考虑以上两个因素，Inception 网络中采用了旁路的办法，将中间层的输出结果乘以权重（权重设置为 0.3）之后，通过旁路分类器构件块，连接到输出层，让中间层的输出结果去影响分类预测，试图达到减弱梯度弥散的影响。

10.4　网络架构

一般情况下，通过不断地堆叠 Inception 模块，再加上偶尔添加一个最大池化层降低图像的尺寸（分辨率），就可以构建 Inception 网络。在实际训练过程中会发现，将 Inception 模块应用到网络高层（距离输出层较近的网络层）更合适，对于网络低层（距离输入层比较近）依然采用传统的卷积层或堆叠的卷积层效果会更好。

最终的 Inception 包含了 22 层，为了便于理解，参考 AlexNet，将 Inception 网络（Inception v1）以最大池化层为间隔，大致可以划分成八个构建层，与普通的卷积层区别在于，每个构建层都包含一个或多个堆叠卷积层、一个或多个堆叠的 Inception 模块。每个 Inception 模块包含一个或多个卷积层，包含多个不同尺寸的过滤器。每个 Inception 模块的构造，都是图 10-1 中“（b）带有降维功能的 Inception 模块”的结构。

如图 10-2 所示，Inception 网络的前五层都是卷积层，第一层、第二层是普通的卷积层或堆叠的卷积层，第三层、第四层、第五层是基于 Inception 模块（包含多个卷积层，每个卷积层包含多个过滤器）构建的卷积层。在 AlexNet 网络中，第六层、第七层都是全连接层，第八层是 Softmax 层。与此对应的是在 Inception 网络中，将第六层转换为平均池化层，平均池化层的好处是结果容易解释，并且不容易过拟合。第七层依然采用全连接层是为了分类预测的方便。第八层（最后一层）依然是 Softmax 层，用于完成分类预测，并用样本数据的分类结果进行比较。

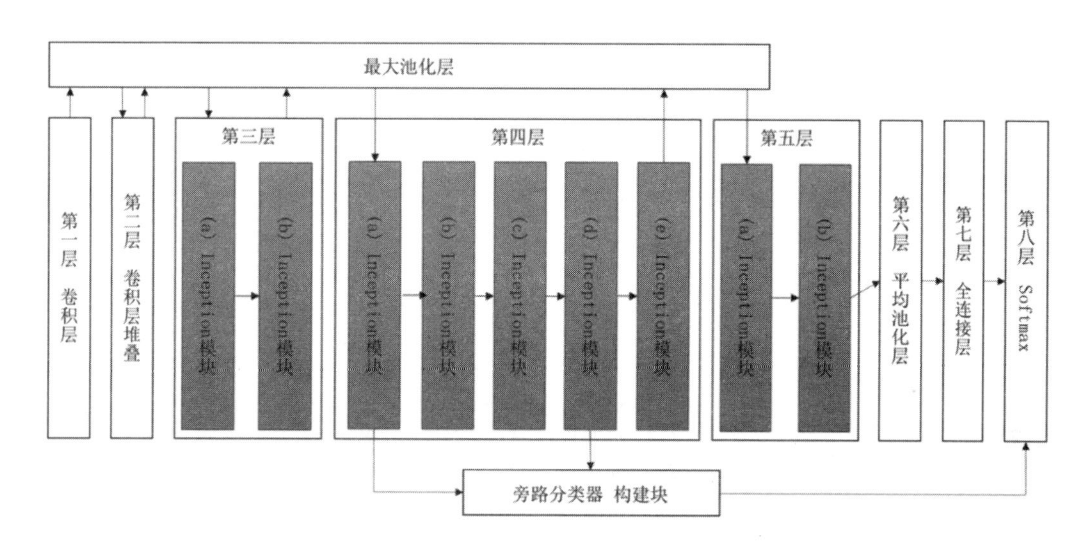

图 10-2　Inception 网络架构总览

值得注意的是，图中的最大池化层和旁路分类器分别位于图的上方和下方，其实最大池化层分别出现在第一构建层与第二构建层、第二构建层与第三构建层、第三构建层与第四构建层、第四构建层与第五构建层之间，为了让图不至于太大、容易查看，才将最大池化层画在图的上方。图中箭头依然展示了数据流向，从第一层流向最大池化层再流向第二层等，以此类推。旁路分类器分别从（4a）和（4d）接收输出数据，经过权重（0.3）调整后直接连接到输出层。

10.4.1　网络架构详解

Inception 各层的详细参数配置如表 10-1 所示。

表 10-1 Inception 网络的各层详细配置

名称	尺 寸 / 步长	输出	深度	1×1	3×3 降维	3×3	5×5 降维	5×5	池化降维
卷积	7×7/2	112×112×64	1						
最大池化层	3×3/2	56×56×64	0						
卷积	3×3/1	56×56×192	2		64	192			
最大池化层	3×3/2	28×28×192	0						
Inception(3a)		28×28×256	2	64	96	128	16	32	32
Inception(3b)		28×28×480	2	128	128	192	32	96	64
最大池化层	3×3/2	14×14×480	0						
Inception(4a)		14×14×512	2	192	96	208	16	48	64
Inception(4b)		14×14×512	2	160	112	224	24	64	64
Inception(4c)		14×14×512	2	128	128	256	24	64	64
Inception(4d)		14×14×528	2	112	144	288	32	64	64
Inception(4e)		14×14×823	2	256	160	320	32	128	128
最大池化层	3×3/2	7×7×823	0						
Inception(5a)		7×7×823	2	256	160	320	32	128	128
Inception(5b)	7×7/1	7×7×1024	2	384	192	384	48	128	128
平均池化层		1×1×1024	0						
dropout(40%)		1×1×1024	0						
线性分类		1×1×1000	1						
Softmax		1×1×1000	0						

表 10-1 中，1×1、3×3、5×5 分别代表过滤器的尺寸，对应的数字代表该尺寸过滤器的个数；“3×3 降维”“ 5×5 降维”分别代表在 3×3、5×5 过滤器之前先经过一个 1×1 的过滤器卷积，“池化降维”表示在最大池化层之后，放置一个 1×1 卷积过滤器，表格中对应的数字就是 1×1 过滤器的个数。同一行中的 3×3、5×5 对应的个数，代表经过 1×1 卷积之后对应的 3×3、5×5 过滤器的个数。

输出层的原始图像经过 224×224 的随机裁剪，生成的张量形状为 224×224×3，所有的原始像素减去平均值（所有输入图像的红绿蓝三色的各自平均值）。

第一构建层是普通的卷积层，采用 64 个 7×7×3 的过滤器，步长为 2，卷积之后再经过 ReLU 操作，输出的张量为 112×112×64。在卷积之后，紧接着采用 3×3 的最大池化过滤器，步长为 2，最终的输出为 56×56×64。

第二构建层是堆叠的卷积层，首先采用 64 个 1×1×64 的过滤器（深度是 64，上一层的输出深度）的卷积操作，输出 56×56×64 的张量，再经过 192 个 3×3×64 的过滤器的卷积操作，输出的张量为 56×56×192，然后经过尺寸为 3×3 池化过滤器、步长为 2 的最大池化操作，输出为 28×28×192。

第三构建层是由 Inception 模块构建的层，由两个 Inception 模块串联构成，分别命名为 Inception (3a) 和 Inception (3b)。其中，Inception (3a) 由以下几个模块串联形成。

（1）1×1 卷积模块：64 个 1×1×192 的卷积操作，输出的张量为 28×28×64。

（2）1×1 堆叠 3×3 卷积模块：首先是 96 个 1×1×192 的卷积操作，然后是 128 个 3×3×96 的卷积核（深度与堆叠的 1×1 过滤器个数一致），输出的张量为 28×28×128。

（3）1×1 堆叠 5×5 卷积模块：首先是 16 个 1×1×192 的过滤器的卷积操作，然后是 32 个 5×5×16 的卷积核，输出的张量为 28×28×32。

（4）第四个模块是最大池化模块：首先是对上一层输入的尺寸为 28×28×192 的张量，执行尺寸 3×3、步长为 1 的最大池化操作，经过边缘填充，输出的张量依然为 28×28×192，再经过 32 个 1×1×192 的卷积操作，输出为 28×28×32。

将以上四个模块的输出堆叠（沿着深度叠加）在一起，Inception (3a) 的最终输出为 28×28×256（其中，256=64+128+32+32）。

Inception (3b)，同样由以下几个模块串联组成。

（1）1×1 卷积模块：执行 128 个 1×1×256 过滤器的卷积操作，输出的张量为 28×28×128。

（2）1×1 堆叠 3×3 卷积模块：首先是执行 128 个 1×1×256 过滤器的卷积操作，然后是 192 个 3×3×128 的卷积操作（深度与堆叠的 1×1 过滤器个数一致），输出的张量为 28×28×192。

（3）1×1 堆叠 5×5 卷积模块：首先是执行 32 个 1×1×256 的过滤器的卷积操作，然后是 96 个 5×5×32 的卷积操作，输出的张量为 28×28×96。

（4）第四个模块是最大池化模块：首先是对上一层输入的尺寸为 28×28×192 的张量，执行尺寸 3×3、步长为 1 的最大池化操作，经过边缘填充，输出的张量依然为 28×28×192，然后是 64 个 1×1×192 的卷积操作，输出为 28×28×64。

将以上四个模块的输出堆叠（沿着深度叠加）在一起，Inception (3b) 的最终输出为 28×28×480（其中，480=128+192+96+64）。

第四构建层、第五构建层以此类推。

第六构建层是平均池化层，与最大池化层类似。区别在于平均池化层将池化的算法从求最大值变成求平均值而已。输入的张量形状为 7×7×1024，池化过滤的尺寸为 7×7，步长为 1，输出的张量形状为 1×1×1024。

第七构建层、第八构建层，与普通的全连接层和 Softmax 层没有区别，不一一赘述。

整个 Inception 的深度是 22 层，是指不包括不含参数层的层数（若包含池化层等不含参数的层，最终的层数是 27 层），具体的深度可以参考表 10-1 中的“深度”那一列。

10.4.2 旁路分类器架构

如图 10-3 展示了旁路分类器构建块的架构。

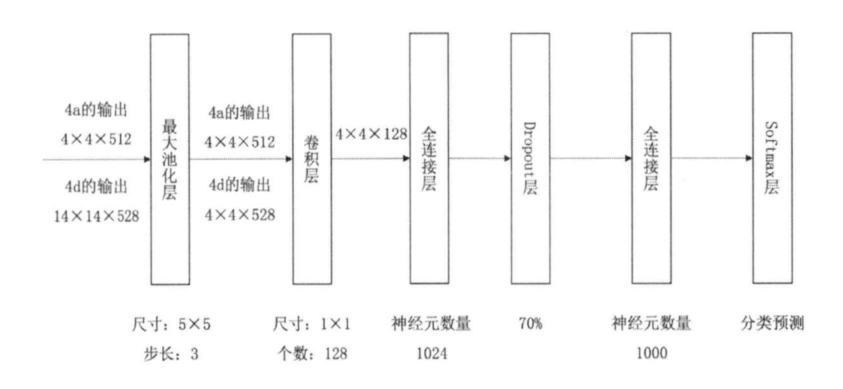

图 10-3 旁路分类器构建块架构

旁路分类器构件块从 4a 和 4d 接受输出，然后执行下面一系列的操作。

首先是最大池化操作。池化过滤器的尺寸为 5×5，步长为 3，从 4a 层接收输入的构件块，得到的输入为 14×14×512，经过最大池化操作之后，输出为 4×4×512。从 4d 层接收输入的构件块，得到的输入为 14×14×528，经过最大池化操作之后，输出 4×4×528。

然后是卷积层。从 4a 层接收输入的构件块，过滤器的尺寸为 1×1×512。对于从 4d 层接收输入的构件块，过滤器的尺寸为 1×1×528。这两个构件块都是经过 128 个过滤器卷积，输出的张量形状都是 4×4×128。

最后是全连接层、Dropout 层、全连接层和 Softmax 层。实际上就是两层全连接层之间，将一部分（70%）的连接丢弃，输送到 Softmax 层进行分类预测。

需要指出的是，在测试阶段，GoogLeNet 团队将旁路分支取消了，但旁路分支对后续的卷积神经网络有巨大影响，后续我们在介绍 ResNet 的时候会再次介绍旁路分支思想的应用。

10.5 Inception 实战

本节构建一个 Inception 模型，用于 ImageNet 图像数据集的图像识别，包括两个步骤：首先构建一个 Inception 模型；其次将样本数据“喂”给模型完成 ImageNet 图像识别。

10.5.1 模型构建

为了能够方便地构建一个 Inception 模型，我们要有 Inception 模块，并且能够方便地构建卷积层、最大池化层的基本函数。

1. 基本函数

基本函数包括初始化随机数、最大池化操作、卷积操作等。构建生成模型的代码如下：

```
#!/usr/local/bin/python3
# -*- coding: UTF-8 -*-

import tensorflow as tf
from read_imagenet_data import input_fn

# 设置日志级别。
tf.logging.set_verbosity(tf.logging.INFO)


def trunc_normal(stddev):
    """
    生成截断正态分布的随机数。
    与随机正态分布随机数函数 'random_normal_initializer' 类似，
    区别之处在于，将落在两个标准差之外的随机数丢弃，并且重新生成。

    @param mean: 正态分布的均值。
    @param stddev: 该正态分布的标准差。

    @Returns: 截断正态分布的随机数。
    """
    return tf.truncated_normal_initializer(0.0, stddev)


def conv2d(inputs, filters, kernel_size=[7, 7], stride=(1, 1),
           stddev=0.01, padding='SAME', scope='conv2d'):
    """
    定义 Inception 中默认的卷积函数

    @param inputs: 输入层。
    @param filters: 过滤器的个数（输出通道数）。
    @param stride: 步长。
    @param stddev: 生成权重正态分布随机数的标准差。
    @param padding: 填充方式。常用的有 "SAME" 和 "VALID" 两种模式。
    @param scope: 当前函数中变量的作用域。
```

```
    @Returns: 卷积之后的特征图谱。
    """
    with tf.variable_scope(scope):
        weights_initializer = trunc_normal(stddev)

        return tf.layers.conv2d(
            inputs, filters, kernel_size=kernel_size, strides=stride,
            padding=padding, kernel_initializer=weights_initializer,
            name=scope)


def max_pool2d(inputs, pool_size=(3, 3), strides=(2, 2),
               padding='SAME', scope='max_pool2d'):
    """
    定义最大池化函数，将 Inception 模型中最常用的参数设置为默认值。

    @param inputs: 输入张量。
    @param pool_size: 池化过滤器的尺寸。
    @param stride: 步长。
    @param padding: 填充方式。常用的有 "SAME" 和 "VALID" 两种模式。
    @param scope: 当前函数中变量的作用域。

    @Returns: 执行池化操作生成的特征图谱。
    """
    with tf.variable_scope(scope):
        return tf.layers.max_pooling2d(
            inputs, pool_size, strides, padding, name=scope)
```

2.Inception 模块

Inception 模块主要包含四个分支：第一个分支是一个 1×1 卷积；第二个分支是一个 1×1 卷积（用于降维）堆叠一个 3×3 卷积；第三个分支是一个 1×1 卷积（用于降维）堆叠一个 5×5 卷积；第四个分支是池化操作（步长为 1，保证尺寸与其他分支一致）堆叠一个 1×1 卷积（降维）。

实现代码如下：

```
def inception_block(net, filters, scope='inception_block'):
    """
    定义 Inception 模块。
```

```
@param net: 输入张量。
@param filters: Inception 模块中，各个分支中，过滤器的输出通道数。
  filters[0], 代表分支 (Branch_0) 的 1 × 1 卷积的输出通道数

  filters[1], 代表分支 (Branch_1) 的 1 × 1 卷积的输出通道数
  filters[2], 代表分支 (Branch_1) 的 3 × 3 卷积的输出通道数

  filters[3], 代表分支 (Branch_2) 的 1 × 1 卷积的输出通道数
  filters[4], 代表分支 (Branch_2) 的 5 × 5 卷积的输出通道数

  filters[5], 代表分支 (Branch_3) 的 1 × 1 卷积的输出通道数
@param scope: 变量所属的作用域

@Returns: 经过 Inception 模块卷积后的张量。
"""
with tf.variable_scope(scope):
  # 1 × 1 卷积分支
  with tf.variable_scope('Branch_0'):
    branch_0 = conv2d(net, filters[0], [1, 1], scope='Conv2d_0a_1 × 1')

  # 1 × 1->3 × 3 卷积分支
  with tf.variable_scope('Branch_1'):
    branch_1 = conv2d(net, filters[1], [1, 1], scope='Conv2d_0a_1 × 1')
    branch_1 = conv2d(
      branch_1, filters[2], [3, 3], scope='Conv2d_0b_3 × 3')

  # 1 × 1 - >5 × 5 卷积分支
  with tf.variable_scope('Branch_2'):
    branch_2 = conv2d(net, filters[3], [1, 1], scope='Conv2d_0a_1 × 1')
    branch_2 = conv2d(
      branch_2, filters[4], [5, 5], scope='Conv2d_0b_3 × 3')

  # 3 × 3 池化 ->1 × 1 卷积分支
  with tf.variable_scope('Branch_3'):
    # 步长为 1，保证最大池化操作之后的张量形状与其他分支保持一致
```

```
            branch_3 = max_pool2d(
                net, [3, 3], strides=(1, 1), scope='MaxPool_0a_3×3')
            branch_3 = conv2d(
                branch_3, filters[5], [1, 1], scope='Conv2d_0b_1×1')

        # 将所有的分支沿着维度 3（深度）串联起来
        net = tf.concat([branch_0, branch_1, branch_2, branch_3], 3)
        return net
```

3. 旁路分类器

在 Inception 模型中，从 Inception 模块的（4a）、（4d）出发，连接了两个旁路分类器。在测试阶段，这两个旁路分类器的结果乘以 0.3 之后，与主干的分类结果相加作为最终的分类结果。

实现代码如下：

```
def auxiliary_classifier(net, scope='auxiliary_classifier'):
    """
    构建一个旁路分类器。
    注意：旁路分类器不能改变输入张量 net，因为主干上依然要访问该变量所指向的特征图谱。
    @param net: 从 4a 或者 4d 输出的特征图谱
    @Returns: 旁路分类器的网络模型。
    """
    #（4a）、（4d）输入张量形状不一样
    with tf.variable_scope(scope):
        #（4a）的分支池化结果张量的形状 [4, 4, 512]
        #（4d）的分支池化结果张量的形状 [4, 4, 528]
        # 对应的过滤器的深度不一样，也就是说，参数的个数不一样。
        aux_branch = tf.layers.average_pooling2d(
            inputs=net, pool_size=[5, 5], strides=(3, 3),
            name='average_pooling2d')
        aux_branch = conv2d(aux_branch, 128, [1, 1], scope='aux_conv2d_128')
        # 展平，准备与全连接层连接
        aux_branch = tf.layers.flatten(aux_branch)
        # 全连接层，共有 1024 个类别的
        aux_branch = tf.layers.dense(
            inputs=aux_branch, units=1024, activation=None,
            name='auxiliary_dense_1024')
        # 1 × 1 × 1024
```

```
        aux_branch = tf.layers.dropout(aux_branch, rate=0.7,
                                       name='Dropout_1b')
        # 全连接层，共有 1000 个类别的
        logits = tf.layers.dense(
            inputs=aux_branch, units=1000, activation=None,
            name='auxiliary_dense_1000')

    return logits
```

4.Inception 模型

实现代码如下：

```
def inception_v1_base(images):
    """
    构建一个 Inception 模型，包括第一构建层到第五构建层。
    我们把 Inception 看成由 8 个构建层组成，每个构建层都是由一个或多个普通卷积层、
    池化层，或者 Inception 模块组成。
    @param images: 输入的 ImageNet 图片，形状为 [224, 224, 3]。
    @Returns: 网络模型。
    """
    # 第一构建层，包含一个卷积层、一个最大池化层
    # 输入张量的形状 [224, 224, 3]， 输出张量的形状 [112, 112, 64]
    net = conv2d(images, 64, [7, 7], stride=(2, 2), scope='Conv2d_1a_7×7')

    # 第二构建层，包含一个最大池化层、一个 1×1 卷积降维层、一个 3×3 卷积层
    # 输入张量的形状 [112, 112, 64]， 输出张量的形状 [56, 56, 64]
    net = max_pool2d(net, [3, 3], scope='MaxPool_2a_3×3')
    # 输入张量的形状 [56, 56, 64]， 输出张量的形状 [56, 56, 64]
    net = conv2d(net, 64, [1, 1], scope='Conv2d_2b_1×1')
    # 输入张量的形状 [56, 56, 64]， 输出张量的形状 [56, 56, 192]
    net = conv2d(net, 192, [3, 3], scope='Conv2d_2c_3×3')

    # 第三构建层，包含一个最大池化层、两个 Inception 模块 (3a,3b)
    # 最大池化层。输入张量的形状 [56, 56, 192]， 输出张量的形状 [28, 28, 192]
    net = max_pool2d(net, [3, 3],  scope='MaxPool_3a_3×3')
    # 输入张量的形状 [28, 28, 192]， 输出张量的形状 [28, 28, 256]
    net = inception_block(
```

```
    net, filters=[64, 96, 128, 16, 32, 32], scope='inception_3a')
# 输入张量的形状 [28, 28, 256]， 输出张量的形状 [28, 28, 480]
net = inception_block(
    net, filters=[128, 128, 192, 32, 96, 64], scope='inception_3b')

# 第四构建层，包含一个最大池化层、五个 Inception 模块 (4a, 4b, 4c, 4d, 4e)
# 输入张量的形状 [28, 28, 480]， 输出张量的形状 [14, 14, 480]
net = max_pool2d(net, [3, 3], scope='MaxPool_4a_3×3')
# 输入张量的形状 [14, 14, 480]， 输出张量的形状 [14, 14, 512]
net = inception_block(
    net, filters=[192, 96, 208, 16, 48, 64], scope='inception_4a')

# 从（4a）出发的旁路分类器
logits_4a = auxiliary_classifier(net, scope='auxiliary_4a')
# 输入张量的形状 [14, 14, 512]， 输出张量的形状 [14, 14, 512]
net = inception_block(
    net, filters=[160, 112, 224, 24, 64, 64], scope='inception_4b')
# 输入张量的形状 [14, 14, 512]， 输出张量的形状 [14, 14, 512]
net = inception_block(
    net, filters=[128, 128, 256, 24, 64, 64], scope='inception_4c')
# 输入张量的形状 [14, 14, 512]， 输出张量的形状 [14, 14, 528]
net = inception_block(
    net, filters=[112, 144, 288, 32, 64, 644], scope='inception_4d')

# 从（4d）出发的旁路分类器
logits_4d = auxiliary_classifier(net, scope='auxiliary_4d')
# 输入张量的形状 [14, 14, 528]， 输出张量的形状 [14, 14, 823]
net = inception_block(
    net, filters=[256, 160, 320, 32, 128, 128], scope='inception_4e')

# 第五构建层，包含一个最大池化层、两个 Inception 模块 (5a, 5b)
# 输入张量的形状 [14, 14, 823]， 输出张量的形状 [7, 7, 823]
net = max_pool2d(net, [3, 3], scope='MaxPool_5a_2×2')
# 输入张量的形状 [7, 7, 823]， 输出张量的形状 [7, 7, 823]
net = inception_block(
```

```
        net, filters=[256, 160, 320, 32, 128, 128], scope='inception_5a')
    # 输入张量的形状 [7, 7, 823]， 输出张量的形状 [7, 7, 1024]
    net = inception_block(
        net, filters=[384, 192, 384, 48, 128, 128], scope='inception_5b')
    return net, logits_4a, logits_4d

def inception_v1_model(features, labels, mode):
    """
    构建一个 Inception 模型，包括第一构建层到第五构建层。

    我们把 Inception 看成由 8 个构建层组成，每个构建层都是由一个或多个普通卷积层、池化层，或者
Inception 模块组成。

    @param feautres: 输入的 ImageNet 样本图片，形状为 [-1，224, 224, 3]。
    @param labels: 样本数据的标签。
    @param mode: 模型训练所处的模式。

    @Returns: 网络模型。
    """

    net, logits_4a, logits_4d = inception_v1_base(features)

    # 5b 之后的层。全局平均池化和全连接层
    with tf.variable_scope('Logits'):

        # 第六构建层，全局平均池化
        net = tf.reduce_mean(
            net, [1, 2], keep_dims=True, name='global_pool')

        # 1 × 1 × 1024
        net = tf.layers.dropout(net, rate=0.7,
                        name='Dropout_1b')

        # 第七构建层，包括一个线性转换层
        net = tf.layers.flatten(net)
        # 全连接层，共有 1000 个类别的
```

```
    logits = tf.layers.dense(
        inputs=net, units=1000, activation=None)

  # 第八构建层，softmax 分类层
  predictions = {
    #（为 PREDICT 和 EVAL 模式）生成预测值
    "classes": tf.argmax(input=logits, axis=1),
    # 将 'softmax_tensor' 添加至计算图。用于 PREDICT 模式下的 'logging_hook'.
    "probabilities": tf.nn.softmax(logits, name="softmax_tensor")
  }
  # 如果是预测模式，那么执行预测分析
  if mode == tf.estimator.ModeKeys.PREDICT:
    return tf.estimator.EstimatorSpec(mode=mode, predictions=predictions)
  # 如果是训练模式，执行模型训练
  elif mode == tf.estimator.ModeKeys.TRAIN:
    # 计算损失（可用于 ' 训练 ' 和 ' 评价 ' 中）
    # 在训练阶段，旁路分类器的结果乘以权重 0.3 增加到主干的分类结果中
    logits += (logits_4a * 0.3 + logits_4d * 0.3)

    loss = tf.losses.sparse_softmax_cross_entropy(
      labels=labels, logits=logits)
    optimizer = tf.train.AdamOptimizer(learning_rate=1e-4)
    train_op = optimizer.minimize(
      loss=loss,
      global_step=tf.train.get_global_step())
    return tf.estimator.EstimatorSpec(mode=mode, loss=loss,
                                      train_op=train_op)
  else:
    # 计算损失（可用于 ' 训练 ' 和 ' 评价 ' 中）
    loss = tf.losses.sparse_softmax_cross_entropy(
      labels=labels, logits=logits)
    # 添加评价指标（用于评估）
    eval_metric_ops = {
      "accuracy": tf.metrics.accuracy(
        labels=labels, predictions=predictions["classes"])}
```

```
    return tf.estimator.EstimatorSpec(
        mode=mode, loss=loss, eval_metric_ops=eval_metric_ops)
```

10.5.2 原始数据准备

为了能够方便地将样本数据“喂”给 Inception 模型，我们需要将原始的图像转换成 TFRecord 格式，方便后续的调用，而为了生成 TFRecord 格式的样本数据，我们需要将原始的图片和对象边界框准备好。

1. 原始图片下载

首先，我们需要下载原始文件的链接文件，由于 ImageNet 中包含 130 多万张图片，所以这些图片的原始 URL 列表文件就很大，首先我们下载这个原始图片的链接文件。从网址 http://image-net.org/download，找到“Download Image URLs”链接，按照网页指导下载该链接文件，解压该文件，并用以下脚本下载原始图片。

原始图片下载代码如下：

```
"""
  首先，下载原始图片文件的地址，解压后得到一个文本文件（如 fall11_urls.txt），内容如下：

  n02084071_1 http://farm1.static.flickr.com/164/358144227_01e5544b79.jpg
  n02084071_7 http://www.pantherkut.com/wp-content/uploads/2007/04/2.jpg

  第一部分是图像的标识，如 'n02084071_1'，下划线之前的部分是同义词标识，下划线之后是该同义
词中第几张图片。

  第二部分是该图像的 URL 地址。

  注意：本例子中没有采用多线程处理。实际上下载大约 130 万张图片，大概需要下载几天
  建议采用多线程处理。如何实现多线程下载呢?
"""

import os
import urllib.request

# 数据及保存的本地文件地址
data_dir = './data/imagenet/'

# 包含图像原始 URL 列表的文本文件
```

```
# 如果要实现多线程下载，最简单的就是将 'fall11_urls.txt' 分成几个部分
# 然后，分别执行本 python 脚本
# 其他的方法，就是改写如下脚本，将 'fall11_urls.txt' 中包含的下载地址
# 分片，然后，每个线程处理一个分片
url_file = os.path.join(data_dir, 'fall11_urls.txt')
with open(url_file) as f:
    for line in f:
        if line:
            parts = line.strip().split('\t')
            assert len(parts) == 2
            # 读取到图像的标识，形如 n02084071_1、n02084071_7
            # 读取下划线之前的部分，如 "n02084071"
            synset = parts[0][0: parts[0].index('_')]

            # 生成图片保存的路径，如 "${data_dir}/images/${synset}/"
            img_path = os.path.join(data_dir, 'images', synset)
            # 确保相关目录及其子目录存在
            os.makedirs(img_path, exist_ok=True)

            img_url = parts[1]
            # 图片保存的本地路径
            img_file = os.path.join(
                img_path, "{}.jpg".format(parts[0]))

            try:
                # 从 img_url 下载图片保存到 img_file
                urllib.request.urlretrieve(img_url, img_file)
                print(" 下载 : {} 保存到 : {}".format(img_url, img_file))
            except:
                print(" 下载 : {} 失败！ ".format(img_url))
                pass
```

2. 对象边界框数据

在原始的图片中，可能会包含多个对象，比如一张图片中同时有一个人和一条狗，ImageNet 已经将人、狗分别由边界框标注出来，并且标注该对象所属类别。综合原始图片和对象边界框之后，我们就可以将对象所在的图片与类别关联起来。

请注意，对象边界框有一种是比较原始的 xml 格式，一个图片对应一个 xml 文件。该文件名称如 n02084071_13.xml，与原始图片的对象标识一一对应。本书中采用这种格式的对象边界框。

一个典型的 xml 文件格式如下：

```
<annotation>
    <folder>n02084071</folder>
    <filename>n02084071_13</filename>
    <source>
            <database>ImageNet database</database>
    </source>
    <size>
            <width>500</width>
            <height>332</height>
            <depth>3</depth>
    </size>
    <segmented>0</segmented>
    <object>
            <name>n02084071</name>
            <pose>Unspecified</pose>
            <truncated>0</truncated>
            <difficult>0</difficult>
            <bndbox>
                    <xmin>0</xmin>
                    <ymin>51</ymin>
                    <xmax>174</xmax>
                    <ymax>330</ymax>
            </bndbox>
    </object>
    <object>
            <name>n02084071</name>
            <pose>Unspecified</pose>
            <truncated>0</truncated>
            <difficult>0</difficult>
            <bndbox>
                    <xmin>156</xmin>
                    <ymin>57</ymin>
```

```
                <xmax>383</xmax>
                <ymax>331</ymax>
            </bndbox>
        </object>
    </annotation>
```

10.5.3 图像预处理

为了训练方便，我们需要对原始的图片、对象边界框进行预处理，将它们整理成 TFRecord 格式，序列化之后，保存到样本文件中。为了能够方便将来调用，我们将整个原始图像预处理的代码，保存成 process_imagenet_data.py。

整个图像预处理包含几个关键步骤：第一步，读取图像文件、同义词列表、同义词标签列表；第二步，将原始图像格式转换成 RGB 格式；第三步，将 RGB 格式的图像数据转换成 TFRecord 格式，便于保存。为了阐述方便，我们将上述三个步骤按照倒序来介绍。

1. 将变量转换成特征

将 RGB 格式的图像数据转换成 TFRecord 格式，需要用到三个基础函数，作用是将普通的变量包装成为 tf.train.Feature。以下三个函数分别用于将 int64、float、bytes（字符串）类别的变量包装成 tf.train.Feature（注意，以 Python 3 语法为准）：

```
#!/usr/local/bin/python3
# -*- coding: UTF-8 -*-

from __future__ import absolute_import
from __future__ import division
from __future__ import print_function

import os
import sys
import threading
import random
from datetime import datetime

import numpy as np
from six.moves import xrange
import xml.etree.ElementTree as xml_parser

import tensorflow as tf
```

```
# 设置日志级别。
tf.logging.set_verbosity(tf.logging.INFO)

def convert2_int64_feature(value):
    """ 将 int64 类型值，包装成训练样本的格式 """
    if not isinstance(value, list):
        value = [value]
    return tf.train.Feature(int64_list=tf.train.Int64List(value=value))

def convert2_float_feature(value):
    """ 将 float 类型值，包装成训练样本的格式 """
    if not isinstance(value, list):
        value = [value]
    return tf.train.Feature(float_list=tf.train.FloatList(value=value))

def convert2_bytes_feature(value):
    """ 将 bytes 类型值，包装成训练样本的格式 """
    return tf.train.Feature(bytes_list=tf.train.BytesList(value=[value]))
```

2. 转换成 TFRecord 格式

以下函数用于将 RGB 格式的图像转换成为一个 TFRecord 格式的对象，该对象序列化之后即可保存到文件中：

```
def convert2_train_example(filename, image_buffer, label, synset, human, bbox,
                    height, width):
    """
    将一个图像转换成一个训练样本。

    @param filenames: 字符串列表。每个字符串代表一个图片文件。
    @param image_buffer: 字符串。JPEG 编码的 RGB 图像。
    @param labels: 整数列表。每个整数代表一个图片的类别。
    @param synsets: 字符串列表。每个字符串代表一个同义词标识（WordNet ID）。
    @param humans: 字符串列表。每个字符串代表一个可读的类别名称。
    @param bbox: 边界框列表，每个图像有 0 个或者多个边界框，每个边界框都由
    [xmin, ymin, xmax, ymax] 组成
    @param height: 整型，图像的高度（像素）
```

```
    @param width: 整型，图像的宽度（像素）

    @Returns: proto 格式的样本数据
    """
    xmin = []
    ymin = []
    xmax = []
    ymax = []
    # 将对象边界框的各个坐标拆分开，放在四个变量中
    for b in bbox:
        [l.append(point) for l, point in zip([xmin, ymin, xmax, ymax], b)]

    # 如果没有读取到对象边界框，那么，返回 None
    if len(xmin) == 0:
        return None

    colorspace = 'RGB'
    channels = 3
    image_format = 'JPG'

    example = tf.train.Example(features=tf.train.Features(feature={
        'image/height': convert2_int64_feature(height),
        'image/width': convert2_int64_feature(width),
        'image/colorspace': convert2_bytes_feature(colorspace.encode()),
        'image/channels': convert2_int64_feature(channels),
        'image/class/label': convert2_int64_feature(label),
        'image/class/synset': convert2_bytes_feature(synset.encode()),
        'image/class/text': convert2_bytes_feature(human.encode()),

        # 一张图片中，包含多个对象边界框时，是将所有的 xmin 放在一个列表中，同理，
        # 将所有的 xmax、ymin、ymax 也放在一个列表内
        'image/object/bbox/xmin': convert2_int64_feature(xmin),
        'image/object/bbox/xmax': convert2_int64_feature(xmax),
        'image/object/bbox/ymin': convert2_int64_feature(ymin),
        'image/object/bbox/ymax': convert2_int64_feature(ymax),
```

```
        # 每个对象边界框，都对应一个 label
        'image/object/bbox/label': convert2_int64_feature([label] * len(xmin)),
        'image/format': convert2_bytes_feature(image_format.encode()),
        'image/filename': convert2_bytes_feature(
            os.path.basename(filename).encode()),
        'image/encoded': convert2_bytes_feature(image_buffer)}
    ))
return example
```

3. 将图像转换成 RGB 格式

将图像转换成 RGB 格式，将 PNG、CMYK 色彩格式的图像转换成 JPG 图片格式，并且解码，具体代码如下：

```
class JpegImageCoder(object):
    """ ImageNet 数据读取时解码用工具类 """

    def __init__(self):
        # 为图像编码单独创建一个会话
        self._sess = tf.Session()

        # 将 PNG 图像转换成 JPEG 格式图片的功能函数
        self._png_data = tf.placeholder(dtype=tf.string)
        image = tf.image.decode_png(self._png_data, channels=3)
        self._png_to_jpeg = tf.image.encode_jpeg(
            image, format='rgb', quality=100)

        # 将 CMYK 图像转换成 RGB JPEG 格式图片的功能函数
        self._cmyk_data = tf.placeholder(dtype=tf.string)
        image = tf.image.decode_jpeg(self._cmyk_data, channels=0)
        self._cmyk_to_rgb = tf.image.encode_jpeg(
            image, format='rgb', quality=100)

        # 初始化解码 RGB JPEG 图像函数
        self._decode_jpeg_data = tf.placeholder(dtype=tf.string)
        self._decode_jpeg = tf.image.decode_jpeg(
            self._decode_jpeg_data,
```

```
        # 有时候，JPEG 图片没有完全下载，无法完美解析，所以，
        # 让 decode_jpeg 容忍一定程度的异常和错误，提高适应性
        # 代价是，会降低最终的模型识别准确率。
        try_recover_truncated=True,
        acceptable_fraction=0.75,
        channels=3)

    # 将 PNG 格式转换成 JPEG 格式
    def png_to_jpeg(self, image_data):
      return self._sess.run(self._png_to_jpeg,
                   feed_dict={self._png_data: image_data})

    # 将 CMYK 格式转换成 JPEG 格式
    def cmyk_to_rgb(self, image_data):
      return self._sess.run(self._cmyk_to_rgb,
                   feed_dict={self._cmyk_data: image_data})

    # 将 JPEG 图像文件编码成二进制格式
    def decode_jpeg(self, image_data):
      image = self._sess.run(self._decode_jpeg,
                   feed_dict={self._decode_jpeg_data: image_data})
      return image

  def is_png(filename):
    """
    检测一个图像文件是否是 PNG 格式。

    @param filenames: 字符串列表。每个字符串代表一个图片文件。

    @Returns: 布尔值，表明该图标是否是 PNG 格式的图像。
    """

    # 文件列表来源于 :
    # https://groups.google.com/forum/embed/?place=forum/torch7#!topic/torch7/fOSTXHIESSU
    # 请注意：文件名后缀的大小写。'jpeg' vs 'jpg'
    return 'n02105855_2933.jpg' in filename
```

```
def is_cmyk(filename):
    """
    检测图像文件是否使用一个 CMYK 色彩看空间的 JPEG 图像。

    @param filenames: 字符串列表。每个字符串代表一个图片文件。

    @Returns: 布尔值，表明该图标是否是采用 CMYK 色彩看空间的 JPEG 图像编码。
    """

    # 文件列表来源于：
    # https://github.com/cytsai/ilsvrc-cmyk-image-list
    # 请注意：文件名后缀的大小写。
    blacklist = ['n01739381_1309.jpg', 'n02077923_14822.jpg',
                 'n02447366_23489.jpg', 'n02492035_15739.jpg',
                 'n02747177_10752.jpg', 'n03018349_4028.jpg',
                 'n03062245_4620.jpg', 'n03347037_9675.jpg',
                 'n03467068_12171.jpg', 'n03529860_11437.jpg',
                 'n03544143_17228.jpg', 'n03633091_5218.jpg',
                 'n03710637_5125.jpg', 'n03961711_5286.jpg',
                 'n04033995_2932.jpg', 'n04258138_17003.jpg',
                 'n04264628_27969.jpg', 'n04336792_7448.jpg',
                 'n04371774_5854.jpg', 'n04596742_4225.jpg',
                 'n07583066_647.jpg', 'n13037406_4650.jpg']
    return os.path.basename(filename) in blacklist
```

4. 处理单个图像文件

输入图像文件名称、图像解码器对象，返回解码后的图像内容、高度、宽度等。具体代码如下:

```
def process_single_image(filename, coder):
    """
    读取一个单一的图像文件，转换成 JPG 格式。

    @param filenames: 字符串列表。每个字符串代表一个图片文件。
    @param coder: ImageCoder 的实例，用于读取图片，或者对图片进行解码。

    @Returns:
     image_buffer: 字符串。JPEG 编码的 RGB 图像。
```

```
    height: 整型，图像的高度（像素）。
    width: 整型，图像的宽度（像素）。
    """
    # 读取图像文件
    image_data = tf.gfile.FastGFile(filename, 'rb').read()

    # 判断图像是否是 PNG 格式
    if is_png(filename):
        # 1 将图像从 PNG 格式转换成 JPEG 格式
        print(' 将图像从 PNG 转换成 JPEG 格式 %s' % filename)
        image_data = coder.png_to_jpeg(image_data)

    # 判断图像是否是 CMYK 格式
    elif is_cmyk(filename):
        # 2 将图像从 CMYK 编码格式转换成 RGB 编码格式
        print(' 将图像从 CMYK 编码转换成 RGB 编码格式 %s' % filename)
        image_data = coder.cmyk_to_rgb(image_data)

    # 按照 RGB 格式，对图像数据进行解码
    image = coder.decode_jpeg(image_data)

    height = image.shape[0]
    width = image.shape[1]

    return image_data, height, width
```

5. 处理一批图像文件

ImageNet 数据集包含 130 万个图像，所以需要多线程处理，每个线程负责处理一个批次的图像数据。以下代码负责处理一个批次的图像文件：

```
def process_batch_images(coder, thread_index, ranges, name, filenames,
                         synsets, labels, humans, bboxes, num_shards):
    """
    处理图片并且将图片转换成为 TFRecord 的单个线程。

    @param coder: ImageCoder 的实例，用于读取图片，或者对图片进行解码。
    @param thread_index: 整型，一个批次中的索引值，取值范围 [0, len(ranges)).
```

```
@param ranges: 两个整型数值，表示并行处理过程中一个批次的范围。
@param name: 字符串，唯一标识数据集。
@param filenames: 字符串列表。每个字符串代表一个图片文件。

@param synsets: 字符串列表。每个字符串代表一个同义词标识（WordNet ID）。
@param labels: 整数列表。每个整数代表一个图片的类别。
@param humans: 字符串列表。每个字符串代表一个可读的类别名称。
@param bboxes: 边界框列表。每个图像有 0 个或者多个边界框。
@param num_shards: 数据分片，并行处理时每个批次处理的图片张数。
"""

# 每个线程处理 N 份数据， 其中，N = int(num_shards / num_threads).
# 例如，如果每个分片含 128 张图片（num_shards = 128），采用两个线程并行处理
#（um_threads = 2），那么，第一个线程处理的分片范围 [0, 64)
num_threads = len(ranges)
num_shards_per_batch = int(num_shards / num_threads)

# 每个分片的范围，在每个线程分得的任务内，再次分片
# 对于 ImageNet 来说，训练集包含大约 100 万张样本图片，如果采用 10 个线程并行处理
# 那么，每个线程大约分得 10 万个图片数据，在线程内，需要将本线程获得的任务再次分片
shard_ranges = np.linspace(ranges[thread_index][0],
                    ranges[thread_index][1],
                    num_shards_per_batch + 1).astype(int)
# 每个线程处理的图片数量
num_files_in_thread = ranges[thread_index][1] - ranges[thread_index][0]

counter = 0

# s 是图片文件的索引
for idx in xrange(num_shards_per_batch):
  # 生成一个数据分片，将一个数据分片的中包含的图片数据、标签数据、对象边界框
  # 转换成 TFRecord。然后，保存到一个样本文件中，例如，'train-00002-of-00010'
  shard = thread_index * num_shards_per_batch + idx
  output_filename = '%s-%.5d-of-%.5d' % (name, shard, num_shards)

  # 根据不同的数据集名称，将结果文件保存到对应的文件夹
```

```
output_file = os.path.join(data_dir, name, output_filename)

# 将样本数据写入到对应的样本数据文件的句柄
writer = tf.python_io.TFRecordWriter(output_file)

shard_counter = 0
files_in_shard = np.arange(
    shard_ranges[idx], shard_ranges[idx + 1], dtype=int)
for i in files_in_shard:
    filename = filenames[i]
    label = labels[i]
    synset = synsets[i]
    human = humans[i]
    bbox = bboxes[i]

    # 读取图片的内容，一律转换成为 JPG 格式
    image_buffer, height, width = process_single_image(filename, coder)

    # 将图片转换成为训练样本，TFRecord
    example = convert2_train_example(
        filename, image_buffer, label, synset, human,
        bbox, height, width)

    if example is not None:
        # 写入 TFRecord 格式的训练样本中
        # 每个训练样本中包含 num_shards 个图片文件
        writer.write(example.SerializeToString())
        shard_counter += 1
        counter += 1

    # 每处理 1000 个图片文件，
    if not counter % 1000:
        msg = "{} [{}]: 正在处理第 {}/{} 个图像 ".format(
            datetime.now(), thread_index, counter,
            num_files_in_thread)
```

```
            print(msg)
            sys.stdout.flush()

        writer.close()

    print('%s [ 线程 %d]: 已经将 %d 张图片写入 %s' %
          (datetime.now(), thread_index, shard_counter, output_file))
    sys.stdout.flush()
    shard_counter = 0

  print('\n%s [ 线程 %d]: 已经将 %d 张图片写入 %d 数据分片中。' %
        (datetime.now(), thread_index, counter, num_files_in_thread))
  sys.stdout.flush()
```

6. 读取相关文件

包括读取所有的图像文件名、读取对象边界框（xml 文件）、读取类别，以及可读类别标签数据等，具体代码如下：

```
def build_human_labels(synsets, human_readable_labels):
  """
  构建可读标签的列表。

  @param synsets: 字符串列表。每个字符串代表一个同义词标识（WordNet ID）。
  @param synset_to_human: 字典。从图片所属的类别到可读的类别映射，例如：
    'n02119022'-> 'red fox, Vulpes vulpes'

  @Returns: 与同义词一一对应的刻度标签列表。
  """
  humans = []
  for s in synsets:
    humans.append(human_readable_labels[s])
  return humans


def find_image_files(data_dir, labels_file):
  """
  读取 ImageNet 图片数据集。
```

```
    @param data_dir: 字符串 . ImageNet 图片集所在的本地目录。
    图片文件名称的格式如下所示：
      ${data_dir}/images/n02084071/n02084071_7.JPG
      ${data_dir}/images/n02084071/n02084071_60.JPG
    其中，n02084071 代表图片所属的类别（同义词 ID）

    一张图片中会包含多个对象，对象所在的位置、大小、类别数据，保存在如下 XML 文件中：
      ${data_dir}/annotation/n02084071/n02084071_7.xml
      ${data_dir}/annotation/n02084071/n02084071_60.xml
    其中，n02084071 代表图片所属的类别（同义词 ID）

    @param labels_file: 字符串。包含类别名称的文本文件，每一行代表一个类别，如：
      n02084071
      n04067472
      n04540053

    @Returns:
     filenames: 字符串列表；每个字符串代表一个图片文件的名称。
     synsets: 字符串列表； 每个字符串是一个同义词唯一标识（WordNet ID）。
     labels: 整数列表；代表图片所属的类别。
    """

    labels_file = os.path.join(data_dir, labels_file)
    challenge_synsets = [l.strip() for l in
                tf.gfile.FastGFile(labels_file, 'r').readlines()]

    labels = []
    filenames = []
    synsets = []

    # Label 索引，索引 0 保留
    label_index = 1

    # 构建图片文件名称列表和对应的 labels 列表
    for synset in challenge_synsets:
```

```
        jpeg_file_path = os.path.join(data_dir, 'images', synset)
        # 如果，${data_dir}/images/${synset} 文件夹不存在
        # 说明该同义词对应的图片都不存在，略过
        if not os.path.exists(jpeg_file_path):
            print(" 路径：{} 不存在 ".format(jpeg_file_path))
            continue

        # 找到指定路径下的所有 "*.jpg" 图片
        jpeg_file_path = os.path.join(jpeg_file_path, '*.jpg')
        matching_files = tf.gfile.Glob(jpeg_file_path)

        labels.extend([label_index] * len(matching_files))
        synsets.extend([synset] * len(matching_files))
        filenames.extend(matching_files)

        if not label_index % 100:
            print(' 共找到 {} 个类别 {} 个文件 .'.format(
                label_index, len(challenge_synsets)))
        label_index += 1

    # 对图片进行乱序操作，让模型训练保证足够的多样性
    shuffled_index = list(range(len(filenames)))
    random.seed(datetime.now)
    random.shuffle(shuffled_index)

    filenames = [filenames[i] for i in shuffled_index]
    synsets = [synsets[i] for i in shuffled_index]
    labels = [labels[i] for i in shuffled_index]

    print(' 在 {} 文件夹下，查找 {} 类别图片，共找到 {} 个图片文件。'.format
        (data_dir, len(challenge_synsets), len(filenames)))
    return filenames, synsets, labels


def read_annotation_file(image_files):
    """
```

```
读取各个图片中包含所有对象的框，返回根据文件名称到框的映射。

@param image_files: 字符串列表。图片文件名称列表。
每个文件名称形如：n02084071_79.jpg，每张图片对应的有一个 annotation 文件
位于：${data_dir}/annotation/${synset}/${synset}_*.xml

该 XML 文件中包含 0 个或者多个对象，所包含的对象大小为：

<object>
 <name>n02084071</name>
 <pose>Unspecified</pose>
 <truncated>0</truncated>
 <difficult>0</difficult>
 <bndbox>
  <xmin>0</xmin>
  <ymin>102</ymin>
  <xmax>182</xmax>
  <ymax>387</ymax>
 </bndbox>
</object>

@Returns:
 图片到该图片所包含的对象框列表的字典
"""
images_to_bboxes = {}
num_bbox = 0
num_image = 0
for image_filename in image_files:
  image_basename = os.path.basename(image_filename)
  tmp = os.path.splitext(image_basename)[0]
  synset = tmp[0:tmp.index('_')]
  xml_file = "./data/imagenet/annotation/{}/{}.xml".format(
    synset, tmp)
  if not tf.gfile.Exists(xml_file):
    print(" 图片 {} 对应的 annotation：{} 文件不存在 ".format(
```

```
            image_basename, xml_file))
        continue

    if xml_file:
        # 解析 XML 文件
        xmldoc = xml_parser.parse(xml_file)

        # 读取所有的对象列表
        object_list = xmldoc.findall('object')

        # 读取该对象坐标的位置索引（对应的像素）
        for object_element in object_list:
            xmin = int(object_element.find('bndbox/xmin').text)
            ymin = int(object_element.find('bndbox/ymin').text)
            xmax = int(object_element.find('bndbox/xmax').text)
            ymax = int(object_element.find('bndbox/ymax').text)

        # 对象所在的边界框
        box = [xmin, ymin, xmax, ymax]

        # 以图片文件的 basename 为主键，是包含 '.jpg' 的后缀的
        if image_basename not in images_to_bboxes:
            images_to_bboxes[image_basename] = []
            num_image += 1

        # 图片到边界框的映射（Map）
        images_to_bboxes[image_basename].append(box)
        num_bbox += 1

    print(' 针对图片文件 {}, 读取到 {} 个对象 '.format(
        image_basename, len(images_to_bboxes[image_basename])))

  return images_to_bboxes


def build_bounding_boxes(filenames, image_to_bboxes):
```

```
    """
    给定一张图片，读取它所包含的对象边界框列表。

    @param filenames: 字符串列表。每个字符串代表一个图像的文件名称。
    @param image_to_bboxes: 字典，从图像文件名到对象边界框列表的映射，列表中
    每个图像可以包含 0 个或者多个对象边界框。理论上，本字典包含所有的对象边界框。
    @Returns:
     针对每一个图像的对象边界框列表，每一张图片都可以包含多个对象边界框。
    """
    num_image_bbox = 0
    bboxes = []
    for f in filenames:
      # 字典的 key，本例中采用文件的 basename
      basename = os.path.basename(f)

      if basename in image_to_bboxes:
        bboxes.append(image_to_bboxes[basename])
        num_image_bbox += 1
      else:
        # 如果 image_to_bboxes 中没有该文件的对象边界框，那么，
         创建一个空的对象边界框列表（缺少该图像对象边界框信息）
        bboxes.append([])

    print(' 找到 %d 张图片的共计 %d 对象边界框 ' % (
      len(filenames), num_image_bbox))

    return bboxes


def build_synset_map(synset_to_human_file):
    """
    生成图片 类别 ID 与 所属类别名称的映射。

    @synset_to_human_file: 字符串。包含图片类别 ID 与 类别映射数据的文件。
    文件内容如下所示：
        n02119247    black fox
```

```
    n02119359    silver fox
    n02119477    red fox, Vulpes fulva

  每行包含一个映射关系，格式如：
  < 同义词标识 >\t< 可读的类别名称 >.

  @Returns:
   类别 ID 到 类别名称的字典
  """

  # 读取文件内容
  synset_to_human_file = os.path.join(data_dir, synset_to_human_file)
  lines = tf.gfile.FastGFile(synset_to_human_file, 'r').readlines()
  # 要返回的 { 类别标识 -> 类别名称的 } 字典
  synset_to_human = {}
  for line in lines:
    if line:
      parts = line.strip().split('\t')
      synset = parts[0]
      human = parts[1]
      synset_to_human[synset] = human

  return synset_to_human
```

7. 多线程处理 ImageNet 函数

启动多个线程，每个线程负责处理一批图像数据，处理该批图像数据所需的同义词列表、标签数据、对象边界框等，由本函数负责输入。本函数负责等待所有的线程同步（等待所有的线程执行完成）。

具体的代码如下：

```
def process_imagenet_images(name, filenames, synsets, labels, humans,
                            bboxes, num_shards):
  """
  处理所有的图像，并且，将图像转换成为 TFRecord 格式，保存起来。

  @param name: 字符串。数据集的唯一标识。
  @param filenames: 字符串列表。每个字符串代表一个图像的文件名称。
```

```
@param synsets: 字符串列表。每个字符串代表一个同义词标识（WordNet ID）。
@param labels: 整数列表。每个整数代表一个图片的类别。
@param humans: 字符串列表。每个字符串代表一个可读的类别名称。
@param bboxes: 边界框列表。每个图像有 0 个或者多个边界框。
@param num_shards: 并行处理时每个线程处理的图片张数。
"""
# 按照并行线程的数量，将图像数据分成多个分片
spacing = np.linspace(
  0, len(filenames), num_threads + 1).astype(np.int)
ranges = []
threads = []

# 计算每个分片的起止范围
# 每个批次的起止范围 [ranges[i][0], ranges[i][1]]。
# 例如，总样本数量是 130 万个，线程数量是 10 个，那么，每个线程处理 13 万张图片
# 因为，线程数量是 10 个，所以，len(ranges) = 10。
# 对应的，ranges[0][0] = 0, ranges[0][1] = 130000。
# 对应的，ranges[1][0] = 130001, ranges[1][1] = 160000。
#       ......
#     ranges[9][0] = 1170001, ranges[9][1] = 1300000
for i in xrange(len(spacing) - 1):
  ranges.append([spacing[i], spacing[i+1]])

# 加载一个线程，处理一个批次数据
print(' 启动第 {} 个线程，处理 {} 批次数据 '.format(num_threads, ranges))
sys.stdout.flush()

# 启动线程同步机制，用于监控并等待所有的线程执行完毕
coord = tf.train.Coordinator()

# 创建一个图像编码器
coder = JpegImageCoder()

threads = []
for thread_index in xrange(len(ranges)):
  # 每个线程的参数
```

```
        args = (coder, thread_index, ranges, name, filenames,
                synsets, labels, humans, bboxes, num_shards)
        # 创建线程，指定参数
        t = threading.Thread(target=process_batch_images, args=args)
        # 启动线程
        t.start()
        threads.append(t)

    # 等待所有的线程执行完毕（线程同步）
    coord.join(threads)

    print('%s: 执行完毕，已经将所有的，共 %d 张图片保存到数据集中。' %
          (datetime.now(), len(filenames)))
    sys.stdout.flush()
```

8. 图像预处理入口

图像预处理入口函数如下，由该函数发起整个图像的预处理的过程。具体代码如下：

```
def process_imagenet(name, num_shards, synset_to_human):
    """
    处理 ImageNet 数据集。

    @param name: 字符串。数据集名称，如训练集 train、验证集 validation。
    @param num_shards: 数据集分成几个分片来处理，每个分片处理多少张图片。
    @param synset_to_human: 字典。从图片所属的类别到可读的类别映射，例如：
      'n02119022' - > 'red fox, Vulpes vulpes'
    """
    # 所有图像文件名、同义词、同义词标签列表
    filenames, synsets, labels = find_image_files(
        data_dir, labels_file)
    # 读取图像文件所包含的所有对象框列表
    image_to_bboxes = read_annotation_file(filenames)

    if len(image_to_bboxes) > 0:
        humans = build_human_labels(synsets, synset_to_human)
        bboxes = build_bounding_boxes(filenames, image_to_bboxes)
        # 处理所有的 ImageNet 图像文件
```

```
        process_imagenet_images(name, filenames, synsets, labels,
                                humans, bboxes, num_shards)
    else:
        print(" 没有找到对象边界框！ ")


def process_imagenet_data():
    """ 将原始图片转换成为 TFRecord 格式的样本数据 """

    # 读取可读分类标签名称，包含所有的分类标签名称
    synset_to_human = build_synset_map(synset_to_human_file)

    # 数据分片大小，测试集每个分片包括 1024 个样本
    train_shards = 1024
    # 验证集中，每个数据分片的大小为 128 张图片
    validation_shards = 128
    # 将训练集数据转换成 TFRecord 格式的样本数据
    process_imagenet('train', train_shards,
                     synset_to_human)
    # 将训练集数据转换成 TFRecord 格式的验证数据
    process_imagenet('validation',
                     validation_shards, synset_to_human)


# 相关参数
data_dir = './data/imagenet/'
train_dir = './data/imagenet/train/'
validation_dir = './data/imagenet/validation/'
os.makedirs(train_dir, exist_ok=True)
os.makedirs(validation_dir, exist_ok=True)

labels_file = 'synset_list.txt'
synset_to_human_file = 'synset_to_human.txt'

# ImageNet 包含图片大约 130 万张，需要并行处理，本例中采用 4 个线程并行处理
num_threads = 4
```

```
# ImageNet 图像数据集文件，生成 TFRecord 格式的训练样本
process_imagenet_data()
```

10.5.4 读取样本数据

我们从 TFRecord 格式的训练样本文件中读取数据，用于模型训练，再将整个样本数据读取的代码保存成一个脚本文件 read_imagenet_data.py 文件，以便调用。

读取样本数据包括读取 TFRecord 格式文件、解析 TFRecord 记录、对样本数据进行增强（剪切、翻转）、调整图像大小（确保最终的图像形状为 [224, 224, 3]）等步骤。为了阐述方便，依然按照上述步骤的倒序来介绍（与 read_imagenet_data.py 文件一致）。

1. 随机剪切翻转

样本数据增强包括随机剪切和翻转、中央剪切等操作，具体的代码如下：

```
#!/usr/local/bin/python3
# -*- coding: UTF-8 -*-

from __future__ import absolute_import
from __future__ import division
from __future__ import print_function

import os

import tensorflow as tf

# 设置日志级别。
tf.logging.set_verbosity(tf.logging.INFO)

_RESIZE_MIN = 256
DEFAULT_IMAGE_SIZE = 224
NUM_CHANNELS = 3
NUM_CLASSES = 1001

_num_train_files = 1024
_SHUFFLE_BUFFER = 10000
```

```
def crop_and_flip(image_buffer, bbox, num_channels):
    """
    随机剪切一个给定的图像的一部分，然后随机翻转。

    @image_buffer: 一个字符串标量，代表原始的 JPG 图像缓存。
    @bbox: 一个三维的整型张量，形状如 [1, num_boxes, coords]，其中每一个坐标
      都是按照 [ymin, xmin, ymax, xmax] 排列的。
    @num_channels: 整型。要解码的图像通道数。

    @Returns: 剪切后图像的三维张量。
    """

    # 在人工标准对象边界框的基础上，对于边界框进行随机扭曲，扩充样本数据
    # 样本数据扩充方式包括 宽高比、大小
    sample_distorted_bounding_box = tf.image.sample_distorted_bounding_box(
      tf.image.extract_jpeg_shape(image_buffer),
      bounding_boxes=bbox,
      min_object_covered=0.1,
      aspect_ratio_range=[0.75, 1.33],
      area_range=[0.05, 1.0],
      max_attempts=100)

    bbox_begin, bbox_size, _ = sample_distorted_bounding_box

    # 按照剪切操作的要求，对于 对象边界框重新组合
    offset_y, offset_x, _ = tf.unstack(bbox_begin)
    target_height, target_width, _ = tf.unstack(bbox_size)
    crop_window = tf.stack([offset_y, offset_x, target_height, target_width])

    # 对图像进行解码和剪切
    cropped = tf.image.decode_and_crop_jpeg(
      image_buffer, crop_window, channels=num_channels)

    # 翻转以便于增加一点随机扰动
    cropped = tf.image.random_flip_left_right(cropped)
    return cropped
```

```
def central_crop(image, crop_height, crop_width):
  """
  在图像的中央区域进行随机剪切。

  @image: 一个三维的图像张量。
  @crop_height: 剪切后图像的高度。
  @crop_width: 剪切后图像的宽度。

  @Returns: 剪切后图像的三维张量。
  """
  shape = tf.shape(input=image)
  # 图像的高度、宽度
  height, width = shape[0], shape[1]

  amount_to_be_cropped_h = (height - crop_height)
  # 计算除法，取整。
  crop_top = amount_to_be_cropped_h // 2

  amount_to_be_cropped_w = (width - crop_width)
  # 计算除法，取整。
  crop_left = amount_to_be_cropped_w // 2

  # 执行图像剪切
  return tf.slice(
    image, [crop_top, crop_left, 0], [crop_height, crop_width, -1])
```

2. 各像素减去均值

将图像的各个通道像素减去均值，这样操作可以减少光线明暗的因素对图像识别准确率的干扰。

具体代码如下：

```
def mean_subtraction(image,
           means=[123.68, 116.779, 103.939],
           num_channels=3):
  """
  从图像的所有通道中减去平均值。
```

```
@image: 张量形状为 [height, width, channels]。
@means: 各个通道的平均值。
@num_channels: 图像的通道数量。

@Returns: 减去平均值的图像。

"""
if image.get_shape().ndims != 3:
  raise ValueError(' 输入张量的形状必须是：[height, width, C>0]')

if len(means) != num_channels:
  raise ValueError(' 均值的个数必须与输入通道数量一致。')

# 将均值的维度扩充到与图像的维度数量一致
# 图像的是三维的，原来的均值是一维的
means = tf.expand_dims(tf.expand_dims(means, 0), 0)

return image - means
```

3. 调整图像大小

调整图像大小是为了解决随机剪切，以及对象边界框的大小与模型的输入尺寸不一致的问题（模型输入的张量形状被严格限定为 [224，224，3]），而随机剪切和对象边界框大小不可能都是 [224，224]，所以需要调整图像的大小。

调整图像大小包括调整图像到最小尺寸，以及保持图像宽高比的情况下将图像进行缩放。具体的代码如下：

```
def calc_size(height, width, resize_min):
  """
  计算图像新的尺寸，将最小的边设置为最小尺寸，同时，保持图像原始的宽高比。

  @height: 32 位的整型。当前的高度。
  @width: 32 位的整型。当前的宽度。
  @resize_min: 32 位的整型。图像最小的尺寸。

  @Returns:
   new_height: 32 位的整型。计算后的高度。
```

```
    new_width: 32 位的整型。计算后的宽度。
  """

  smaller_dim = tf.minimum(height, width)
  # Python 3 中默认按照浮点数计算
  scale_ratio = resize_min / smaller_dim

  # 转换成整型，返回结果
  new_height = tf.cast(height * scale_ratio, tf.int32)
  new_width = tf.cast(width * scale_ratio, tf.int32)

  return new_height, new_width


def resize_h2w_ratio(image, resize_min):
  """
  调整图像大小，同时，保持宽高比。

  @image: 一个三维的张量。
  @resize_min: 调整后图像的最小尺寸。

  @Returns:
    resized_image: 调整后图像的尺寸。
  """
  shape = tf.shape(input=image)
  height, width = shape[0], shape[1]

  new_height, new_width = calc_size(height, width, resize_min)

  # 按照计算好的尺寸对图像进行调整
  resized_image = tf.image.resize(
    image, [new_height, new_width],
    method=tf.image.ResizeMethod.BILINEAR,
    align_corners=False)
  return resized_image
```

4. 样本数据增强

对单个图像数据进行预处理，增强样本数据。预处理包括剪切、翻转和减去均值，下面分别调用以上功能函数完成样本数据增强。

实现代码如下：

```
def preprocess_image(image_buffer, bbox, output_height, output_width,
                     num_channels, is_training=False):
    """
    对给定的图像进行预处理。

    预处理过程包括解码、剪切、调整大小等。在训练过程中，除了上述的操作之外，还有一些对图像的
    随机扰动操作，用于提高模型的精度。

    @image_buffer: 一个字符串标量，代表原始的 JPG 图像缓存。
    @bbox: 一个三维的整型张量，形状如 [1, num_boxes, coords]，其中，每一个坐标
      都是按照 [ymin, xmin, ymax, xmax] 排列的。
    @output_height: 预处理之后的图像高度。
    @output_width: 预处理之后的图像宽度。
    @num_channels: 整型。要解码的图像通道数。
    @is_training: 布尔值。指示是否是训练数据过程，训练过程中，对于图像的处理操作包含随机扰动。

    @Returns: 一个预处理之后的图像。
    """
    if is_training:
      # 训练过程，包含一些随机扰动
      image = crop_and_flip(image_buffer, bbox, num_channels)
      image = tf.image.resize(
        image, [output_height, output_width],
        method=tf.image.ResizeMethod.BILINEAR,
        align_corners=False)
    else:
      # 验证过程，执行解码、大小调整、只包含中间剪切
      image = tf.image.decode_jpeg(image_buffer, channels=num_channels)
      image = resize_h2w_ratio(image, _RESIZE_MIN)
      image = central_crop(image, output_height, output_width)

    image.set_shape([output_height, output_width, num_channels])
```

```
    return mean_subtraction(image, num_channels=num_channels)
```

5. 解析 TFRecord 记录

解析读取到的 TFRecord 记录，将 TFRecord 记录转换成解码后的图像内容、宽度、高度等单数，然后调用样本数据增强函数，丰富样本数据，提高模型的精度。

实现代码如下：

```
def parse_record(raw_record, is_training, dtype):
  """
  解析一条包含训练样本图片的记录。输入的原始记录被解析成（image, label）对，然后，图像数据
  被进一步处理（剪切、抖动等）

  @raw_record: 字符串，原始的 TFRecord 文件名称。
  @is_training: 布尔值。指示是否是训练数据集。
  @dtype: 图像或者特征的数据类型。

  @Returns: 元组，包含一个处理后的图像张量、一个 on-hot-encoded 的标签张量。
  """

  # 解析原始图像格式，返回图像的张量、标签、边界框列表
  image_buffer, label, bbox = parse_example_tfrecord(raw_record)

  image = preprocess_image(
    image_buffer=image_buffer,
    bbox=bbox,
    output_height=DEFAULT_IMAGE_SIZE,
    output_width=DEFAULT_IMAGE_SIZE,
    num_channels=NUM_CHANNELS,
    is_training=is_training)

  # 将图像数据转换成指定的数据类型
  image = tf.cast(image, dtype)

  return image, label


def parse_example_tfrecord(tfrecord_serialized):
```

```
"""
解析一条 TFRecord 记录，该记录包含一个训练样本的图片。
此函数读取 process_imagenet_data.py 生产并保存的 TFRecord 结果集。

@example_serialized: 一个标量，包含按照 protocol buffer 协议序列化的字符串。
@Returns:
 image_buffer: 张量，一个内容 JPG 图像的序列化字符串。
 label: 一个整型，包含类别的标签。
 bbox: 一个三维的整型张量，形状如 [1, num_boxes, coords]，其中，每一个坐标
  都是按照 [ymin, xmin, ymax, xmax] 排列的。
"""
sparse_int64 = tf.io.VarLenFeature(dtype=tf.int64)
feature_map = {
  'image/height': tf.io.FixedLenFeature([], dtype=tf.int64),
  'image/width': tf.io.FixedLenFeature([], dtype=tf.int64),
  'image/encoded': tf.io.FixedLenFeature([], dtype=tf.string,
                        default_value='_'),
  'image/class/label': tf.io.FixedLenFeature([], dtype=tf.int64,
                          default_value=-1),
  'image/class/text': tf.io.FixedLenFeature([], dtype=tf.string,
                         default_value='_'),
  'image/object/bbox/xmin': sparse_int64,
  'image/object/bbox/ymin': sparse_int64,
  'image/object/bbox/xmax': sparse_int64,
  'image/object/bbox/ymax': sparse_int64,
  'image/object/bbox/label': sparse_int64
}

features = tf.io.parse_single_example(serialized=tfrecord_serialized,
                     features=feature_map)

# 读取图像的 高度 和 宽度，并且，转换成浮点数
height = features['image/height']
width = features['image/width']

# 读取对象边界框列表 [xmin, ymin, xmax, ymax]
```

```
    xmin = tf.expand_dims(features['image/object/bbox/xmin'].values, 0)
    ymin = tf.expand_dims(features['image/object/bbox/ymin'].values, 0)
    xmax = tf.expand_dims(features['image/object/bbox/xmax'].values, 0)
    ymax = tf.expand_dims(features['image/object/bbox/ymax'].values, 0)

    # 各个对象边界框中对象所属的类别
    labels = features['image/object/bbox/label']
    labels = tf.sparse_tensor_to_dense(labels)

    # 将 [ymin, xmin, ymax, xmax] 沿着 维度 0 串联起来
    # 将 对象的边界框的取值 映射到 [0, 1) 范围内
    bbox = tf.concat([
      # 如果对象边界框与实际图片不匹配，可能存在对象边界框超出图片的可能
      tf.cast(tf.minimum(ymin/height, 1.0), tf.float32),
      tf.cast(tf.minimum(xmin/width, 1.0), tf.float32),
      tf.cast(tf.minimum(ymax/height, 1.0), tf.float32),
      tf.cast(tf.minimum(xmax/width, 1.0), tf.float32)], 0)

    # 将多个对象边界框整合到一个张量中
    bbox = tf.expand_dims(bbox, 0)
    bbox = tf.transpose(a=bbox, perm=[0, 2, 1])

    return features['image/encoded'], labels, bbox
```

6. 读取 TFRecord 文件

从 TFRecord 文件中读取 TFRecord 记录，生成训练样本数据，用于模型训练。具体的代码如下:

```
def get_filenames(data_dir='./data/imagenet/', is_training=True):
  """
  从指定的文件夹下，读取 TFRecord 文件名称列表

  @param data_dir: 字符串。TFRecord 格式的训练样本所在的文件路径
    训练集 (train) 文件名称的格式如下所示:
      ${data_dir}/train/train-00000-of-01024
      ${data_dir}/train/train-00001-of-01024

    验证集 (validation) 文件名称的格式如下所示:
      ${data_dir}/validation/validation-00000-of-00128
```

```
        ${data_dir}/validation/validation-00001-of-00128

    @param is_training: 布尔值。是否是训练过程，训练过程读取训练集；
      验证过程读取验证集（train、validation）

    @Returns:
     fnames: 字符串列表。每个字符串代表一个 TFRecord 文件的名称
    """
    fnames = []
    fnames_pattern = ''
    # 用于匹配训练集文件的匹配模式
    fnames_pattern = os.path.join(data_dir, 'train', 'train-*-of-01024')
    if not is_training:
      # 用于匹配验证集文件的匹配模式
      fnames_pattern = os.path.join(
        data_dir, 'validation', 'validation-*-of-00128')

    # 匹配到的 TFRecord 文件名称列表
    fnames = tf.gfile.Glob(fnames_pattern)

    return fnames


def input_fn(is_training, data_dir, batch_size, num_epochs=1,
           dtype=tf.float32, num_parallel_batches=1,
           parse_record_fn=parse_record):
    """
    从指定的文件夹下面，读取预先生成好的 TFRecord 记录，用作训练样本。

    @param is_training: 布尔值。是否是训练过程，训练过程读取训练集；
      验证过程读取验证集（train、validation）
    @param data_dir: 字符串。TFRecord 格式的训练样本所在的文件路径
      训练集 (train) 文件名称的格式如下所示：
        ${data_dir}/train/train-00000-of-01024
        ${data_dir}/train/train-00001-of-01024
```

```
验证集 (validation) 文件名称的格式如下所示：
  ${data_dir}/validation/validation-00000-of-00128
  ${data_dir}/validation/validation-00001-of-00128
@param dataset: 字符串。数据集名称。如 train、validation。
@param batch_size: 整型。每个批次的样本个数。
@param num_epochs: 整型。训练的轮数。在验证时，只用训练一轮。
@param dtype: 字符串。数据集名称。如 train、validation。
@param datasets_num_private_threads: 整型。每个批次的样本个数。
@param num_parallel_batches: 整型。训练的轮数。在验证时，只用训练一轮。
@param parse_record_fn: 整型。训练的轮数。在验证时，只用训练一轮。

@Returns:
 images: 字符串列表； 每个字符串代表一个图片文件的名称。
 labels: 整数列表；代表图片所属的类别。
"""

# 训练数据的文件名模式
fnames = get_filenames(data_dir, is_training)

# 从指定的文件名称列表中，读取对应的数据集
dataset = tf.data.TFRecordDataset(fnames)

# 读取一个批次的训练数据
dataset = dataset.prefetch(buffer_size=batch_size)

if is_training:
  # 对输入的文件列表进行乱序排列
  dataset = dataset.shuffle(buffer_size=_num_train_files)

dataset.batch(batch_size).repeat(num_epochs)

# 将原始记录解析成 images 和 labels
dataset = dataset.apply(
  tf.data.experimental.map_and_batch(
    lambda value: parse_record_fn(value, is_training, dtype),
    batch_size=batch_size,
```

```
        num_parallel_batches=num_parallel_batches,
        drop_remainder=False))

    return dataset.make_one_shot_iterator().get_next()
```

10.5.5 Inception 模型训练

实现代码如下：

```
def inception_train():
    """
    训练一个 Inception 模型。
    """
    inception_classifier = tf.estimator.Estimator(
        model_fn=inception_v1_model, model_dir="./tmp/inception_v1/")
    # 开始 Inception 模型的训练
    inception_classifier.train(
        input_fn=lambda: input_fn(True, './data/imagenet/', 128),
        steps=2000)
    # 评估模型并输出结果
    eval_results = inception_classifier.evaluate(
        input_fn=lambda: input_fn(False, './data/imagenet/', 12))
    print("\n 识别准确率 : {:.2f}%\n".format(eval_results['accuracy'] * 100.0))
# 模型训练
inception_train()
```

10.6 本章小结

本章介绍了 Inception 模型，Inception 模型继承了“更深的网络会带来更好的性能”这一理念，继续增加网络的深度，主要办法是将较大的卷积核拆分成两个更小的卷积核，一方面是减少了参数数量；另一方面是通过堆叠更多的卷积层来增加网络的深度，同时通过多个卷积层堆叠实现了较大的感受野。

除此之外，Inception 网络还充分考虑了现代计算资源适合并行计算和密集计算的特点，将多个卷积层和池化层组合成一个 Inception 模块，高效且充分地利用现代计算机的资源。这是 Inception 取得成功的关键因素。

第 11 章 CHAPTER Inception v2 和 Inception v3

Inception v2 和 Inception v3 都是在 Inception 网络的基础上，基于实验改进后的 Inception 版本。它们的区别很小，所以我们将 Inception v2 和 Inception v3 放在一章中介绍。它们的主要区别在于集成了改进项目（排列组合）的多寡不同。其中，Inception v3 比 Inception v2 集成了更多的改进，包括对 7×7 的过滤器进行了卷积分解，以及在旁路分类器执行了批标准化的操作。标准化操作就是让所有的输入变量减去均值，这样模型能够更快地拟合。批标准化操作，就是在每一个批次的训练数据集上执行标准化操作（均值是这个批次的均值，而不是全部数据的均值）。

Inception 网络的准确率非常高，同时 Inception 模块能够充分地利用现有计算资源的并行计算和密集计算的特点，主要得益于以下几点。

首先，能够在构建很深的网络架构的同时，严格地控制参数的规模，使得参数的数量非常小。Inception 网络的参数只有 500 万个左右，而 AlexNet 网络有 6000 万个参数，也就是说，Inception 只用了 AlexNet 十二分之一的参数，构建了 19 层网络，远远超过 AlexNet 的 8 层，圆满地实现了更深的网络、更少的参数的目标。这是 Inception 成功的关键因素之一。

其次，Inception 模块设计非常巧妙，能够充分地利用现有计算资源的并行计算和密集计算的特点，同时所消耗的内存也非常小，使 Inception 模块能够用于更多的场景，例如，手机的计算机视觉的场景等。

Inception 模块的结构比较复杂，不容易改变。如果试图通过简单地堆叠 Inception 模块来构建大型的网络，Inception 模块所带来的充分利用计算资源的优势，很可能完全被 Inception 网络的复杂度所抵消。与此同时，Inception 模块中，到底是哪些因素贡献了多少准确率并不清楚，如果我们将 Inception 网络应用在其他业务场景中，我们该如何决定 Inception 网络各层中 Inception 模块的个数，以及各个过滤器的个数、尺寸和步长？对于这个问题，我们缺少最佳实践数据。

针对以上问题，GoogLeNet 团队采用实验验证的方式，对 Inception 模块进行了改进和验证，并且提出了最佳实践原则。

11.1 指导原则

基于大规模的实验，并且构建了大量的各种不同的卷积神经网络架构，GoogLeNet 团队提出了几个最佳实践原则。这些原则有推测的因素，需要进一步的实验数据验证。经过实验验证，严重偏离这些原则会导致网络的精准度降低，修复这些偏离之后，网络的精度能够提高。

总而言之，这些原则对于 Inception 网络架构的设计具有指导意义，这些原则包括以下几点。

（1）要避免出现特征表达的瓶颈。从信息论的角度，卷积神经网络可以看作从输入层到输出层的信息流。这个信息流的任何切面都包含了一定的信息量。我们要避免对信息进行过度压缩（数据降维），防止出现特征表达的瓶颈，前面的几层尤其要注意这个问题。除了降维可能导致的特征表达的瓶颈之外，邻近像素之间的相关信息也非常重要。

（2）更高维度的特征表示，更容易在网络内通过本地化处理。在卷积神经网络中增加激活函数的个数（每个过滤器都带有激活函数），能够生成更多的离散特征，这些离散特征有助于提高模型分类的准确率和模型的训练速度。

（3）空间聚合可以在低纬度的过滤器嵌入完成，一般不会带来信息表达的瓶颈。例如，在执行 3×3 卷积之前，可以先执行一个 1×1 的卷积，对输入的数据进行降维，一般不会使特征表达能力降低。对于图像来说，邻近像素之间的相关信息很重要，降维并不会减少这些信息，同时由于这些信息很容易压缩，降维甚至可以提高模型的训练速度。

（4）要平衡网络的深度和宽度。通过增加网络的深度和每个层的过滤器个数能够提高模型的准确率，但最优性能的网络往往深度和宽度比较平衡。通过并行增加网络的宽度和深度，可以让计算资源相对平衡地分配给网络的宽度和深度。

这些原则具有指导意义，需要谨慎地应用才能发挥作用。

11.2 具体措施

优化思路与之前构建 Inception 的思路一脉相承，主要有以下几个方面：第一，继续增加网络的深度和宽度，提高模型的准确率，同时，竭尽所能地减少参数，避免参数过多导致模型无法训练和管理；第二，进一步优化 Inception 模块结构，提高并行计算的能力，尽可能地充分使用计算资源；第三，叠加以上各种要素，通过构建模型来实际验证的方式，发现实际可行的模型架构，比如之前提到的旁路分类器等。

增加网络的深度，主要是通过 Inception 模块的堆叠，以及在 Inception 模块内部增加网络层数。减少参数的数量主要是通过卷积分解实现，即将一个大的过滤器（卷积核）分解成两个小的过滤器。

优化 Inception 模块结构，提高并行计算能力是说将卷积和池化的两个过程并行执行，更加充分利用现代计算资源的并行计算和密集计算的特点。

堆叠其他各种要素以及旁路分类器等特点，将以上优化措施组合使用，通过实验对比的方法找到最优的网络架构。在各种优化措施的组合中，如果存在多种组合方案，那么与上一节的指导原则比较，尽可能选择符合上述指导原则的方案，并且尽量避免严重偏离上述指导原则的方案。

11.3 卷积分解

卷积分解并不是新鲜事物，在 VGGNet 中已经采用过，主要是将尺寸较大的 5×5 过滤器替换成两个 3×3 过滤器，目的是减少参数的数量（从 25 个参数减少到 18 个参数）。除了减少参数之外，这样做的好处还包括增加了网络的深度和激活函数的个数，这两个因素可以提高模型的准确率。

之所以可以使用两个 3×3 过滤器替换一个 5×5 过滤器，是因为它们具有相同的感受野（视野），如图 9-2 所示。在实验验证中发现，上述替换操作不但不会降低模型的准确率，而且能节省参数数量、计算资源和模型的训练时间。

5×5 过滤器能替换成两个 3×3 过滤器，那 3×3 的过滤器能不能进一步分解呢？显然可以，因为一个 3×3 过滤器同样可以分解成两个 2×2 过滤器，仍然具备相同的感受野，并且能获得以上好处。

GoogLeNet 团队并没有就此止步，他们认为这样做是不够的，因为将一个 5×5 的过滤器替换成两个 3×3 的过滤器只减少了 28% 的参数，这里 28%=（5×5 − 3×3×2）÷（5×5）。如果将一个 3×3 替换成两个 2×2 过滤器，节省的参数就更少了，只有 11%，这里 11%=（3×3 − 2×2×2）÷（3×3）。

为此，他们就想到了“非对称过滤器”，在此之前，我们所说的过滤器都是对称的，不管是 7×7、5×5、3×3、2×2，只有尺寸不同，高度和宽度都是一样的，那么如果宽度和高度不一样呢？比如 1×3 或 3×1，是否可以？如果可以的话，非对称过滤器能够节省更多的参数。比如将一个 3×3 过滤器替换成一个 1×3 和一个 3×1 的过滤器，可以节省 33% 的参数，计算过程为（3×3 −1×3−3×1）÷（3×3）=33%。

答案是肯定的。图 11-1 展示了将一个 3×3 过滤器替换成一个 1×3 和一个 3×1 的过滤器的原理，可以发现两者具有相同的感受野，并且输入输出的数据形状也是一致的。

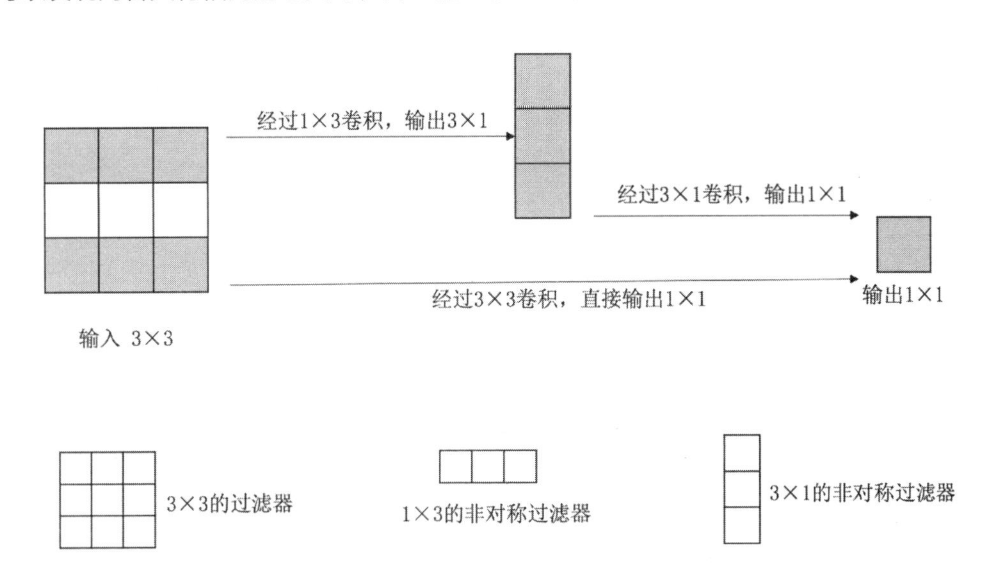

图 11-1 将 Inception 模块中 3×3 过滤器替换为 1×3 和 3×1 两个过滤器

同理可证，任何一个 $n \times n$ 的过滤器，都可以使用一个 $1 \times n$ 和一个 $n \times 1$ 来替换，并且 n 越大所能节省的参数百分比越大。如表 11-1 所示。

表 11-1　不同尺寸替换后节省的参数百分比

替换前		替换后			节省
尺寸	参数数量	尺寸 1	尺寸 2	参数数量	
7×7	49	1×7	7×1	14	71%
5×5	25	1×5	5×1	10	60%
3×3	9	1×3	3×1	6	33%

按照上述思路，首先，将原始 Inception 模块中的 5×5 过滤器替换成两个 3×3 的过滤器，替换后的 Inception 模块如图 11-2 中（a）所示，原始的 Inception 模块可参考图 10-1 中（b）所示。其次，将替换后模块中剩余的每一个 3×3 替换成一个 1×3、一个 3×1 过滤器，替换后的 Inception 模块如图 11-2 中（b）所示，令其中的 n=3 即可。同样的，任何 $n\times n$ 的过滤器都可以采用上述方法替换，以实现减少参数、增加网络深度和网络的激活函数数量的目的。Inception 模型中采用的是 n=7 的例子，是应用在 17×17 的特征图谱上的。

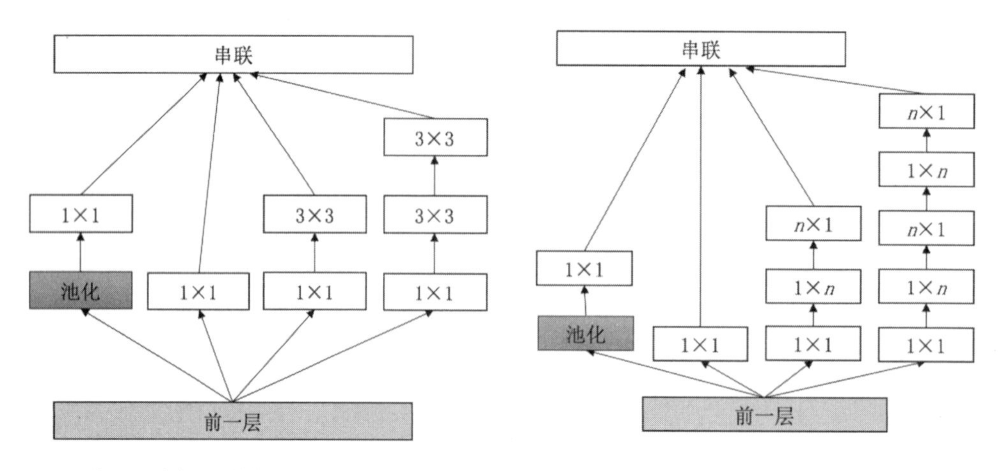

（a）将5×5过滤器，替换为两个3×3过滤器　　（b）将n×n过滤器，替换为1×n和n×1的两个过滤器

图 11-2　卷积分解既能增加网络深度又能减少参数数量

11.4　并行池化

在卷积神经网络中，常常需要通过池化操作来缩小特征图谱的尺寸。一般来说，为了避免出现特征瓶颈导致最终的准确率降低，往往会在执行池化操作之前，增加过滤器的数量，期望借助于更多的过滤器捕获更多的特征。

例如，在 Inception 网络中，第二层卷积层的输入张量形状为 56×56×64，在第二层中经过 64 个“3×3 降维”的卷积和 192 个“3×3”的卷积操作，输出形状为 56×56×192 的张量，然后经过最大池化操作输出 28×28×192。整个操作过程如图 11-3 中（b）所示。

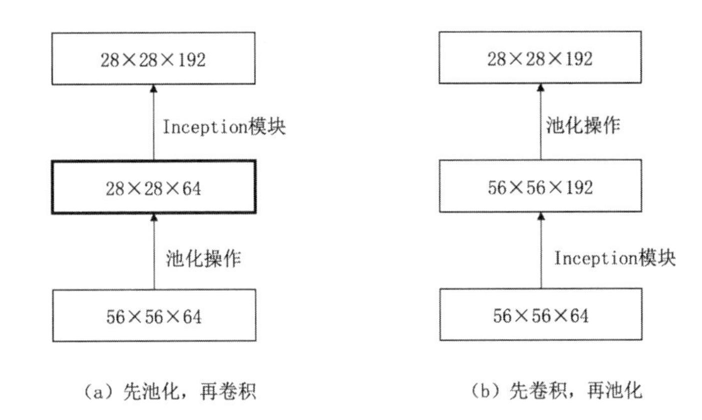

图 11-3　两种池化方案比较

这种池化方案的优点是能够避免出现特征瓶颈，不会因为池化操作降低图像分辨率而使模型的准确率降低，代价是需要消耗的计算资源很多，模型也需要很长时间的训练才能拟合。另外一种执行池化的方案如图 11-3 中（a）所示，即先执行池化降低特征的尺寸，然后使用数量更多的过滤器来执行卷积操作。这种方法的优点是计算量比较小，缺点是由于先执行了池化操作，有可能限制了特征的表达，这违背了指导原则，可能因此导致最终的准确率降低。

现有的两种池化方法，不管是先卷积再池化，还是先池化再卷积，都有各自局限，要么是需要的计算量大、要么是准确率低，似乎是“鱼和熊掌不可兼得”，有没有一种办法既可以保证准确率又能提高计算性能呢?

针对这个问题，GoogLeNet 团队提出了一种能够并行执行卷积和池化的方法。如图 11-4 所示，其中（a）部分是改进后的 Inception 模块，与之前的模块区别在于其中的过滤器的尺寸是 3×3、步长都是 2，这样卷积输出的尺寸缩小到原来的一半，池化操作也是类似的，步长也是 2，所以针对相同的输入，二者输出的尺寸是相同的，它们的输出张量可以直接串联（堆叠）在一起，形成最终的输出，输入输出的张量形状如图 11-4 中（b）所示。

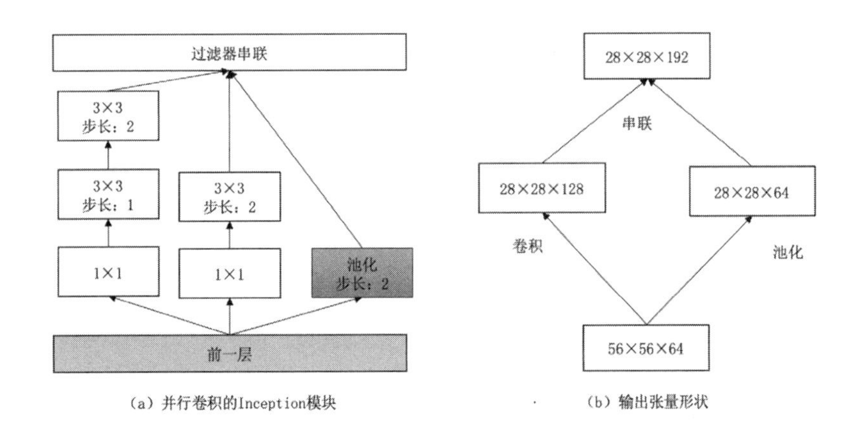

图 11-4　卷积和池化并行执行示意

通过并行执行卷积和池化操作，可以更加充分地利用现有计算资源的并行计算和密集计算的特点，提高模型的训练速度。

11.5 旁路分类器

旁路分类器是为了对抗梯度消失和梯度爆炸而采取的一个手段。

旁路分类器首次出现在原始的 Inception 网络中，总共有两个旁路分类器，分别是从 4a、4d 两个层输出的。旁路分类器最早的目的是减弱梯度弥散带来的影响，把低层的网络直接连接到分类器上，在误差反向传播的时候，能够更快速地调整网络低层神经元中的参数。

在 Inception v2 和 Inception v3 中，对旁路分类器进行了进一步的研究，发现旁路分类器能够提高模型的稳定性和准确率。在模型训练的早期，旁路分类器的作用并不明显，但在模型训练的晚期，旁路分类器能够提高模型的准确率。

旁路分类器所起到的作用主要是正则化，而不是影响网络低层的梯度。将连接到 4a 的旁路分类器删除后会发现，删除操作对网络的准确率几乎没有任何负面影响。支持这个观点的证据还包括，在主分类器上使用批归一化（将输入数据映射到 [0,1] 的区间）操作或 Dropout 操作，都能够提高模型的准确率，与旁路分类器的作用类似。这也间接地证明了批归一化操作的作用类似于正则化。

11.6 批量标准化

批量标准化是指在一批训练数据上的标准化操作，最常用的标准化操作方法如减去均值除以标准差操作。计算公式为 $x=(x_i-\mu)\div\sigma$。其中，μ 是样本的均值，σ 是样本的标准差。

11.6.1 批量标准化的作用

为什么要引入批量标准化操作，或者说批量标准化的作用是什么?

根本原因是引入批量标准化操作能够解决层数很多的神经网络训练困难的问题。产生这个问题的原因有两个。

第一个是分批训练导致的问题。每个批次之间的样本数据的分布都是不同的，这导致参数需要适应各个批次的分布情况，从而导致模型拟合困难。由于训练样本规模往往很大，无法在全部的样本上完成一轮推理之后再更新参数，这是因为所需要的计算量、内存资源等太大了，现有的计算资源无法满足，所以往往将样本分成多个批次，在每一个批次上完成推理之后直接更新参数。多个批次的样本数据之间，批次与批次的样本数据分布可能是不同的。这可能导致前一个批次中，模型的参数向一个方向调整，而下一个批次中，参数向相反方向调整。这样一来，参数就会来回摇摆，最终模型难以拟合。样本数据量越大，分成的批次越多，这个问题就越严重，这是深层神经网络训练困难的原因之一。

第二个是梯度消失或梯度爆炸问题。对于神经网络来说，任何一层的输入都受到之前所有层的参数的影响，这使得任何微小的改变都会导致模型参数的剧烈波动，类似于“蝴蝶效应”。由于网络的层数过多，当反向传播的梯度落入 [0,1] 区间时，多个梯度的乘积就急剧趋于 0；当梯度大于 1 时，很多层的梯度乘积就急剧膨胀。这是梯度消失或梯度爆炸的根本原因。

分析以上两个问题，可以发现根源在于不同批次训练数据的分布不同。批量标准化操作的本质在于将每批次的输入数据映射到一个标准正态分布，该分布满足均值为 0 方差为 1。通过这种映射解决了不同批次之间的数据分布不同的问题，同时将绝大部分数据（大于 95% 的数据）映射到梯度不容易为线性的区域，对抗梯度消失和梯度爆炸的问题。

11.6.2 批量标准化的原理

批量标准化的意义在于，将输入数据映射到均值为 0、方差为 1 的正态分布区间，如图 11-5 中(a)所示。从概率分布可知，映射后的数据有 95% 的概率落入 [−2，2] 的取值区间，对于 sigmod 这样的激活函数来说，[−2，2] 的取值区间对应的梯度是比较大的，几乎是线性的，如图 11-6 中(a)所示。数据落入 [−2，2] 的取值区间之外时，对应的梯度很小，正是容易发生梯度消失的区域。

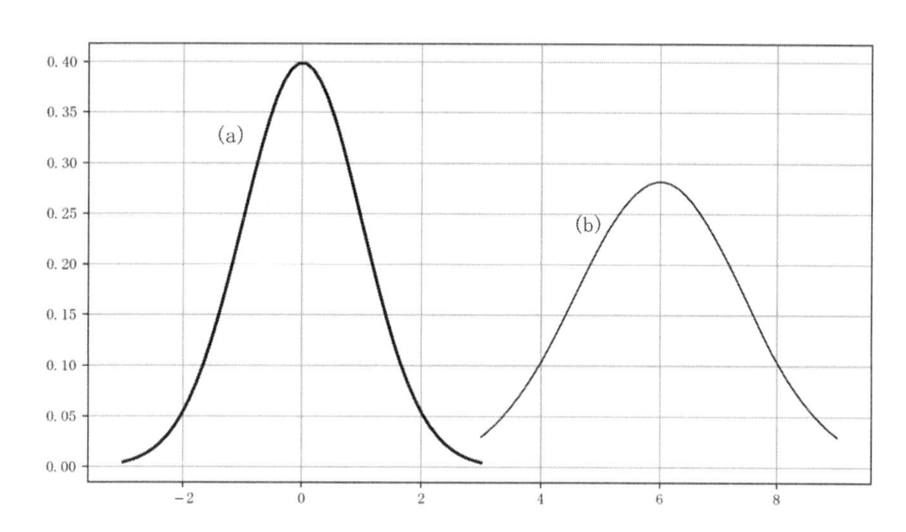

图 11–5　正态分布对比

图 11-6 展示了激活函数 sigmod 在不同的取值区间的梯度，在 [−2，2] 取值区间时对应的梯度较大，几乎是一个线性的区间。落在这个区间之外时，梯度很小（切线几乎是平的），约等于 0。

我们假设输入的原始数据分布不满足均值为 0 方差为 1，而是满足均值为 6 方差为 2 的分布，如图 11-5 中（b）所示，会发现（b）的取值绝大部分落入了 [2，∞）区间，该区间正是容易发生梯度消失的区间。那么，通过批量标准化操作之后，（b）的取值区间映射回到（a）的取值区间，提高了梯度取值，能够加快模型的收敛速度，实现模型训练的加速。同时，大幅度地降低了出现梯度消失的概率。

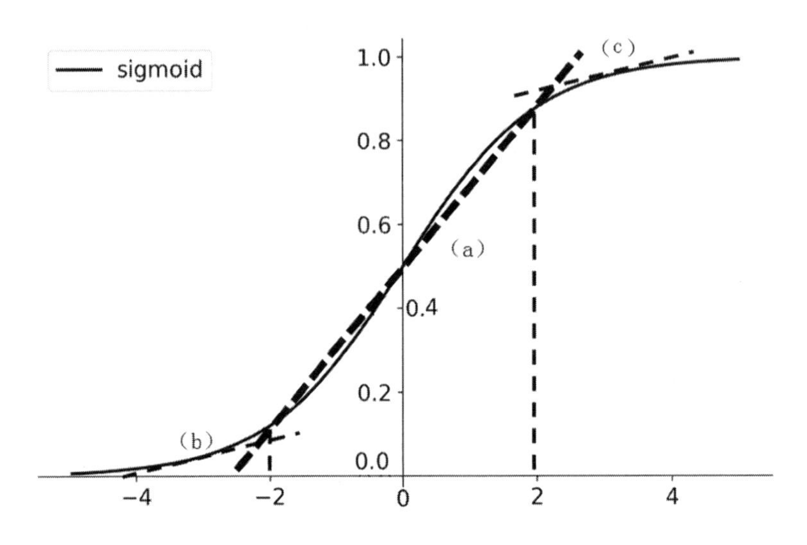

图 11-6　不同的取值区间对应梯度区别

11.6.3　批量标准化的实现

对于一个批次的训练数据来说，标准化的操作非常简单，就是减去均值除以标准差，批量标准化的计算过程如图 11-7 所示。

输入：$B=\{x_1 \dots\dots x_m\}$，代表一个批次的m个样本数据

需要学习的参数：γ和β

输出：$\{y_i = BN_{\gamma,\beta}(x_i)\}$

$$\mu_B = \frac{1}{m}\sum_{i=1}^{m} x_i$$ // 求该批次样本的平均值

$$\sigma_B^2 = \frac{1}{m}\sum_{i=1}^{m}(x_i-\mu_B)^2$$ // 求该批次样本的标准差

$$Exp(x_i) = \frac{x_i-\mu_B}{\sqrt{\sigma_B^2+\epsilon}}$$ // 求x_i的标准化的值 // 其中，ϵ是为了避免被除数等于0而引入的极小值

$$y_i = \gamma Exp(x_i) + \beta \equiv \mathrm{BN}_{\gamma,\beta}(x_i)$$ // 标准化后的输出值 //γ,β是为了能够将标准化后的数据还原而引入的参数

图 11-7　批量标准化算法示意图

除了常用的标准化操作过程之外，Inception v2 还引入了 γ 和 β 两个参数，用于将标准化后的数据映射回到原来的空间，避免因为批量标准化而导致的信息丢失。参数 γ 和 β 是通过学习（模型训练过程中）得到的。

训练过程中，将每个批次求得的均值和方差（含参数 γ 和 β 的值）记录下来，在模型训练结束的时候求得全局的均值和方差，在最终的模型测试和预测时，对输入的张量 $\boldsymbol{x}$ 进行空间转换。

11.6.4 批量标准化的意义

批量标准化的意义在于：第一，通过降低不同批次的训练数据分布的差异，提高了模型的健壮性和普适性；第二，保证了信息不丢失，通过 γ 和 β 两个参数，确保了标准化之后的信息能够映射回之前的数据空间，可以避免信息丢失。

首先，通过不同批次的样本数据映射到均值为 0 方差为 1 的空间，避免了因为不同批次数据的分布不同而导致的模型参数波动，提高了模型的适应能力；同时将数据映射到梯度较高的区间，提高了模型拟合速度。

其次，批量标准化操作保留了 γ 和 β 两个参数，确保了模型可以映射到原来的数据空间，避免了因为批量标准化而可能导致的信息丢失问题。理想的情况下，可以理解为，通过 γ 和 β 两个参数将不同批次的样本数据映射到模型准确率最高的区间。

11.7 低分辨率输入的性能

在生活中，一张图像（如照片）中往往不会只有一个对象（物体），在 ILSVRC 挑战赛中就有对象定位和对象分类识别比赛项目。实现思路：首先完成对象定位，即在原始图像中完成对象的检测，检测到对象大致在图像中的哪个区域，并将对象框选出来；然后将框选出来的区域里的那个类别的对象识别出来。

在第二个步骤中，由于一个图像包含多个对象，所以，框选的区域往往比较小，对应的图像分辨率会比较低，如果输入图像的分辨率（宽度和高度的像素个数较少）很低，这时我们该怎么办?

为了在低分辨率的输入图像上获得更高的准确率，我们的模型需要从模糊的特征中，发现能够用于识别图像的细节。一个简单的思路是，在模型的前两层中，减小过滤器的滑动步长，或者干脆取消池化层，这样做显然会增加计算量。我们想要知道的是，这样做增加的计算量是否是线性增长的，或者说是否是可以接受的。

GoogLeNet 团队实验了以下三种情况。

（1）对于输入的图像为 299 × 299 的情况：过滤器的步长采用 2，在第一个卷积层之后为一个最大池化层。

（2）对于输入的图像为 151 × 151 的情况：过滤器的步长采用 1，在第一个卷积层之后为一个最大池化层。

（3）对于输入的图像为 79 × 79 的情况：过滤器的步长采用 1，在第一个卷积层之后不带最大池化层。

三个网络架构所需要的计算量有显著区别，第三个网络架构所需要的计算量最小。三个网络架构分别训练，直到模型拟合。采用 ImageNet ILSVRC 2012 的验证数据集验证，发现三个网络架构的准确率大致相当，只是第三个网络消耗了更长的训练时间而已。这三种网络的准确率分别如表 11-2 所示（数据来源：https://arxiv.org/pdf/1512.00567.pdf）。

表 11-2　不同的输入分辨率的准确率相当

输入分辨率	准确率（TOP1）
79×79	75.2%
151×151	76.4%
299×299	76.6%

结论就是，如果输入图像的分辨率比较低，可以在开始的前两层卷积层中，通过减小过滤器的步长，以及取消池化层的办法来达到较高的识别准确率。这一结论不能滥用，盲目地减小输入图像分辨率，会导致模型的准确率大幅度地降低。毕竟与原始的 Inception 模型比起来，上述方案所消耗的计算量只有 1/16，因为原始的 Inception 模型中第一层、第二层的卷积层的步长都是 1，而不是现有方案中的步长 2，再加上其他有关因素，它们的计算量的需求差距很大，不可同日而语。

11.8　其他技巧

从前面的章节中可知，中间层的特征抽象能力对提高模型识别的准确率作用很大。为了提高特征的抽象能力，GoogLeNet 团队引入了一种新的 Inception 模块，用在网络的高层（距离输出层比较近的网络层）中，该 Inception 模块如图 11-8 所示。

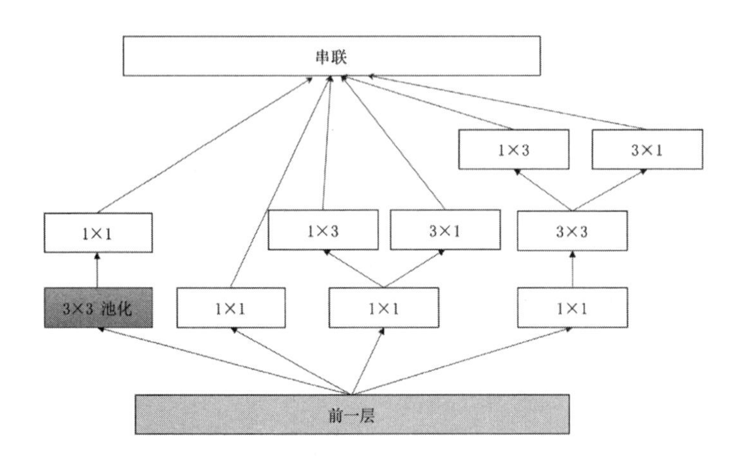

图 11-8　扩展过滤器输出的 Inception 模块

这种 Inception 模块只用在了 8×8 的特征图谱上，这种大小的特征图谱一般会出现在网络的高层。与空间操作相比较，局部处理（通过 1×1 卷积来实现）操作对模型的准确率影响更大。

11.9　网络架构

Inception v2 的网络架构，从总体上看与 Inception 网络的区别不大，我们依然可以按照八层来划分，只是每一层都是由不同的构建块组成的，区别就在这些构建块上。Inception v3 与 Inception v2 的区别在于，Inception v2 将 7×7 的过滤器分解成多个 3×3 过滤器的堆叠，以及在旁路分类器上采用了批归一化的操作。

Inception v2 的网络架构如图 11-9 所示。

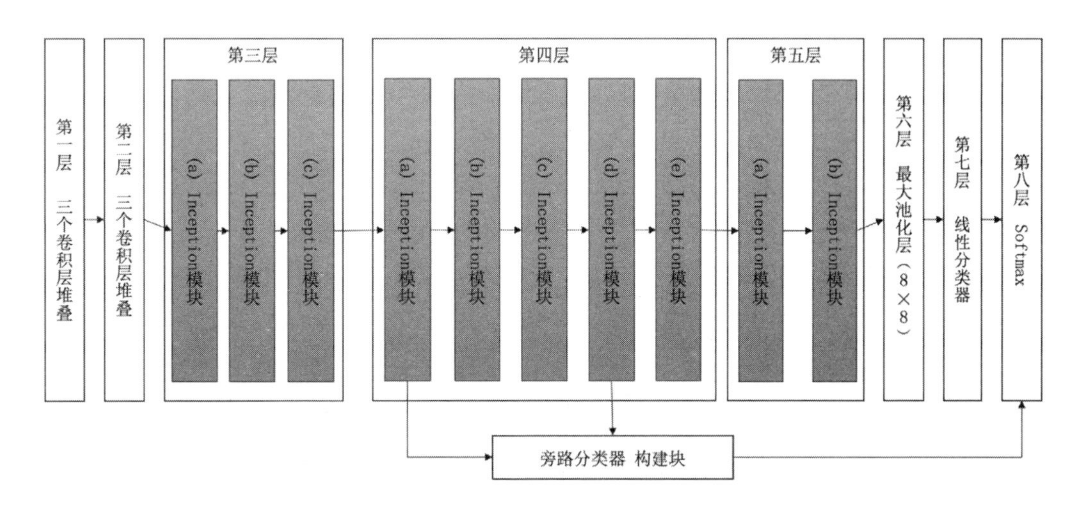

图 11-9 Inception v2 的网络架构

（1）第一层，由三个卷积层堆叠形成：过滤器的尺寸都是 3×3，步长分别是 2、1、1，对应的个数分别是 32、32、64。第一层之后紧跟着最大池化层。注意，此处我们没有把池化层单独放在一层。

（2）第二层，由三个卷积层堆叠形成：与第一层类似，包含了三个卷积层，过滤器的尺寸依然是 3×3，步长 1、2、1，个数 80、192、288。第二层后面也跟着一个最大池化层。

（3）第三层，由三个 Inception 模块堆叠形成：本层中的 Inception 模块的结构如图 11-2 中（a）部分所示。

（4）第四层，由五个 Inception 模块堆叠形成：本层中的 Inception 模块的结构如图 11-2 中（b）部分所示。

（5）第五层，由两个 Inception 模块堆叠形成：本层中的 Inception 模块的结构如图 11-8 所示。

（6）第六层，最大池化层：采用了 8×8 的大尺寸池化过滤器。

（7）第七层，线性分类器层：完成分类预测，输出 1000 个类别的预测结果（logits）。

（8）第八层，Softmax 层：与样本比较，计算误差。

最终的网络的详细配置如表 11-3 所示。

表 11-3　网络架构配置信息

网络层类型	尺寸 @ 步长	输入张量形状
卷积	3×3@2	299×299×3
卷积	3×3@1	149×149×32
卷积 - 填充	3×3@1	147×147×32
池化	3×3@2	147×147×64
卷积	3×3@1	73×73×64
卷积	3×3@2	71×71×80
卷积	3×3@1	35×35×192
Inception×3	图 11-2（a）	35×35×288
Inception×5	图 11-2（b）	17×17×768
Inception×2	图 11-8	8×8×1280
池化	8×8	8×8×2048
线性	logits	1×1×2048
Softmax	分类预测	1×1×1000

11.10　后续影响

更深的网络带来更高的准确率，构建深层网络很容易，只要不断地堆叠卷积层和池化层就能构建更深的网络。问题在于，网络越深所需要的参数越多、计算量越大，同时网络低层中的神经元的梯度消失问题越突出，这也正是 Inception 面临的挑战。

针对参数过多、计算量过大的问题，Inception 的解决办法有两个。第一个办法，通过将大尺寸过滤器分解成小尺寸过滤器来减少参数。这个办法在 VGGNet 中采用过，VGGNet 是将一个 5×5 的过滤器分解成两个 3×3 的过滤器。Inception 则更进一步，采用了非对称过滤器，将 3×3 分解成 1×3 和 3×1，或者将 5×5 分解成 1×5 和 5×1 的过滤器，来达到进一步减少参数数量的目的。第二个办法，采用 Inception 模块，充分利用现代计算机能并行计算和密集计算的特点。

针对网络低层梯度消失的问题，Inception 网络采用了批量标准化（BN）和旁路分类器等办法。批量标准化的办法成为后续卷积神经网络的必备配置，是 Inception 网络对后续网络的重要影响之一。旁路分类器，是指将低层（距离输入层比较近的层）直接连接到输出层，当误差反向传播的时候，可以直接影响网络低层的梯度，减弱梯度消失产生的影响。这一思路对后续卷积神经网络有重要启发，也是 Inception 网络的重要贡献之一。

遗憾的是，Inception 网络未能将旁路分类器的思路充分发挥，最终 Inception 网络止步于 22 层，模型准确率饱和（达到最大值），无法将网络进一步加深，后续 ResNet 采用与旁路分类器类似的思路，一举将网络的深度增加到 152 层（最大超过 1000 层），可以说，旁路分类器的思想也是 Inception 网络的重要贡献之一，虽然在 Inception 网络中旁路分类器的作用十分有限。

11.11 Inception v2 实战

Inception v2 的实战与 Inception 的实战非常类似，也是包含模型构建和模型训练两个步骤，并且更简单，因为在模型训练阶段可以直接复用 Inception 实战中已经准备好的 TFRecord 格式的样本数据。

11.11.1 模型构建

Inception v2 的模型构建除了少量修改 Inception 的基本函数之外，只需要构建 Inception v2 模块。

1. 基本函数

Inception v2 的基本上函数，如卷积操作、池化操作、随机数生成函数，与 Inception v1 的函数基本一致，只是少量的默认参数值变化。除此之外，Inception v2 还引入一个控制函数 depth，用于控制输出通道数，避免输出通道数过低。

具体代码如下：

```
#!/usr/local/bin/python3
# -*- coding: UTF-8 -*-

# 导入依赖模块
from __future__ import absolute_import
from __future__ import division
from __future__ import print_function

import tensorflow as tf
from read_imagenet_data import input_fn

# 设置日志级别。
tf.logging.set_verbosity(tf.logging.INFO)


def trunc_normal(stddev):
    """
    生成截断正态分布的随机数。
    与随机正态分布随机数函数 `random_normal_initializer` 类似，
    区别在于，将落在两个标准差之外的随机数丢弃，并且重新生成。

    @param mean: 正态分布的均值。
```

```
    @param stddev: 该正态分布的标准差。

    @Returns: 截断正态分布的随机数。
    """
    return tf.truncated_normal_initializer(0.0, stddev)


def conv2d(inputs, filters, kernel_size=[3, 3], stride=(1, 1),
           stddev=0.01, padding='SAME', scope='conv2d'):
    """
    定义 Inception 中默认的卷积函数

    @param input_layer: 输入层。
    @param stride: 步长。
    @param padding: 填充方式。常用的有 "SAME" 和 "VALID" 两种模式。
    @param weights_initializer: 填充方式。常用的有 "SAME" 和 "VALID" 两种模式。

    @Returns: 图片和图片的标签。图片是以张量形式保存的。
    """
    with tf.variable_scope(scope):
        weights_initializer = trunc_normal(stddev)

        return tf.layers.conv2d(
            inputs, filters, kernel_size=kernel_size, strides=stride,
            padding=padding, kernel_initializer=weights_initializer,
            name=scope)


def max_pool2d(inputs, pool_size=(3, 3), stride=(2, 2),
               padding='SAME', scope='max_pool2d'):
    """
    定义最大池化函数，将 Inception 模型中最常用的参数设置为默认值。

    @param inputs: 输入张量。
    @param pool_size: 池化过滤器的尺寸。
    @param stride: 步长。
```

```
    @param padding: 填充方式。常用的有 "SAME" 和 "VALID" 两种模式。
    @param weights_initializer: 填充方式。常用的有 "SAME" 和 "VALID" 两种模式。

    @Returns: 图片和图片的标签。图片是以张量形式保存的。
    """
    with tf.variable_scope(scope):
        return tf.layers.max_pooling2d(
            inputs, pool_size, stride, padding, name=scope)


def depth(d, min_depth=16):
    """
    对输出通道数进行约束。
    计算输出通道数，避免设置的输出通道数过低
    如果，经过通道扩张因子计算之后，输出通道数小于最小的输出通道数，以最小的通道数为准

    @param d: 建议的输出通道数
    @param min_depth: 最小的输出通道数

    @Returns: 经过约束的输出通道数。
    """
    return max(d, min_depth)
```

2. Inception v2 模块

与 Inception v1 模块一样，Inception v2 模块同样包含四个分支，稍有不同的是，Inception v1 的第三个分支是一个 1×1 卷积（用于降维），堆叠一个 5×5 卷积层，而在 Inception v2 中这个 5×5 的卷积被拆分成两个 3×3 卷积层的堆叠。

Inception v2 模块的实现代码如下：

```
def inception_v2_block(net, filters, strides=(1, 1), is_max_pool=False,
                       scope='inception_v2_block'):
    """
    定义 Inception v2 模块。

    @param net: 输入张量。
    @param filters: Inception 模块中，各个分支中，过滤器的输出通道数。
      filters[0], 代表分支 (Branch_0) 的 1×1 卷积的输出通道数
```

```
    filters[1], 代表分支 (Branch_1) 的 1×1 卷积的输出通道数
    filters[2], 代表分支 (Branch_1) 的 3×3 卷积的输出通道数

    filters[3], 代表分支 (Branch_2) 的 1×1 卷积的输出通道数
    filters[4], 代表分支 (Branch_2) 的 3×3 卷积的输出通道数
    filters[4], 代表分支 (Branch_2) 的 3×3 卷积的输出通道数

    filters[5], 代表分支 (Branch_3) 的 1×1 卷积的输出通道数
  @param scope: 变量所属的作用域

  @Returns: 经过 Inception 模块卷积后的张量。
  """
  with tf.variable_scope(scope):

    # 1×1 卷积分支
    with tf.variable_scope('Branch_0'):
      # 如果 filters[0] == 0，则不需要该分支
      if filters[0] > 0:
        branch_0 = conv2d(
          net, depth(filters[0]), [1, 1],
          stride=strides, scope='Conv2d_0a_1 × 1')

    # 1 × 1->3 × 3 卷积分支
    with tf.variable_scope('Branch_1'):
      branch_1 = conv2d(
        net,
        depth(filters[1]), [1, 1],
        stddev=0.09,
        scope='Conv2d_0a_1 × 1')
      branch_1 = conv2d(
        branch_1, depth(filters[2]), [3, 3],
        stride=strides, scope='Conv2d_0b_3×3')

    # 1×1->3×3->3×3 卷积分支
    with tf.variable_scope('Branch_2'):
```

```
    branch_2 = conv2d(
        net,
        depth(filters[3]), [1, 1], stride=strides,
        stddev=0.09,
        scope='Conv2d_0a_1×1')
    branch_2 = conv2d(
        branch_2, depth(filters[4]), [3, 3],
        stride=(1, 1), scope='Conv2d_0b_3×3')
    branch_2 = conv2d(
        branch_2, depth(filters[4]), [3, 3],
        stride=(1, 1), scope='Conv2d_0c_3×3')

# 3×3 平均池化 ->1×1 卷积 分支
with tf.variable_scope('Branch_3'):
    # Pool Projection 分支，是执行平均池化，还是执行最大池化
    if is_max_pool is False:
        branch_3 = tf.layers.average_pooling2d(
            net, [3, 3], strides=strides,
            padding='SAME',  name='AvgPool_0a_3×3')
    else:
        branch_3 = max_pool2d(
            net, [3, 3], stride=strides,
            padding='SAME',  scope='MaxPool_0a_3×3')

    # 如果 filters[5] > 0 则执行 1×1 卷积，否则，Pass through
    if filters[5] > 0:
        branch_3 = conv2d(
            branch_3,
            depth(filters[5]), [1, 1], stride=(1, 1),
            stddev=0.1,
            scope='Conv2d_0b_1×1')

# 将所有的分支沿着维度 3（深度）串联起来
if filters[0] > 0:
    net = tf.concat([branch_0, branch_1, branch_2, branch_3], 3)
```

```
    else:
        net = tf.concat([branch_1, branch_2, branch_3], 3)

return net
```

3. Inception v2 模型

模型构建代码如下：

```
def inception_v2_base(inputs,
                min_depth=16,
                scope=None):
  """
  构建一个 Inception v2 模型。详细情况可参考 https://arxiv.org/pdf/1502.03167.pdf。
  请注意，本模型虽然参考了原始的论文中的模型架构，尽可能地与原始的模型架构一致，
  但是，二者并不完全是一一对应的，包括 Inception 模块的各个分支的顺序（从左到右），以及模型最
  后的全连接部分、分类预测部分等。

  @param inputs: 输入张量，代表 ImageNet 中的图片，形状为 [batch_size, 224, 224, 3]。
  @param min_depth: 最小的输出通道数，针对所有的卷积操作。当 depth_multiplier < 1 时，
    起到避免输出通道过少的作用； 当 depth_multiplier >= 1 时，不会激活。
  @param scope: 可选项。变量的作用域。

  @Returns: 构建好的 Inception v2 模型。
  """

  # 在 InceptionV2_Model 模型的变量范围
  with tf.variable_scope('InceptionV2_Model'):

    # 第一个构建层。深度分层卷积。
    # 首先，对原始输入张量 inputs（形状 [batch_size, height, width, depth]）逐层进行卷积
    # 操作，输出形状为 [batch_size, height, width, depth * depthwise_multiplier]。
    # 然后，对上述的输出张量，执行 1×1 卷积 ( 深度为 depth * depthwise_multiplier),
    # 输出张量 [batch_size, height, width, output_channels]
    # 输入形状 [224, 224, 3]，输出形状 [112, 112, 64]
    net = tf.layers.separable_conv2d(
      inputs,
      64, [7, 7],
```

```
  strides=2,
  name='Conv2d_1a_7×7')

# 第二个构建层。包括一个最大池化层、两个堆叠的 3×3 卷积层
# 输入形状 [112, 112, 64], 输出形状 [56, 56, 64]
net = max_pool2d(net, [3, 3], scope='MaxPool_2a_3×3', stride=2)
# 56 × 56 × 64
net = conv2d(net, depth(64), [1, 1],
         scope='Conv2d_2b_1×1', stddev=0.1)
# 56 × 56 × 64
net = conv2d(net, depth(192), [3, 3], scope='Conv2d_2c_3×3')

# 第三个构建层。
# 输入形状 [56, 56, 64], 输出形状 [28, 28, 192]
net = max_pool2d(net, [3, 3], scope='MaxPool_3a_3×3', stride=2)
# 输入形状 [28, 28, 192], 输出形状 [28, 28, 256]
net = inception_v2_block(
  net, filters=[64, 64, 64, 64, 96, 32], scope='Inception_v2_3a')
# 输入形状 [28, 28, 256], 输出形状 [28, 28, 320]
net = inception_v2_block(
  net, filters=[64, 64, 96, 64, 96,  64], scope='Inception_v2_3b')
# 输入形状 [28, 28, 320], 输出形状 [28, 28, 576]
net = inception_v2_block(
  net, filters=[0, 128, 160, 64, 96, 0],
  strides=(2, 2), is_max_pool=True, scope='Inception_v2_3c')

# 第四个构建层。
# 输入形状 [28, 28, 576], 输出形状 [14, 14, 576]
net = inception_v2_block(
  net, filters=[224, 64, 96, 96, 128, 128],
  scope='Inception_v2_4a')
# 输入形状 [14, 14, 576], 输出形状 [14, 14, 576]
net = inception_v2_block(
  net, filters=[192, 96, 128, 96, 128, 128],
  scope='Inception_v2_4b')
```

```
        # 输入形状 [14, 14, 576], 输出形状 [14, 14, 576]
        net = inception_v2_block(
            net, filters=[160, 128, 160, 128, 160, 128],
            scope='Inception_v2_4c')
        # 输入形状 [14, 14, 576], 输出形状 [14, 14, 576]
        net = inception_v2_block(
            net, filters=[96, 128, 192, 160, 192, 128],
            scope='Inception_v2_4d')
        # 输入形状 [14, 14, 576], 输出形状 [14, 14, 1024]
        net = inception_v2_block(
            net, filters=[0, 128, 192, 192, 256, 0],
            strides=(2, 2), is_max_pool=True, scope='Inception_v2_4e')

        # 第五个构建层。
        # 输入形状 [7, 7, 1024], 输出形状 [7, 7, 1024]
        net = inception_v2_block(
            net, filters=[352, 192, 320, 160, 224, 128],
            scope='Inception_v2_5a')
        # 输入形状 [7, 7, 1024], 输出形状 [7, 7, 1024]
        net = inception_v2_block(
            net, filters=[352, 192, 320, 192, 224, 128],
            is_max_pool=True, scope='Inception_v2_5b')

    # 第六构建层，Inception_v2_5b 之后的全局平均池化和全连接层
    with tf.variable_scope('Logits'):
        # 全局平均池化
        net = tf.reduce_mean(
            net, [1, 2], keep_dims=True, name='global_pool')

        # 1 × 1 × 1024
        net = tf.layers.dropout(net, rate=0.7,
                                name='Dropout_1b')

        # 展平，准备与全连接层连接
        net = tf.layers.flatten(net)
```

```
        # 全连接层，共有 1000 个类别的
        logits = tf.layers.dense(
            inputs=net, units=1000, activation=None)

    return logits


def inception_v2_model(features, labels, mode):
    net = inception_v2_base(features)

    # 第七构建层，包括一个线性转换层
    net = tf.layers.flatten(net)
    # 全连接层，共有 1000 个类别的
    logits = tf.layers.dense(
        inputs=net, units=1000, activation=None)

    # 第八构建层，softmax 分类层
    predictions = {
        # (为 PREDICT 和 EVAL 模式)生成预测值
        "classes": tf.argmax(input=logits, axis=1),
        # 将`softmax_tensor`添加至计算图。用于 PREDICT 模式下的`logging_hook`.
        "probabilities": tf.nn.softmax(logits, name="softmax_tensor")
    }
    # 如果是预测模式，那么，执行预测分析
    if mode == tf.estimator.ModeKeys.PREDICT:
        return tf.estimator.EstimatorSpec(mode=mode, predictions=predictions)
    # 如果是训练模式，执行模型训练
    elif mode == tf.estimator.ModeKeys.TRAIN:
        # 计算损失(可用于`训练`和`评价`中)
        # 在训练阶段，旁路分类器的结果乘以权重 0.3 增加到主干的分类结果中
        loss = tf.losses.sparse_softmax_cross_entropy(
            labels=labels, logits=logits)
        optimizer = tf.train.AdamOptimizer(learning_rate=1e-4)
        train_op = optimizer.minimize(
            loss=loss,
```

```
        global_step=tf.train.get_global_step())
    return tf.estimator.EstimatorSpec(mode=mode, loss=loss,
                                      train_op=train_op)
  else:
    # 计算损失（可用于`训练`和`评价`中）
    loss = tf.losses.sparse_softmax_cross_entropy(
      labels=labels, logits=logits)
    # 添加评价指标（用于评估）
    eval_metric_ops = {
      "accuracy": tf.metrics.accuracy(
        labels=labels, predictions=predictions["classes"])}
    return tf.estimator.EstimatorSpec(
      mode=mode, loss=loss, eval_metric_ops=eval_metric_ops)
```

11.11.2 模型训练

模型训练要完成两个工作：第一个是读取样本数据，直接复用第 10 章中准备好的样本数据即可；第二个是将样本数据“喂”给构建好的模型，完成模型的训练。

1. 样本数据读取

复用第 10 章中 read_imagenet_data.py 脚本。

2. Inception v2 模型训练

Inception v2 模型训练的实现代码如下：

```
def inception_v2_train():
  """
  训练一个 inception_v2 模型
  """
  inception_classifier = tf.estimator.Estimator(
    model_fn=inception_v2_model, model_dir="./tmp/inception_v2/")

  # 开始 Inception 模型的训练
  inception_classifier.train(
    input_fn=lambda: input_fn(True, './data/imagenet/', 128),
    steps=2000)

  # 评估模型并输出结果
```

```
    eval_results = inception_classifier.evaluate(
      input_fn=lambda: input_fn(False, './data/imagenet/', 12))
    print("\n 识别准确率 : {:.2f}%\n".format(eval_results['accuracy'] * 100.0))


  # 模型训练
  inception_v2_train()
```

11.12 Inception v3 实战

总体说来，Inception v3 的实战与 Inception、Inception v2 的实战类似，都是由模型构建和模型训练两个步骤来完成的。区别在于 Inception v3 中使用了三种类型的 Inception 模块而已。

11.12.1 模型构建

Inception v3 与 Inception、Inception v2 的区别在于，Inception v3 中包含了三种 Inception 模块，分别是 Inception_v3a、Inception_v3b、Inception_v3c。每个构建层的起始位置都是一个降采样的 Inception 模块，该模块的作用类似于传统卷积神经网络中的池化层，将输入的特征图谱缩小到原来的一半。

1. 基本函数

Inception v3 的基本函数与 Inception v2 的函数基本一致，只是少量的默认参数值变化。

Inception v3 的基本函数如下：

```
#!/usr/local/bin/python3
# -*- coding: UTF-8 -*-

# 导入依赖模块
import tensorflow as tf
from read_imagenet_data import input_fn

# 设置日志级别
tf.logging.set_verbosity(tf.logging.INFO)


def trunc_normal(stddev):
  """
  生成截断正态分布的随机数。
```

```
    与随机正态分布随机数函数 `random_normal_initializer` 类似，
    区别在于，将落在两个标准差之外的随机数丢弃，并且重新生成。

    @param mean: 正态分布的均值。
    @param stddev: 该正态分布的标准差。

    @Returns: 截断正态分布的随机数。
    """
    return tf.truncated_normal_initializer(0.0, stddev)


def conv2d(inputs, filters, kernel_size=[3, 3], strides=(1, 1),
        stddev=0.01, padding='SAME', name='conv2d'):
    """
    定义 Inception 中默认的卷积函数

    @param input_layer: 输入层。
    @param strides: 步长。
    @param padding: 填充方式。常用的有 "SAME" 和 "VALID" 两种模式。
    @param weights_initializer: 填充方式。常用的有 "SAME" 和 "VALID" 两种模式。

    @Returns: 图片和图片的标签。图片是以张量形式保存的。
    """
    with tf.variable_scope(name):
        weights_initializer = trunc_normal(stddev)

        return tf.layers.conv2d(
            inputs, filters, kernel_size=kernel_size, strides=strides,
            padding=padding, kernel_initializer=weights_initializer,
            name=name)


def max_pool2d(inputs, pool_size=(3, 3), strides=(2, 2),
            padding='SAME', scope='max_pool2d'):
    """
    定义最大池化函数，将 Inception 模型中最常用的参数设置为默认值。
```

```
    @param inputs: 输入张量。
    @param pool_size: 池化过滤器的尺寸。
    @param stride: 步长。
    @param padding: 填充方式。常用的有 "SAME" 和 "VALID" 两种模式。
    @param weights_initializer: 填充方式。常用的有 "SAME" 和 "VALID" 两种模式。

    @Returns: 图片和图片的标签。图片是以张量形式保存的。
    """
    with tf.variable_scope(scope):
        return tf.layers.max_pooling2d(
            inputs, pool_size, strides, padding, name=scope)


def depth(d, min_depth=16, depth_multiplier=1.0):
    """
    对输出通道数进行约束。
    计算输出通道数，避免设置的输出通道数，乘以通道数扩张因子（可能 <1）之后，输出到通
   道数过低。如果经过通道扩张因子计算之后，输出通道数小于最小的输出通道数，以最小的通道数为准

    @param d: 建议的输出通道数
    @param min_depth: 最小的输出通道数
    @param depth_multiplier: 通道扩张因子。0 < depth_multiplier < 1 时，限制输出通道数；
      depth_multiplier > 1 时，不起作用。

    @Returns: 经过约束的输出通道数。
    """
    return max(int(d * depth_multiplier), min_depth)
```

2. Inception v3_a 模块

Inception v3 中共有三种 Inception 模块，分别是 Inception v3_a、Inception v3_b、Inception v3_c。Inception v3_a 模块代码如下：

```
def inception_v3_a(net, filters, strides=(1, 1),
                   scope='inception_v3_a'):
    """
    主要用于 35×35 的特征图谱。
```

```
对应 " 图 11-2（a）" 所示架构。

共有四个分支：
Branch_0：1×1 卷积
Branch_1：1×1 卷积 -> 5×5 卷积
Branch_2：1×1 卷积 -> 3×3 卷积 -> 3×3 卷积
Branch_3：3×3 池化 -> 1×1 卷积

@param net: 输入张量。
@param filters: Inception 模块中，各个分支中，过滤器的输出通道数。
  filters[0], 代表分支 (Branch_0) 的 1×1 卷积的输出通道数

  filters[1], 代表分支 (Branch_1) 的 1×1 卷积的输出通道数
  filters[2], 代表分支 (Branch_1) 的 5×5 卷积的输出通道数

  filters[3], 代表分支 (Branch_2) 的 1×1 卷积的输出通道数
  filters[4], 代表分支 (Branch_2) 的 3×3 卷积的输出通道数
  filters[5], 代表分支 (Branch_2) 的 3×3 卷积的输出通道数

  filters[6], 代表分支 (Branch_3) 的 1×1 卷积的输出通道数
@param strides: 本 Inception 模块中所有的卷积、池化操作的步长。
@param scope: 变量所属的作用域

@Returns: 经过 Inception 模块卷积后的张量。
"""
with tf.variable_scope(scope):

  # Branch_0：1×1 卷积
  with tf.variable_scope('Branch_0'):
    branch_0 = conv2d(
      net, depth(filters[0]), [1, 1], name='Conv2d_0a_1×1')

  # Branch_1：1×1 卷积 -> 5×5 卷积
  with tf.variable_scope('Branch_1'):
```

```
        branch_1 = conv2d(
            net, depth(filters[1]), [1, 1], name='Conv2d_0b_1×1')
        branch_1 = conv2d(
            branch_1, depth(filters[2]), [5, 5],
            name='Conv_1_0c_5×5')

    # Branch_2：1×1 卷积 -> 3×3 卷积 -> 3×3 卷积
    with tf.variable_scope('Branch_2'):
        branch_2 = conv2d(
            net, depth(filters[3]), [1, 1],
            name='Conv2d_0a_1×1')
        branch_2 = conv2d(
            branch_2, depth(filters[4]), [3, 3],
            name='Conv2d_0b_3×3')
        branch_2 = conv2d(
            branch_2, depth(filters[5]), [3, 3],
            name='Conv2d_0c_3×3')

    # Branch_3：3×3 池化 -> 1×1 卷积
    with tf.variable_scope('Branch_3'):
        branch_3 = tf.layers.average_pooling2d(
            net, [3, 3], strides=(1, 1),
            padding='SAME', name='AvgPool_0a_3×3')
        branch_3 = conv2d(
            branch_3, depth(filters[6]), [1, 1],
            name='Conv2d_0b_1×1')

    # 将所有分支的输出，沿着深度串联起来起来
    net = tf.concat(
        axis=3, values=[branch_0, branch_1, branch_2, branch_3])
return net
```

3. Inception v3_b 降采样模块

Inception v3_b 降采样模块代码如下：

```
def inception_v3_b_downsample(net, filters, strides=(2, 2),
                              scope='inception_v3_b'):
```

```
"""
并行卷积，实现降采样，作用类似于 池化层。

对应 " 图 11-4（a）" 所示架构。典型的特点是步长为（2, 2）。用在
Inception v3 的第六个构建层的开头，从第五个构建块接受输入，降采样之后，
输出给第六个构建层。

共有三个分支:
Branch_0： 1×1 卷积 -> 3×3 卷积 -> 3×3 卷积、步长为 2
Branch_1： 1×1 卷积 -> 3×3 卷积、步长为 2
Branch_2： 3×3 最大池化、步长为 2

@param net: 输入张量。
@param filters: Inception 模块中，各个分支中，过滤器的输出通道数。
  filters[0], 代表分支 (Branch_0) 的 1×1 卷积的输出通道数
  filters[1], 代表分支 (Branch_0) 的 3×3 卷积的输出通道数
  filters[2], 代表分支 (Branch_0) 的 3×3 卷积的输出通道数

  filters[3], 代表分支 (Branch_1) 的 3×3 卷积的输出通道数
@param strides: 本 Inception 模块中卷积、池化操作的默认步长。
@param scope: 变量所属的作用域

@Returns: 经过 Inception 模块卷积后的张量。
"""
with tf.variable_scope(scope):

  # Branch_0: 1×1 卷积 -> 3×3 卷积 -> 3×3 卷积、步长为 2
  with tf.variable_scope('Branch_0'):
    branch_0 = conv2d(
      net, depth(filters[0]), [1, 1], name='Conv2d_0a_1×1')
    branch_0 = conv2d(
      branch_0, depth(filters[1]), [3, 3],
      name='Conv2d_0b_3×3')
    branch_0 = conv2d(
      branch_0, depth(filters[2]), [3, 3], strides=strides,
```

```
            padding='VALID', name='Conv2d_1a_1×1')

    # Branch_1：1×1 卷积 -> 3×3 卷积、步长为 2
    with tf.variable_scope('Branch_1'):
        branch_1 = conv2d(
            net, depth(filters[3]), [3, 3], strides=strides,
            padding='VALID', name='Conv2d_1a_1×1')

    # Branch_2：3×3 max_pool、步长为 2
    with tf.variable_scope('Branch_2'):
        branch_2 = max_pool2d(
            net, [3, 3], strides=strides, padding='VALID',
            scope='MaxPool_1a_3×3')

    # 将所有的分支串联起来
    net = tf.concat(axis=3, values=[branch_0, branch_1, branch_2])

return net
```

4. Inception v3_b 模块

Inception v3_b 模块代码如下：

```
def inception_v3_b(net, filters, strides=(1, 1), scope='inception_v3_b'):
    """
    主要用于 17×17 的特征图谱。

    非对称卷积，例如 1×7->7×1，或者 7×1->1×7->7×1->1×7
    对应 " 图 11-2（b）" 所示架构。

    共有四个分支：
    Branch_0：3×3 池化 -> 1×1 卷积
    Branch_1：1×1 卷积
    Branch_2：1×1 卷积 -> 1×7 卷积 -> 7×1 卷积
    Branch_3：1×1 卷积 -> 1×7 卷积 -> 7×1 卷积 -> 1×7 卷积 -> 7×1 卷积
```

```
    @param net: 输入张量。
    @param filters: Inception 模块中，各个分支中，过滤器的输出通道数。
      filters[0], 代表分支 (Branch_0) 的 1×1 卷积的输出通道数

      filters[1], 代表分支 (Branch_1) 的 1×1 卷积的输出通道数

      filters[2], 代表分支 (Branch_2) 的 1×1 卷积的输出通道数
      filters[3], 代表分支 (Branch_2) 的 1×7 卷积的输出通道数
      filters[4], 代表分支 (Branch_2) 的 7×1 卷积的输出通道数

      filters[5], 代表分支 (Branch_3) 的 1×1 卷积的输出通道数
      filters[6], 代表分支 (Branch_3) 的 7×1 卷积的输出通道数
      filters[7], 代表分支 (Branch_3) 的 1×7 卷积的输出通道数
      filters[8], 代表分支 (Branch_3) 的 7×1 卷积的输出通道数
      filters[9], 代表分支 (Branch_3) 的 1×7 卷积的输出通道数

    @param strides: 本 Inception 模块中卷积、池化操作的默认步长。
    @param scope: 变量所属的作用域

    @Returns: 经过 Inception 模块卷积后的张量。
    """
    with tf.variable_scope(scope):

      # Branch_0： 3×3 池化 -> 1×1 卷积
      with tf.variable_scope('Branch_0'):
        branch_0 = tf.layers.average_pooling2d(
          net, [3, 3], strides=strides,
          padding='SAME', name='AvgPool_0a_3×3')
        branch_0 = conv2d(branch_0, depth(filters[0]), [1, 1],
                  name='Conv2d_0b_1×1')

      # Branch_1： 1×1 卷积
      with tf.variable_scope('Branch_1'):
        branch_1 = conv2d(
```

```
            net, depth(filters[1]), [1, 1], name='Conv2d_0a_1x1')

    # Branch_2： 1×1 卷积 -> 1×7 卷积 -> 7×1 卷积
    with tf.variable_scope('Branch_2'):
        branch_2 = conv2d(
            net, depth(filters[2]), [1, 1], name='Conv2d_0a_1×1')
        branch_2 = conv2d(
            branch_2, depth(filters[3]), [1, 7], name='Conv2d_0b_1×7')
        branch_2 = conv2d(
            branch_2, depth(filters[4]), [7, 1], name='Conv2d_0c_7×1')

    # Branch_3： 1×1 卷积 -> 1×7 卷积 -> 7×1 卷积 -> 1×7 卷积 -> 7×1 卷积
    with tf.variable_scope('Branch_3'):
        branch_3 = conv2d(
            net, depth(filters[5]), [1, 1], name='Conv2d_0a_1×1')
        branch_3 = conv2d(
            branch_3, depth(filters[6]), [7, 1], name='Conv2d_0b_7×1')
        branch_3 = conv2d(
            branch_3, depth(filters[7]), [1, 7], name='Conv2d_0c_1×7')
        branch_3 = conv2d(
            branch_3, depth(filters[8]), [7, 1], name='Conv2d_0d_7×1')
        branch_3 = conv2d(
            branch_3, depth(filters[9]), [1, 7], name='Conv2d_0e_1×7')

    # 将所有的分支串联起来，沿着深度维
    net = tf.concat(
        axis=3, values=[branch_0, branch_1, branch_2, branch_3])

  return net
```

5. Inception v3_c 降采样模块

Inception v3_c 降采样模块代码如下：

```
def inception_v3_c_downsample(net, filters, strides=(2, 2),
                              scope='inception_v3_b'):
  """
```

```
作用于 17×17 的特征图谱，降采样成为 8×8 的特征图谱


共有三个分支：
Branch_0： 1×1 卷积 -> 3×3 卷积、步长为 2
Branch_1： 1×1 卷积 -> 1×7 卷积 -> 7×1 卷积 -> 3×3 卷积、步长为 2
Branch_2： 3×3 池化、步长为 2

@param net: 输入张量。
@param filters: Inception 模块中，各个分支中，过滤器的输出通道数。
  filters[0], 代表分支 (Branch_0) 的 1×1 卷积的输出通道数
  filters[1], 代表分支 (Branch_0) 的 1×1 卷积的输出通道数

  filters[2], 代表分支 (Branch_1) 的 1×1 卷积的输出通道数
  filters[3], 代表分支 (Branch_1) 的 1×7 卷积的输出通道数
  filters[4], 代表分支 (Branch_1) 的 7×1 卷积的输出通道数
  filters[5], 代表分支 (Branch_1) 的 3×3 卷积的输出通道数

@param strides: 本 Inception 模块中卷积、池化操作的默认步长。
@param scope: 变量所属的作用域

@Returns: 经过 Inception 模块卷积后的张量。
"""
with tf.variable_scope(scope):

  # Branch_0： 1×1 卷积 -> 3×3 卷积、步长为 2
  with tf.variable_scope('Branch_0'):
    branch_0 = conv2d(
      net, depth(filters[0]), [1, 1], name='Conv2d_0a_1×1')
    branch_0 = conv2d(
      branch_0, depth(filters[1]), [3, 3], strides=strides,
      padding='VALID', name='Conv2d_1a_3×3')

  # Branch_1： 1×1 卷积 -> 1×7 卷积 -> 7×1 卷积 -> 3×3 卷积、步长为 2
  with tf.variable_scope('Branch_1'):
```

```
        branch_1 = conv2d(
            net, depth(filters[2]), [1, 1], name='Conv2d_0a_1×1')
        branch_1 = conv2d(
            branch_1, depth(filters[3]), [1, 7], name='Conv2d_0b_1×7')
        branch_1 = conv2d(
            branch_1, depth(filters[4]), [7, 1], name='Conv2d_0c_7×1')
        branch_1 = conv2d(
            branch_1, depth(filters[5]), [3, 3], strides=strides,
            padding='VALID', name='Conv2d_1a_3×3')

    # Branch_2： 3×3 池化、步长为 2
    with tf.variable_scope('Branch_2'):
        branch_2 = max_pool2d(
            net, [3, 3], strides=strides, padding='VALID',
            scope='MaxPool_1a_3×3')

    # 将所有的分支串联起来，沿着深度维
    net = tf.concat(axis=3, values=[branch_0, branch_1, branch_2])

return net
```

6. Inception v3_c 模块

Inception v3_c 模块代码如下：

```
def inception_v3_c(net, filters, strides=(1, 1),
            scope='inception_v3_c'):
    """
    主要用于 8 × 8 的特征图谱。

    对应 " 图 11-8" 所示架构。

    共有四个分支：
    Branch_0： 3×3 池化 -> 1×1 卷积
    Branch_1： 1×1 卷积
    Branch_2： 1×1 卷积 -> 1×3 卷积 （分支卷积）
            -> 3×1 卷积 （分支卷积）
```

```
Branch_3：1×1 卷积 -> 3×3 卷积  -> 1×3 卷积（分支卷积）
                         -> 3×1 卷积（分支卷积）


@param net: 输入张量。
@param filters: Inception 模块中，各个分支中，过滤器的输出通道数。
  filters[0], 代表分支 (Branch_0) 的 1×1 卷积的输出通道数

  filters[1], 代表分支 (Branch_1) 的 1×1 卷积的输出通道数

  filters[2], 代表分支 (Branch_2) 的 1×1 卷积的输出通道数
  filters[3], 代表分支 (Branch_2) 的 1×3 卷积的输出通道数
  filters[4], 代表分支 (Branch_2) 的 3×1 卷积的输出通道数

  filters[5], 代表分支 (Branch_3) 的 1×1 卷积的输出通道数
  filters[6], 代表分支 (Branch_3) 的 3×3 卷积的输出通道数
  filters[7], 代表分支 (Branch_3) 的 1×3 卷积的输出通道数
  filters[8], 代表分支 (Branch_3) 的 3×1 卷积的输出通道数

@param strides: 本 Inception 模块中卷积、池化操作的默认步长。
@param scope: 变量所属的作用域

@Returns: 经过 Inception 模块卷积后的张量。
"""
with tf.variable_scope(scope):

  # Branch_0：3×3 池化 -> 1×1 卷积
  with tf.variable_scope('Branch_0'):
    branch_0 = tf.layers.average_pooling2d(
      net, [3, 3], strides=strides,
      padding='SAME', name='AvgPool_0a_3×3')
    branch_0 = conv2d(
      branch_0, depth(filters[0]), [1, 1], name='Conv2d_0b_1×1')

  # Branch_1：1×1 卷积
```

```
with tf.variable_scope('Branch_1'):
  branch_1 = conv2d(
    net, depth(filters[1]), strides=strides, name='Conv2d_0a_1×1')

# Branch_2： 1×1 卷积 -> 1×3 卷积 （分支卷积）
#            -> 3×1 卷积 （分支卷积）
with tf.variable_scope('Branch_2'):
  branch_2 = conv2d(
    net, depth(filters[2]), strides=strides, name='Conv2d_0a_1×1')

  # 将 1×3 卷积 和 3×1 卷积的结果串联起来
  branch_2 = tf.concat(axis=3, values=[
    conv2d(branch_2, depth(filters[3]), [1, 3],
        name='Conv2d_0b_1×3'),
    conv2d(branch_2, depth(filters[4]), [3, 1],
        name='Conv2d_0b_3×1')])

# Branch_3： 1×1 卷积 -> 3×3 卷积 -> 1×3 卷积（分支卷积）
#                              -> 3×1 卷积（分支卷积）
with tf.variable_scope('Branch_3'):
  branch_3 = conv2d(
    net, depth(filters[5]),
    strides=strides, name='Conv2d_0a_1×1')
  branch_3 = conv2d(
    branch_3, depth(filters[6]), [3, 3], name='Conv2d_0b_3×3')

  # 将 1×3 卷积 和 3×1 卷积的结果串联起来
  branch_3 = tf.concat(axis=3, values=[
    conv2d(branch_3, depth(filters[7]), [1, 3],
        name='Conv2d_0c_1×3'),
    conv2d(branch_3, depth(filters[8]), [3, 1],
        name='Conv2d_0d_3×1')])

# 将所有的分支串联起来
net = tf.concat(
```

```
        axis=3, values=[branch_0, branch_1, branch_2, branch_3])

return net
```

7. Inception v3 模型

构建 Inception v3 模型代码如下：

```
def inception_v3_base(inputs,
                depth_multiplier=1.0,
                scope=None):
  """
  本模型详细情况请参考：https://arxiv.org/pdf/1512.00567.pdf.

  构建以 Inception V3 的模型，此函数包含模型的前六个构建层。

  请注意，本模型虽然参考了原始的论文中的模型架构，尽可能地与原始的模型架构一致，但是
  二者并不一一对应，包括 Inception 模块的各个分支的顺序（从左到右），以及模型最后的全连
  接部分、分类预测部分等。

  @param inputs: 输入张量，代表 ImageNet 中的图片，形状为 [batch_size, 299, 299, 3]。
  @param min_depth: 最小的输出通道数，针对所有的卷积操作。当 depth_multiplier < 1 时，
    起到避免输出通道过少的作用；当 depth_multiplier >= 1 时，不会激活。
  @param depth_multiplier: 输出通道的扩张因子，针对所有的卷积操作。该值必须大于 0。
    一般的，该参数的取值区间设置为 (0, 1)，用于控制模型的参数数量。
  @param scope: 可选项。变量的作用域。

  @Returns: 构建好的 Inception v3 模型。
  """
  # 检查输出通道扩张因子 .
  if depth_multiplier <= 0:
    raise ValueError('depth_multiplier 必须大于 0.')

  with tf.variable_scope(scope, 'InceptionV3', [inputs]):
    # 第一构建层，构建层中的第一层往往是池化层，或者步长为 2 的卷积层
    # 输入：299 × 299 × 3
    net = conv2d(inputs, depth(32), [3, 3],
            strides=(2, 2), name='Conv2d_1a_3×3')
```

```
# 第二构建层
# 149 × 149 × 32
net = conv2d(net, depth(32), [3, 3], name='Conv2d_2a_3×3')

# 147 × 147 × 32
net = conv2d(net, depth(64), [3, 3], name='Conv2d_2b_3×3')

# 第三构建层，一般来说，池化层放在一个构建层的开头
# 147 × 147 × 64
net = max_pool2d(net, [3, 3],  strides=(2, 2), scope='MaxPool_3a_3×3')

# 73 × 73 × 64
net = conv2d(net, depth(80), [1, 1], name='Conv2d_3b_1×1')

# 第四构建层，一般来说，池化层放在一个构建层的开头
# 73 × 73 × 80.
net = conv2d(net, depth(192), [3, 3], name='Conv2d_4a_3×3')

# 第五构建层，包含一个池化层、三个 inception_v3_a 模块
# 71 × 71 × 192.
net = max_pool2d(net, [3, 3], strides=(2, 2), scope='MaxPool_5a_3×3')

# 35 × 35 × 192.
net = inception_v3_a(
  net, filters=[64, 48, 64, 64, 96, 96, 32], scope='mixed_5b')
# 35 × 35 × 256.
net = inception_v3_a(
  net, filters=[64, 48, 64, 64, 96, 96, 64], scope='mixed_5c')
# 35 × 35 × 288.
net = inception_v3_a(
  net, filters=[64, 48, 64, 64, 96, 96, 64], scope='mixed_5d')

# 第六构建层，包含一个 inception_v3_b_downsample 层和 4 个 inception_v3_b 模块层
#  17 × 17 × 768.
net = inception_v3_b_downsample(
```

```
    net, filters=[64, 96, 96, 384], scope='Mixed_6a')

  # 17 × 17 × 768.
  net = inception_v3_b(
    net, filters=[192, 192, 128, 128, 192, 128, 128, 128, 128, 192],
    scope='Mixed_6b')

  # 17 × 17 × 768.
  net = inception_v3_a(
    net, filters=[192, 192, 160, 160, 192, 160, 160, 160, 160, 192],
    scope='Mixed_6c')

  # 17 × 17 × 768.
  net = inception_v3_b(
    net, filters=[192, 192, 160, 160, 192, 160, 160, 160, 160, 192],
    scope='Mixed_6d')

  # 17 × 17 × 768.
  net = inception_v3_a(
    net, filters=[192, 192, 192, 192, 192, 192, 192, 192, 192, 192],
    scope='Mixed_6e')

  # 第七构建层，包含一个 inception_v3_c_downsample 层和 2 个 inception_v3_c 模块层
  # 8 × 8 × 1280.
  net = inception_v3_c_downsample(
    net, filters=[192, 320, 192, 192, 192, 192],
    scope='Mixed_7a')

  # 8 × 8 × 2048.
  net = inception_v3_c(
    net, filters=[192, 320, 384, 384, 384, 448, 384, 384, 384],
    scope='Mixed_7b')

  # 8 × 8 × 2048.
  net = inception_v3_c(
```

```
        net, filters=[192, 320, 384, 384, 384, 448, 384, 384, 384],
        scope='Mixed_7c')

    return net


def inception_v3_model(features, labels, mode):
    """
    本模型的详细情况，请参考：https://arxiv.org/pdf/1512.00567.pdf.

    构建以 Inception v3 的模型，从原始图像输入到最终的模型输出。

    请注意，本模型虽然参考了原始的论文中的模型架构，尽可能地与原始的模型架构一致，但是
    二者并不一一对应，包括 Inception 模块的各个分支的顺序（从左到右），以及模型最后的全
    连接部分、分类预测部分等。

    阅读源代码时要注意以上问题。

    @param features: 输入张量，代表 ImageNet 中的图片，形状为 [batch_size, 299, 299, 3]。
    @param labels: 图片对应的类别，ImageNet 默认有 1000 个类别。
    @param mode: 训练模式，对于训练过程、还是推理过程 或 评价过程。

    @Returns: 构建好的 Inception v3 模型。
    """

    # 构建 Inception v3 的基本网络结构
    net = inception_v3_base(features)

    # 网络尾部的全局池化
    with tf.variable_scope('Logits'):
      # 全局池化层
      net = tf.reduce_mean(net, [1, 2], keep_dims=True, name='GlobalPool')

    # 1 × 1 × 2048
    dropout_rate = 0.7
```

```
net = tf.layers.dropout(net, rate=dropout_rate,
                name='Dropout_1b')
# 第七构建层，包括一个线性转换层和 Softmax 分类层
# 2048
net = tf.layers.flatten(net)
# 全连接层，共有 1000 个类别的
logits = tf.layers.dense(
  inputs=net, units=1000, activation=None, name='FC_1000')

# logits = tf.squeeze(logits, [1, 2], name='SpatialSqueeze')

predictions = {
  #（为 PREDICT 和 EVAL 模式）生成预测值
  "classes": tf.argmax(input=logits, axis=1),
  # 将 `softmax_tensor` 添加至计算图。用于 PREDICT 模式下的 `logging_hook`.
  "probabilities": tf.nn.softmax(logits, name="softmax_tensor")
}
# 如果是预测模式，那么，执行预测分析
if mode == tf.estimator.ModeKeys.PREDICT:
  return tf.estimator.EstimatorSpec(mode=mode, predictions=predictions)
# 如果是训练模式，执行模型训练
elif mode == tf.estimator.ModeKeys.TRAIN:
  # 计算损失（可用于`训练`和`评价`中）
  # 在训练阶段，旁路分类器的结果乘以权重 0.3 增加到主干的分类结果中
  loss = tf.losses.sparse_softmax_cross_entropy(
    labels=labels, logits=logits)
  optimizer = tf.train.AdamOptimizer(learning_rate=1e-4)
  train_op = optimizer.minimize(
    loss=loss,
    global_step=tf.train.get_global_step())
  return tf.estimator.EstimatorSpec(mode=mode, loss=loss,
                train_op=train_op)
else:
  # 计算损失（可用于`训练`和`评价`中）
  loss = tf.losses.sparse_softmax_cross_entropy(
```

```
        labels=labels, logits=logits)
    # 添加评价指标（用于评估）
    eval_metric_ops = {
        "accuracy": tf.metrics.accuracy(
            labels=labels, predictions=predictions["classes"])}
    return tf.estimator.EstimatorSpec(
        mode=mode, loss=loss, eval_metric_ops=eval_metric_ops)
```

11.12.2 模型训练

Inception v3 的模型训练与 Inception、Inception v2 的模型训练过程完全类似，主要就是将样本数据注入 Inception v3 的模型。

1. 样本数据读取

复用第 10 章中 read_imagenet_data.py 脚本。

2. Inception v3 模型训练

Inception v3 模型训练的实现代码如下：

```
def inception_v3_train():
    """
    训练一个 inception_v3 模型
    """
    inception_classifier = tf.estimator.Estimator(
        model_fn=inception_v3_model, model_dir="./tmp/inception_v3/")
    # 开始 Inception 模型的训练
    inception_classifier.train(
        input_fn=lambda: input_fn(True, './data/imagenet/', 128),
        steps=2000)
    # 评估模型并输出结果
    eval_results = inception_classifier.evaluate(
        input_fn=lambda: input_fn(False, './data/imagenet/', 12))
    print("\n 识别准确率 : {:.2f}%\n".format(eval_results['accuracy'] * 100.0))
# 模型训练
inception_v3_train()
```

11.13 本章小结

Inception v2 和 Inception v3 在 Inception 基础上，进一步增加了网络的深度，同时减少了参数的数量。具体的办法就是采用卷积分解，将一个大的卷积核分解成两个非对称的卷积核，进一步减少了参数的数量。

除此之外，Inception v2 和 Inception v3 还引入了批量标准化操作，批量标准化将样本数据映射到标准正态分布区间，避免了分批训练导致的不同批次之间数据分布的不同，以及由此出现的模型拟合速度慢的问题，提高了模型训练的速度；同时，将绝大部分数据映射到不容易出现梯度消失或爆炸的区间，基本解决了梯度消失或梯度爆炸的问题。

第 12 章 CHAPTER ResNet

残差神经网络是由微软研究院的何恺明、张祥雨、任少卿、孙剑等人提出的。ResNet 在 2015 年的 ILSVRC 中取得了冠军。

ResNet 针对网络深度过大而导致的模型难以训练的问题，创造性地提出了快捷连接的方式，将浅层网络直接连接到输出层，很好地解决了层数较多的网络难以训练的问题，深层神经网络的深度也因此首次超过 100 层，最大甚至突破了 1000 层。

12.1 退化问题

更深的神经网络层带来更高的准确率。最初这只是个信念，然而随着卷积神经网络的不断发展，VGGNet、Inception 等网络模型不断验证、不断强化这个观念，那么这个信念是正确的吗?

很显然是正确的，至少在理论上是正确的。

假设一个层数较少的神经网络能够达到一个比较高的准确率，那么比它网络层数更多的神经网络的准确率不应该低于这个浅层的神经网络。这是因为更深的神经网络可以看成由这个较浅的神经网络加上几个恒等变换的神经网络层构成。假设这些恒等变换的网络层什么都不做，对输入 x 直接返回 x（$y=x$），那么新增加的网络层无论如何也不会降低模型的准确率，因为相当于层数较少的神经网络的输出层直接作为层数较多的神经网络的输出层，准确率没有理由会降低。

如图 12-1 所示，任何一个层数较多的神经网络，都可以由一个层数较少的神经网络与一个恒等变换的神经网络拼接形成，也就是说，更深的网络准确率不应该低于比它浅的神经网络。

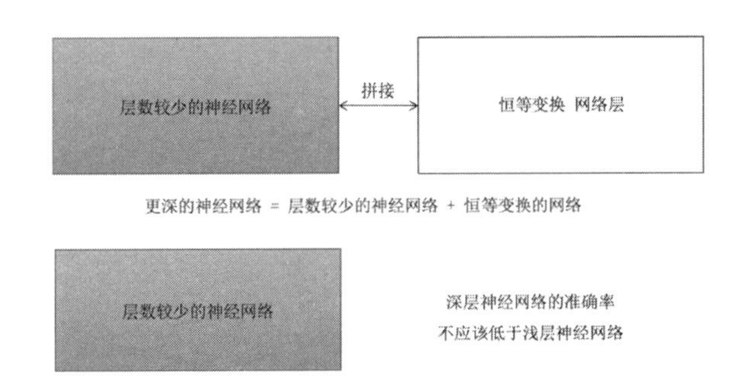

图 12-1 增加神经网络层不应该降低准确率

通过实验发现，对于普通神经网络来说，通过简单神经网络层的堆叠，不断地增加网络层，不管是在训练数据集上，还是在测试数据集上，模型的准确率都是先不断提高直到达到最高值（饱和），然后毫无征兆地开始下降，也就是说，层数多的网络准确率反而降低了。这一现象与上述的“增加网络层不应该降低准确率”理论显然是矛盾的。

ResNet 团队把这一现象称为“退化”。

12.2 原因分析

导致退化现象产生的原因是什么？

是过拟合吗？不是。所谓的过拟合，是指模型在训练集上的准确率高，在测试数据上准确率低的现象，而现在的问题是，随着深度的增加，模型在训练数据集和测试数据集上的准确率都降低了。

是梯度消失 / 梯度爆炸导致的吗？也不是。梯度消失 / 梯度爆炸的问题已经基本被批量标准化和中间层的归一化的技术解决了，这两种技术将样本数据映射到不容易发生梯度消失 / 梯度爆炸的区域。

导致退化的原因是深度神经网络难以优化。理论上，如果一个浅层网络已经达到较高的准确率，那么，在这个浅层网络的基础上拼接几层“恒等变换”网络层，就能够轻松构建一个更深的神经网络，这个更深的神经网络的准确率不应该低于原来深度较浅的神经网络。问题在于，我们现有的技术方案能够实现“恒等变换”吗？或者说，现有的技术方案实现恒等变换的技术难度大吗？

从退化现象可以看出，现有的神经网络技术实现恒等变换的难度非常大，所以针对退化问题，ResNet 团队发明了一种能够更容易实现恒等变换的技术——残差模块。

12.3 残差模块

正是基于更容易实现恒等变换这一思路，ResNet 团队在普通的堆叠卷积操作之外，明确地引入一个“快捷连接”，将输入的张量 $\boldsymbol{x}$ 直接传送到输出的张量 $\boldsymbol{y}$，很容易就能实现恒等变换，如图 12-2 所示。

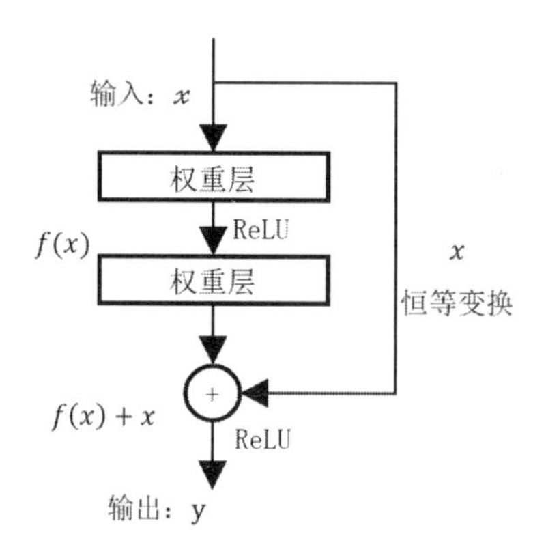

图 12-2　残差模块

假设原来的神经网络层的操作变换是 $f(\boldsymbol{x})$ 表示，那么残差模块的整体计算过程可以表示为 $\boldsymbol{y}=f(\boldsymbol{x})+\boldsymbol{x}$，只要将 $f(\boldsymbol{x})$ 的相关参数直接设置为 0，使得 $f(\boldsymbol{x})=0$，此时只有“快捷连接”的输入张量能够通过，原来的神经网络层中的操作都被屏蔽，残差模块很容易就实现了恒等变换。

利用残差模块，很容易构建深度很大、并且容易训练的深层神经网络，如 152 层卷积神经网络，甚至是 1001 层的卷积神经网络。在 2015 年的 ILSVRC 比赛中，152 层的 ResNet 取得了图像分类的第一名，并且赢得了 ImageNet 对象检测、对象定位的第一名。同时，ResNet 的适应性也很强，在其他的图像识别竞赛中也取得骄人的成绩。

如图 12-2 所示，一个残差模块的计算过程可以用以下公式表示：

$$\boldsymbol{y}=w_2\sigma(w_1\boldsymbol{x})+\boldsymbol{x}$$

其中，σ 表示激活函数 ReLU，w_1、w_2 分别表示两个权重层的权重参数。其中的“+”表示加法，代表两个张量维度一致，逐个元素地相加。

从公式可知，输入张量 $\boldsymbol{x}$ 的形状与 $f(\boldsymbol{x})=w_2\sigma(w_1\boldsymbol{x})$ 的输出张量必须一致，否则二者无法相加。同时，由 $\boldsymbol{y}=w_2\sigma(w_1\boldsymbol{x})+\boldsymbol{x}$ 可知，输出张量 $\boldsymbol{y}$ 的形状与输入张量 $\boldsymbol{x}$ 的形状也必须完全一致才能相加。

这是最常见的残差模块，在这里，输入张量 $\boldsymbol{x}$ 的形状与输出张量 $\boldsymbol{y}$ 的形状完全一致，然而，在实际应用中，卷积神经网络往往需要通过池化层将张量宽度和高度缩小到原来的一半，同时将张量的深度加倍（避免准确率降低），这一过程一般称为降采样。显然，在降采样过程中，输入张量和输出张量的形状并不一致。为此，ResNet 团队又引入了另外一种新的残差模块，来实现降采样。

12.4 降采样残差模块

如果输入张量和输出张量的形状完全一致，那么直接采用普通的残差模块，普通残差模块如图 12-3 中（a）所示。当需要降采样时，采用降采样残差模块即可，降采样残差模块如图 12-3 中（b）所示。

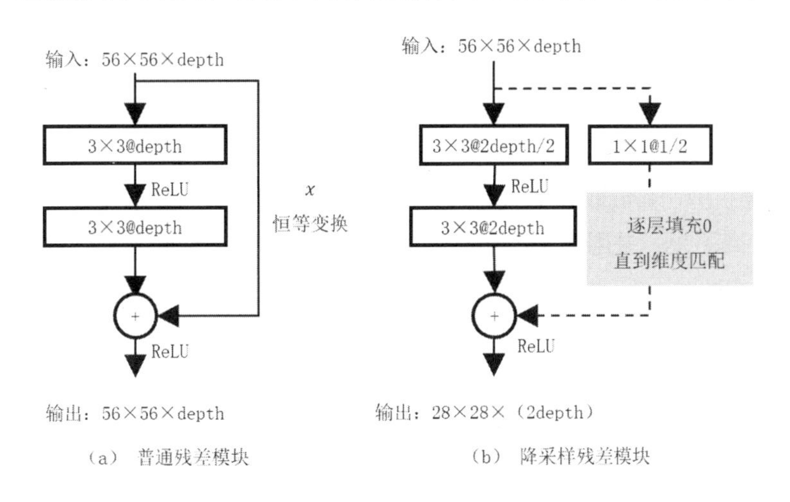

图 12-3 降采样的残差模块

当需要降采样时，对于堆叠的卷积层来说，将第一个卷积层的步长设置为 2，即可实现降采样，为了防止准确率降低，一般会将过滤器的个数加倍，如图 12-3 中（b）所示。对于快捷连接来说，通过采用一个尺寸为 1×1、步长为 2 的过滤器（记作：1×1@1/2），通过卷积将输入张量的宽度、高度缩小为原来的一半，深度变为 1，此时快捷连接输出张量的形状与卷积通道的输出张量形状并不一致，需要通过填充 0 的方式来增加张量深度。也就是说，在深度上逐个添加网络层，使得添加的网络层的宽度、高度都为原始输入张量一半，元素都是 0，直到快捷连接输出张量的深度与卷积通道深度完全一致为止。

此时，快捷通道和卷积通道的输出张量的形状完全一致，先逐层、逐个元素相加，再使用 ReLU 激活函数激活，就完成了整个残差模块的计算输出。

12.5 网络架构

ResNet 网络架构有好几种配置，包括 18 层、34 层、50 层、101 层、152 层等好几种情况，为便于理解，我们同样依据 AlexNet 的 8 层网络架构来对 ResNet 的网络架构进行分析。图 12-4 展示了一个 34 层 ResNet 的网络架构。

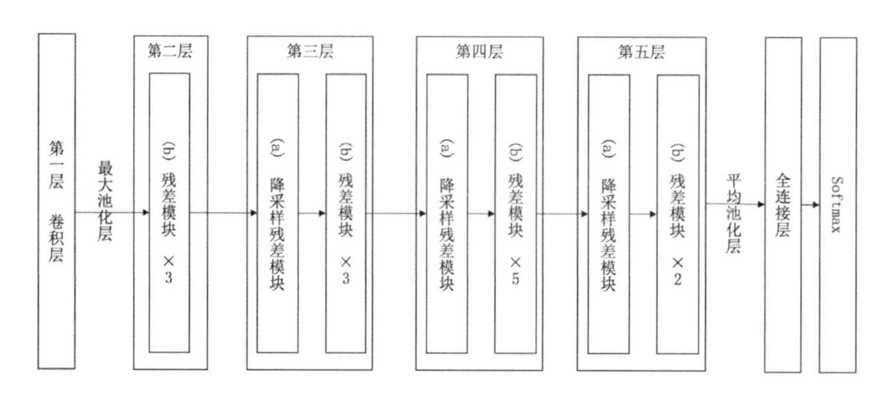

图 12-4 ResNet-34 网络架构图示意

首先是输入层，输入层是固定的 224 × 224 × 3 大小。对 ImageNet 中的训练样本图片及水平翻转后的图片进行随机剪切，截取 224 × 224 大小的图像，然后将每个像素减去平均值，再将颜色通道标准化以扩充训练数据，并用作输入层的输入。在执行卷积操作之后激活函数之前，在训练数据进行批量标准化（BN）。

第一层是卷积层，使用 64 个尺寸为 7 × 7，步长为 2 的过滤器。对输入张量 224 × 224 × 3 进行卷积，输出张量的形状为 112 × 112 × 64。

第二层是残差模块层，输入张量形状为 112 × 112 × 64。采用一个最大池化层，以及三个残差模块层堆叠。首先是最大池化层，采用的过滤器尺寸为 3 × 3、步长为 2，池化之后输出张量形状为 56 × 56 × 64，然后是三个堆叠的残差模块层，过滤器的个数是 64 、尺寸 3 × 3、步长都是 1。残差模块可参见图 12-3（a）。

第三层、第四层、第五层都是残差模块层。每个残差模块层都是以一个降采样残差模块层开始，后面紧跟着数个普通残差模块层。其中，降采样残差模块层可参见图 12-3（b）。

第三层首先是一个降采样残差模块层。每个降采样残差层都会将输入张量的高度、宽度缩减为原来的一半，并且将深度加倍，所以针对输入的形状为 56 × 56 × 64 的张量，采用 128 个尺寸为 3 × 3、步长为 2 的过滤器。之后紧接着是三个残差模块层，采用 128 个尺寸为 3 × 3、步长为 1 的过滤器。输出张量形状为 28 × 28 × 128。

第四层、第五层与第三层类似，只是残差模块的数量及每个残差模块内过滤器的个数不同。各层的残差模块数量及相似的过滤器个数等参数配置，请参见表 12-1。

第六层、第七层、第八层分别是平均池化层、全连接层（1000 个神经元，对应 ImageNet 中图片分类的 1000 个类别）、Softmax 层。

其他残差网络架构都与此类似，主要区别在于每个层残差模块的个数，当网络层数特别深（超过 50 层）时，为了将训练时间控制在可接受的范围内， ResNet 引入了带有 1×1 的卷积的残差模块。残差模块内包含三个卷积层，分别是 1×1、3×3、1×1，其中 1×1 卷积核（过滤器）用于对输入的降维，以及在输出之前恢复维度，剩下的 3×3 过滤器是带有瓶颈点的网络层，因为输入输出的维度都比较小。这种模块主要应用于 ImageNet 的图像识别，应用在网络深度较高的网络架构中。值得一提的是，对于带有瓶颈点的残差模块来说，恒等变换的快捷连接非常重要，依然需要采用 1×1 的卷积去匹配维度，所需要的计算量会加倍。

图 12-5 展示了带有瓶颈点的残差模块。

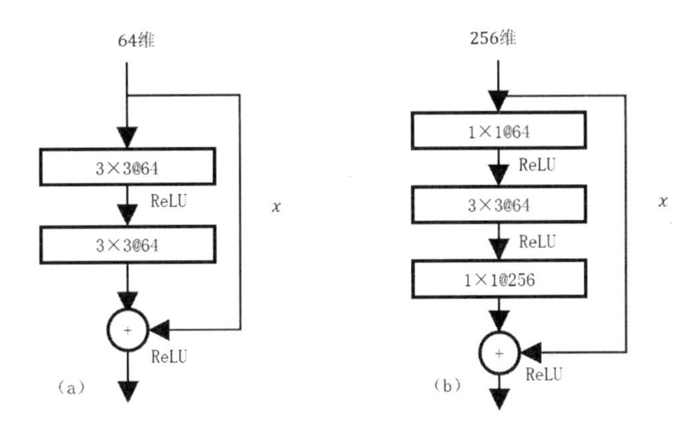

图 12-5　带有瓶颈点的残差模块示例

各种 ResNet 网络架构的配置情况如表 12-1 所示，其中网络深度超过 50 层之后的残差模块都是类似于图 12-5（b）所示的残差模块。

表 12-1　各种 ResNet 网络架构配置

	输出形状	18 层	34 层	50 层	101 层	152 层
卷积层 1	112×112	7×7，64 个，步长 2				
残差层 2	56×56	最大池化层，3×3，步长 2				
		$\begin{bmatrix}3\times3,64\\3\times3,64\end{bmatrix}\times2$	$\begin{bmatrix}3\times3,64\\3\times3,64\end{bmatrix}\times3$	$\begin{bmatrix}1\times1,64\\3\times3,64\\1\times1,256\end{bmatrix}\times3$	$\begin{bmatrix}1\times1,64\\3\times3,64\\1\times1,256\end{bmatrix}\times3$	$\begin{bmatrix}1\times1,64\\3\times3,64\\1\times1,256\end{bmatrix}\times3$
残差层 3	28×28	$\begin{bmatrix}3\times3,128\\3\times3,128\end{bmatrix}\times2$	$\begin{bmatrix}3\times3,128\\3\times3,128\end{bmatrix}\times4$	$\begin{bmatrix}1\times1,128\\3\times3,128\\1\times1,512\end{bmatrix}\times4$	$\begin{bmatrix}1\times1,128\\3\times3,128\\1\times1,512\end{bmatrix}\times4$	$\begin{bmatrix}1\times1,128\\3\times3,128\\1\times1,512\end{bmatrix}\times8$

续表

	输出形状	18 层	34 层	50 层	101 层	152 层
残差层 4	14×14	$\begin{bmatrix}3\times3,256\\3\times3,256\end{bmatrix}\times2$	$\begin{bmatrix}3\times3,256\\3\times3,256\end{bmatrix}\times6$	$\begin{bmatrix}1\times1,256\\3\times3,256\\1\times1,1024\end{bmatrix}\times6$	$\begin{bmatrix}1\times1,256\\3\times3,256\\1\times1,1024\end{bmatrix}\times23$	$\begin{bmatrix}1\times1,256\\3\times3,256\\1\times1,1024\end{bmatrix}\times36$
残差层 5	7×7	$\begin{bmatrix}3\times3,512\\3\times3,512\end{bmatrix}\times2$	$\begin{bmatrix}3\times3,512\\3\times3,512\end{bmatrix}\times3$	$\begin{bmatrix}1\times1,512\\3\times3,512\\1\times1,2048\end{bmatrix}\times3$	$\begin{bmatrix}1\times1,512\\3\times3,512\\1\times1,2048\end{bmatrix}\times3$	$\begin{bmatrix}1\times1,512\\3\times3,512\\1\times1,2048\end{bmatrix}\times3$
平均池化层	1×1	平均池化层、全连接层（1000）、Softmax 层				

表 12-1 展示了各种 ResNet 的网络架构配置，残差层 3、残差层 4、残差层 5 中的第一个残差模块都是采用步长为 2 的卷积操作，以便实现降采样，它们的快捷连接也都采用了步长为 2 的 1×1 过滤器进行降采样，然后采用元素 0 进行逐层填充，以便匹配维度（这里是指输出张量的深度）。

12.6 ResNet 实战

ResNet 模型实战同样包括模型构建和模型训练两个步骤。模型构建包括基本函数、残差模块、降采样残差模块和 ResNet 模型等；模型训练就是负责将样本数据“喂”给 ResNet 模型，样本数据预处理可以直接复用第 10 章的样本数据。

12.6.1 模型构建

ResNet 模型构建包括几个部分，如基本函数、残差模块和降采样残差模块等。

1. 基本函数

ResNet 基本函数的参数与 Inception 网络的基本参数类似，为了构建 ResNet 模型方便，我们少量修改了部分参数。

ResNet 基本函数的代码如下：

```
#!/usr/local/bin/python3
# -*- coding: UTF-8 -*-

# 导入依赖模块
from __future__ import absolute_import
from __future__ import division
from __future__ import print_function

import tensorflow as tf
```

```
from read_imagenet_data import input_fn

# 设置日志级别。
tf.logging.set_verbosity(tf.logging.INFO)


def trunc_normal(stddev):
    """
    生成截断正态分布的随机数。
    与随机正态分布随机数函数`random_normal_initializer`类似，
    区别在于，将落在两个标准差之外的随机数丢弃，并且重新生成。

    @param mean: 正态分布的均值。
    @param stddev: 该正态分布的标准差。

    @Returns: 截断正态分布的随机数。
    """
    return tf.truncated_normal_initializer(0.0, stddev)


def conv2d(inputs, filters, filter_size=[3, 3], strides=(1, 1),
           stddev=0.01, padding='SAME',
           activation=tf.nn.relu, scope='conv2d'):
    """
    # 定义 ResNet 中默认的卷积函数

    @param input_layer: 输入层。
    @param stride: 步长。
    @param padding: 填充方式。常用的有 "SAME" 和 "VALID" 两种模式。
    @param weights_initializer: 填充方式。常用的有 "SAME" 和 "VALID" 两种模式。

    @Returns: 图片和图片的标签。图片是以张量形式保存的。
    """
    with tf.variable_scope(scope):
        weights_initializer = trunc_normal(stddev)
        return tf.layers.conv2d(
            inputs, filters, kernel_size=filter_size, strides=strides,
```

```
            activation=activation, padding=padding,
            kernel_initializer=weights_initializer,
            name=scope)


def max_pool2d(inputs, pool_size=(3, 3), strides=(2, 2),
               padding='SAME', scope='max_pool2d'):
    """
    定义最大池化函数，将 ResNet 模型中最常用的参数设置为默认值。

    @param inputs: 输入张量。
    @param pool_size: 池化过滤器的尺寸。
    @param stride: 步长。
    @param padding: 填充方式。常用的有 "SAME" 和 "VALID" 两种模式。
    @param weights_initializer: 填充方式。常用的有 "SAME" 和 "VALID" 两种模式。

    @Returns: 图片和图片的标签。图片是以张量形式保存的。
    """
    with tf.variable_scope(scope):
        return tf.layers.max_pooling2d(
            inputs, pool_size, strides, padding, name=scope)
```

2. 残差模块

ResNet 残差模块，包括两个分支：一个是卷积分支，采用的是两个 3×3 卷积堆叠；另一个是快捷连接分支。两个分支操作完成之后，将结果相加，再用 ReLu 激活函数。

ResNet 残差模块的代码如下：

```
def resnet_block(inputs, filters, scope='resnet_block'):
    """
     构建一个残差模块 (ResNet 模块 )。

     @param inputs: 输入张量。
     @param filters: ResNet 模块中的各个过滤器的个数。
       主干分支上有两个 3×3 过滤器，它们的输出通道数相同。
     @param scope: 代表该构建块的名称。

     @Returns: 该残差模块的网络模型。
```

```
    """
    with tf.variable_scope(scope):
        # 主干分支，两个 3×3 卷积堆叠
        with tf.variable_scope('Trunck'):
            # 默认采用 尺寸 3×3、步长 1×1 、ReLu 激活函数
            trunck = conv2d(inputs, filters,  scope='trunck_1a_3×3')

            # 第二个卷积操作不需要使用 ReLu 激活函数，与旁路分支相加之后，再激活
            trunck = conv2d(trunck, filters,
                            activation=None, scope='trunck_1b_3×3')

        # 快捷连接（旁路分支）
        with tf.variable_scope('shortcut'):
            # 恒等变换，无须执行任何操作
            shortcut = inputs

        # 相加，并 ReLu 激活
        net = tf.nn.relu(tf.add(trunck, shortcut), name='add_relu')

    # 返回结果
    return net
```

3. 降采样残差模块

降采样 ResNet 残差模块，用在第三、第四、第五构建层的起始位置，用于缩减输入特征图谱的尺寸。它包括两个分支：一个是卷积分支，采用的是两个 3×3 卷积堆叠，第一个 3×3 卷积采用的步长是 2，将宽度、高度缩减到原来的一半，为了避免降低模型的准确率，同时将深度加倍；另一个是快捷连接分支，采用尺寸为 1×1、步长为 2×2 的卷积操作，将输出张量形状调整成与主干分支一致。两个分支操作完成之后，将结果相加，再经过 ReLu 激活函数。

降采样残差模块的代码如下：

```
def resnet_block_downsample(inputs, filters, strides=(2, 2),
                            scope='resnet_block_downsample'):
    """
    构建一个降采样的残差模块 (ResNet 模块 )。

    将输入张量的宽度、高度缩减到原来的一半、将深度加倍。
```

```
    @param inputs: 输入张量。
    @param filters: ResNet 模块中的各个过滤器的个数。
      filters[0], 代表主干分支上第一个 3×3 卷积的输出通道数
      filters[2], 代表主干分支上第一个 3×3 卷积的输出通道数

    @param scope: 代表该构建块的名称。

    @Returns: 该残差模块的网络模型。
    """
    with tf.variable_scope(scope):
      # 主干分支，两个 3×3 卷积堆叠
      with tf.variable_scope('Trunck'):
        # 采用 尺寸 3×3、步长为 2×2、ReLu 激活函数
        # 宽度、高度缩减为原来一半、深度加倍
        trunck = conv2d(inputs, filters, strides=strides,
                  scope='trunck_1a_3×3')

        # 主干分支第二个卷积操作， 尺寸 3×3、步长为 1×1
        # 第二个卷积操作不需要使用 ReLu 激活函数，与旁路分支相加之后，再激活
        trunck = conv2d(trunck, filters,
                  activation=None, scope='trunck_1b_3×3')

      # 快捷连接（旁路分支）
      with tf.variable_scope('shortcut'):
        # 恒等变换，为了实现降采样采用 尺寸 1×1、步长为 2×2 的卷积
        # 宽度、高度缩减一半、输出通道数加倍
        shortcut = conv2d(inputs, filters, filter_size=[1, 1],
                   strides=[2, 2], activation=None,
                   scope='shortcut_1×1')

    # 相加、并 ReLu 激活
    net = tf.nn.relu(tf.add(trunck, shortcut), name='add_relu')

    # 返回结果
    return net
```

4. ResNet 模型

构建 ResNet 模型代码如下：

```
def resnet_model(features, labels, mode):
    """
    构建一个 ResNet 网络模型。这里构建的是一个 34 层的 ResNet 网络。

    我们把 ResNet 看成由 8 个构建层组成，每个构建层都是由一个或多个普通卷积层、池化层，
    或者 ResNet 模块组成。

    @param feautres: 输入的 ImageNet 样本图片，形状为 [-1， 224, 224, 3]。
    @param labels: 样本数据的标签。
    @param mode: 模型训练所处的模式。

    @Returns: 网络模型。
    """

    # 第一构建层，包含一个卷积层、一个最大池化层
    # 输入张量的形状： [224, 224, 3]， 输出张量的形状： [112, 112, 64]
    net = conv2d(features, 64, [7, 7], strides=(2, 2), scope='Conv2d_1a_7×7/2')
    # 输入张量的形状： [112, 112, 64]， 输出张量的形状： [56, 56, 64]
    net = max_pool2d(net, [3, 3], strides=(2, 2), scope='MaxPool_1b_3×3/2')

    # 第二构建层，由三个残差模块构成
    # 输入张量与输出张量形状一致，都是 [56, 56, 64]
    net = resnet_block(net, 64, scope='ResNet_2a')
    net = resnet_block(net, 64, scope='ResNet_2b')
    net = resnet_block(net, 64, scope='ResNet_2c')

    # 第三构建层，由四个残差模块构成
    # 输入张量形状：[56, 56, 64]， 输出张量形状：[28, 28, 128]
    net = resnet_block_downsample(net, 128, scope='ResNet_3a')
    net = resnet_block(net, 128, scope='ResNet_3b')
    net = resnet_block(net, 128, scope='ResNet_3c')
    net = resnet_block(net, 128, scope='ResNet_3d')

    # 第四构建层，由六个残差模块构成
    # 输入张量形状：[28, 28, 128]， 输出张量形状：[14, 14, 256]
```

```
net = resnet_block_downsample(net, 256, scope='ResNet_4a')
net = resnet_block(net, 256, scope='ResNet_4b')
net = resnet_block(net, 256, scope='ResNet_4c')
net = resnet_block(net, 256, scope='ResNet_4d')
net = resnet_block(net, 256, scope='ResNet_4e')
net = resnet_block(net, 256, scope='ResNet_4f')

# 第五构建层，由三个残差模块构成
# 输入张量形状：[14, 14, 256]， 输出张量形状：[7, 7, 512]
net = resnet_block_downsample(net, 512, scope='ResNet_5a')
net = resnet_block(net, 512, scope='ResNet_5b')
net = resnet_block(net, 512, scope='ResNet_5c')

# 5c 之后的层。全局平均池化、全连接层、softmax 层
with tf.variable_scope('Logits'):

  # 第六构建层，全局平均池化
  net = tf.reduce_mean(
    net, [1, 2], keep_dims=True, name='global_pool')

  # 1 × 1 × 1024
  net = tf.layers.dropout(net, rate=0.7,
                name='Dropout_1b')

  # 第七构建层，包括一个线性转换层
  net = tf.layers.flatten(net)
  # 全连接层，共有 1000 个类别的
  logits = tf.layers.dense(
    inputs=net, units=1000, activation=None)

# 第八构建层，softmax 分类层
predictions = {
  #（为 PREDICT 和 EVAL 模式）生成预测值
  "classes": tf.argmax(input=logits, axis=1),
  # 将 `softmax_tensor` 添加至计算图。用于 PREDICT 模式下的 `logging_hook`.
  "probabilities": tf.nn.softmax(logits, name="softmax_tensor")
```

```
    }

    # 如果是预测模式，那么，执行预测分析
    if mode == tf.estimator.ModeKeys.PREDICT:
      return tf.estimator.EstimatorSpec(mode=mode, predictions=predictions)
    # 如果是训练模式，执行模型训练
    elif mode == tf.estimator.ModeKeys.TRAIN:
      # 计算损失（可用于`训练`和`评价`中）
      loss = tf.losses.sparse_softmax_cross_entropy(
        labels=labels, logits=logits)
      optimizer = tf.train.AdamOptimizer(learning_rate=1e-4)
      train_op = optimizer.minimize(
        loss=loss,
        global_step=tf.train.get_global_step())
      return tf.estimator.EstimatorSpec(mode=mode, loss=loss,
                                        train_op=train_op)
    else:
      # 计算损失（可用于`训练`和`评价`中）
      loss = tf.losses.sparse_softmax_cross_entropy(
        labels=labels, logits=logits)
      # 添加评价指标（用于评估）
      eval_metric_ops = {
        "accuracy": tf.metrics.accuracy(
          labels=labels, predictions=predictions["classes"])}
      return tf.estimator.EstimatorSpec(
        mode=mode, loss=loss, eval_metric_ops=eval_metric_ops)
```

12.6.2 模型训练

ResNet 的模型训练过程与其他卷积神经网络的训练类似，同样有两个步骤：第一步，读取样本数据；第二步，将样本数据“喂”给构建好的模型。

1. 样本数据读取

复用第 10 章中 read_imagenet_data.py 脚本。

2. ResNet 模型训练

ResNet 模型训练代码如下：

```
def resnet_train():
```

```
    """
    训练一个 ResNet 模型。
    """
    resnet_classifier = tf.estimator.Estimator(
        model_fn=resnet_model, model_dir="./logs/model/resnet/")
    # 开始 ResNet 模型的训练
    resnet_classifier.train(
        input_fn=lambda: input_fn(True, './data/imagenet/', 128),
        steps=2000)
    # 评估模型并输出结果
    eval_results = resnet_classifier.evaluate(
        input_fn=lambda: input_fn(False, './data/imagenet/', 12))
    print("\n 识别准确率 : {:.2f}%\n".format(eval_results['accuracy'] * 100.0))
# 模型训练
resnet_train()
```

12.7 主要优点

残差神经网络架构通过引入恒等变换的思想，使网络的深度能够达到更大，网络的层数首次超过 100 层，最高甚至超过了 1000 层。这使“更深的网络带来更高的准确率”这一信念继续得到强化。

残差神经网络架构的优点主要包括以下几点。

（1）模型容易训练。

在残差模块内，输入数据能够通过快捷通道直达输出层，这使模型训练过程中的“恒等变换”更容易实现，确保了“更深的”网络能够更快拟合，模型更容易训练。在实际实验中，在 1001 层的网络上，残差神经网络比普通卷积神经网络拟合更快。

（2）所需计算资源可控。

残差神经网络的计算复杂度是随着深度增加而线性增加的，也就是说 1000 层的神经网络计算复杂度是 100 层的 10 倍，所需要的计算资源不会出现指数增加的情况，这让我们能够根据所拥有的计算资源设计网络的深度。

12.8 本章小结

本章介绍了残差神经网络 ResNet，ResNet 针对层数较多的神经网络出现的“退化现象”，创造性地采用了“快捷连接”方式，将浅层的神经元通过“恒等变换”的方式直接连接到网络的深层，使得网络的深度首次突破 100 层，最大的深度甚至超过了 1000 层。

ResNet 最主要贡献在于，通过快捷连接的方式，使得深度较大的神经网络更容易训练，进一步强化了“更深的网络带来更高的准确率”这一信念。

第 13 章 CHAPTER Inception v4

ResNet 取得了良好的性能之后，GoogLeNet 团队想到一个问题，如果将 Inception 网络与 ResNet 网络中的快捷连接结合起来，是否能够提高模型的性能呢？为此他们设计出带有快捷连接通道的 Inception 模块，并且对 Inception v3 中的 Inception 模型进行一些改进，分别设计出 Inception v4、Inception-ResNet-v1 和 Inception-ResNet-v2 等网络模型。

13.1 Inception v4 网络架构

Inception v4 是在 Inception v3 的基础上，进行了少量改进而生成的，还是普通的 Inception 网络，不含有残差网络的“快捷连接”，主要用来与带有“残差”的模型进行性能对比。Inception v4 的改进主要有以下几处。

（1）网络的前几层。

在 Inception v2/v3 中，网络的前部往往是由几个卷积层堆叠而形成，目的是尽可能地捕获图像的特征，避免因为过早使用池化操作导致模型性能降低。在 Inception v4 中，还是同样的思路，只是将网络前几层使用“Stem 模块”来替换，网络头部的深度更深了，降维速度更慢了。

（2）Inception 模块稍微调整。

在 Inception v2/v3 中，Inception 模块主要有三种。第一种，是以减少参数为目的，将一个 5×5 卷积替换成两个 3×3 过滤器的 Inception 模块，这种 Inception 模块主要用在较大的特征图谱上，如 35×35，可参见图 11-2（a）。第二种，同样是为了减少参数个数，将 7×7、5×5 的卷积核替换成 1×n、n×1 的 Inception 模块，主要应用于尺寸为 17×17 的特征图谱上，可参见图 11-2（b）。第三种，主要应用于 8×8 的特征图谱上，可参见图 11-4（a）。

在 Inception v4 中对上述 Inception 模块进行少量改进，包括将最大池化过滤器替换为平均池化过滤器，对模块中过滤器的个数进行调整，分别构建了 Inception-A、Inception-B、Inception-C 等新的 Inception 模块。最终构建的 Inception v4 的网络架构如图 13-1 所示。

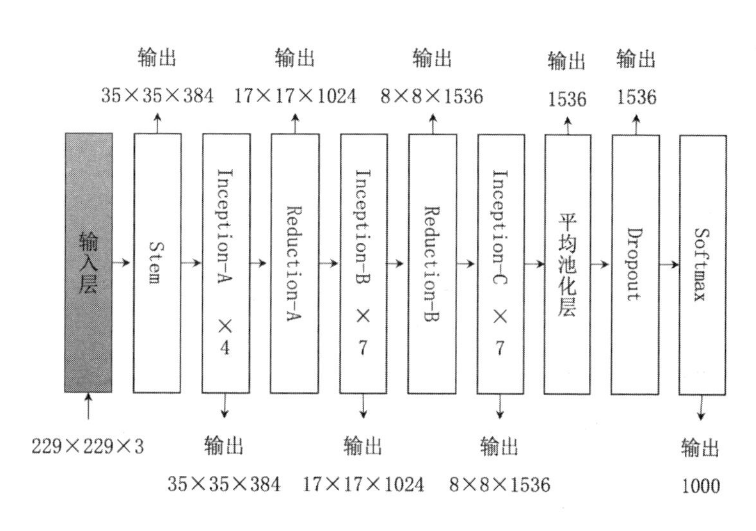

图 13-1 Inception v4 网络架构

其中，Stem 模块的结构如图 13-2 所示。

从图中可以看出，与 Inception v3 的网络头部相比，Stem 模块深度更大、过滤器更多了，并且将卷积结果进行了串联。串联的目的是充分利用现代计算资源能够并行计算和密集计算的特点。

其中，Inception-A、Inception-B、Inception-C 等 Inception 模块由于改动不大，直接参考 Inception v2 和 Inception v3 中类似的模块即可，就不一一展开介绍了。有兴趣的读者可以通过网址 https://arxiv.org/pdf/1602.07261.pdf 了解更多信息。

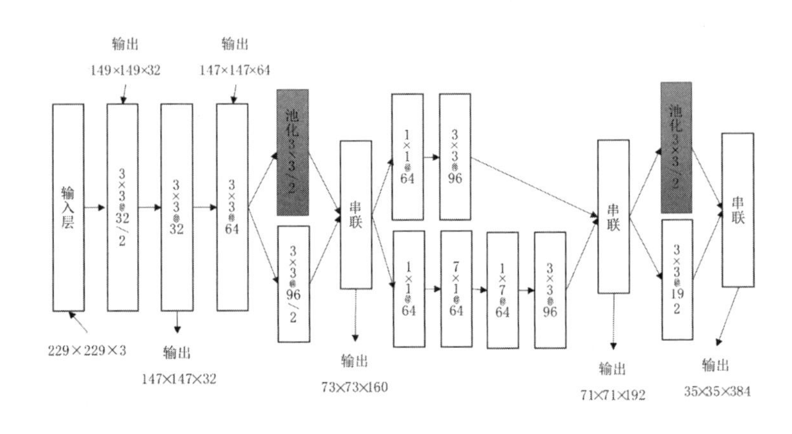

图 13-2 Stem 构建块的架构

13.2 Inception-ResNet 模块

结合了 Inception 和 ResNet 网络各自特点的 Inception-ResNet 模块，如图 13-3 所示。

Inception-ResNet 模块与原始的 Inception 模块的区别主要有以下两方面。

（1）增加了快捷连接通道。

如图 13-3（a）所示，增加了快捷连接，从上一层的激活函数 ReLU 直接指向输出层之前的求和操作，这与 ResNet 中的恒等变换的快捷连接是一样的。在 ResNet 中，恒等变换是放在了侧面，卷积等操作放在了中间，而 Inception-ResNet 模块将快捷连接放在中间。图 13-3（b）也有类似的快捷连接。

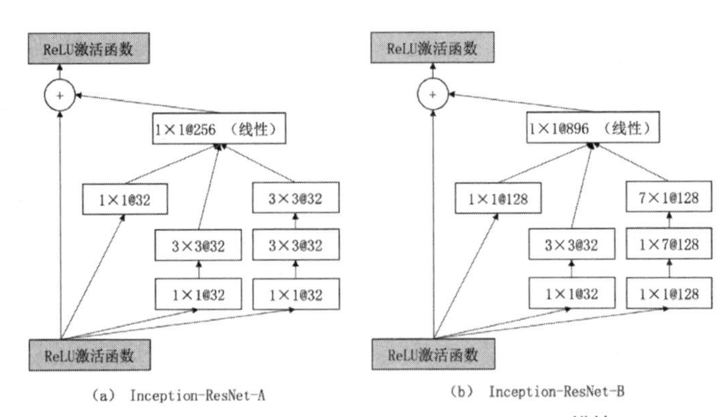

(a) Inception-ResNet-A　(b) Inception-ResNet-B

图 13-3 Inception-ResNet-A、B 模块

（2）增加维度匹配过滤器。

如图 13-3 所示，在求和操作之前，增加了一个 1×1 的过滤器，这个过滤器是用于维度匹配。当本层的输入张量的深度非常大的时候，如深度为 256 或 1024 层时，Inception-ResNet 模块中堆叠的卷积层的输出张量深度也必须是这么多，才能与快捷连接通道的输出张量相加。

如果强制规定所有的过滤器深度都与输入张量的深度一致，那么必然会造成参数过多。为了让中间的过滤器深度可以自由选择，保证过滤器的个数和参数数量可控，在求和之前可以增加一层 1×1 的过滤器，过滤器个数与输出张量的深度保持一致即可，这样就可以实现维度匹配。该过滤器的主要目的是完成维度匹配，所以不需要使用非线性转换的激活函数，直接通过卷积操作（线性转换）即可。

13.3 Inception-ResNet 网络架构

Inception-ResNet 网络共有 v1、v2 两个版本，网络架构总体来说大同小异。区别仅仅在于其中的 Inception-ResNet 模块有细微差别，如过滤器的个数有区别等。Inception-ResNet-v1 网络架构如图 13-4 所示。

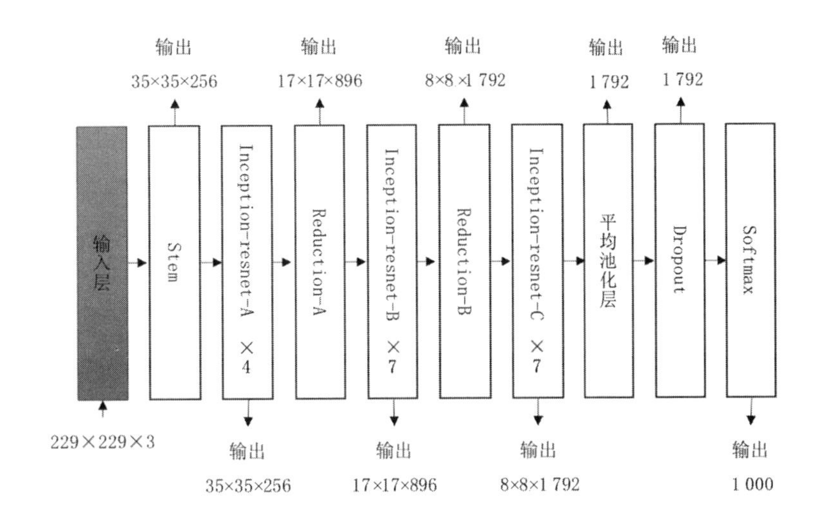

图 13-4 Inception-ResNet 网络架构

Inception-ResNet 网络中 Inception-ResNet-A、Inception-ResNet-B 请参见图 13-3，Reduction-A 降维模块，出现在 Inception-v4、Inception-ResNet-v1、Inception-ResNet-v2三个网络中，主要用于将输入张量从 35×35 降维到 17×17 的场景。该模块结构如图 13-5 所示。

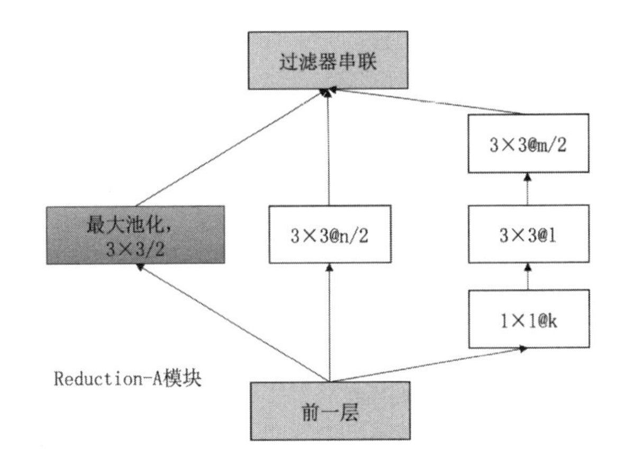

图 13-5 Reduction-A 降维模块

需要注意的是，Reduction-A 降维模块包括 4 个参数 k、l、m、n，分别代表相应过滤器的个数，在 Inception v4、Inception-ResNet-v1、Inception-ResNet-v2 三个网络中，这 4 个参数的配置信息如表 13-1 所示（数据来源：https://arxiv.org/pdf/1602.07261.pdf）。

表 13-1 Reduction-A 在不同网络中的参数配置

网络	k	l	m	n
Inception v4	192	224	256	384
Inception-ResNet-v1	192	192	256	384

续表

网络	*k*	*l*	*m*	*n*
Inception-ResNet-v2	256	256	384	384

模块 Inception-ResNet-C、Reduction-B 如图 13-6 所示。

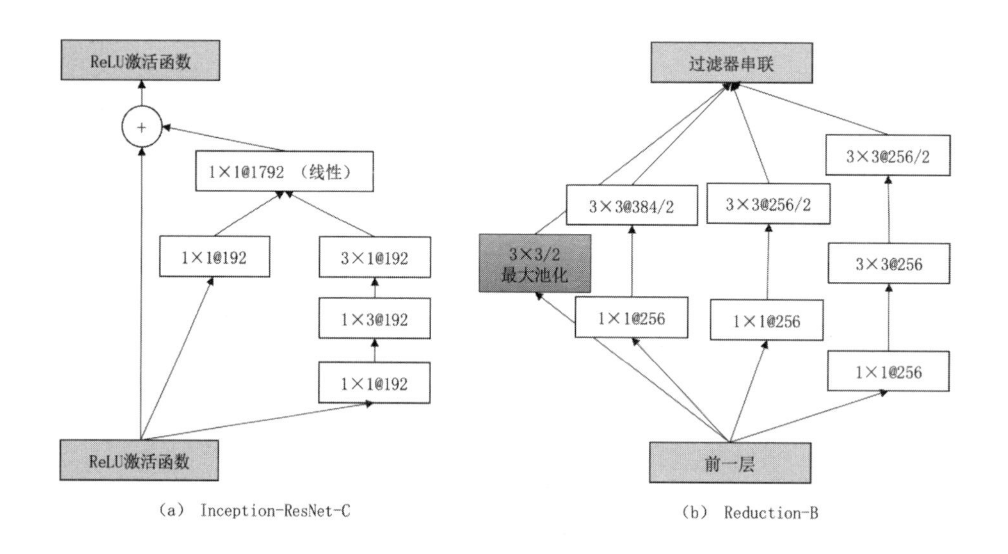

图 13-6 Inceptio-ResNet-C 模块、Reduction-B 降维模块

13.4 主要贡献

Inception v4 的主要贡献是验证了残差连接的作用，结论是残差连接对提高模型的训练速度很有帮助，但对提高模型的准确率作用不大。

从计算复杂度来说，Inception v3 与 Inception-ResNet-v1 相当、Inception v4 与 Inception-ResNet-v2 相当，它们的准确率也大致相当。因为 Inception-ResNet-v1 和 Inception-ResNet-v2 带有残差连接，所以它们的模型拟合速度更快。

13.5 本章小结

本章介绍了 Inception v4，Inception v4 借鉴了 ResNet 的思想，将快捷连接的思路与 Inception v3 的网络模型相结合，构建了 Inception-ResNet 模块，将 Inception 模型利用现代计算资源的并行计算和密集计算的特点与 ResNet 模型容易训练的优点结合起来。

总体来说，Inception v4 的创新不多，除了借鉴 ResNet 的快捷连接思想之外，几乎只进行了网络架构细节的调整。

第 14 章 CHAPTER DenseNet

DenseNet 卷积网络是由黄高（康奈尔大学）、刘壮（清华大学）等人发明的。DenseNet 受到 ResNet 的影响和启发，ResNet 通过采用“快捷连接”能够显著地提高网络的深度，同时显著地提高模型的准确率，DenseNet 将“快捷连接”这一思路发挥到了极致。

与传统的卷积神经网络的连接方式（每一层都只和与它相邻的两层连接）不同，DenseNet 网络中的每一层都与前向传播过程中后面的所有层连接，因此一个含有 L 个网络层的 DenseNet 网络，会包含 $L(L+1)\div 2$ 个直接连接。

14.1 DenseNet 网络

对于 DenseNet 中任何一个网络层来说，它之前所有的网络层输出的特征图谱都会用作它的输入，同时，它自己输出的特征图谱，也会用作后面所有层的输入。DenseNet 网络模块如图 14-1 所示。

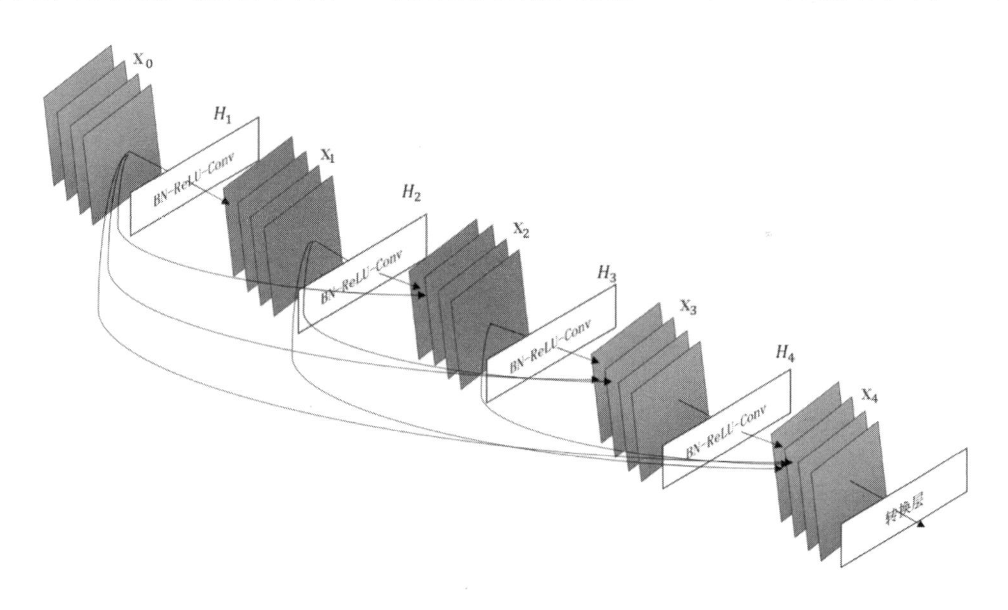

图 14-1　DeneNet 网络

与 ResNet 网络不同的是，DenseNet 是将每一层输出特征图谱“串联”而不是“求和”。“串联”可以理解为，整个 DenseNet 输出的特征图谱只有一个，每一层将自己输出的特征图谱（高度、宽度一致）拼接（沿着深度堆叠）到整个网络的输出中。输出特征图谱的串联如图 14-2 所示。

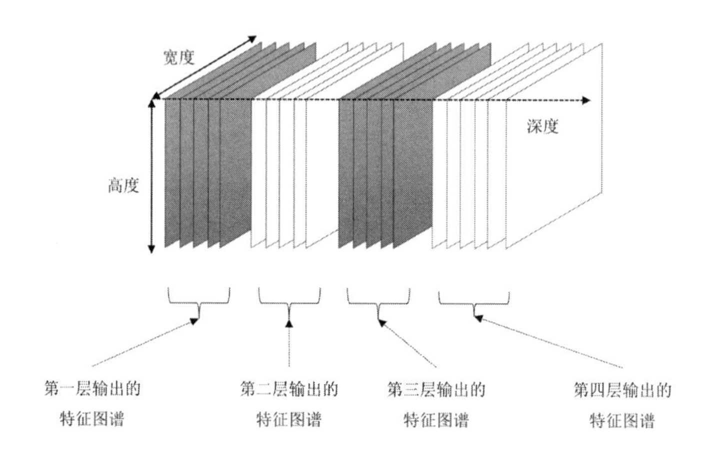

图 14-2　输出特征图谱“串联”示意图

串联方式的优点是每个网络层提取到的特征都被保留下来了。代价是随着网络层数的加深，输出的特征图谱的深度越来越大。所以，一般来说，DenseNet 网络的宽度会比较窄，也就是说，每一层的过滤器的个数会比较少。这一点与 Inception 网络显著不同，Inception 网络的宽度一般都比较宽（每一层的过滤器数量比较多）。

14.2　网络架构

DenseNet 网络架构如图 14-3 所示。

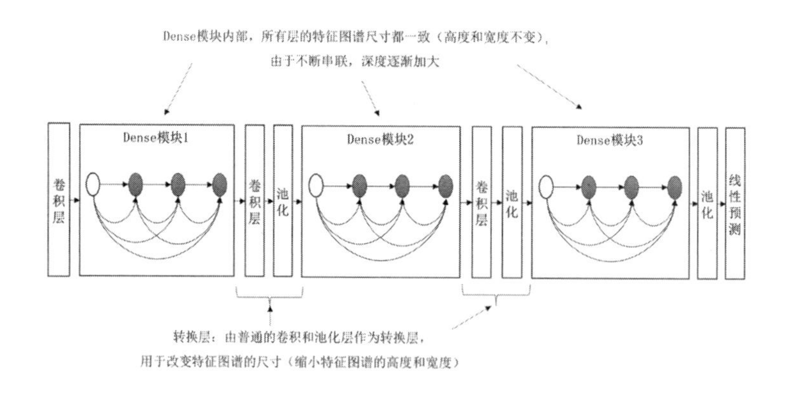

图 14-3　DenseNet 网络架构图

我们依然可以参照 AlexNet 网络，将 DenseNet 网络划分成八个构建层，分别如下。

第一个构建层，由一个卷积层和一个最大池化层组成。卷积层首先用步长为 2、尺寸 7×7 的过滤器，将输入的 224×224 张量转换成 112×112。然后经过一个步长为 2、尺寸为 2×2 的最大池化层，将输入张量的形状转化成为 56×56。

第二个构建层，是一个 Dense 模块。该 Dense 模块内部，有六组堆叠的卷积层，每组堆叠的卷积层都由一个 1×1 和一个 3×3 卷积层组成，这两个卷积层的卷积操作都是复合函数，即由批量标准化（BN）、整流单元（ReLU）和卷积操作（CONV）构成。

第三个构建层，是一个转换层，作用是实现降采样，将输入张量的高度和宽度缩小到原来的一半。它由一个卷积层和一个池化层构成。

第四个构建层是由一个 Dense 模块组成，与第二个构建层类似。

第五个构建层也是转换层，与第三个构建层类似。

第六个构建层也是由一个 Dense 模块组成，与第二个、第四个构建层类似。

第七层是全局平均池化层。

第八层是全连接层和 Softmax 层，用于实现线性分类。

14.2.1 Dense 模块

对于传统的卷积神经网络，第 l 层的输出 X_l 会作为第 $l+1$ 层的输入，对应 $x_l=H_l(x_{l-1})$。对于 ResNet 网络来说，由于增加了一个快捷连接，所以对应 $x_l=H_l(x_{l-1})+x_{l-1}$。ResNet 的优势在于当误差反向传播的时候，梯度可以直接透过恒等变换层映射到网络的低层（接近输入层的网络层）；ResNet 的缺点是信息的传播有一定阻碍（由于恒等变换的输入经过求和再经过激活函数转换）。

针对 ResNet 的上述缺点，DenseNet 引入了一种新的快捷连接方式，把第 l 层之前所有层的输出 $x_0, \dots, x_{l-1}$ 作为输入，Dense 连接的计算方法：

$$x_l=H_l([x_0, \dots x_{l-1}])$$

其中，$[x_0, \dots, x_{l-1}]$ 代表之前 $l-1$ 层的输出特征的串联，也就是说之前 $l-1$ 层的输出都被串联到一个张量中。

14.2.2 复合函数

与传统卷积神经网络不同，DenseNet 中采用复合函数代替了原来的激活函数。也就是说每一个函数 H_l，都是由连续的三个操作组成的，首先是批量标准化，然后是一个线性整流单元，最后是一个 3×3 的卷积操作。

事实上，复合函数是受到 ResNet 网络的影响，ResNet 比较了先执行批量正则化再执行线性整流单元的卷积操作（BN-ReLU-Conv）与先执行线性整流单元再执行批量标准化（ReLU-BN-Conv）卷积操作的模型准确率，发现 BN-ReLU-Conv 的准确率较高，因此 DenseNet 借鉴了这个办法，采用了 BN-ReLU-Conv 的操作方式。

14.2.3 池化层

由于 DenseNet 模块只能应用在特征图谱的尺寸保持不变的地方，对于卷积神经网络来说，通过池化层来缩小特征图谱的尺寸（降采样）是必须的。为此，DenseNet 将整个网络架构切分成几个 DenseNet 模块。在 DenseNet 模块内部，特征图谱的高度和宽度是始终保持一致的。

在两个 DenseNet 模块之间增加“转换层”来实现降采样，也就是说，一个 DenseNet 模块输出的张量经过转换层实现降采样，之后再输入下一个 DenseNet 模块中。

每个转换层都是由三个操作组成，第一个操作是批量正则化（BN），第二个操作是 1×1 卷积操作，第三个操作是 2×2 的平均池化操作。转换后实现降采样，输入特征图谱的高度和宽度将缩减到原来的一半。

14.2.4　增长率

对于 DenseNet 来说，一个非常重要的超参是增长率，我们用 k 表示这个超参。由于 DenseNet 中每一层都会将自己的输出，串联到输出的特征图谱中，会导致最终的输出特征图谱的深度不断地增加。第 l 层的最终特征图谱的深度可以用以下公式表示：

$$l_{depth}=k_0+k\times(l-1)$$

其中，l_{depth} 代表第 l 层最终的特征图谱的深度。k_0 代表原始的输入张量的通道数（深度）。l 代表最终的层数。k 代表增长率。

我们知道特征图谱的深度与过滤器（卷积核）的数量相等，深度越大代表所需要的过滤器数量越多，过滤器数量越多所需要的参数也必然越多。卷积神经网络的演变过程中，一个重要的思路就是不断地增加网络的深度，同时尽可能地减少所需要参数的数量。现有的神经网络的深度往往会超过 100 层，而且之前的各种卷积神经网络中，每一层的过滤器的数量往往只有几百到一两千个，很显然超参 k 不会太大。换句话说，DenseNet 网络会比较窄，每一层的过滤器数量都比较小（如 12、32）。在这一点上，DenseNet 与之前其他的卷积神经网络显著不同。

虽然 DenseNet 的过滤器数量不多，但由于 DenseNet 的网络中每一层都是向特征图谱中添加自己捕获的特征信息，相当于随着网络的加深不断地“收集特征信息”，每个网络层捕获的特征都会被复用，所以 DenseNet 能够使用数量不多的过滤器实现很高的识别准确率。

针对 ImageNet 数据集的各种 DenseNet 网络架构的参数配置如表 14-1 所示（数据来源于 https://arxiv.org/pdf/1608.06993.pdf）。

表 14-1　针对 ImageNet 数据集的 DenseNet 网络配置

网络层	输出形状	DenseNet-121（k=32）	DenseNet-169（k=32）	DenseNet-201（k=32）	DenseNet-161（k=48）
卷积层	112×112	7×7@64/2			
池化层	56×56	最大池化层 3×3/2			
Dense 模块（1）	56×56	$\begin{bmatrix}1\times1\\3\times3\end{bmatrix}\times6$	$\begin{bmatrix}1\times1\\3\times3\end{bmatrix}\times6$	$\begin{bmatrix}1\times1\\3\times3\end{bmatrix}\times6$	$\begin{bmatrix}1\times1\\3\times3\end{bmatrix}\times6$
转换层（1）	56×56	1×1 卷积			
	28×28	平均池化层 2×2/2			

续表

网络层	输出形状	DenseNet-121（k=32）	DenseNet-169（k=32）	DenseNet-201（k=32）	DenseNet-161（k=48）
Dense 模块（2）	28×28	$\begin{bmatrix}1\times1\\3\times3\end{bmatrix}\times12$	$\begin{bmatrix}1\times1\\3\times3\end{bmatrix}\times12$	$\begin{bmatrix}1\times1\\3\times3\end{bmatrix}\times12$	$\begin{bmatrix}1\times1\\3\times3\end{bmatrix}\times12$
转换层（2）	28×28	1×1 卷积			
	14×14	平均池化层 2×2/2			
Dense 模块（3）	14×14	$\begin{bmatrix}1\times1\\3\times3\end{bmatrix}\times32$	$\begin{bmatrix}1\times1\\3\times3\end{bmatrix}\times32$	$\begin{bmatrix}1\times1\\3\times3\end{bmatrix}\times48$	$\begin{bmatrix}1\times1\\3\times3\end{bmatrix}\times36$
转换层（3）	14×14	1×1 卷积			
	7×7	平均池化层 2×2/2			
Dense 模块（4）	7×7	$\begin{bmatrix}1\times1\\3\times3\end{bmatrix}\times16$	$\begin{bmatrix}1\times1\\3\times3\end{bmatrix}\times32$	$\begin{bmatrix}1\times1\\3\times3\end{bmatrix}\times32$	$\begin{bmatrix}1\times1\\3\times3\end{bmatrix}\times32$
分类预测层	1×1	全局平均池化层 7×7			
		全连接层（1000 个神经元），Softmax 层			

14.2.5 瓶颈层

尽管每一层只产生 k 个特征图谱，由于不断串联，DenseNet 网络产生的特征图谱数量依然是惊人的。鉴于 Inception 网络中利用 1×1 卷积操作来减少特征图谱数量的方法，DenseNet 中也引入了 1×1 卷积操作，提高计算效率。

具体做法就是在 3×3 卷积操作之前，增加 1×1 的卷积操作。每个卷积操作都是复合函数，也就是说 BN-ReLU-Conv（1×1）-BN-ReLU-Conv（3×3），其中 Conv 代表卷积操作，这种网络被称作 DenseNet-B。在 DenseNet 中，每个 1×1 卷积操作输出特征图谱的个数是 4000 个。

14.2.6 压缩层

为了进一步减少参数数量，可以在转换层中减少特征图谱的数量（张量的深度）。假如一个 Dense 模块输出 m 个特征图谱，后面的转换层输出 $\theta\times m$ 个特征图谱。如果 θ=1 代表经过转换层后，特征图谱的数量没有改变。如果 $0\leqslant\theta\leqslant1$，表示经过转换层后，特征图谱的数量变少了，这就实现了特征图谱的压缩，这种网络被命名为 DenseNet-C，在 DenseNet 中，θ 被设置为 0.5（θ=0.5）。

如果一个 DenseNet 同时包含瓶颈层和压缩层，那么这种网络就会被命名为 DenseNet-BC。

14.3 实现方法

本节介绍 DenseNet 模型的实现方法，包括在不同图像数据集上、不同尺寸的特征图谱上，各个超参的设置方法，以及对样本数据进行扩充的方法，等等。

14.3.1 参数配置方法

在除了 ImageNet 外的所有图像数据集上，每个 DenseNet 网络都包含三个层数一样多的 Dense 模块。在第一个 Dense 模块之前，首先是由 16 个过滤器组成卷积层，作用于输入的图像上。这里过滤器的尺寸是 3×3，采用边缘填充的方式，确保输入和输出的形状保持一致。

两个连续的 Dense 模块之间是转换层，转换层由一个 1×1 卷积和一个 2×2 的平均池化层组成。在最后的 Dense 模块之后，先连接一个全局平均池化层，再连接一个 Softmax 的分类器。三个 Dense 模块的输入和输出特征图谱尺寸分别是 32×32、16×16、8×8。

在 ImageNet 上，采用了 4 个 DenseNet-BC 模块。输入图像随机剪切成形状为 224×224 的张量，并输入第一个卷积层中，该卷积层包含 2000 个步长为 2、尺寸为 7×7 的过滤器。网络中其他层的特征图谱数量都是由超参 k 指定的。针对 ImageNet 数据集的 DenseNet 网络配置，请参见表 14-1。

14.3.2 模型训练方法

所有的 DenseNet 网络都是采用随机梯度下降法来训练的。在 CIFAR 和街景房屋门牌号数据集上，训练时批处理大小为 64，训练的轮数分别为 300 和 40。初始的学习率设置为 0.1，在完成 50% 和 75% 的训练轮数时，将学习率除以 10。

在 ImageNet 数据集上，批处理大小设置为 256，总共训练 90 轮。初始学习率同样设置为 0.1，分别在第 30 轮和第 60 轮的时候，将学习率除以 10。由于 GPU 内存的限制，DenseNet-161 的批处理规模设置成了 128，为了弥补批处理规模较小的不足，我们将这个模型的训练轮数设置为 100，同时在第 90 轮的时候将学习率除以 10。

另外，每完成一个批次的训练，学习率衰减 10^{-4}，同时采用 0.9 的动量对学习率进行调整。对于没有样本数据扩充的模型来说，除了第一个卷积层之外，其他的卷积层都随机丢弃，随机丢弃的概率设置为 0.2。

14.3.3 在 CIFAR 和 SVHN 上的准确率

各种不同配置的 DenseNet 网络在不同数据集上的错误率如表 14-2 所示。

14-2 各种 DenseNet 网络在不同数据集上的错误率

模型	深度	参数 /m	C10	C10+	C100	C100+	SVHN
ResNet	110	1.7	—	6.61%	—	—	—
ResNet(pre-activation)	164	1.7	11.26%	5.46%	35.58%	34.33%	—
	1001	10.2	10.56%	4.62%	33.47%	22.71%	—
DenseNet（*k*=12）	40	1.0	7.00%	5.24%	27.55%	24.42%	1.79%
DenseNet（*k*=12）	100	7.0	5.77%	4.10%	23.79%	20.20%	1.67%
DenseNet（*k*=24）	100	27.2	5.83%	3.74%	23.42%	19.25%	1.59%
DenseNet-BC（*k*=12）	100	0.8	5.92%	4.51%	24.15%	22.27%	1.76%
DenseNet-BC（*k*=24）	250	15.3	5.19%	3.62%	19.64%	17.60%	1.74%
DenseNet-BC（*k*=60）	190	25.6	—	3.46%	—	17.18%	—

从表 14-2 中大致可以看出，随着网络深度的加深、增长率逐步增大，模型的准确率会越来越高。表格中的最下面一行中，可以发现深度为 190 层、增长率为 60 的 DenseNet-BC 网络准确率最高，在 CIFAR 上的错误率只有 3.46%。

在没有对样本数据进行扩充前，与之前在 CIFAR 取得最好成绩的网络架构相比较，DenseNet 网络的错误率更低，接近 30%。

在街景房屋门牌号（SVHN）数据集上，深度为 100 层、增长率为 24 的 DenseNet 就已经取得了最好的成绩。更深的网络如 250 层、增长率为 24 的 DenseNet-BC 错误率反而升高了，这是由于 SVHN 数据集比较小，更深的网络导致了过拟合。

在不包含瓶颈层和压缩层的情况下，DenseNet 网络的准确率随着模型的深度的加大、增长率的提高而提高，这表明 DenseNet 可以通过更深、更宽的网络来提高模型的特征提取能力。并且 DenseNet 不容易出现过拟合，以及深度过深导致的难以训练等相关问题。

14.3.4 在 ImageNet 上的准确率

DenseNet 在 ImageNet 上的错误率如表 14-3 所示。

表 14-3 各种 DenseNet 网络在 ImageNet 上的错误率

模型	TOP1		TOP5	
	single-crop	10-crop	single-crop	10-crop
DenseNet-121（*k*=32）	25.02%	23.61%	7.71%	6.66%
DenseNet-169（*k*=32）	23.80%	22.08%	6.85%	5.92%
DenseNet-201（*k*=32）	22.58%	21.46%	6.34%	5.54%
DenseNet-161（*k*=48）	22.33%	20.85%	6.15%	5.30%

ImageNet 上主要比较 TOP1 和 TOP5 的准确率，DenseNet 分别测试了两种情况下的 TOP1、TOP5 的准确率。第一种是对原始图像进行单一裁剪，就是从图像的重要区域裁剪一个大小为 224 × 224 的图像，用作模型训练输入。第二种是对原始图像进行 5 次裁剪，分别从图像的左上、右上、中央、左下、右下等五个区域裁剪一个大小为 224 × 224 的图像，用作模型的测试输入，对这五个分类结果取平均值作为该图像的最终分类结果。

14.4 主要优点

从表面上看，DenseNet 与 ResNet 是类似的，区别非常小，细微的区别在于 DenseNet 采用串联而不是求和的方式将不同的层连接起来。正是这微不足道的区别，使得 DenseNet 具备以下几个特点。

1. 模型更紧凑

串联使网络中任何一层输出的特征图谱，都能够在后面所有的网络层访问。这使各个网络层捕获的特征能够被充分复用，所以 DenseNet 网络都非常紧凑，参数数量往往很少。

与 ResNet 比较起来，DenseNet 只需要使用很少的参数就能够取得比 ResNet 更好的性能。在各种 DenseNet 模块中，DenseNet-BC 的参数使用效率是最高的，一般来说，它只需要 ResNet 参数数量的 1/3 就能够取得与 ResNet 相当甚至更好的性能。这一点在 ImageNet 数据上得到了验证。

2. 隐含的深度监督

经过比较，可以认为 DenseNet 精度的提高，很大程度上可以归功于快捷连接。通过快捷连接，网络中各个层都能独立地接收损失函数的梯度传导，这就是“深度监督”方式。

DenseNet 中隐含了这种深度监督的能力，虽然分类器在网络的顶层（输出层），但最多通过两个或三个转换层，分类器的误差就能够直接传导到网络中的所有层。相对而言，DenseNet 的误差函数往往比较简单，因为该误差函数的结果会被所有网络层分摊。

3. 随机的深度和连接

在生物神经学的研究中，大脑的能量消耗显示，大脑活动中只有大约 3%~4% 的神经元被激活。受到这一现象启发，卷积神经网络中引入了随机丢弃神经元和随机深度两种方式。这两种方式都取得了非常好的效果，在 AlexNet、VGGNet、Inception、ResNet 等网络模型也都有应用。

从某种程度上来说，DenseNet 网络具备了这种随机丢弃神经元，以及随机深度的工作方式。虽然转换层不会丢弃，但在 Dense 模块内部，任意一个网络层与后面所有网络层都有直接的连接，这使两个不同的 Dense 模块中的网络层隔着转换层连接在一起的情况成为可能。从某种程度上来说，这实现了类似于随机深度的连接方式。这一点也是 DenseNet 能够实现较高的准确率的原因之一。

4. 特征复用

在最开始的设计上，DenseNet 就允许任何一个网络层访问它之前所有网络层输出的特征图谱（最多需要通过转换层而已），通过实验研究发现，这种连接方式的确能够给 DenseNet 网络带来好处。

采用的实验方式是针对任何一个 Dense 模块中卷积层，计算所有从源网络层出发、并且达到它所有连接的权重平均值。这个权重平均值可以看作该卷积层对它之前所有的网络层的依赖程度或重要程度。实验结果表明内容如下。

（1）在一个 Dense 模块内部，权重充分地传播到所有的网络层。也就是说，网络低层（接近输入层的网络层）提取的特征，能够被整个 Dense 模块中的网络的深层直接使用。

（2）转换层的权重也充分地传播到它之前的 Dense 模块所有层。也就是说，对于整个

DenseNet 网络的信息流来说，从第一层到最后一层，都是非常畅通的，没有迂回。

（3）对于第二、第三个 Dense 模块中的网络层和转换层来说，输入层到它们连接的权重非常小，这说明转换层输出的特征图谱中冗余信息非常多。这也解释了为什么 DenseNet-BC 网络的准确率很高，是因为 DenseNet-BC 对转换层的输出进行了压缩。

（4）虽然最终的分类器层处于网络的最高层（最右端），但是分类器层的权重较高，似乎表明了在 DenseNet 网络的最高层提取到了新的特征。

14.5 DenseNet 实战

DenseNet 实战包括两个部分：第一个是构建 DenseNet 模型，主要是基于 DenseNet 模块构建；第二个是 DenseNet 模型的训练，主要是将准备好的样本数据“喂”给 DenseNet 模型，完成模型的训练。

14.5.1 模型构建

DenseNet 模型构建：首先需要构建好 DenseNet 模块、转换层，这样才能方便地构建 DenseNet 模型，为了构建 DenseNet 模块和转换层，需要使用一些基本函数；其次利用构建好的 DenseNet 模块、转换层等函数，完成 DenseNet 模型的构建。

1. 基本函数

DenseNet 基本函数的代码如下：

```
#!/usr/local/bin/python3
# -*- coding: UTF-8 -*-

# 导入依赖模块
from __future__ import absolute_import
from __future__ import division
from __future__ import print_function

import tensorflow as tf
from read_imagenet_data import input_fn

# 设置日志级别。
tf.logging.set_verbosity(tf.logging.INFO)


def trunc_normal(stddev):
```

```
    """
    生成截断正态分布的随机数。
    与随机正态分布随机数函数 `random_normal_initializer` 类似，
    区别在于，将落在两个标准差之外的随机数丢弃，并且重新生成。

    @param mean: 正态分布的均值。
    @param stddev: 该正态分布的标准差。

    @Returns: 截断正态分布的随机数。
    """
    return tf.truncated_normal_initializer(0.0, stddev)


def conv2d(inputs, filters, filter_size=[3, 3], strides=(1, 1),
        stddev=0.01, padding='SAME',
        activation=tf.nn.relu, scope='conv2d'):
    """
    定义 densenet 中默认的卷积函数

    @param input_layer: 输入层。
    @param stride: 步长。
    @param padding: 填充方式。常用的有 "SAME" 和 "VALID" 两种模式。
    @param weights_initializer: 填充方式。常用的有 "SAME" 和 "VALID" 两种模式。

    @Returns: 图片和图片的标签。图片是以张量形式保存的。
    """
    with tf.variable_scope(scope):
        weights_initializer = trunc_normal(stddev)
        return tf.layers.conv2d(
            inputs, filters, kernel_size=filter_size, strides=strides,
            activation=activation, padding=padding,
            kernel_initializer=weights_initializer,
            name=scope)


def max_pool2d(inputs, pool_size=(3, 3), strides=(2, 2),
```

```
            padding='SAME', scope='max_pool2d'):
    """
    定义最大池化函数，将 densenet 模型中最常用的参数设置为默认值。

    @param inputs: 输入张量。
    @param pool_size: 池化过滤器的尺寸。
    @param stride: 步长。
    @param padding: 填充方式。常用的有 "SAME" 和 "VALID" 两种模式。
    @param weights_initializer: 填充方式。常用的有 "SAME" 和 "VALID" 两种模式。

    @Returns: 图片和图片的标签。图片是以张量形式保存的。
    """
    with tf.variable_scope(scope):
        return tf.layers.max_pooling2d(
            inputs, pool_size, strides, padding, name=scope)
```

2. DenseNet 模块

DenseNet 模块的构建代码如下：

```
def densenet_block(inputs, blocks, is_training=True,  scope='densenet_block'):
    """
    构建一个 DenseNet 模块，其中，blocks 代表模块中卷积层的个数。

    @param inputs: 输入的特征图谱。
    @param blocks: 本模块中包含的卷积层个数。
    @param is_training: 布尔值，指示是否处于训练过程。
    @param scope: 当前变量所处的范围。

    @Returns: 构建好的 DenseNet 网络模块。
    """
    net = inputs
    with tf.variable_scope(scope):
        for i in range(int(blocks)):
            net = add_layer(net, 'densenet_block_{}'.format(i),
                        is_training=is_training)

    return net
```

```
def add_layer(inputs, name, is_training=True, growth_rate=32):
    """
    向 DenseNet 模块中添加一层。

    @param inputs: 输入的特征图谱。
    @param name: 本层的名称。
    @param is_training: 布尔值，指示是否处于训练过程。
    @param growth_rate: 增长率，代表超参增长率。

    @Returns: 拼接输出特征图谱之后的输入特征图谱。
    """
    with tf.variable_scope(name):
        net = tf.layers.batch_normalization(
            inputs, training=is_training, name='batch_normalization')
        net = tf.nn.relu(net)
        net = conv2d(net, growth_rate)
        # 将本层的运算结果串联到特征图谱
        net = tf.concat([net, inputs], 3)
    return net
```

3. DenseNet 转换层

DenseNet 中采用转换层来对特征图谱进行降采样，作用类似于普通卷积神经网络中的池化层，将特征图谱的高度、宽度缩小为原来的一半。构建转换层的代码如下：

```
def transition_layer(inputs, is_training=True, scope='transition_layer'):
    """
    向 DenseNet 模型中添加一个转换层。

    @param inputs: 输入的特征图谱。
    @param name: 本层的名称。
    @param is_training: 布尔值，指示是否处于训练过程。

    @Returns: 拼接输出特征图谱之后的输入特征图谱。
    """
    # 获取输入张量的形状，
```

```
    shape = inputs.get_shape().as_list()
    in_channel = shape[3]

    with tf.variable_scope(scope):
        net = tf.layers.batch_normalization(
            inputs, training=is_training, name='batch_normalization')
        net = tf.nn.relu(net)
        # 确保深度保持不变
        net = conv2d(net, in_channel, filter_size=[1, 1])
        net = tf.layers.average_pooling2d(
            net, [2, 2], strides=(2, 2),
            padding='SAME', name='AvgPool_0a_3 × 3')
    return net
```

4. DenseNet 模型

构建 DenseNet 模型代码如下：

```
def densenet_model(features, labels, mode):
    """
    构建一个 DenseNet 网络模型。本例是 DenseNet-121, k = 32

    我们把 DenseNet 看成由 8 个构建层组成，每个构建层都是由一个或多个普通卷积层、池化层，
     或者 DenseNet 模块组成。
    @param feautres: 输入的 ImageNet 样本图片，形状为 [-1,224, 224, 3]。
    @param labels: 样本数据的标签。
    @param mode: 模型训练所处的模式。

    @Returns: 构建好的 DenseNet 网络模型。
    """
    # 第一构建层，包含一个卷积层、一个最大池化层
    # 输入张量的形状 [224, 224, 3]， 输出张量的形状 [112, 112, 64]
    net = conv2d(features, 64, [7, 7], strides=(2, 2), scope='Conv2d_1a_7 × 7/2')
    # 输入张量的形状 [112, 112, 64]， 输出张量的形状 [56, 56, 64]
    net = max_pool2d(net, [3, 3], strides=(2, 2), scope='MaxPool_1b_3 × 3/2')

    # 是否是训练模式
    is_training = (mode == tf.estimator.ModeKeys.TRAIN)
```

```
# 第二构建层，由 6 个 DenseNet 模块组成
net = densenet_block(net, 6, is_training, scope='densenet_block × 6')

# 第三构建层，是一个转换层
net = transition_layer(net, is_training, scope='transition_layer_3')

# 第四构建层，由 12 个 DenseNet 模块组成
net = densenet_block(net, 12, is_training, scope='densenet_block_ × 12')

# 第五构建层，是一个转换层
net = transition_layer(net, is_training, scope='transition_layer_5')

# 第六构建层，由 32 个 DenseNet 模块组成
net = densenet_block(net, 32, is_training, scope='densenet_block_ × 32')

# 第七构建层。全局平均池化、全连接层、softmax 层
with tf.variable_scope('Logits'):

  # 全局平均池化
  net = tf.reduce_mean(
    net, [1, 2], keep_dims=True, name='global_pool')

  # 1 × 1 × 1024
  net = tf.layers.dropout(net, rate=0.7,
                name='Dropout_1b')
  net = tf.layers.flatten(net)
  # 全连接层，共有 1000 个类别的
  logits = tf.layers.dense(
    inputs=net, units=1000, activation=None)

# 第八构建层，softmax 分类层
predictions = {
  # ( 为 PREDICT 和 EVAL 模式 ) 生成预测值
  "classes": tf.argmax(input=logits, axis=1),
  # 将 `softmax_tensor` 添加至计算图。用于 PREDICT 模式下的 `logging_hook`.
```

```
    "probabilities": tf.nn.softmax(logits, name="softmax_tensor")
  }

  # 如果是预测模式，那么执行预测分析
  if mode == tf.estimator.ModeKeys.PREDICT:
    return tf.estimator.EstimatorSpec(mode=mode, predictions=predictions)
  # 如果是训练模式，执行模型训练
  elif mode == tf.estimator.ModeKeys.TRAIN:
    # 计算损失（可用于`训练`和`评价`中）
    loss = tf.losses.sparse_softmax_cross_entropy(
      labels=labels, logits=logits)
    optimizer = tf.train.AdamOptimizer(learning_rate=1e-4)
    train_op = optimizer.minimize(
      loss=loss,
      global_step=tf.train.get_global_step())
    return tf.estimator.EstimatorSpec(mode=mode, loss=loss,
                                      train_op=train_op)
  else:
    # 计算损失（可用于`训练`和`评价`中）
    loss = tf.losses.sparse_softmax_cross_entropy(
      labels=labels, logits=logits)
    # 添加评价指标（用于评估）
    eval_metric_ops = {
      "accuracy": tf.metrics.accuracy(
        labels=labels, predictions=predictions["classes"])}
    return tf.estimator.EstimatorSpec(
      mode=mode, loss=loss, eval_metric_ops=eval_metric_ops)
```

14.5.2 模型训练

DenseNet 模型训练包含两个步骤：第一个是读取准备好的样本数据；第二个是将样本数据“喂”给构建好的 DenseNet 模型。

1. 样本数据读取

复用第 10 章中 read_imagenet_data.py 脚本。

2. DenseNet 模型训练

DenseNet 模型训练代码如下：

```
def densenet_train():
    """
    训练一个 DenseNet 模型。
    """
    densenet_classifier = tf.estimator.Estimator(
        model_fn=densenet_model, model_dir="./logs/model/resnet/")

    # 开始 DenseNet 模型的训练
    densenet_classifier.train(
        input_fn=lambda: input_fn(True, './data/imagenet/', 128),
        steps=2000)

    # 评估模型并输出结果
    eval_results = densenet_classifier.evaluate(
        input_fn=lambda: input_fn(False, './data/imagenet/', 12))
    print("\n 识别准确率 : {:.2f}%\n".format(eval_results['accuracy'] * 100.0))


# 模型训练
densenet_train()
```

14.6 本章小结

本章介绍了 DenseNet 模型，包括网络架构、实现方法、主要优点，同时通过 DenseNet 实战展示了如何构建并训练一个 DenseNet 网络模型。

DenseNet 采用特征复用的技术，构建出来的模型更紧凑。它大概只需要 ResNet 1/3 的参数数量就能实现与 ResNet 同等的性能。

第3篇 前沿篇

PIECE

本篇介绍了生成对抗神经网络（Generative Adversarial Networks，GAN），这是一种能够自动生成图像的神经网络，它与之前介绍的各种用于图像识别的卷积神经网络有着显著的区别。一个典型的生成对抗神经网络往往由两个部分组成：一个是生成模型（Generative Model，G），也称为生成网络（Generative Network，G）；另一个是辨别模型（Discriminative Model，D），也称为辨别网络（Discriminative network，D）。这两个部分相互对抗、互相提高，直到最终生成足以以假乱真的图像。

第15章 CHAPTER 生成对抗神经网络

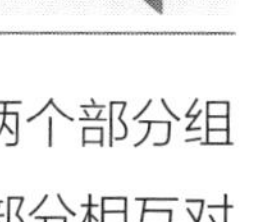

生成对抗神经网络与普通的神经网络不同，一个典型的生成对抗神经网络往往由两个部分组成：一个是生成模型，也称为生成网络；另一个是辨别模型，也称为辨别网络。这两个部分相互对抗，生成模型（G）试图生成一个以假乱真的图片，辨别模型（D）试图判断这个数据是真实的图片，还是由生成模型生成的图片。正是由于这个对抗，使得GAN具有很多非常有意思的特点。GAN不仅可以用于图像的生成，还可以用于语音识别、自然语言翻译等各种场景中。

从某种程度上来说，GAN可以让计算机学会“创作”。假如，最终生成模型所生成的图片与真实的图片类似，辨别模型都无法将它区分出来，那么这个生成模型实际上就可以“创作”了。例如，我们让生成模型生成一个“风吹草低见牛羊”的图画，这个生成模型就可以生成这张图像，并且让人无法分辨出它是由计算机生成的，还是真实的摄影照片。这一点是GAN与其他神经网络之间非常显著的区别。

15.1 生成对抗神经网络简介

一个典型的生成对抗神经网络的网络架构如图 15-1 所示。

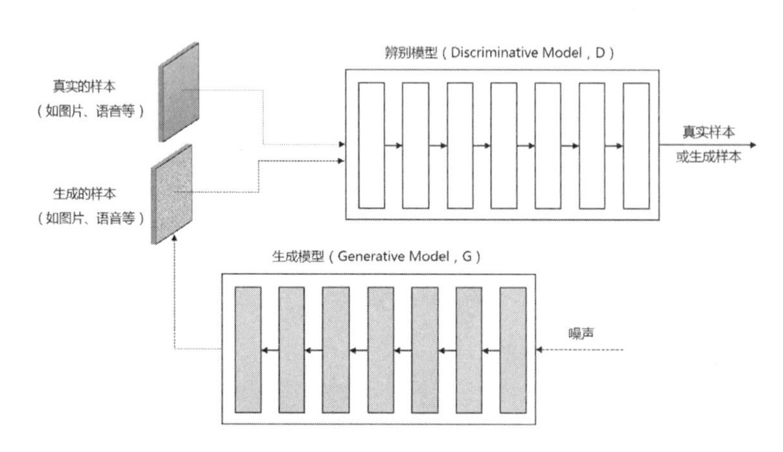

图 15-1 生成对抗神经网络架构示意图

图 15-1 中的生成对抗神经网络中包含一个生成模型（G）和一个辨别模型（D）。生成模型（G）的输入是随机噪声，输出是与样本尽可能完全一致的图片（或其他类型的数据）；辨别模型（D）的输入是图片（或其他类型的数据），输出为辨别后的类别。二者相互竞争，不断提高，最终达到一个均衡状态。也就是说，对于任何一个输入的图片，辨别模型都无法判断是来自实际的样本还是由生成模型生成的。任何一个输入的图片，都有 50% 的可能性是来自实际的样本，同样也有 50% 的可能性是由生成模型产生的。

举个例子，生成模型（G）是一个学生，辨别模型（D）是一个老师。学生试图学会画风景画；老师看过大量的风景画的作品，能够辨别学生画的像不像真实的作品。他们是相辅相成、相互促进的，比如一年级时，学生作品都是简单的线条，一年级老师会告诉学生画得不像，因为没有山。这时一年级的学生就会学着画出带有山的风景画，一年级的老师觉得已经很像了。学生升到二年级时，二年级的老师说，还是不像，因为没有画水，二年级的学生就会学着画有山有水的风景画。以此类推，三年级、四年级……，学生的水平不断提高，老师的要求也越来越严格，最终学生就学会了如何画出足够逼真的风景画。这就是生成对抗神经网络的大致原理。

15.1.1 生成对抗神经网络有什么优势

利用无标记数据进行训练是生成对抗神经网络非常重要的优势。这是因为有标记的样本数据获取代价十分高昂。

我们知道，深层神经网络的训练非常依赖于大量有标记的样本数据，然而现实生活中，有标记的样本数据是非常难以获取的。

一方面是因为获取代价高昂，难以获得数量足够多的有标记样本数据。例如，著名的 ImageNet 数据集，经过近十年的搜集整理，也才有大约 150 万张有效图片，考虑到这 150 万张图片属于 8000 多个类别，每个类别其实只有几百张到一千张图片而已。这样的数据规模对于神经网络来说，依然是很小的，这也是很多卷积神经网络在训练之前，要通过样本扩充来增加样本规模的原因。

另一方面是因为有些样本数据根本就无法人为搜集或生成。例如，在医疗方面，假设我们想要设计一个神经网络模型，用来判断患者是否得了肺癌，我们只有尽可能地利用已经搜集好的肺癌的 CT 扫描图片，而不可能等到有几万个肺癌患者后，再对他们进行 CT 扫描以获取训练数据。

15.1.2 生成对抗神经网络有什么用处

正是因为 GAN 可以利用无标签数据进行训练，使得 GAN 在实际生活中的应用范围非常广泛：在图像处理领域，GAN 可以用来根据标签生成图像、对图像进行风格转换、图像合成等；在自然语言处理领域，GAN 可以用来进行语音的识别与转换、声纹识别、文本摘要、机器翻译、对话机器人等。

1. 图像生成处理

GAN 在图像生成与处理方面的主要应用场景如下。

（1）图像生成：利用现有的图片集，通过训练，我们可以让 GAN 生成类似的图片。例如，假设我们已经有了大量二次元人物的图片，通过训练一个生成对抗神经网络，这个网络中的生成模型就可以给我们生成大量二次元的图像，可以用来提高漫画创作的效率。

（2）图像风格转换：假如你非常喜欢梵高的作品，你希望把自己的摄影照片风格转换成类似于梵高作品的风格，那么一个生成对抗神经网络可以帮到你。你只需要收集尽可能多的梵高作品，交给 GAN 网络学习，GAN 就会利用学习到梵高风格，将你的摄影作品转化为梵高风格的图像。

（3）图像修补：如果现在有一张年代久远的画作或老照片，由于年代久远生了蛀虫，导致图像出现了破损，同样可以训练一个 GAN 网络修复它。

（4）图像超分辨率：将低分辨率的图像还原成高分辨率的图像。在安防监控领域，希望看清楚犯罪嫌疑人的脸，往往需要将犯罪嫌疑人拉近放大，受限于现有视频或图像的分辨率，经常会发现看不清楚。此时，可以通过图像超分辨率技术，重建放大区域的像素，形成高清晰的图像。

（5）图像编辑：在现有的图像上，进行少量的修改，比如修改局部区域的颜色、线条等，GAN 网络能够生成新的图像。例如，一双黑色的鞋子，可以修改它的颜色，或者增加它的纹饰，计算机自动生成编辑后的图像。

（6）场景合成：根据部分场景信息，还原生成整个场景。例如自动驾驶需要模拟各个场景来训练，通过场景合成可以使自动驾驶针对各种场景进行训练，大大提高了自动驾驶的训练速度。

2. 自然语言处理

GAN 在自然语言处理领域的应用似乎还有一些争论，但是在实际中已经有了这个方面的一些尝试。比较有意思的几个方面的应用如下。

（1）语音降噪：样本数据是含有噪声的声音与不含有噪声的语音对，将样本数据输入辨别模型中，辨别模型学习了含有噪声和不含有噪声的语音对之间的对应关系，然后将含有噪声的声音输入生成模型中，生成模型输出不含有噪声的语音，并将这个含有噪声的声音与生成模型输出的干净语音一起输入辨别模型中，让辨别模型判断它们是否匹配。通过迭代训练，GAN 可以输出干净、清晰的语音文件。

（2）声纹识别：采用变分自编码器将一段声音分解成语音信息和说话者声纹信息。将这个变分自编码器看作一个生成模型，用于输入声音产生声纹，再将人的声音拆分成多个小的声音片段，那么这个生成模型就可以获得大量的同一个人的声纹，以及不同人的声纹。接下来训练一个辨别模型，对声纹是否属于同一个人进行辨别，通过反复迭代训练，生成模型尽可能地将同一个人的声纹生成得非常接近，最终就能够识别出具体某一个人的声纹。

（3）生成内容摘要：第一步，尽可能地搜集内容文档和摘要，这些文档和摘要之间可以不一一匹配；第二步，训练一个摘要辨别模型，能够判断一个摘要是样本中的摘要还是生成模型生成的摘要；第三步，训练一个生成模型，输入一个内容文档生成一个对应的摘要，要求这个生成的摘要尽可能地让辨别模型认为与人写的摘要类似；第四步，第三步生成的摘要虽然可能与人写的摘要类似，但是可能与内容文档不匹配，所以再训练一个反向重建模型，输入摘要生成内容文档，并使生成的内容文档与原来的内容文档尽可能地一致。通过对这三个模型反复的迭代训练，即可最终完成内容摘要的生成。

（4）训练对话机器人：首先，利用包含大量人类对话的语料库，训练一个辨别模型，该辨别模型输入是一个对话，输出是一个评价（是否与人类对话非常像）；其次，训练一个生产模型，输入是一个人说的一个句子，输出是对于这个句子的响应；最后，通过固定辨别模型，来训练生成模型，使得生成模型生成的对话与人类的对话非常接近。通过实际的例子训练，可以发现，与传统的采用最大似然估计算法生成对话比较起来，采用生成对抗神经网络的对话机器人往往能够生成较长的句子，而且生成的句子似乎更合理。

15.2 生成对抗神经网络实现

生成对抗神经网络包括生成模型和辨别模型，二者需要交替训练。一般来说，往往先进行 k 轮的辨别模型的训练，才会再进行一轮的生成模型的训练。在实践中，发现 $k=1$ 是经济的训练方式。

15.2.1 辨别模型的实现

从图 15-1 可知，辨别模型的输入是样本中的数据，以及生成模型生成的数据，输出的结果是判断输入的数据来自样本还是来自生成模型。这是一个非常典型的分类问题，常用的全连接神经网络和卷积神经网络都能够轻松胜任这个问题。

实现的方法也非常简单：第一步，将所有来自样本中的数据都增加一个目标特征标签，并且设置为 1；第二步，构建一个随机的生成模型，然后生成一批与真实样本数据量相当的数据，再将每个生成的数据增加一个目标特征标签，并且设置为 0；第三步，用这个数据训练辨别模型，直到模型收敛。

实际上，第一轮的训练中，生成模型所生成的数据都是随机分布的，与样本区别非常大，所以第一轮的辨别模型训练起来很容易。

15.2.2 生成模型的实现

从图 15-1 可知，生成模型输入的是一个随机噪声，输出的是一个图像（或其他类型的数据），这个过程实际就是卷积神经网络的逆过程，如图 15-2 所示。

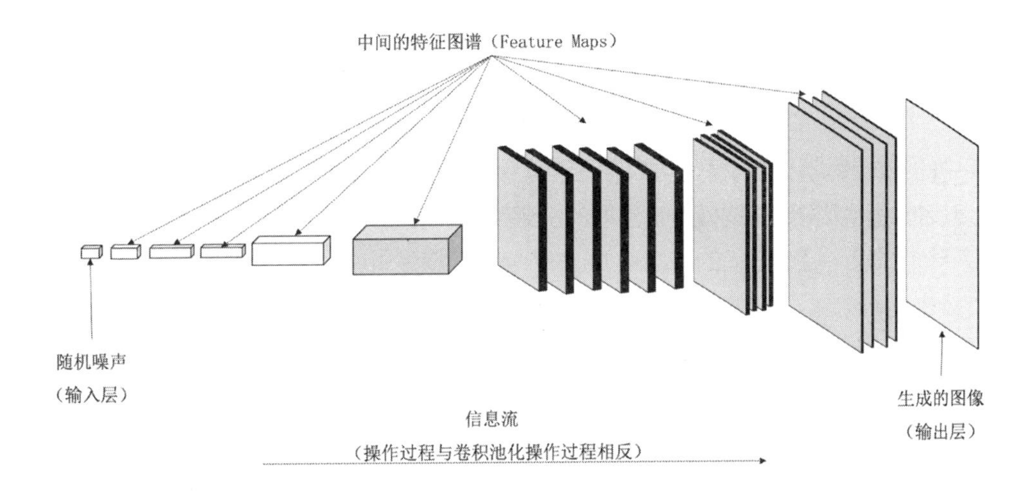

图 15-2 生成模型生成数据的示意图

我们知道卷积神经网络输入的是一张图片，通过层层的卷积、池化操作，不断地降低特征图谱的尺寸，最终输出一个分类的向量，然后计算模型生成分类的分布与样本分类的分布距离，通过优化算法，不断调整网络参数，使模型输出的分类分布与样本数据分类的分布尽可能地接近，从而完成最终的模型训练。

GAN 中的生成模型正好相反，输入是一个分类向量，这个分类向量是由采用正态分布的随机数随机生成的，然后通过逆卷积、逆池化操作不断地生成更大尺寸的特征图谱，直到生成最终的图片。

15.2.3 生成对抗神经网络的训练

生成对抗神经网络的训练过程如图 15-3 所示。

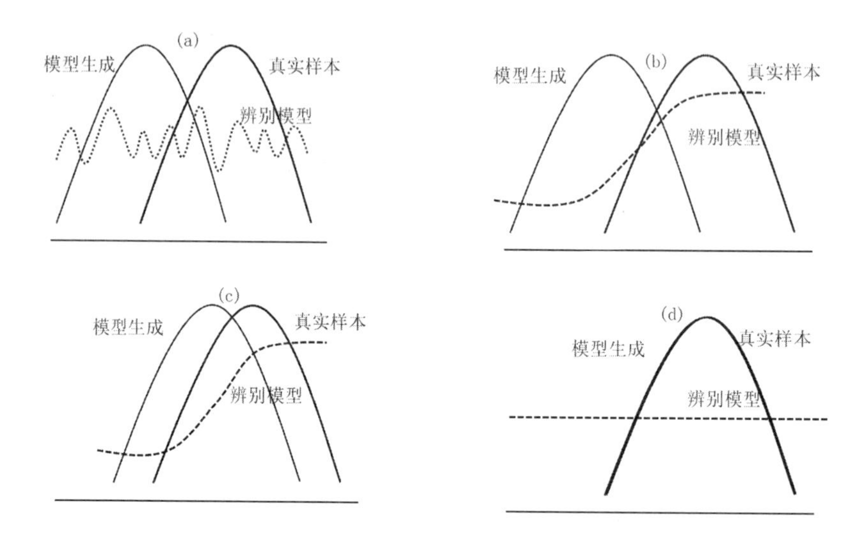

图 15-3　生成对抗神经网络的训练过程示意图

GAN 中的生成模型和辨别模型可以都是全连接神经网络，也可以由卷积神经网络构成辨别模型，由全连接神经网络构成生成模型。具体的由哪种模型构成并不重要，对于我们来说，这两个模型都是输入一个张量，经过它们的参数 θ_g 或 θ_d 转换之后产生对应的输出而已。

图 15-3 中（a）展示了初始状态，此时刚刚完成生成模型、辨别模型的构建。它们的参数都是随机的，生成模型使用的随机参数是与真实样本相当的随机样本。其中，细实线代表由生成模型生成的随机数的分布，粗实线代表实际样本的数据分布，二者之间的距离是非常显著的。虚线代表辨别模型，由于此时辨别模型的参数是随机的，所以，辨别模型的区分能力很弱，无论是模型生成的数据，还是样本中的数据，所产生的输出都是随机波动的。

现在，我们已经有了样本数据（正样本）、模型生成的数据（负样本），可以开始训练辨别模型（D）了。GAN 的整个训练过程就是下面两个步骤的反复迭代，直到完成最终的模型训练。

第一步，训练辨别模型（D）。这个训练过程与训练普通的卷积神经网络没有区别。由于模型生成的样本是随机的，整个训练过程非常容易。训练之后，辨别模型已经能够轻松地区分实际的样本数据和模型生成的样本数据。

如图 15-3 中（b）所示，此时辨别模型对实际样本数据的输出值非常大，对模型生成数据的输出值非常小，能轻松地将实际样本数据和模型生成的数据区分开。值得一提的是，这个过程中，我们固定了生成模型（G）的参数，使它的参数保持不变。

第二步，训练生成模型（G）。此时辨别模型已经有了比较高的识别准确率了，我们固定了辨别模型（D）的参数，使它们在这个训练步骤中保持不变。我们让生成模型（G）产生新的数据，然后根据辨别模型（D）的识别结果去调整生成模型（G）的参数，使辨别模型（D）的输出结果尽可能地与真实样本的输出结果一致，也就是说以以下函数作为生成模型（G）的误差函数：

$$\text{Loss}=1-D(P_g)$$

其中，P_g 代表生成模型（G）所产生的数据分布，$D(P_g)$ 代表辨别模型（D）对生成模型（G）的输入的识别结果。生成模型（G）希望该结果尽可能地接近 1（实际样本的类别标签），辨别模型（D）希望该结果尽可能地接近于 0（生成模型所产生数据的类别标签，表示判断出该数据由生成模型生成）。

这个步骤的模型训练过程与普通的全连接神经网络的训练过程类似，都是根据误差函数的梯度，采用梯度下降法来调整参数，直到误差小于一定的阈值，完成最终的模型训练。如图 15-3 中（c）所示，生成模型（G）的参数经过调整，所产生的数据分布已经开始向实际样本数据的分布移动，此时辨别模型（D）的参数保持不变，所以对新的生成模型所生成的数据辨别能力并不强。

最后对上述两个步骤进行反复迭代训练。用新的生成模型（G）生成新的数据，再采用第一步中的办法，对辨别模型（D）进行训练，使得辨别模型（D）适应新的生成模型，并且准确率达到最高。接着重复步骤二，对生成模型进行训练。此步骤需要反复迭代，直到生成模型（G）和辨别模型（D）最终达到纳什均衡。

完成训练之后，最终的 GAN 网络如图 15-3 中（d）所示，生成模型（G）所产生的数据与真实样本的数据分布完全一致，辨别模型（D）无法区分。如图 15-3 中（d）所示，此时生成模型生成的数据与样本数据的分布是完全一致的，辨别模型无法将它们区分开。对于辨别模型来说，数据属于两者任何一个的可能性都是 50%。

15.3 生成对抗神经网络实战

本节展示了生成对抗神经网络的实战案例，大致包括四个步骤：第一步，构建生成模型，生成模型一般采用反卷积神经网络；第二步，构建辨别模型，辨别模型往往采用卷积神经网络；第三步，构建 GAN 模型，GAN 模型同时使用上述两个步骤构建的生成模型和辨别模型；第四步，完成 GAN 模型的训练，这与其他模型的训练过程完全一致。

15.3.1 总体思路

构建一个生成对抗神经网络，需要构建一个辨别模型（D）、生成模型（G），以及一个将它们连接起来的 GAN 模型。整个构建过程包含以下三个步骤。

第一步，构建生成模型（G）。生成模型（G）的作用是输入一个随机噪声，输出一张图片。这个过程与卷积神经网络的操作过程正好相反，采用反卷积（也称为转置卷积）操作，就可以构建一个反卷积层。在反卷积层的基础上，我们就可以构建一个“反卷积神经网络”了。在本例中，我们采用一个“反卷积神经网络”来构建生成模型（G）。

第二步，构建辨别模型（D）。辨别模型（D）的作用是输入一张图片，输出分类结果，辨别输入的图片是属于真实样本还是属于生成模型生成，这是典型的卷积神经网络的应用场景，所以本例我们采用卷积神经网络来构建辨别模型（D）。

第三步，构建 GAN。有了辨别模型（D）、生成模型（G）之后，我们还需要构建一个 GAN 模型，用来完成对辨别模型（D）和生成模型（G）的迭代训练。GAN 模型的大致工作包括对辨别模型（D）进行 k 轮的训练、对生成模型（G）进行训练，反复迭代执行上述过程直到模型最终收敛。

15.3.2 构建生成模型

生成模型用来生成一个图像，生成模型的输入是一个随机噪声，输出是一个图像，这个操作过程与卷积神经网络正好相反，所以我们需要反卷积操作函数，反卷积操作也称为转置卷积。

1. 反卷积操作函数

构建反卷积层时，我们需要使用到反卷积操作函数 tf.nn. conv2d_transpose，反卷积操作也称为转置卷积。反卷积操作过程与卷积操作的过程正好相反。

该函数的用法如下：

```
tf.layers.conv2d_transpose(
inputs,
    filters,
    kernel_size,
    strides=(1, 1),
    padding='valid',
    data_format='channels_last',
    activation=None,
    use_bias=True,
    kernel_initializer=None,
    bias_initializer=init_ops.zeros_initializer(),
    kernel_regularizer=None,
    bias_regularizer=None,
    activity_regularizer=None,
    kernel_constraint=None,
    bias_constraint=None,
    trainable=True,
    name=None,
    reuse=None):
```

（1）inputs：要执行反卷积操作的张量。对于格式为“NHWC”的数据来说，张量的形状为 [batch, height, width, in_channels]；对于格式为“NCHW”的数据来说，张量的形状为 [batch, in_channels, height, width]。

（2）filters：整型，表示本层中包含的反卷积过滤器的个数。代表反卷积操作之后输出的张量通道数（ouput_channels）。

（3）kernel_size：一个列表或一个元组，包含两个正整数。代表卷积核（过滤器）的平面空间

（高度、宽度）的尺寸。可以是一个正整数，代表在平面空间的两个维度上，卷积核的高度、宽度都相等。

（4）strides=(1, 1)：一个列表或一个元组，包含两个正整数。代表卷积核（过滤器）的步长，也可以是一个正整数，卷积核步长的高度和宽度（二者相等）。

（5）padding=‘valid’：边缘填充的方式，“SAME”或“VALID”（字母大小写都可）。

（6）data_format=‘channels_last’：一个字符串，代表通道在维度中的位置。一种是通道最后（channels_last，默认方式），代表张量的维度顺序是 (batch, height, width, channels)；另一种是通道第一（channels_first），代表张量的维度顺序是 (batch, channels, height, width)。

（7）activation=None：激活函数。设置为 None，代表线性转换。

（8）use_bias=True：布尔型，代表本层是否使用偏置项。

（9）kernel_initializer=None：卷积核的初始化操作器。

（10）bias_initializer=init_ops.zeros_initializer()：偏置项的初始化操作器。如果设置为 None，采用默认的初始化操作器。

（11）kernel_regularizer=None：可选项。针对卷积核的正则化操作。

（12）bias_regularizer=None：可选项。针对偏置项的正则化操作。

（13）activity_regularizer=None：针对输出的正则化操作，用在激活函数之后。

（14）kernel_constraint=None：可选项，投影函数。作用于“优化器”更新后的卷积核的权重。该函数必须将未投影的变量作为输入，并且返回投影后的变量（必须具有相同的形状）。在进行异步分布式培训时，本约束不能保证线程安全。

（15）bias_constraint=None：可选项，投影函数。作用于“优化器”更新后的偏置项的权重。

（16）trainable=True：布尔值。如果是 True，把批量标准化操作的变量添加到 TensorFlow 的变量列表“GraphKeys.TRAINABLE_VARIABLES”中。

（17）name=None：本标准化层的名称。

（18）reuse=None：布尔值。如果权重变量的名称一致，是否重用之前层已经使用过的权重。

2. 参数装饰函数

本模型中采用复杂函数，对输入张量进行转换，整个转换过程是“CONV-BN-ReLU”，代表反卷积、批量正则化、线性整流单元。由于每个全连接层、反卷积层都包含同样的参数，如果反复设置同样的参数，整个模型看起来不够紧凑，由此引入了参数装饰函数，通过该函数可以方便地为 scope 中指定的变量设置相关参数。

参数装饰函数如下：

```
tf.contrib.framework.arg_scope(
    list_ops_or_scope,
    **kwargs):
```

（1）list_ops_or_scope：一个列表、元组，或者字典。如果是一个字典，那么参数“**kwargs”必须为空，字典的格式应该是 {op: {arg: value}}，其中 op 代表操作名称，arg 代表参数名称、value 代表该参数的值。如果 list_ops_or_scope 是一个列表或元组，那么列表中的每一个操作符都必须使用“@add_arg_scope”装饰。

（2）**kwargs：形式为 keyword=value 的参数对，list_ops_or_scope 操作符定义参数的默认值。所有操作符都必须能被设置为给定的参数。

3. 生成模型的实现代码

构建生成模型的代码如下：

```
#!/usr/local/bin/python3
# -*- coding: UTF-8 -*-

from __future__ import absolute_import
from __future__ import division
from __future__ import print_function

import tensorflow as tf

ds = tf.contrib.distributions
layers = tf.contrib.layers
tfgan = tf.contrib.gan


def generator(noise, mode):
    """
    tf.Estimator 需要一个参数 "mode"，指示当前处于训练阶段，还是评估阶段

    @param noise: 代表输入的随机噪声。
    @param mode: 是否训练过程。训练过程中，批量正则化（BN）会更新 beta & gamma 系数；在测试
     过程中，会直接读取以上两个系数。
    @return: 构建好的反卷积层
    """
    is_training = (mode == tf.estimator.ModeKeys.TRAIN)
    return _generator(noise, weight_decay=2.5e-5, is_training=is_training)


def _generator(noise, weight_decay=2.5e-5, is_training=True):
    """
    构建生成模型 (G) 的 生成函数。
    输入一个噪声张量，输出与该噪声个数一致的图像。
```

```
生成模型的操作过程与卷积过程正好相反，可以理解为卷积过程的逆过程。
整个过程是输出尺寸逐渐增加，输出通道数逐渐降低的过程。


@param noise: 代表输入的随机噪声。
@param weight_decay: 权重的衰减系数。
@param is_training: 是否是训练过程。训练过程中，批量正则化（BN）会更新 beta & gamma 系数；
 在测试过程中，会直接读取以上两个系数。
@return: 构建好的反卷积层
"""
with tf.contrib.framework.arg_scope(
  [layers.fully_connected, layers.conv2d_transpose],
  activation_fn=tf.nn.relu, normalizer_fn=layers.batch_norm,
    weights_regularizer=layers.l2_regularizer(weight_decay)):
  with tf.contrib.framework.arg_scope(
      [layers.batch_norm], is_training=is_training):
    # 第一步，将噪声连接到一个全连接层，神经元个数 1024 个
    full_conn = layers.fully_connected(noise, 1024)

    # 第二步，连接到第二个全连接层（6272 个神经元 =7 ×7 × 128）
    full_conn = layers.fully_connected(full_conn, 7 * 7 * 128)

    # 第三步，将第二层的全连接层神经元变形成 特征图谱（Feature Maps）
    # 以便于与后面的 反卷积层（也称转置卷积层）连接
    deconv2d = tf.reshape(full_conn, [-1, 7, 7, 128])

    # 第四步，将上一步的变形后的特征图谱连接到反卷积层
    # 与卷积过程相反：输出通道数减半、特征图谱的高度和宽度加倍
    # 输入形状 :[7, 7, 128], 输出形状：[14, 14, 64],
    deconv2d = layers.conv2d_transpose(deconv2d, 64, [4, 4], stride=2)
    # 第五步，再增加一个反卷积层
    # 输入形状 :[14, 14, 64], 输出形状：[28, 28, 32],
    deconv2d = layers.conv2d_transpose(deconv2d, 32, [4, 4], stride=2)

    # 注意：此步骤不可缺少。
```

```
    # 随机噪声是采用均值为 0、方差为 1 的随机数生成的，
    # 因此，我们需要将生成模型生成的数据映射回 [-1, 1] 的取值空间。
    conv2d = layers.conv2d(
      deconv2d, 1, [4, 4], normalizer_fn=None, activation_fn=tf.tanh)

    return conv2d
```

15.3.3 构建辨别模型

我们采用卷积神经网络构建辨别模型，需要一个能够方便构建卷积层的函数和一个用来取代激活函数的复杂函数。复杂函数采用先卷积（Conv），再批量标准化（BN），然后使用带泄露线性整流函数（LReLU）激活的方式，可以记作"Conv-BN-LReLU"。

在辨别模型的最后，我们采用全连接层，用于模型最终的分类预测。

1. 卷积操作函数

为了便于操作，默认情况下，我们的卷积层全部采用尺寸 4×4 过滤器，设置步长为 2×2，这样就能通过卷积操作实现降采样，也就无须再增加池化操作了。参数初始化，我们采用均值为 0、标准差为 0.02 的标准正态分布的随机数填充。

构建卷积层的函数如下：

```
def conv2d(input_layer, output_channels, filter_size=[4, 4], stride=2,
        activation_fn=tf.nn.leaky_relu, normalizer_fn=None,
        weight_decay=2.5e-5, name="conv2d"):
    """
    构建卷积层。

    @param input_layer: 代表输入张量。
    @param output_channels: 输出通道数。
    @param filter_size: 一个二维数组，过滤器（卷积核）的空间尺寸（高度、宽度）。
    @param stride: 整形，代表过滤器的步长。
    @param activation_fn: 激活函数，默认采用 ReLU 激活函数。
    @param weight_decay: 权重的衰减系数。
    @param is_training: 是否是训练过程。训练过程中，批量正则化（BN）会更新 beta & gamma 系数；
    在测试过程中，会直接读取以上两个系数。
    @param name: 本层的名称。
    @return: 构建好的卷积层
    """
    with tf.variable_scope(name):
```

```
    # 构建一个卷积层
    conv = layers.conv2d(
      input_layer, output_channels, filter_size=[4, 4], stride=2,
      activation_fn=tf.nn.leaky_relu, normalizer_fn=None,
      weights_regularizer=layers.l2_regularizer(weight_decay),
      biases_regularizer=layers.l2_regularizer(weight_decay),
      name="conv2d")

    return conv
```

2. 批量标准化函数

输入一批张量，输出根据这批张量的均值和方差对输入 x 映射后的结果计算。具体的计算公式如下：

$$x_{BN} = \frac{\lambda(x-\mu)}{\sigma} + \beta$$

其中，μ 代表这批张量均值，σ 代表这批张量方差，λ、β 是两个需要学习的参数，用于将 x 换为原来的输入空间的参数。具体算法原理可参见“11.6 批量标准化”。详细信息请参考：http://arxiv.org/abs/1502.03167。

TensorFlow 中用于执行批量标准化的函数如下：

```
tf.layers.batch_normalization(inputs,
    axis=-1,
    momentum=0.99,
    epsilon=1e-3,
    center=True,
    scale=True,
    beta_initializer=init_ops.zeros_initializer(),
    gamma_initializer=init_ops.ones_initializer(),
    moving_mean_initializer=init_ops.zeros_initializer(),
    moving_variance_initializer=init_ops.ones_initializer(),
    beta_regularizer=None,
    gamma_regularizer=None,
    beta_constraint=None,
    gamma_constraint=None,
    training=False,
    trainable=True,
    name=None,
    reuse=None,
```

```
        renorm=False,
        renorm_clipping=None,
        renorm_momentum=0.99,
        fused=None,
        virtual_batch_size=None,
        adjustment=None):
```

（1）inputs：输入张量。

（2）axis=－1：整数，设定需要正则化的维度。在通道优先的数据格式（data_format="channels_first"，对应的数据格式为"NCHW"）中，设定 axis=1，并对数据进行批量标准化操作。

（3）momentum=0.99：计算移动平均值时使用的动量。

（4）epsilon=1e－3：为了避免生成被 0 除的错误，给浮点数增加的极小值。

（5）center=True：如果设置为 True，给标准化后的张量加上偏置项"beta"；如果为 False，那么，忽略偏置项"beta"。

（6）scale=True：如果设置为 True，用标准化后的张量乘以缩放系数"gamma"；如果为 False，那么忽略缩放系数"gamma"。如果下一层采用的是线性激活函数（如 tf.nn.relu），那么本层中可以忽略缩放系数，相应的放大操作可以在下一层完成。

（7）beta_initializer=init_ops.zeros_initializer()：为偏置项"beta"执行初始化操作的初始化工具。

（8）gamma_initializer=init_ops.ones_initializer()：为缩放系数"gamma"执行初始化操作的初始化工具。

（9）moving_mean_initializer=init_ops.zeros_initializer()：为滑动平均值执行初始化操作的初始化工具。

（10）moving_variance_initializer=init_ops.ones_initializer()：为滑动平均值的方差执行初始化操作的初始化工具。

（11）beta_regularizer=None：可选项。针对偏置项"beta"的正则化方法。

（12）gamma_regularizer=None：可选项。针对缩放系数"gamma"的正则化方法。

（13）beta_constraint=None：可选项，投影函数。作用于"优化器"更新后的"beta"权重（例如用于实现网络层权重的范数约束或值约束）。该函数的输入必须将未投影的变量作为输入，并且返回投影后的变量（必须具有相同的形状）在进行异步分布式培训时，本约束不能保证线程安全。

（14）gamma_constraint=None：可选项，投影函数。作用于"优化器"更新后的"gamma"权重（例如用于实现网络层权重的范数约束或值约束）。

（15）training=False：一个 Python 或 TensorFlow 的布尔值，表示是否处于训练过程中。如果是，使用本次的样本数据更新滑动平均值和方差；如果不是，返回训练过程中计算得出的滑动平均值和方差。

（16）trainable=True：布尔值。如果为 True，把批量标准化操作的变量添加到 TensorFlow 的变量列表“GraphKeys.TRAINABLE_VARIABLES” 中。

（17）name=None：本标准化层的名称。

（18）reuse=None：布尔值。如果权重变量的名称一致，是否重用之前层已经使用过的权重。

（19）renorm=False：是否使用批量再标准化操作，该操作会增加更多的权重参数。详细情况请参见：https://arxiv.org/abs/1702.03275。

（20）renorm_clipping=None：一个字典，可以将键“rmax”“rmin”“dmax”映射到用于剪辑再标准化张量的缩放张量。校正因子“（r，d）”作用于“correct_value = normalized_value * r + d”，其中“r”的剪切范围为 [rmin，rmax]，而“d”的剪切范围为 [－dmax，dmax]。如果没有设定 rmax，rmin，dmax 数值，它们会默认被设置为无穷大、0、无穷大。

（21）renorm_momentum=0.99：用于标准化更新滑动平均值和方差的动量。

（22） fused=None：如果为 None 或者 True，那么会采用速度更快的 fused 的实现方式。

（23）virtual_batch_size=None：一个整型。在默认情况下，virtual_batch_size=None。这种情况下采用的是在整批数据上执行批量标准化。如果 virtual_batch_size 不是 None，那么执行分批标准化，细分的批次之间共享权重参数。

（24）adjustment=None：一个函数。输入是一个包含动态形状的张量，返回一个（scale, bias）值对作用于标准化后的值（在 gamma 和 beta 之前），仅在训练时有效。

本函数，在训练阶段，在每一批的样本数据上，我们计算得到均值和方差，在计算过程中训练模型去学习 λ、β 这两个参数，采用滑动平均值对均值和方差进行更新。在测试阶段，我们直接读取测试数据在训练阶段训练好的均值、方差，以及学习到的 λ、β 两个参数，并对测试数据进行批量标准化。

3. 带泄露线性整流

带泄露的线性整流 (Leaky Rectified Linear Unit, LReLU) 函数，与 ReLU 函数类似，二者图形曲线比较接近。当 x 大于等于 0 时，二者的输出是完全一样的；当 x 小于等于 0 时，带泄露的线性整流函数将 x 的值乘以一个泄露系数，而 ReLU 直接将输出设置为 0。它们对应的曲线如图 15-4 所示。

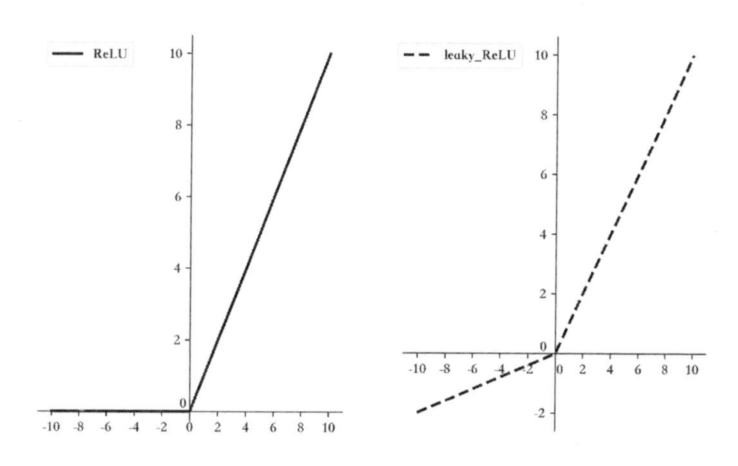

图 15-4　带泄露的线性整流函数与 ReLU 函数曲线对比

带泄露的线性整流函数代码如下：

```
def _leaky_relu(x):
    """
    带泄露的线性整流函数

    @param x: 输入的张量
    @return: 按照 alpha 为 0.01 线性整流之后的结果。
    """
    return tf.nn.leaky_relu(x, alpha=0.01)
```

4. 辨别模型的实现代码

最终的辨别模型由一个输入层、三个卷积层和一个全连接层组成。每个卷积层的过滤器步长都是 2，卷积过程中同时直接实现降采样。同时网络深度每增加一层，将特征图谱的输出通道数（也就是深度）增加一倍。

构建辨别模型的代码如下：

```
def discriminator(img, weight_decay=2.5e-5):
    """
    构建辨别模型（D）。

    输入一个图片数据，输出该图片属于目标类别（样本、生成）的可能性。

    只采用卷积操作，不采用池化操作，为此将卷积的步长设置为 2，以便于实现降采样。
    卷积层每增加一层，高度和宽度缩减到原来的 1/2，输出通道数增加到原来的 2 倍。

    @param img: 输入的图片数据。形状为 [-1, 28, 28, 1]

    @return: 该辨别模型的输出结果，以及构建好的辨别模型。
    """

    with tf.contrib.framework.arg_scope(
            [layers.conv2d, layers.fully_connected],
            activation_fn=_leaky_relu, normalizer_fn=None,
            weights_regularizer=layers.l2_regularizer(weight_decay),
            biases_regularizer=layers.l2_regularizer(weight_decay)):
        # 输入形状： [28, 28, 1], 输出形状： [14 ,14 , 64]
        conv2d = layers.conv2d(img, 64, [4, 4], stride=2)
```

```
    # 输入形状：[14 ,14 , 64], 输出形状： [7 ,7 , 128]
    conv2d = layers.conv2d(img, 128, [4, 4], stride=2)

    # 展平，以便于与后面的全连接层连接
    full_conn = layers.flatten(conv2d)

    # 与后面的一个包含 1024 神经元连接。
    full_conn = layers.fully_connected(
      full_conn, 1024, normalizer_fn=layers.layer_norm)

    # 与分类器连接
    return layers.linear(full_conn, 1)
```

将以上本章的代码保存到“gan_networks.py”中。

15.3.4 构建 GAN 模型

构建 GAN 模型，包括构建 GAN 模型、训练数据读取函数、模型评价数据读取函数、GAN 模型生成和模型训练的相关工作。

具体的代码如下：

```
from __future__ import absolute_import
from __future__ import division
from __future__ import print_function

import os
import struct
import numpy as np
import gzip
import time

import scipy.misc
from six.moves import xrange
import gan_networks as networks
import tensorflow as tf
tfgan = tf.contrib.gan

# 每训练批次中包含图像的个数
batch_size = 64
```

```
# 最大的训练步数
max_number_of_steps = 2000
# 生成噪声的个数
noise_dims = 64
# GAN 网络生成的图片保存的路径
eval_dir = './logs/mnist/estimator/'

# 保存图片的静态常量
images = None

'''
读取 MNIST 数据文件。

@param path: 本地 MNIST 数据文件所在的路径。
@param data_type: 要读取的数据文件类型，包括 "train" 和 "t10k" 两种。
@Returns: 图片和图片的标签。图片是以张量形式保存的。
'''


def read_mnist_data(path='./data/mnist', data_type="train"):
    global images
    if images is None:
        img_path = os.path.join(path, ('%s-images-idx3-ubyte.gz' % data_type))

        # 使用 gzip 读取图片数据文件
        print("\n 读取文件：%s" % img_path)
        with gzip.open(img_path, 'rb') as img_file:
            # 按照大端在前（big-endian）读取四个 32 位的整数，所以，总共读取 16 个字节
            magic, n_imgs, n_rows, n_cols = struct.unpack(
                ">IIII", img_file.read(16))
            # 分别是 magic number、n_imgs( 图片的张数 )、图片的行列的像素个数
            # （n_rows, n_cols ）
            print("magic number：%d，期望图片张数：%d 张 " % (magic, n_imgs))
            print(" 图片长宽：%d × %d 个像素 " % (n_rows, n_cols))

            # 读取剩下所有的数据，按照 labels * 784 重整形状
```

```
        # 其中 784 = 28 × 28 × 1（长 × 宽 × 深度）
        images = np.frombuffer(img_file.read(), dtype=np.uint8).reshape(
            n_imgs, n_rows, n_cols, 1)
        print(" 实际读取到的图片：%d 张 " % len(images))

    # 数据集中的数据保存的是 uint8，取值范围是 [-128, 127]，将其映射回 [-1, 1) 的取值范围
    images = (images.astype(np.float32) - 128.0) / 128.0
    # Labels 的数据类型必须转换成为 int32

    return images


"""
读取训练数据。
@param noise_dims: 噪声的个数。
@param dataset_dir: 样本数据所在的本地路径。
@Returns: 所有的 MNIST 数据集中的图片、以及与图片张数相等的噪声。
"""


def get_train_data_fn(batch_size, noise_dims, dataset_dir='./data/mnist/',
                      num_threads=4):
    def train_input_fn():
        with tf.device('/cpu:0'):
            images_all = read_mnist_data(dataset_dir)
        # 将图像数据包装成批次图片数据，用于训练
        images = tf.train.shuffle_batch(
            [images_all[0]],
            batch_size=batch_size,
            num_threads=4,
            capacity=10000,
            min_after_dequeue=1000
        )
        # 生成一个批次的噪声数据
        noise = tf.random_normal([batch_size, noise_dims])
```

```
        return noise, images
    return train_input_fn



"""
生成评价所需要的噪声数据。

@param batch_size: 一个批次的大小。
@param noise_dims: 噪声的个数。
@Returns: 生成的噪声数据。
"""
def get_eval_data_fn(batch_size, noise_dims):
    def predict_input_fn():
        noise = tf.random_normal([batch_size, noise_dims])
        return noise
    return predict_input_fn
"""
GAN 模型的生成和训练。
@param batch_size: 一个批次的大小。
@param noise_dims: 噪声的个数。
@Returns: 生成的噪声数据。
"""
def main(need_trainning=True):

    # 确保相关的文件路径存在
    os.makedirs("./logs/model/mnist", exist_ok=True)
    # 创建 GANEstimator
    gan_estimator = tfgan.estimator.GANEstimator(
        # 保存模型训练的过程
        model_dir="./logs/model/mnist/GANEstimator",
        # 生成模型函数
        generator_fn=networks.generator,
        # 辨别模型函数
        discriminator_fn=networks.discriminator,
        # 生成模型的损失函数
        generator_loss_fn=tfgan.losses.wasserstein_generator_loss,
```

```
    # 辨别模型的损失函数
    discriminator_loss_fn=tfgan.losses.wasserstein_discriminator_loss,
    # 生成模型的优化器
    generator_optimizer=tf.train.AdamOptimizer(0.001, 0.5),
    # 辨别模型的优化器
    discriminator_optimizer=tf.train.AdamOptimizer(0.0001, 0.5),
    # 生成模型生成的数据与样本数据之间的加总方法
    add_summaries=tfgan.estimator.SummaryType.IMAGES,
    # 模型从上一次开始的地方继续训练，设置模型保存的路径
    # 指定该参数的意义在于，可以多次训练模型，每一次都是从上一次开始的地方继续
    warm_start_from="./logs/model/mnist/GANEstimator")
# 是否需要执行模型训练过程
if need_trainning:
    # 构建训练数据生成函数
    train_input_fn = get_train_data_fn(batch_size, noise_dims)
    # 训练 GAN 模型
    gan_estimator.train(train_input_fn, max_steps=max_number_of_steps)

# 调用生成模型，生成图片。在这里共生成 36 张图片
predict_input_fn = get_eval_data_fn(36, noise_dims)
prediction_iterable = gan_estimator.predict(predict_input_fn)
predictions = [prediction_iterable.__next__() for _ in xrange(36)]

# 将这些图片并排排列在一起， 每行 6 张，共 6 行
image_rows = [np.concatenate(predictions[i:i+6], axis=0) for i in
        range(0, 36, 6)]
tiled_image = np.concatenate(image_rows, axis=1)

# 将生成好的图片保存起来
if not tf.gfile.Exists(eval_dir):
    tf.gfile.MakeDirs(eval_dir)
gan_file = os.path.join(
    eval_dir, time.strftime('%Y%m%d%H%M%S_gan.png'))
print("\n\n 将 GAN 模型生成的图片保存到： {}\n\n".format(gan_file))
scipy.misc.imsave(gan_file,
            np.squeeze(tiled_image, axis=2))
```

```
# 是否需要模型训练过程
main(need_trainning=True)
```

将以上代码保存到文件“main.py”中，与“gan_networks.py”文件放在同一个文件夹下面，然后运行 main.py 程序即可完成模型训练和图片生成。

15.3.5 模型执行结果

经过 2000 次训练和经过 20000 次训练生成的图片，对比结果如图 15-5 所示。

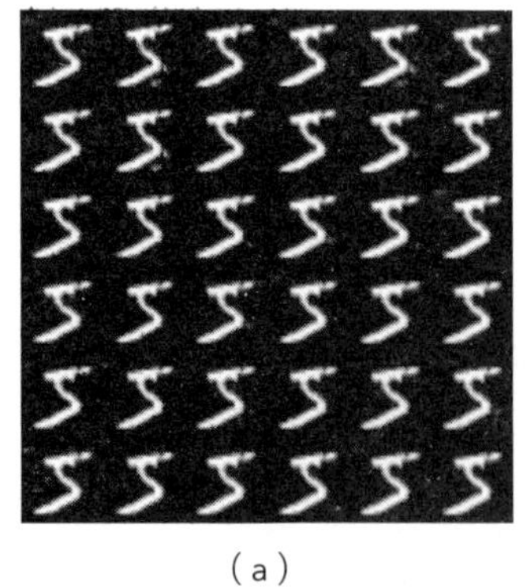

（a）
经过 2000 次训练的结果

（b）
经过 20000 次训练的结果

图 15-5 经过 2000 次训练和 20000 次训练生成的图片对比

从图 15-5 可以看出，经过更长时间的模型训练生成的图片更清晰。注意，上述的 GAN 模型只能生成上述图片中的数字“5”，因为优化后，生成模型发现，生成上述图片的误差结果最小，所以不会生成其他的图片。

15.4 本章小结

本章介绍了生成对抗神经网络（GAN），这是一种非常特殊的神经网络，GAN 最大的特点在于能够生成图像、语音、文字等，而传统的神经网络只能用于对图像、语音、文字进行识别与处理。从某种程度上来说，GAN 可以进行创作。举个例子，在理想的情况下，我们说“蓝蓝的天上白云飘，白云底下马儿跑”，最聪明的 GAN 甚至能直接给我们生成一张这样的图像，包含蓝天、白云和马。

典型的 GAN 包含两个部分，生成模型和辨别模型。生成模型的作用是生成图像、语音或文字；辨别模型用于判断生成模型生成的图像、语音或文字是否足够好（接近真实）。二者相互对抗、相辅相成，这就是神经网络被叫作生成对抗神经网络的缘由。当生成模型生成的图像、语音或文字与真实的图像、语音或文字相比时，能够以假乱真、无法区别，就实现了生成图像、语音或文字的目标。